高等学校计算机专业系列教材

Linux系统应用与开发教程

第4版

刘海燕 荆涛 主编

王子强 武卉明 杨健康 周睿 编著

机械工业出版社
China Machine Press

图书在版编目（CIP）数据

Linux 系统应用与开发教程 / 刘海燕，荆涛主编；王子强等编著．—4 版．—北京：机械工业出版社，2020.6（2021.4 重印）
（高等学校计算机专业系列教材）

ISBN 978-7-111-65536-7

I. L… II. ①刘… ②荆… ③王… III. Linux 操作系统 – 高等学校 – 教材 IV. TP316.85

中国版本图书馆 CIP 数据核字（2020）第 081225 号

本书以 Fedora 30 为蓝本，全面系统地介绍了 Linux 系统的使用、管理与开发。全书共分三部分：第一部分介绍 Linux 的基本知识，使读者快速认识 Linux，熟悉 Linux 操作环境，掌握 Linux 的基本操作，了解 Linux 的软硬件安装；第二部分介绍网络管理、网络服务配置、系统管理与监视、安全管理、系统定制；第三部分介绍 Linux 下常用的软件开发工具和开发环境，帮助读者迅速了解在 Linux 平台上进行软件开发的方法和步骤。

本书由浅入深、图文并茂、通俗易懂，不仅分析了 Linux 核心的工作原理与结构，而且突出了 Fedora 的新技术和新特点。对每一项功能，一般给出多种实现途径。通过本书的学习，读者能迅速领悟 Linux 的精髓，从而在当今信息化大潮中运用 Linux 的强大功能，实现自己的创新和设计。

本书不仅适合 Linux 系统的初学者学习，也适合那些使用过旧版本 Linux、想了解新版本 Linux 的读者学习。高级用户、管理者及研究人员和开发人员也可以将本书作为一本参考书使用。

出版发行：机械工业出版社（北京市西城区百万庄大街 22 号 邮政编码：100037）
责任编辑：张梦玲 责任校对：李秋荣
印 刷：三河市宏达印刷有限公司 版 次：2021 年 4 月第 4 版第 2 次印刷
开 本：185mm × 260mm 1/16 印 张：21.25
书 号：ISBN 978-7-111-65536-7 定 价：69.00 元

客服电话：（010）88361066 88379833 68326294 投稿热线：（010）88379604
华章网站：www.hzbook.com 读者信箱：hzjsj@hzbook.com

前　言

Linux 是一个优秀的操作系统，它支持多用户、多进程及多线程，以稳定、强健、可靠的性能著称。Linux 提供了强大的服务器功能，因此在网络技术日益发达的今天，受到越来越多的企业和个人的青睐，越来越多的客户机及网络服务器都选择 Linux 作为运行平台。

目前，在很多国家，以 Linux 为代表的自由软件已经在政务、军事、商业等众多领域获得了广泛的应用。在我国，Linux 也在电子政务、电子商务等信息化建设领域崭露头角。在今后数年内，高水平的 Linux 专业人才将成为 IT 领域乃至整个就业市场中的新亮点。

在 Linux 出现的早期，它主要在学术团体、专业领域中被使用，普通用户常常对它望而生畏。其实，作为一个通用操作系统，Linux 的功能与 Windows 的功能类似，甚至更强大，操作也基本相同。经过多年的发展，在全世界众多精英的共同努力下，Linux 在系统的功能和性能以及使用和管理的便利性方面都有显著提高。普通用户通过学习完全可以掌握它，利用它的强大功能使自己在信息技术领域如鱼得水。

Fedora Linux 从 Red Hat Linux 发展而来，是 Linux 的一个主要发行版本，也是应用最广泛、使用最方便的版本之一。它继承了 Linux 的高性能，融入了更多易操作的特点，并增加了很多新功能。本书以 Fedora 30 为蓝本，由浅入深地介绍 Linux 系统，帮助读者对 Linux 系统有一个整体的认识，逐步掌握 Linux 的基本使用方法和管理技术，从而能自如地使用和管理 Linux 系统，并在 Linux 上进行软件开发。

与第 3 版相比，本书的整体架构没有变化，但内容基于 Fedora 30 版本以及 Linux 的应用情况，在如下方面进行了改进：

1）随着版本更新，Fedora 的管理和使用方式都发生了变化，包括配置工具、命令的使用及操作界面。本书内容根据新版本 Fedora 进行了相应的调整。

2）删去了一些不再使用的工具和命令，增加了部分新内容，如 systemd 和 systemctl 命令、iptables 防火墙等。

3）鉴于 Python 程序设计的应用越来越广泛，本书在软件开发部分增加了 Python 程序设计，替代 KDevelop 的使用。

总之，此次再版的目标是让教材内容紧跟 Linux 的发展，条理更清晰，更能体现 Linux 主要的内容和应用。

本书面向那些已经熟悉 Windows 系统、具有基本的网络知识和程序设计（C/C++、Java）基础的读者，为他们提供另一种融入信息化社会的途径。全书包含使用基础、系统管理和程序设计 3 个部分。下面介绍各部分的主要内容。

第一部分介绍 Linux 的使用基础，包括第 1 ～ 5 章，主要面向 Linux 初学者，目的是使读者快速认识 Linux，熟悉 Linux 操作环境，掌握 Linux 的基本操作，了解 Linux 的软硬件安装。第 1 章首先介绍 Linux 系统的起源、特点，以及它与其他操作系统的异同，使读者能够从总体上了解 Linux 的特点和功能。同时，还介绍了 Fedora 30 的安装、登录、注销及关闭系统的方法等。第 2 章介绍 Shell 的概念和一些常用的 Shell 命令，重点介绍对 Linux 系统的文件和目录的基本操作。此外，还介绍了备份与压缩、rpm 软件包管理、联机帮助等常用的 Shell 命令。第 3 章介绍 X Window 及常用的图形化桌面系统 GNOME 的使用。第 4 章介绍 Fedora 30 版本 Linux 系统中常用的应用软件，包括办公软件、网络应用软件、多媒体应用软件及其他常用工具。第 5 章介绍常用软硬件的安装与管理，包括 Linux 统一设备模型、硬件驱动安装的一般步骤、软件管理的常用命令与方法等。

第二部分介绍 Linux 的系统管理，包括第 6 ～ 10 章，主要面向高级用户和系统管理者，涉及网络管理、网络服务配置、系统管理与监视、系统安全管理等内容。第 6 章介绍网络接口的配置及系统的 TCP/IP 网络管理。第 7 章介绍常用网络服务的安装、配置和运行。第 8 章介绍系统管理与监视技术，包括用户管理、进程管理、系统监视及日志查看。第 9 章介绍 Linux 系统的安全管理技术，包括标准 Linux 系统的安全设置方法、iptables 防火墙及 Linux 内置的安全子系统 SELinux。第 10 章介绍 Linux 系统的定制方法，包括 Linux 内核的定制和发行版本的定制。通过这部分的学习，读者可以在多方面实现对 Linux 的系统管理，既可以实现对系统软硬件的管理，又可以根据自己的需求实现对 Linux 内核和应用的定制，充分发挥 Linux 灵活、安全以及功能丰富的优势。

第三部分介绍 Linux 平台上的程序设计，包括第 11 ～ 16 章，主要面向那些已经具有一定程序设计基础且希望在 Linux 平台上进行软件开发的读者。Linux 不仅仅是强大的操作系统，更是一个自由、开放的平台。在这个平台上，集成了很多方便、高效的开发工具，为用户开发满足各种需求的应用软件提供了丰富的手段。本部分介绍了 6 个开发环境和工具：第 11 章介绍 Shell 程序设计技术，第 12 章介绍如何利用 GCC 工具在 Linux 平台上进行 C/C++ 程序的开发，第 13 章介绍使用 GTK 开发工具包开发图形界面应用程序的方法，第 14 章介绍使用 Qt 工具包开发图形界面应用程序的方法，第 15 章介绍 Python 程序设计及集成开发环境 Spyder 的使用，第 16 章介绍使用 Eclipse 工具开发 Java 应用程序的方法。通过这部分的学习，读者能够掌握在 Linux 下进行软件开发的基本步骤和方法，了解几种常用开发工具的功能和使用方法，从而可以迅速从原来的开发环境转换到 Linux 下进行软件开发。

本书是作者在第 3 版的基础上，根据在 Linux 系统的教学、研究与开发方面的实践经验，结合 Linux 系统的新进展编写而成的。由于 Linux 涉及的知识体系相当庞大，用一本书的容量来展示其功能必然要对内容做适当取舍，所以不可能满足所有读者的需求。此外，由于时间仓促，书中难免出现疏漏，敬请广大读者对本书不当之处加以指正，也欢迎读者将对本书的建议和意见反馈给我们。

教学建议

教学章节	教学要求	课时
第 1 章 Linux 概述	了解 Linux 的历史、特性 掌握 Linux 与其他操作系统的区别 掌握 Fedora 30 的安装 了解 Linux 的主要版本	2
第 2 章 Shell 及常用命令	了解 Shell 的功能、种类及基本命令格式 掌握 Linux 下的目录结构特点 掌握常用的 Shell 命令	2
第 3 章 X Window 的使用	了解 X Window 系统的组成与特点 了解 GNOME、KDE 等桌面环境的特点 掌握 GNOME 桌面环境的使用	4
第 4 章 Linux 系统的常用软件	了解 Linux 下常用软件的功能 掌握 Writer、Calc 和 Impress 组件的使用方法 掌握网络应用软件的使用方法 了解多媒体应用软件	4
第 5 章 硬件与软件的安装	了解 Linux 获取硬件信息的方法 掌握安装硬件驱动的一般步骤 掌握 Tarball 软件的安装方法 掌握 RPM 软件的安装方法 掌握 Deb 软件的安装方法 掌握 dnf 安装软件的方法	2
第 6 章 网络的基本配置	掌握网络接口的配置方法 掌握常用的网络命令 了解网络相关的配置文件	2
第 7 章 常用网络服务的配置与使用	掌握网络服务管理命令的使用 了解 systemd 的工作原理 了解基本网络服务器的功能与特点	2
	掌握 Apache、vsFTPd、Samba、DNS 服务器的安装与配置方法	2
第 8 章 系统管理与监视	掌握 Linux 下账号的类型及特点 掌握 Linux 账号管理方法 掌握文件权限的表示与管理	2
	了解进程的概念 掌握进程的管理方法 了解日志查看的方法	2
第 9 章 Linux 系统的安全管理	了解系统、账号、网络安全设置的基本内容 了解 iptables 防火墙的工作原理与使用 了解 SELinux 的功能特点与基本操作	2
第 10 章 Linux 系统的定制	了解 Linux 的系统架构 了解 Linux 系统内核及特点 了解 Linux 内核定制的基本方法 了解 Linux 发行版本定制的基本方法	2

（续）

教学章节	教学要求	课时
第 11 章 Shell 程序设计	了解 Shell 的作用 掌握 Shell 程序的一般结构 掌握开发 Shell 程序的基本步骤 掌握 Shell 程序设计的基本方法	4
第 12 章 GCC 的使用与开发	了解 GCC 工具的作用与特点 掌握利用 GCC 编译 C/C++ 程序的方法 了解 GDB 工具的作用与特点 了解利用 GDB 进行程序调试的方法	4
第 13 章（选讲） GTK 图形界面程序设计	了解 GTK 的作用与特点 了解利用 GTK 开发图形界面程序的方法	4
第 14 章（选讲） Qt 图形界面程序设计	了解 Qt、Creator 及相关工具的作用与特点 掌握 Qt 及相关工具的安装方法 了解利用 Qt Creator 集成开发环境进行图形界面程序开发的方法	4
第 15 章（选讲） Python 程序开发环境	了解 Python 语言的作用与特点 掌握 Python 命令工具的使用方法 掌握利用 Spyder 工具进行程序开发的方法	4
第 16 章（选讲） 集成开发环境 Eclipse 的使用	了解 Eclipse 的作用与特点 掌握 Eclipse 软件的安装方法 了解利用 Eclipse 进行程序开发的方法	4
总课时		36 ～ 52

说明：

1）计算机专业本科教学使用本教材时，建议课堂授课学时为 36 ～ 52（包含习题课、课堂讨论等必要的课堂教学环节，实验另行安排学时。

2）建议教学分为核心知识技能模块（前 12 章的内容）和选讲知识模块（第 13 ～ 16 章的内容），其中核心知识技能模块建议教学学时为 36，选讲知识模块建议学时为 16，不同学校可以根据各自的教学要求和计划学时数对教材的内容进行取舍。

目　录

第二部分　Linux 的系统管理

第三部分 Linux 平台上的程序设计

第一部分

Linux 的使用基础

本部分包括 5 章内容，主要面向初学者，目的是使读者快速认识 Linux，熟悉 Linux 的操作环境，掌握 Linux 的基本操作，了解 Linux 的软硬件安装。

第 1 章概括介绍 Linux 系统，包括它的起源、特性、与其他主流操作系统的异同，使读者从总体上了解 Linux 的特点和功能。该章还介绍了 Fedora 30 的安装步骤，以及登录、注销和关闭系统的方法。

第 2 章介绍 Shell 的概念和一些常用命令，包括终端的概念、Shell 的种类、Shell 的使用方式等知识，介绍 Linux 的文件系统、文件类型、目录等概念，重点介绍目录和文件的基本操作。此外，还介绍了备份与压缩、rpm 软件包管理、联机帮助等常用 Shell 命令。

第 3 章介绍 X Window 系统及图形化桌面系统 GNOME，包括 X Window 系统的组成与特点、GNOME 面板的组成和设置、GNOME 的应用程序及窗口管理等。

第 4 章介绍 Linux 系统中一些常用软件的安装和使用，包括：与微软 Office 相媲美的 LibreOffice 办公套件；常见的网络应用软件，如浏览器 Firefox、个人信息管理应用 Evolution；多媒体应用软件，如音乐播放器 Rhythmbox、视频播放器 Totem；工具软件，如图像处理软件 GIMP、文本编辑器 gedit 等。

第 5 章介绍硬件与软件的安装方法。以打印机的安装为例说明安装新硬件设备的步骤和方法，并介绍几种常用的软件安装方法。

第1章 Linux概述

本章将介绍什么是Linux，Linux的特性及其优势，Linux的安装过程，以及如何启动和关闭Linux。

1.1 初识Linux

1.1.1 什么是Linux

UNIX是目前在科学领域内的高级工作站上运行最多的操作系统，它具有稳定、高效、安全、方便、功能强大等诸多优点，自1969年诞生以来，它就一直被人们使用着。UNIX最初是由美国电话和电报公司贝尔实验室（AT&T Bell Laboratories）的Ken Thompson、Dennis Ritchie等人开发的。UNIX是一个多用户、多任务的实时操作系统，允许多人同时访问计算机，同时运行多个应用程序。UNIX在20世纪70年代被设计为运行在许多大型和小型计算机上。

目前，UNIX几乎可以在已有的所有平台上运行。许多厂商购买了其源代码，在其中加入自己的特色，开发了自己的版本，比如SGI Irix、IBM AIX、Compaq Tru64 UNIX、Hewlett-Packard HP-UX、SCO UNIXWare、Sun Solaris等。UNIX最初的源代码还被免费分发给了一些学院和大学，如美国加州大学伯克利分校和麻省理工学院一直继续着UNIX的前沿研究。

然而，UNIX最初的发展没有统一的标准，这就导致了不同的UNIX版本之间存在许多差异。后来，美国的电子电气工程协会（IEEE）开发了一个独立的UNIX标准，这个新的ANSI UNIX标准被称为可移植操作系统接口（Portable Operating System Interface，为了读音更像UNIX，其缩写为POSIX）。这个标准限定了UNIX系统如何进行操作，对系统调用也做了专门的论述，现有大部分UNIX及其流行版本都是遵循POSIX标准的。现在，POSIX已经发展成为一个非常庞大的标准族。在UNIX大部分的发展时间里，它一直是一种大型而且要求高的操作系统，只有在工作站或者小型机上才能发挥作用，并且价格昂贵，特别是对于PC版本来说更是如此，这也正是新崛起的Linux会如此流行的主要原因。

Linux是一套免费使用和自由传播的类UNIX操作系统，它主要用于基于Intel x86系列CPU的计算机上。这个系统是由全世界各地的成千上万的程序员设计和实现的。其目的是建立不受任何商品化软件的版权制约、全世界都能自由使用的UNIX兼容产品。

Linux最早是由芬兰赫尔辛基大学一位名叫Linus Torvalds的学生设计的，他一开始是想设计一个代替Minix的操作系统。Minix是一个由一位名叫Andrew Tanenbaum的计算机教授编写的操作系统示教程序，通过Internet广泛地传播给世界各地的学生。Minix具有较多的UNIX的特点，但与UNIX不完全兼容。Linus则希望开发一个可用于386、486或奔腾处理器的个人计算机上的系统，并且具有UNIX操作系统的全部功能，因而开始了Linux雏形的设计，并于1991年年底首次公布于众，同年11月发布了0.10版本。12月发布了0.11

版本。Linus 允许他人免费地自由运用该系统源代码，并且鼓励其他人进一步对其进行开发。在 Linus 的带领下，Linux 通过 Internet 广泛传播，吸引着全世界的开发者对其进行不懈的开发。

Linux 之所以受广大计算机爱好者的喜爱，根本原因在于它是符合 POSIX 标准的、在 GNU 公共许可权限下可免费获得的操作系统。一方面，Linux 在 PC 上实现了 UNIX 的全部特性，具有多任务、多用户的能力，而且在很多方面相当稳定、高效，为用户免费学习和使用目前世界上最流行的 UNIX 操作系统提供了机会。Linux 成为 UNIX 在个人计算机上的一个代用品，也能替代那些较为昂贵的系统。另一方面，它属于自由软件，用户不用支付任何费用就可以获得它及其源代码，并且可以根据自己的需要对它进行必要的修改，不仅可以无偿使用它，而且可以无约束地继续传播。用户不但可以从 Internet 上下载 Linux 及其源代码，而且还可以从 Internet 上下载许多 Linux 上的应用程序，根据需要修改和扩充操作系统或应用程序的功能，而这些对于商品化的 UNIX、Windows、MS-DOS 或 Mac OS X 等操作系统来说都是无法实现的。

现在，Linux 已经成为增长最快、应用最广的操作系统。在服务器领域，IBM、HP、Novell、Oracle，以及国内的曙光、浪潮等厂商对 Linux 都提供了全方位的支持；在桌面系统领域，Fedora、Ubuntu 等多种发行版本广为应用。2008 年 9 月，基于 Linux 内核的手机操作系统 Android 发布，到目前为止，Android 已经成为最主流的手机操作系统，同时也是应用最广泛的平板电脑操作系统。

1.1.2 Linux 的特性

Linux 操作系统能得到如此迅猛的发展，这与 Linux 具有的良好特性是分不开的。简单地说，Linux 具有以下主要特性。

1. 开放性

开放性是指系统遵循世界标准规范，特别是遵循开放系统互连（OSI）国际标准。凡遵循国际标准所开发的硬件和软件都能彼此兼容，可方便地实现互联。

2. 多用户

多用户是指系统资源可以被不同用户各自拥有并使用，即每个用户对自己的资源（例如：文件、设备）有特定的权限，互不影响。Linux 和 UNIX 都具有多用户特性。

3. 多任务

多任务是现代计算机最主要的一个特点。它是指计算机同时执行多个程序，而且各个程序的运行互相独立。Linux 系统调度每一个进程平等地访问处理器（CPU）。由于 CPU 的处理速度非常快，所以启动的应用程序看起来好像在并行运行。事实上，从处理器执行一个应用程序中的一组指令到 Linux 调度处理器再次运行这个程序之间只有很短的时间延迟，短到用户根本感觉不出来。

4. 良好的用户界面

Linux 向用户提供了两种界面：用户界面和系统调用。Linux 的传统用户界面是基于文本的命令行界面，即 Shell，它既可以联机使用，又可存储在文件上脱机使用。Shell 有很强的程序设计能力，可供用户方便地编制程序，从而为用户扩充系统功能提供了更高级的手段。可编程 Shell 是指将多条命令组合在一起，形成一个 Shell 程序，这个程序可以单独运行，也可以与其他程序同时运行㊀。Linux 还为用户提供了图形用户界面。它利用鼠标、菜单、窗口、滚动条等设施，给用户呈现一个直观、易操作、交互性强、友好的图形化界面。

系统调用给用户提供编程时使用的界面。用户可以在编程时直接使用系统提供的系统调用命令，系统通过这个界面为用户程序提供低级、高效率的服务。

5. 设备独立性

设备独立性是指操作系统把所有外部设备统一当成文件来看待，只要安装了它们的驱动程序，任何用户都可以像使用文件一样操纵、使用这些设备，而不必知道它们的具体存在形式。

具有设备独立性的操作系统，通过把每一个外围设备看作一个独立文件来简化增加新设备的工作。当需要增加新设备时，系统管理员就在内核中增加必要的连接。这种连接（也称作设备驱动程序）保证每次调用设备提供服务时，内核以相同的方式来处理它们。当新的或更好的外设被开发并交付给用户时，只要这些设备连接到内核，用户就能不受限制地立即访问它们。设备独立性的关键在于内核的适应能力。其他操作系统只允许一定数量或一定种类的外部设备连接，而设备独立性的操作系统能够容纳任意种类及任意数量的设备，因为每一个设备都是通过自己与内核的专用连接独立进行访问的。

Linux 是具有设备独立性的操作系统，它的内核具有高度的适应能力，随着更多的程序员开展 Linux 编程，会有更多的硬件设备加入各种 Linux 内核和发行版本中。另外，由于用户可以免费得到 Linux 的内核源代码，因此，用户也可以修改内核源代码，以便适应新增加的外部设备。

6. 丰富的网络功能

完善的内置网络是 Linux 的一大特点。Linux 在通信和网络方面的功能优于其他操作系统。它的联网能力与内核紧密地结合在一起，并具有内置的灵活性。Linux 为用户提供了完善、强大的网络功能。

7. 可靠的系统安全

Linux 采取了许多安全技术措施，包括对读写操作进行权限控制、带保护的子系统、审计跟踪、核心授权、SELinux 等，这为网络多用户环境中的用户提供了必要的安全保障。Linux 是目前最安全的操作系统之一。

8. 良好的可移植性

可移植性是指将操作系统从一个平台转移到另一个平台，使它仍然能按其自身的方式运行的能力。

Linux 是一种可移植的操作系统，能够在从微型计算机到大型计算机的任何环境中和任何平台上运行。可移植性为运行 Linux 的不同计算机平台与其他任何机器进行准确而有效的

㊀ Shell 程序设计将在第 11 章详细介绍。

通信提供了手段，不需要另外增加特殊且昂贵的通信接口。

1.1.3 Linux与其他操作系统的区别

Linux可以与MS-DOS、Windows、UNIX等其他操作系统共存于同一台机器上。它们均为操作系统，具有一些共性，但是互相之间各有特色，有所区别，可以根据个人需要或者使用习惯选择安装一种或几种系统。

目前运行在PC上的操作系统主要有Microsoft的Windows、苹果公司的Mac OS X等。早期的PC用户普遍使用MS-DOS，因为这种操作系统对机器的硬件配置要求不高。而随着计算机硬件技术的飞速发展，硬件设备的价格越来越低，人们可以相对容易地提高计算机的硬件配置，于是开始使用Windows、Windows NT等具有图形界面的操作系统。Linux是近些年被人关注的操作系统，它正在逐渐被PC用户所接受。那么，Linux与其他操作系统的主要区别是什么呢？下面简单地进行一下对比分析。

1. Linux与MS-DOS之间的区别

不运行X Window时的Linux与MS-DOS的操作界面和使用方式非常相似，但二者的功能和性能有很大区别。就发挥处理器功能来说，MS-DOS没有完全发挥出x86处理器的功能，而Linux完全在处理器保护模式下运行，充分利用了处理器的所有特性。Linux可以直接访问计算机内的所有可用内存，提供完整的UNIX接口。

就操作系统的功能来说，MS-DOS是单任务的操作系统，一旦用户运行了一个MS-DOS的应用程序，它就独占了系统的资源，用户不可能再同时运行其他应用程序。而Linux是多用户、多任务的操作系统，多个用户可以同时登录，而且可以同时运行多个应用程序。

就使用费用而言，MS-DOS是商业软件，需要付费购买使用，而Linux是免费的，用户可以从Internet上或者其他途径获得它的版本，而且可以任意使用，不用考虑付费购买问题。

2. Linux与微软的Windows之间的区别

从发展背景看，Linux与其他操作系统的区别是，Linux是从一个比较成熟的操作系统发展而来的，而其他操作系统，如Windows等，都是自成体系，没有相依托的操作系统。这一区别使得Linux的用户能从UNIX团体贡献中大大获益。Linux给个人计算机带来了能够与UNIX系统相匹敌的速度、效率和灵活性，使个人计算机具有的潜力得到充分发挥。Linux不仅在性能上能够与UNIX系统相匹敌，同时具有强大的网络功能，能够支持Internet、Intranet、Windows、AppleTalk等多种网络。在Linux中，用户可以找到几乎所有需要的内容。

Linux拥有与Windows一样功能完备的图形用户界面X Window系统。X Window系统是用于UNIX机器的一个图形系统，它支持许多应用程序，并且是业界的标准界面。

Linux不仅提供强大的操作系统功能，还提供丰富的应用软件。在Internet上，大量免费软件都是针对Linux系统编写的，这些程序包罗万象，任何人都可以下载适合自己需要的软件及其源码，以便修改和扩充操作系统或应用程序的功能。

Linux的稳定性好，运行Linux的机器启动一次可以运行数月。Linux提供了完全的内存保护，每个进程都运行在自己的虚拟地址空间中，不会损坏其他进程或内核使用的地址空间。任务与内核间也是相互隔离的，行为不良或编写不良的程序只能毁坏其自身。因而被破坏的进程几乎不可能使系统崩溃。

Windows 对硬件配置要求高，而 Linux 在低端 PC 系统上仍然可以流畅运行。Linux 的最小安装仅需要 4MB 内存，Linux 内核允许在运行时装载和卸载硬件的驱动程序，这样就不必装载全部的驱动程序，可以最大化地节约内存资源。

Linux 的组网能力非常强大，提供了对 TCP/IP 的完善支持，并且也对下一代 Internet 协议 IPv6 支持。Linux 内核还包括 IP 防火墙代码、IP 防伪、IP 服务质量控制及许多安全特性。这些特性可以与像 Cisco 这样的公司提供的高端路由设备的特性相媲美。此外，利用 Samba 组件，Linux 可以作为 Windows 客户机的打印和文件服务器。运用 Linux 包含的 AppleTalk 模块，Linux 甚至可以作为一个 Macintosh 客户机的打印和文件服务器。

从使用费用上看，Linux 是一种开放、免费的操作系统，而其他操作系统都是封闭的系统，需要有偿使用。这一区别使得用户不用花钱就能得到很多 Linux 版本及为其开发的应用软件。Linux 系统的开发遵循 UNIX 的开放系统标准，任何一个软件商或开发者都可以实现这些标准。而 Windows NT 等操作系统是具有版权的产品，其接口和设计均由某一公司控制，只有这些公司才有权实现其设计，它们是在封闭的环境下发展的。

3. Linux 与商用 UNIX 的区别

Linux 和商用 UNIX 都基本支持同样的软件、程序设计环境和网络特性，可以说，Linux 是 UNIX 的 PC 版本，Linux 在 PC 上提供了相当于 UNIX 工作站的性能。Linux 与 UNIX 相比有下列不同：

1）Linux 是免费软件，用户可以从网上下载；而商用的 UNIX 除了软件本身的费用外，用户还需支付文档、售后服务费用。

2）Linux 拥有 GNU 软件支持，能够运行 GNU 项目的大量免费软件，这些软件包括应用程序开发、文字处理、游戏等方面的内容，而商用 UNIX 主要运行商业公司为 UNIX 系统专门研发的软件，有购买使用费用和版权限制。

3）Linux 的开发是开放的，任何志愿者都可以对开发过程做出贡献；而商用 UNIX 则是由专门的软件公司进行开发的。

1.1.4　GNU、GPL 和 LGPL

1. GNU 和 Linux 的关系

GUN 项目（GNU Project）开始于 1984 年，是主要由自由软件基金（Free Software Foundation，FSF）资助的一个项目，目标是开发一个自由的、UNIX 类型的操作系统，称为 GNU 系统。GNU 是“GNU’s Not UNIX”的首字母的缩写，目前使用 Linux 内核的各种 GNU 操作系统的应用非常广泛。

GNU 项目已经开发了许多高质量的编程工具，包括 emacs 编辑器、GNU C 和 C++ 编译器（gcc 和 g++），这些编译器可以在任何计算机系统上运行。所有的 GNU 软件和派生工作均遵循 GNU 通用公共许可证（GPL）规定。Linux 的开发使用了许多 GNU 工具。Linux 系统上用于实现 POSIX.2 标准的工具几乎都是由 GNU 项目开发的，Linux 系统中的许多内容也是由 GNU 项目开发的，包括：

- 符合 POSIX 标准的操作系统 Shell 和外围工具。
- C 语言编译器和其他软件开发工具及函数库。
- X Window 窗口系统。
- 各种应用软件，如字处理软件、图像处理软件等。
- 各种 Internet 软件，如 FTP 服务器、WWW 服务器等。
- 关系数据库管理系统等。

2. GPL

通用公共许可证 GPL（General Public License）是一种软件许可证，其主要目标是保证软件对所有用户来说是自由的，和软件是否免费无关。GPL 通过如下途径实现这一目标：

1）它要求软件以源代码的形式发布，并规定任何用户能够以源代码的形式将软件复制或发布给别的用户。

2）它提醒每个用户，对于该软件不提供任何形式的担保。

3）如果用户的软件使用了受 GPL 保护的任何软件的一部分，那么该软件就继承了 GPL 软件，并因此而成为 GPL 软件，也就是说，必须随应用程序一起发布其源代码。

4）GPL 不排斥对自由软件进行商业性质的包装和发行，也不限制在自由软件的基础上打包发行其他非自由软件。

5）遵照 GPL 的软件并不是可以任意传播的，这些软件通常都有正式的版权。GPL 在发布软件或者复制软件时声明限制条件。但是，从用户的角度考虑，这些根本不能算是限制条件，相反用户只会从中受益，因为用户可以确保获得源代码。

尽管 Linux 内核也属于 GPL 范畴，但 GPL 并不适用于通过系统调用而使用内核服务的应用程序，通常把这种应用程序看作内核的正常使用。

如果准备以二进制的形式发布应用软件（像大多数商业软件那样），则必须确保自己的程序未使用 GPL 保护的任何软件。当然，如果软件通过函数调用使用别的软件，则不受这一限制。目前，很多程序库受另一种 GNU 公共许可证（即 LGPL）的保护。Linux 系统中关于 GPL 的声明保存在各目录下的命名为 COPYING 的文件里，打开文件可查看 GPL 的内容。

3. LGPL

GNU LGPL（Library General Public License，程序库公共许可证）是一种关于函数库使用的许可证。LGPL 允许用户在自己的应用程序中使用其他程序库，即使不公开自己程序的源代码也可以，但必须确保能够获得所使用的程序库的源代码。而且，LGPL 还允许用户对这些程序库进行修改。

在 Linux 系统中，LGPL 的内容保存在名为 COPYING.LIB 的文件中。如果安装了 Linux 内核的源程序，则在任意一个源程序目录下都可以找到一个 COPYING.LIB 文件的拷贝。

大多数 Linux 程序库，包括 C 语言的程序库（libc.a），都属于 LGPL 范畴。因此，如果在 Linux 环境下，使用 GCC 编译器建立自己的应用程序，程序所链接的多数程序库都是受 LGPL 保护的。如果准备以二进制的形式发布应用软件，则必须注意要遵循 LGPL 的有关规定。

遵循LGPL的一种方法是，一起发布应用程序的目标代码及可以将这些目标代码和受LGPL保护的程序库链接起来的makefile文件。在使用这类应用程序时，用户必须通过其他途径获得所需的程序库，然后根据makefile文件生成最终的可执行程序。

遵循LGPL的比较好的另一种方法是使用动态链接。使用动态链接时，应用软件直接以二进制方式发行，应用程序在运行时调用函数库中的函数。应用程序本身和函数库是不同的实体，因而应用程序只需遵循动态链接库的使用方式，就可以像使用自己的函数一样使用函数库中的函数，而且，当函数库更新后，还可以直接使用更新后的函数库。在使用这类应用程序时，用户必须首先获得所需的程序库的动态链接库（如libc.a），然后直接运行应用程序。

必须注意，某些库和实用程序属于GPL而不是LGPL范畴。例如，常用的GNU dbm（即gdbm）数据库类的程序库就是非常著名的GPL库，GNU bison分析器生成程序是另一个实用的GPL工具，因此，如果使用bison生成代码，所得的代码也适用于GPL。

在GPL范畴之外，也有gdbm和GNU bison的相应替代物。例如，对于数据库类的程序库，可以使用Berkeley数据库db来代替gdbm；对于分析器生成器，可以使用yacc来代替bison。

1.1.5　Linux的主要版本

任何软件都有版本号，例如DOS 6.2、Windows 10、Office 2016等，Linux也不例外。Linux的版本号可分为两类：内核（kernel）版本与发行（distribution）版本。内核版本指的是由Linux的创始人Linus领导下的开发小组开发出的系统内核版本号，例如撰写本书时使用的Fedora 30的内核版本号为5.0.9-301。

Linux内核的版本号主要由3部分构成：主版本号、次版本号、次次版本号。主版本号表示系统内核有大的改动。次版本号表示系统内核有小的改动，开始支持一些新的特性，一般表示系统内核对新的硬件支持进行了改进。如果更改之后还处于测试阶段，那么次版本号为奇数，如果已经过了测试阶段，改动是成功的，那么次版本号是偶数。次次版本号表示系统有很少的改动，对内核影响不大。例如，Kernel 5.0.9-301的主版本号为5，次版本号为0、次次版本号为9。此外，Fedora中内核的版本还增加了建立号（build），如5.0.9-301，数字301是建立号，每个建立号表示增加了少量新的驱动程序或缺陷修复。

一些组织或公司将Linux内核与应用软件和文档包装起来，并提供安装界面、系统配置与管理工具，这样就构成了一种发行版本。发行版本相当于一个大软件包，相对于内核而言，发行版本的版本号随发行者的不同而不同，与系统内核的版本号是相互独立的，如Red Hat 9.0、Fedora 30等。对于Linux新手而言，发行版本更重要些，因为发行版本已经预先收集了一些常用的应用程序，并经过了严格的兼容性测试和本地化工作，保证用户能够尽快地使用Linux环境。根据GPL准则，这些发行版本虽然都源自一个内核，并且都有自己各自的贡献，但都没有自己的版权。Linux的各个发行版本都是使用Linus主导开发并发布的同一个Linux内核，因此在内核层不存在兼容性问题。不一样的感觉只体现在发行版本的最外层，绝不是Linux本身特别是内核不统一或不兼容。

1. Red Hat Linux（红帽Linux）

Red Hat Linux是由Red Hat软件公司发布的Linux版本，曾被权威计算机杂志《Info

World》评为最佳 Linux 套件。它采用 RPM 软件包管理方式，软件的安装、卸载和升级非常方便，并提供了大量的图形化管理工具，在国内和国际上都是用户占有率非常高的 Linux 版本。本教材的第 1 版就是以 Red Hat 9.0 为示例展开介绍的。

2. Fedora Linux

2003 年 9 月，Red Hat 公司宣布不再推出新的个人版 Linux 发行套件，而专心发展商业版本的 Linux，即 Red Hat 企业版 Linux（Enterprise Linux），将原有的 Red Hat Linux 开发计划和 Fedora 计划整合成一个新的 Fedora 项目。Fedora 项目由 Red Hat 公司赞助，以 Red Hat Linux 9 为范本加以改进，原来的开发团队继续参与 Fedora 计划，同时也鼓励开源社区参与开发工作。2003 年 11 月，第 1 个发行版本 Fedora Core 1 出炉，Fedora Core 通常简称为 FC。FC 的版本更新周期很快，平均每 6 个月更新一个发行版本。Fedora Core 6 发行之后，开源社区对 Fedora Core 的官方称呼更改为 Fedora。

对普通用户来说，Fedora 是一套功能完备、更新快速的免费的操作系统，而对 Red Hat 公司而言，它是许多新技术的测试平台，被认可的技术可以加入商业版的 Enterprise Linux 中。Fedora 继承了 Red Hat Linux 的安装界面、桌面环境、套件管理工具 RPM、多国语言支持及许多操作使用工具。习惯于 Red Hat Linux 的用户很快就可以自如地使用 Fedora，熟悉 Fedora 的用户也可以方便地转移到其他 Linux 系统上。因此系统地学习 Fedora 的安装、使用与开发，对各种 Linux 平台的使用都非常有意义。本教材的第 2 版、第 3 版分别以 Fedora 10、Fedora 21 为基础平台，本书则以 Fedora 30 为蓝本，介绍 Linux 的安装、使用与开发。

3. Debian GNU/Linux

Debian Linux 是由 GNU 发行的 Linux 版本，最符合 GNU 精神，能提供最大的灵活性。软件包管理工具 dpkg 被誉为所有 Linux 软件包管理工具中功能最强大的。工具 apt-get 可以在线安装、升级软件，它与 dpkg 结合，使软件的安装、升级、卸载变得非常容易。Debian 的缺点是它的稳定版（stable）更新速度较慢，并且系统的安装有些困难。目前使用较多的 Ubuntu Linux 是基于 Debian 的一个发行版本。

4. Ubuntu Linux

Ubuntu 是基于 Debian 的 Linux 发行套件，由 Canonical 公司全球化的专业开发团队和 Linux 社区支持。Ubuntu 使用与 Debian 相同的软件包格式、软件包管理和安装系统，但安装方式、使用方式及包含的软件有些区别。与 Debian 相比，Ubuntu 更新速度快，界面更友好而且容易使用。在我国，Ubuntu 有广泛的用户基础，Ubuntu 社区是目前最活跃的 Linux 技术类社区。2013 年 10 月，Canonical 公司与我国工信部软件与集成电路促进中心、国防科技大学组建的 CCN 开源创新联合实验室开发了中国定制版操作系统——UbuntuKylin，即优麒麟。UbuntuKylin 在 Ubuntu 基础上进行了大量本地化工作，是官方认可的衍生版本。

5. 中标麒麟

中标麒麟是基于强化的 Linux 内核的操作系统，是由原来的两个国产化操作系统研发团队——中标软件有限公司的“中标 Linux”和国防科技大学的“银河麒麟”团队合并，共同研制的国产化操作系统，提供桌面版、通用服务器版、高级服务器版和安全版。中标麒麟安全操作系统从多个方面增强了操作系统的安全性，为用户提供从内核到应用的全方位的安全保护。

6. Red Flag Linux（红旗 Linux）

Red Flag Linux 是由北京中科红旗软件技术有限公司发布的、全中文化的 Linux 发行版本，提供服务器、个人桌面、面向移动互联网的 midinux 和面向嵌入式系统的发行版本。在国内市场上，红旗 Linux 曾一度占有领先的地位。2000 年 9 月，教育部考试中心指定红旗 Linux 为国家 NIT 体系 Linux 模块的考试模板。2014 年，中科红旗软件技术有限公司被五甲万京信息产业集团收购，由该公司继续红旗 Linux 的研发与经营。

除了上述版本之外，还有大量的其他 Linux 发行版，比如德国人开发的 SUSE 是在欧洲最流行的版本之一，而国内比较著名的有深度（Deepin）Linux、共创 Linux、雨林沐风 OS 等。

1.2 Linux 概览

可以把 Linux 系统看作由 4 部分构成：内核、用户界面、文件结构和应用程序。下面逐一简单介绍。

1.2.1 Linux 的内核

内核是系统的心脏，是运行程序、管理磁盘和打印机等硬件设备的核心程序。不同的发行版本可能基于相同的内核但打包了不同的应用程序。也可以对内核程序进行修改，构建自己的系统内核，如中标麒麟就对 Linux 内核进行了安全增强。

1.2.2 Linux 的用户界面

Shell 是命令行形式的用户界面，提供了用户与内核进行交互的接口。它实际上是一个命令解释器，它解释由用户输入的命令并把它们送到内核，把执行的结果显示给用户。不仅如此，Shell 还有自己的编程语言，允许用户编写由 Shell 命令组成的程序。用这种语言编写的 Shell 程序与其他应用程序具有同样的效果。

Linux 还提供了与 Microsoft Windows 类似的图形用户界面——X Window。X Window 提供桌面管理系统，其操作就像 Windows 一样，有窗口、图标和菜单，所有的管理都可以通过鼠标控制。每个 Linux 系统的用户都可以拥有自己的用户界面或 Shell，以满足他们自己专门的需要。

1.2.3 Linux 的文件结构

文件结构是文件存放在磁盘等存储设备上的组织方法，主要体现在对文件和目录的组织上。目录提供了管理文件的一条方便而有效的途径。用户能够从一个目录切换到另一个目录，而且可以设置目录和文件的权限，以便允许或拒绝其他人对其进行访问。

Linux 目录采用多级树形结构，如图 1-1 所示。用户可以浏览整个系统，可以进入任何一个已授权进入的目录，访问那里的文件。

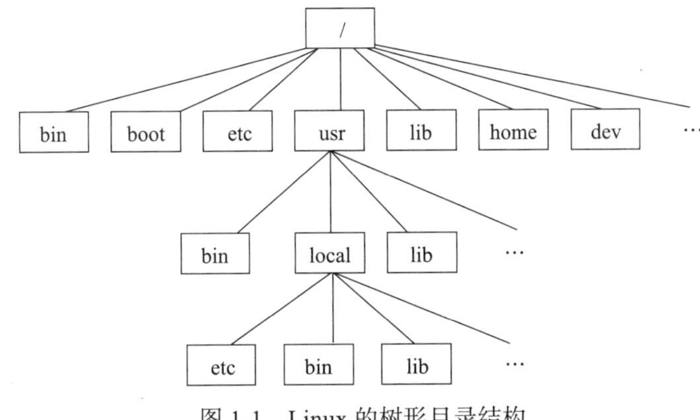

图 1-1 Linux 的树形目录结构

内核、用户界面和文件结构一起构成了基本的操作系统结构。它们使得用户可以运行程序、管理文件及使用系统。此外，Linux 操作系统还提供许多被称为实用工具的程序，以辅助用户完成一些特定的任务。

1.2.4 Linux 的应用程序

任何实用的 Linux 系统都包含一套完成实际工作所需的应用程序，如编辑器、阅读器等。用户也可以创建自己的应用程序。

Linux 上的应用程序大致可以分如下几类。

- 办公软件：如 Office 软件、阅读器软件等。
- 网络应用软件：如网络服务器、网络客户端软件等。
- 多媒体软件：包括图形图像处理软件、音乐视频播放软件等。
- 工具软件：如输入法软件、下载工具、压缩工具、刻录软件等。
- 编程开发软件：用于软硬件开发的软件，如 GCC、Qt Designer、Eclipse 等。

1.3 Linux 的安装

安装是使用操作系统的前提，本节主要介绍如何在计算机上安装 Fedora 30。与早期的 Fedora 版本相比，新版的 Fedora 在安装方面改动较大，主要改动包括安装映像、安装方式、分区管理、系统初始设置等，这些不同点也恰是安装 Fedora 的难点，用户要理解不同选项的含义，并在安装过程中根据自己的需求仔细斟酌。

1.3.1 安装前的准备

在安装早期版本的 Linux 时用户需要具备许多系统知识，而当今各种 Linux 发行套件在系统的兼容性、硬件支持和软件安装上都已经做了很多改进，简化了安装过程。然而，为了保证系统顺利安装并满足用户需求，在安装之前，仍需做如下准备工作。

1. 确定硬件支持

在安装 Fedora 之前，先确定计算机硬件的体系结构类型。Linux 目前支持几乎所有的处理器，但不同硬件体系结构使用的安装软件不同。Fedora 将体系结构分为两类，分别是 i386

和x86_64。为一种体系结构准备的Fedora不能安装到另一种体系结构上。可以根据计算机处理器的类型确定其所属的体系结构，目前的计算机一般都是64位的x86系统，少数较老的主机可能属于i386系统。如果你的计算机是2007年之后制造的，或者你不确定它是哪种体系结构，那么它很有可能就是x8_64体系结构。Fedora网站上提供了一张表，可以根据处理器型号确定体系结构类型。

至于其他的硬件，如显卡、声卡、网卡等，早期的Linux只支持数量很少的显卡、声卡和网卡，而如今，基本上不需要再担心这些硬件是否能被Linux支持了。经过多年的发展，Linux内核不断完善，已经能够支持大部分的主流硬件，同时各大硬件厂商也意识到了Linux操作系统对其产品线的重要性，纷纷针对Linux推出了驱动程序和补丁，使得Linux在硬件驱动上获得了更广泛的支持。

另外，如果你的声卡、显卡是非常新的型号，Linux内核暂时无法支持，那也不要紧，Fedora会自动把无法准确识别的硬件模拟成标准硬件来使用，让它们在Linux下同样发挥作用。

设计Linux的初衷之一就是用较低的系统配置提供高效率的系统服务，所以Linux并没有严格的系统配置要求。基于10GB磁盘、1GB内存、1GHz处理器即可以成功安装并运行Fedora 30。但如果要运行X Window或者想要获得更好的系统性能，则需要有更好的处理器、更大的内存和磁盘空间。Fedora 30 Workstation建议的磁盘大小为20GB，而默认安装的Fedora 30 Workstation大约占用10GB磁盘空间。系统实际使用的磁盘空间大小取决于系统上安装的软件包类型和数量。此外，在系统运行后，还需要用一定的磁盘空间存储用户数据，并且维护和使用系统还需要大约5%的磁盘空间。

2. 确定系统需求

早期的Fedora安装软件将所有的软件打包在一起，做成一个安装映像或者一套安装介质，在安装过程中由用户选择自己需要的软件进行安装。现在，Fedora参考Linux大多数用户的使用需求，提供了多种预定义版本。通用的预定义版本包括Workstation版和Server版，其中Workstation版面向桌面用户及开发者，而Server版面向企业级架构。此外，Fedora还提供具有不同桌面环境、满足不同应用场景的多种其他版本。

每个版本的安装映像中都提供一套默认的软件，用户还可以在初始安装之后随时添加其他软件。用户应该根据自身系统的应用需求，选择最接近目标的预定义版本。对预定义版无法满足的需求，则要在安装之后进行添加。

3. 确定安装方式

Fedora的安装方式非常灵活，用户可根据需要和环境条件选择最适合的方式。

（1）Live映像

Live映像是一种可以直接运行的系统。使用Live映像时，不用直接启动安装过程，而是使用机器的硬件运行映像中的系统，用户可对系统进行体验，也可以测试机器硬件。如果用户对系统比较满意，则可以选择将映像安装到磁盘上。在Fedora提供的版本中，Workstation版及定制版都提供Live映像。

（2）CD/DVD映像

使用DVD映像时，可以直接启动安装过程，映像中预置了很多软件包，用户可选择安装哪些包。在 Fedora 30 中，Server 版只提供 DVD 映像，不提供 Live 映像。

（3）网络安装映像

使用网络安装映像时，将直接启动进入安装模式，使用 Fedora 在线的软件包库作为安装源。用户可以选择各种各样的软件包，从而可以创建自己特有的系统。Fedora Server 的网络安装映像是一个通用的映像，基于它用户可以创建自己独有的系统。

（4）ARM 映像

对于 ARM 类系统，Fedora 提供了预配置的文件系统映像。将映像写入可移动媒体，启动后直接进入 Fedora 的安装。

（5）云映像

Fedora 云映像是预配置的文件系统映像，默认情况下只安装了非常少的包，包括一些用于与云平台进行交互的专用工具。Fedora 的云映像又包括多种，如云基础映像、Atomic 映像、Docker 基础映像等。

（6）启动映像

启动映像（boot image）是可以写入 CD、USB 或者软盘的很小的映像，简称 BFO（boot.fedoraproject.org）。它能载入 Fedora 服务器上的安装介质，并且像网络安装映像一样直接进入安装环境。BFO 的工作方式与早期版本中使用的 PXE 类似。PXE（Pre-boot eXecution Environment）是一种网络引导协议，它利用网络连接 PXE 服务器引导主机安装 Fedora。BFO 从 Fedora 服务器下载安装介质，但不需要建立服务器。

4. 准备安装映像

无论选择哪种安装方式，都需要获取初始的安装映像。可以到 Fedora 项目的网站（https://getfedora.org）下载最新的安装映像，Fedora 的安装映像都是 Hybrid ISO 文件，可用于创建 DVD 或者 USB 安装介质。

下载安装映像时，要根据上面确定的硬件体系结构类型和 Fedora 安装方式下载相应的映像。登录 Fedora 网站 https://getfedora.org，主页会显示其预定义的两种 Fedora 版本，如图 1-2 所示。

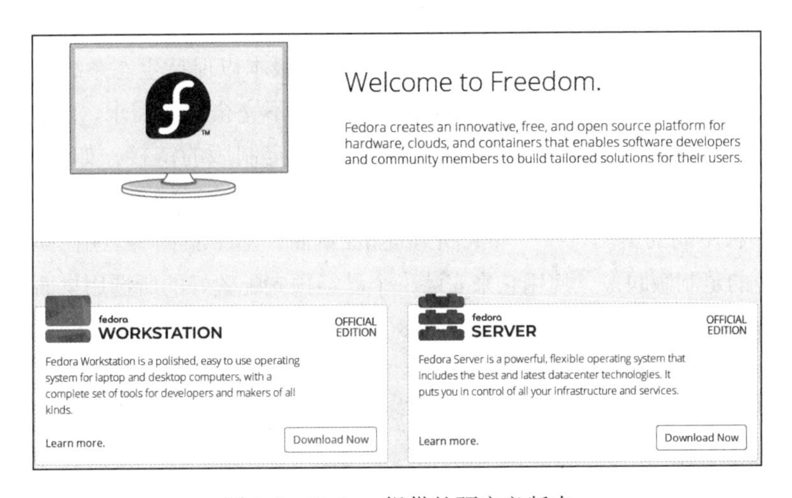

图 1-2　Fedora 提供的预定义版本

在该网页上“WORKSTATION”区域的右下角，单击【Download Now】按钮，打开 Workstation 的下载页，如图 1-3 所示。

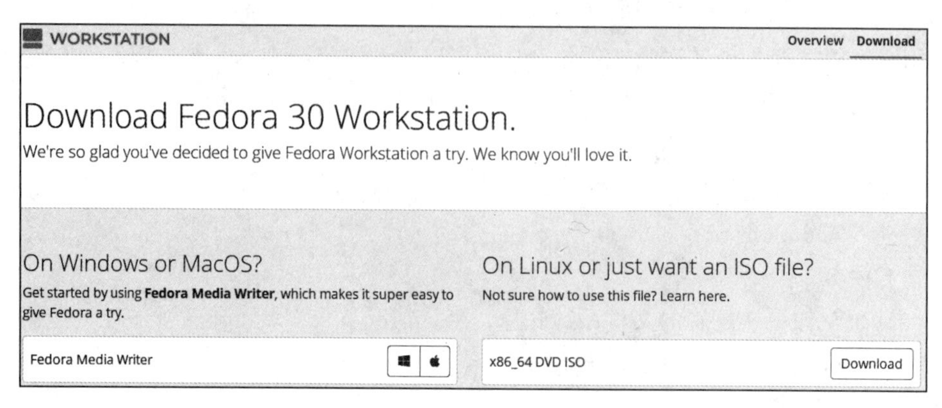

图 1-3 Workstation 的下载页面

在下载页面上，左侧提供了 Fedora 介质写入工具（Fedora Media Writer）的下载。该工具用于制作 USB 安装介质，既可以用于制作 Workstation 版本的，也可以用于制作 Server 版本的。单击右侧的【Download】按钮，则可以直接下载 x86_64 体系结构的 DVD live 映像。使用映像文件可以制作可启动的光盘（DVD）安装介质。

下载页面的右下角是其他安装映像的下载，如支持 i386 体系结构的“32-bit ISO”和网络安装映像“network install image”等。

如果希望使用 Fedora 的 Server 版本，则在图 1-2 所示的网页上单击“SERVER”区域右下角的【Download Now】按钮，打开 Server 版的下载页。Fedora Server 提供 x86_64 体系结构和 ARM 体系结构的安装映像，并且既有 DVD 安装映像，又有网络安装映像。注意，Server 版不提供 Live 映像，因此必须将其安装到计算机磁盘才能体验或使用 Server 系统。

除了 Workstation 版和 Server 版，Fedora 还提供 3 种新版本：CoreOS、Silverblue、IoT。其中，CoreOS 是一个专注于容器的版本；Silverblue 是一个不可变的桌面版本，它在外观、感觉及行为上与常规的桌面系统无异，使用经验也与标准的 Workstation 类似，但它是不可改变的，相同版本在一台机器上与在另一机器上完全一样，不会随着使用而变化；IoT 是旨在为物联网生态系统提供基础的版本，它定期发布滚动版本以保持生态系统处于最新状态。

对许多高级用户而言，预定义版本的 Fedora 可能都不完全满足需求，这时可以考虑使用定制的安装映像。Fedora 下载页的最下端，提供了 3 类定制版的链接，如图 1-4 所示。单击“SPINS”链接，将打开 Fedora SPINS 页面。Fedora 的默认桌面环境是 GNOME，而 SPINS 页面上则提供了多种不同的桌面选择，如 KDE Plasma 桌面、Xfce 桌面等。用户可以下载喜爱的桌面环境所对应的定制版映像，使用它来安装一个已经预先配置好的所选用桌面环境的 Fedora。

单击“LABS”链接，打开 Fedora LABS 页面。该页面提供由 Fedora 社区成员管理和维护的一系列根据特定目标来选择软件和内容的安装映像，如预制了开源科学与数值计算工具集的科学计算版，预制了丰富开源游戏的游戏定制版，预制了安全审计、鉴别、系统恢复等教学工具的安全测试版等。这些既可以作为 Fedora 独立完整版本安装，也可以作为现有已安装 Fedora 的附加组件安装。

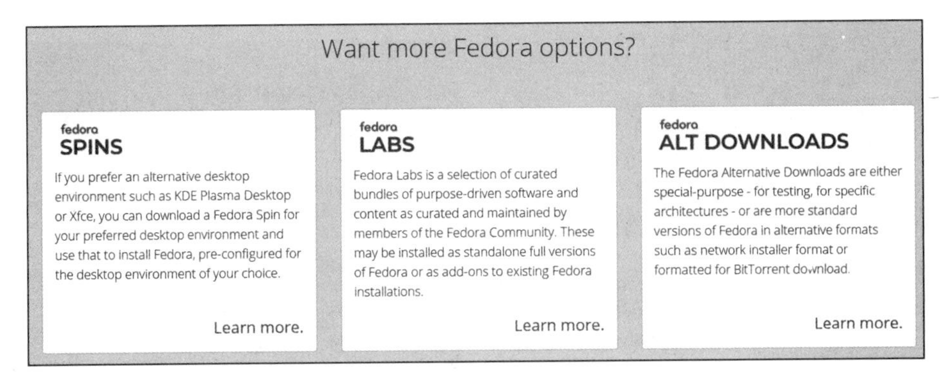

图 1-4　Fedora 的定制版选项

单击“ALT DOWNLOADS”链接打开“其他下载”页面，这是 Fedora 提供其他版本资源的页面，包括具有特定用途、面向特定体系结构的安装映像或者标准版的可选映像格式。如果上述这些版本仍不满足需求，那么用户可以制作自己的定制版[㊀]。

下载后的安装映像，使用刻录工具刻录到 DVD 光盘，或者使用 Fedora 介质写入工具写入 USB 存储器中，得到可启动的安装介质。如果使用 DVD 光盘，则需要将计算机设置成从 DVD 引导；同样如果使用 USB 存储器，则需要设置计算机从 USB 存储器引导。在虚拟机环境下安装 Fedora 时，只需将映像文件拷贝到磁盘，设置虚拟机的安装映像指向该文件即可启动安装。

1.3.2　引导安装程序

不同版本的 Fedora 的安装过程基本类似，包括收集安装所需的信息、拷贝到磁盘、进行必要的配置等。从 Live 映像安装与其他安装方式稍有不同，可以在安装之前运行 Live 映像中的系统进行体验，然后再安装到磁盘。下面以使用 Live 映像、从 DVD 光盘引导安装 Fedora 30 Workstation 为例，来说明 Fedora 的安装过程。

利用 DVD 光盘引导系统

从 DVD 光盘安装 Fedora 与安装 Windows 的过程非常类似。只要将计算机设置成 DVD 光驱引导，再把 DVD 光盘放入光驱，然后重新引导系统，即可进入引导菜单，如图 1-5 所示。引导菜单给出 3 个选项，并显示 60 秒的倒计时。第 1 个选项是运行 Fedora Live，第 2 个选项是首先测试安装介质然后运行 Fedora Live，第 3 个选项是诊断修复系统。默认选择第 1 个选项。

选择第 1 个选项后按 Enter 键，或者在倒计时结束后，Live 系统开始运行，在一系列启动过程文字闪现之后，显示如图 1-6 所示的 Live 运行选项窗口。

在该窗口上，提供两个选项“Try Fedora”和“Install to Hard Drive”。前者表示体验 Fedora 系统，后者表示直接安装系统到磁盘。所谓体验 Fedora，是指利用当前计算机的硬件，包括 CPU、内存、网卡、声卡等运行光盘上的系统，一旦关闭系统，计算机上不保留该系统的任何踪迹。该窗口还提示用户，既可以现在安装 Fedora，也可以在之后的任何时刻安装系统到磁盘。如果读者希望直接安装到磁盘，则选择第 2 个选项，跳过本小节下面的文字直接阅读 1.3.3 节。

㊀　本书第 10 章将介绍 Linux 的定制方法。

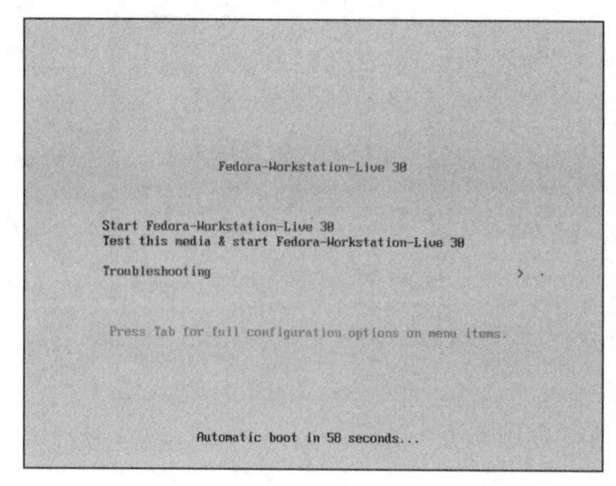

图 1-5　Live 映像的引导菜单

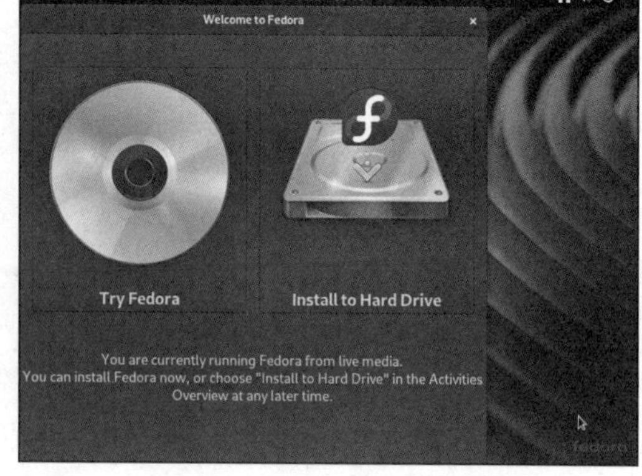

图 1-6　Live 映像的运行选项

选择“Try Fedora”之后，会弹出一个提示窗口，如图 1-7 所示。再次提示用户，之后可以在“Activities”视图通过选择“Install to Hard Drive”来将系统安装到磁盘。单击【Close】按钮关闭提示窗口，进入 Workstation 的 X Window 桌面，用户可以在此体验 Fedora 的各种新功能和特性。

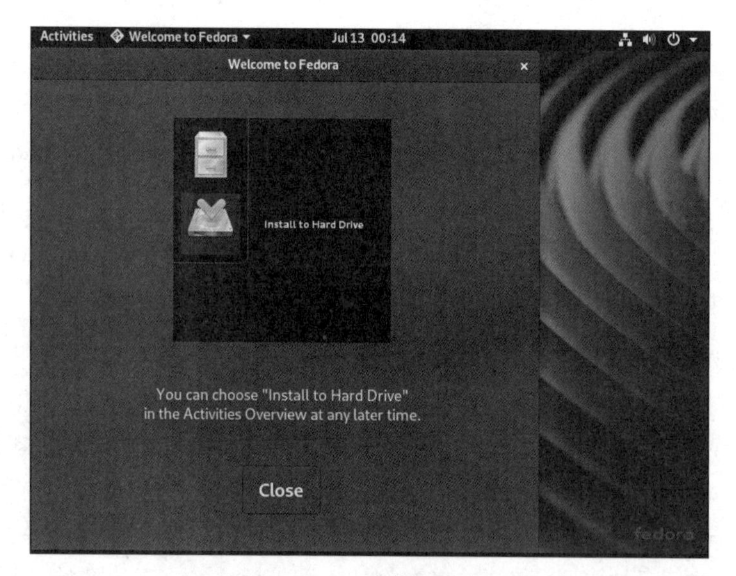

图 1-7　Live 映像提示窗口

单击 X Window 桌面左上角的“Activities”，桌面上会显示一些功能组件，如图 1-8 所示。左侧面板的第 4 个图标表示“Install to Hard Drive”。单击该图标，会启动将 Fedora 安装到磁盘的过程。

1.3.3　收集安装信息

安装过程的最开始是收集安装信息，包括安装过程使用的语言、本地时区、键盘类型、磁盘分区等，安装程序一般会提供默认选项，用户也可以根据自己的需求进行选择。磁盘分区是安装过程中的难点，将详细说明。

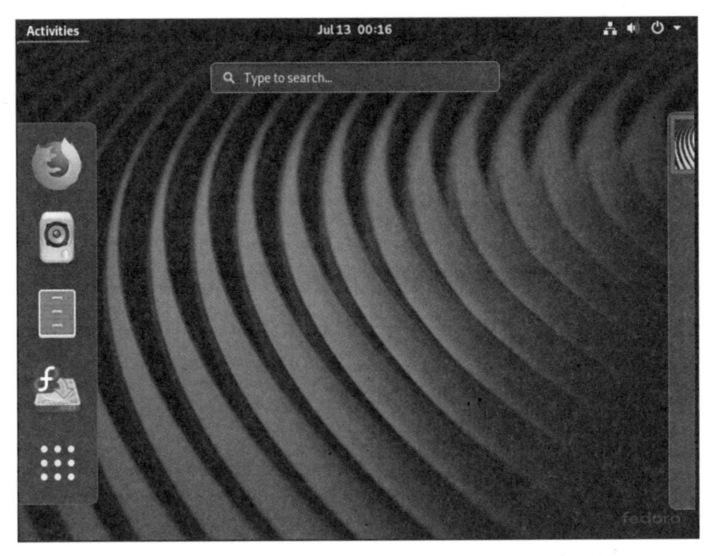

图 1-8　Live 映像的 X Window 桌面

首先需要选择安装过程中使用的语言，如图 1-9 所示。注意，这里选择的是安装过程界面所使用的语言，系统使用的语言还要在后面选择。在左侧列表框中选择“中文”，然后在右侧列表框中选择“简体中文（中国）”，即可使用中文的安装界面。

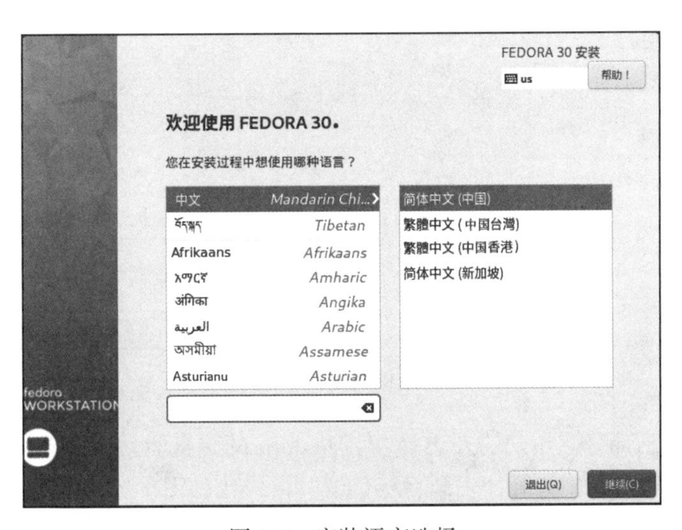

图 1-9　安装语言选择

接着需要设置本地化信息“时间和日期”和“键盘”及“安装目的地”，如图 1-10 所示。在该窗口上，对于时间和日期、键盘等信息，安装程序都提供了默认值，可以不进行任何修改，但“安装目的地”必须进行设置，否则窗口下方的【开始安装】按钮为灰色不可用状态。如果前面选定的安装语言为中文，那么时间和日期默认设置为“亚洲 / 上海”、键盘设置为“汉语”。只有当这些默认值与实际情况不符时才需要更改。

单击“时间和日期”图标，打开“时间和日期”设置窗口，在世界地图上单击用户附近区域，系统会选择一个较近的时区。如果想使用网络时间，则需要先设置好网络连接。

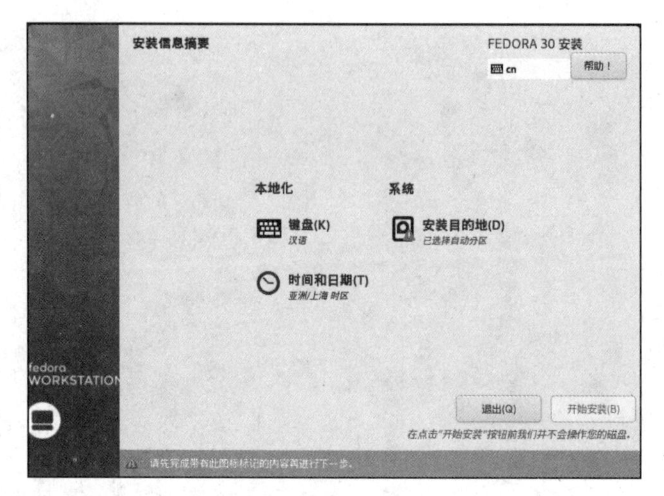

图 1-10　安装信息收集窗口

在图 1-10 所示的窗口上单击“键盘”图标，打开“键盘布局”窗口，如图 1-11 所示。用户应该根据键盘的实际情况选择默认的键盘布局配置。

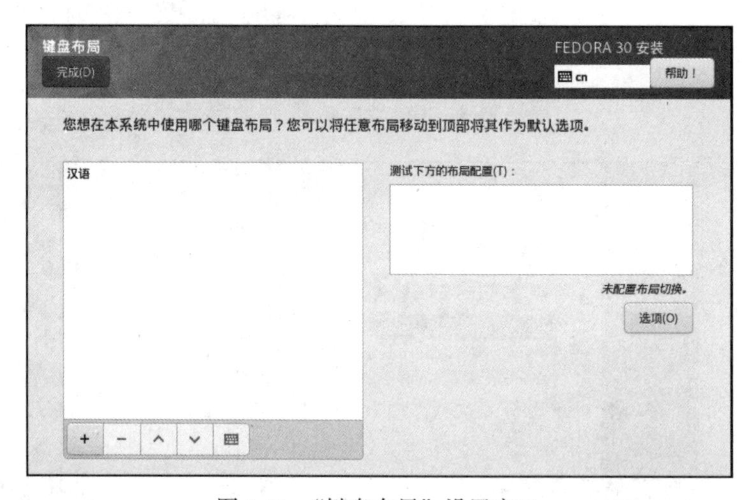

图 1-11　“键盘布局”设置窗口

在“系统”信息部分，用户需要选择安装 Fedora 的磁盘驱动器，并设置磁盘分区结构。单击“安装目的地”图标，打开“安装目标位置”窗口，如图 1-12 所示。

在“设备选择”下面，选择安装 Fedora 的磁盘。Fedora 可以安装在任何空闲的磁盘或者磁盘分区中。如果系统配有多个磁盘，Fedora 能够把多个磁盘配置成由软件实现的磁盘阵列，而无须使用 RAID 硬件设备。如果系统配有多个磁盘，则“本地标准磁盘”下面的窗口会列出可用于安装 Fedora 的所有磁盘。如果系统配有多于一块磁盘，那么必须选择使用哪个磁盘，也可以选择同时使用多块磁盘。如果要使用网络磁盘或其他磁盘，需要单击“添加磁盘”功能。

选择磁盘驱动器后，还需要选择磁盘的存储配置，默认情况下使用“自动”选项，也可以手工自定义设置。自动分区时，系统根据驱动器的大小及内存大小自动创建分区布局。如果选择自定义分区，那么一定要弄清 Fedora 需要哪些分区及每个分区的功能。磁盘分区的设置是安装过程中最需要小心谨慎的步骤。在图 1-12 上的“存储配置”选项中，已经默认选择了“自动”选项，如果使用该默认选项，并单击窗口左上角的【完成】按钮，则安装程序返回图 1-10 所示窗口，但此时“安装目的地”处没有了黄色警告叹号，显示“已选择自动分区”，并且窗口下部的【开始安装】按钮已变为可用状态。

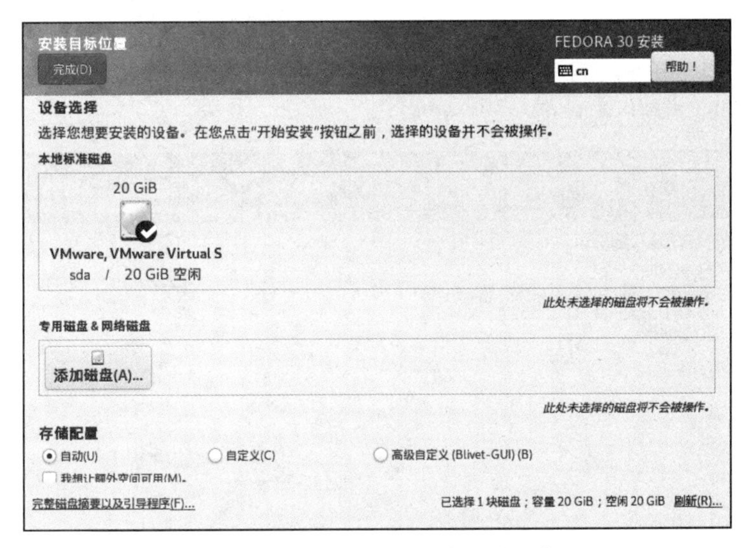

图 1-12 安装目标及磁盘分区设置窗口

如果要自己创建分区，则在图 1-12 上的“存储配置”选项中，选择“自定义”，然后单击左上方的【完成】按钮，打开“手动分区”窗口，如图 1-13 所示。在这里可以选择“单击这里自动创建它们”链接以自动创建所需的分区，也可以使用下方的【 + 】或【 - 】按钮添加或删除分区。

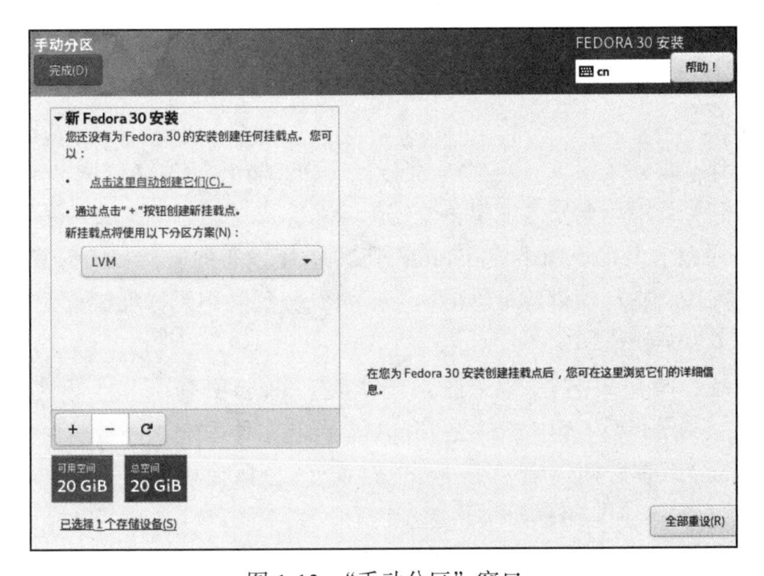

图 1-13 “手动分区”窗口

如图 1-14 所示为选择自动创建分区后系统创建的分区情况。如果对自动创建的分区满意，则单击【完成】按钮。也可以单击【全部重设】按钮，对系统自动创建的分区进行编辑，调整分区的参数。

Fedora 磁盘分区的主要参数包括：挂载点、期望容量、设备、设备类型、文件系统等，下面逐个进行说明。

1）挂载点：它指定了该分区对应 Linux 文件系统的哪个目录。Linux 允许将不同的物理磁盘上的分区映射到不同的目录，这样可以将不同的程序放在不同的物理磁盘上，当其中一个物理磁盘损坏时不会影响其他物理磁盘上的数据。Fedora 提供了 6 个挂载点选项，分别是 “/” “boot” “home” “var” “swap” “biosboot”。

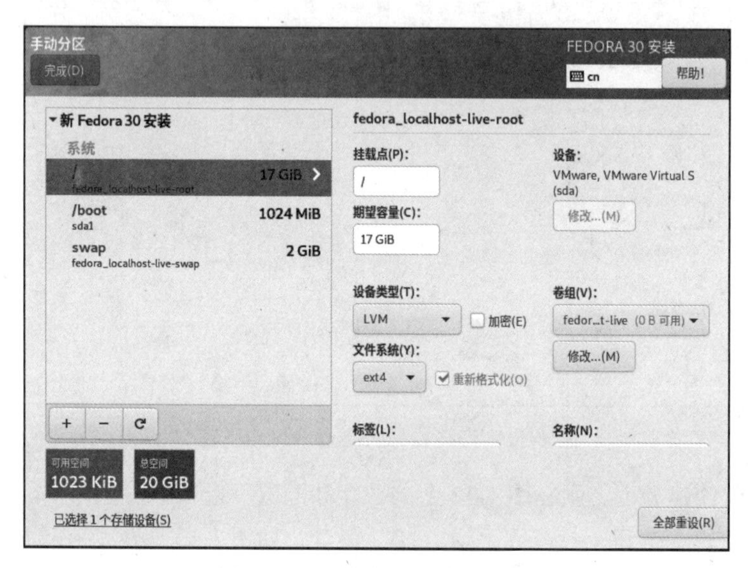

图 1-14　系统自动创建的分区

2）期望容量：指分区的最大容量[㊀]，分区的容量应该根据硬件情况和系统使用情况进行设置。

3）设备：如果计算机上有多个物理磁盘，就可以在这个选项中选择需要进行分区操作的物理磁盘。

4）设备类型：即分区模式，包括标准分区（standard）、LVM 分区、Btrfs 分区。其中 LVM（逻辑卷管理）可用一个分区虚拟多个逻辑分区，支持动态调整文件系统大小，方便文件系统跨越不同磁盘和分区。Btrfs 是 Oracle 于 2007 年发布的支持写入时复制的文件系统，后被引入 Linux 内核。在自动创建分区时，“/boot” 分区采用了标准模式，“swap” 分区和 “/” 分区都采用了 LVM 模式。

5）文件系统：指定该分区的文件系统类型，可选项有 ext4、ext2、ext3、swap 等，其中 ext4 是 Linux 最新的文件系统类型。此外，Linux 系统必须创建一个 swap 分区，该分区使用 swap 文件系统，它实际上是用磁盘实现虚拟内存，当系统内存使用率比较高的时候，内核会自动使用 swap 分区来模拟内存。

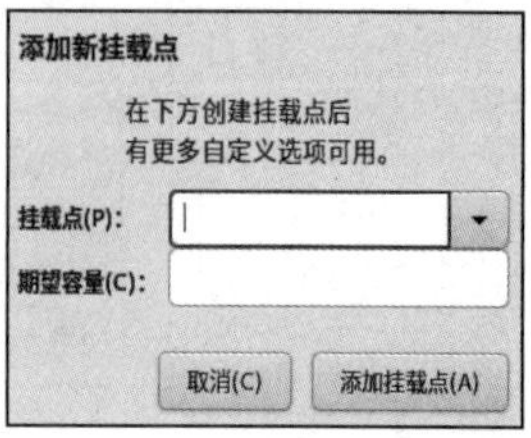

添加新挂载点
在下方创建挂载点后
有更多自定义选项可用。
挂载点(P):
期望容量(C):
取消(C)　添加挂载点(A)

图 1-15　添加新挂载点

在图 1-13 所示的窗口中，单击【 + 】按钮，可打开 “添加

㊀ Fedora 安装界面显示的容量使用了单位 MiB 和 GiB，本书各章节在表征容量的单位时都使用常用的单位 MB 和 GB。

新挂载点”界面，如图 1-15 所示。在该对话框中，可以选择分区所在的挂载点并设置分区的期望容量，这里的容量以 MB 为单位。

选定挂载点并输入期望容量之后，单击【添加挂载点】按钮，打开如图 1-16 所示的“手动分区”窗口，可以对刚刚添加的分区进行更详细的设置，也可以调整分区期望容量和挂载点。

分区的其他参数，包括设备、设备类型、文件系统等，安装程序都提供了默认值，一般不需要进行修改。

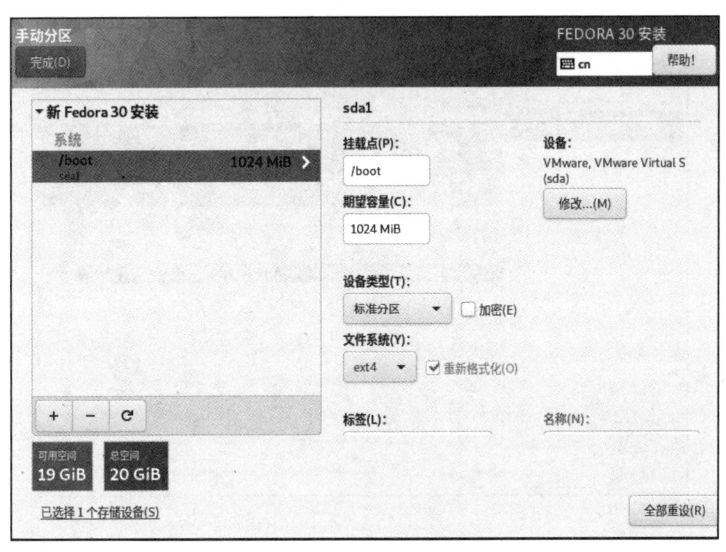

图 1-16　分区管理窗口

如果使用手动方式建立分区，建议创建如下 3 个分区，这是需要创建的最少分区个数。

1）“swap”分区：swap 分区的大小根据经验一般设为物理内存的 2 倍。但是当物理内存大于 2GB 时，swap 分区可以设置为 2GB 加上物理内存的大小。

2）“boot”分区：挂载点为 /boot，该分区包含了操作系统内核以及系统启动阶段必需的一些文件。它的文件系统类型必须是 ext4。对于大多数用户而言，该分区只需 100MB 左右。

3）“/”分区：这是根目录所在的挂载点。如果只创建上述 3 个分区，那么除了存储在 /boot 目录下的文件，所有其他文件都将存储在“/”分区。“/”是目录结构的根，在它下面还有其他的目录。

也可以创建 3 个以上的分区，例如创建单独的“/home”分区来存储用户数据，这时，“/home”分区的大小单独设置，为根分区“/”设置的大小不包括“/home”分区占用的空间；创建“/var”分区来存储各应用程序相关的数据。

设置好分区之后，单击顶部的【完成】按钮，安装程序将显示分区设置的“更改摘要”信息，如图 1-17 所示。用户检查整体设置是否满足自己的需求，如果满足要求，则单击【接受更改】按钮进行

图 1-17　分区设置更改摘要信息

确认，否则返回上一个界面对分区进行修改。

接受更改之后，安装程序返回图 1-10 所示的安装信息收集窗口。此时安装程序检测设置的分区是否满足系统要求，如果满足，则“安装目的地”处的黄色警告叹号消失，显示“已选择自定义分区”，并且窗口下部的【开始安装】按钮变为可用状态。

如果在图 1-12 所示的“存储配置”选项中选择了“高级自定义”选项，那么将打开图形用户界面的 BLIVET GUI 分区管理器，如图 1-18 所示。BLIVET GUI 是一款支持现代存储技术的磁盘管理工具，它使用 BLIVET 库来支持磁盘分区和 LVM 等基本操作。

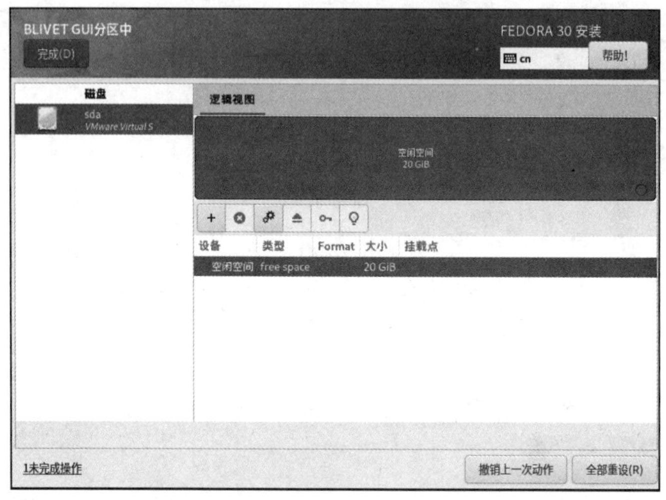

图 1-18　BLIVET GUI 分区管理器

1.3.4　正式安装

收集了所有必要的信息之后，单击图 1-10 下方的【开始安装】按钮，系统开启安装进程，如图 1-19 所示。安装进程将用户选择的软件从光盘介质拷贝到计算机的磁盘上。安装过程需要持续一段时间，中间不需要人工干预，安装进度条显示已安装部分所占的百分比。

图 1-19　安装进程提示窗口

在软件安装完成并设置好引导程序之后，系统会提示安装已经完成，如图 1-20 所示。单击【退出】按钮，结束安装过程。重新启动计算机，就可以进入新安装的系统了。

1.3.5　首次运行的设置

首次运行系统时，需要进行一些设置。启动系统后，会自动弹出设置向导，引导用户完成设置过程。

1. 系统语言

安装后的 Fedora 支持多种语言，用户可以选择自己桌面环境所使用的语言，如图 1-21 所示。

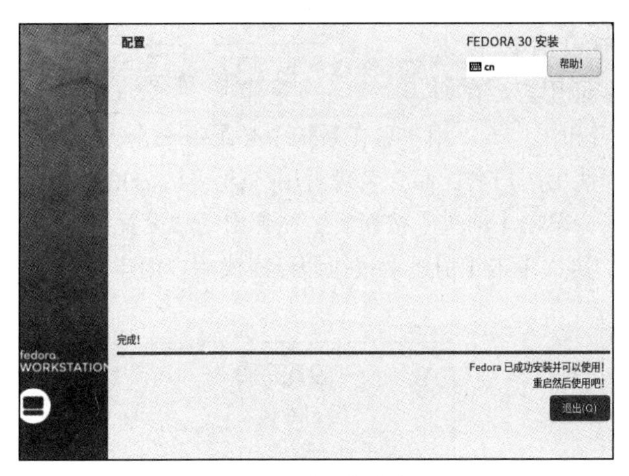

图 1-20　安装完成界面

图 1-21　选择桌面语言

2. 键盘布局

系统根据所选用的语言选择了默认的键盘布局，用户也可以根据自己的实际情况进行选择，如图 1-22 所示。

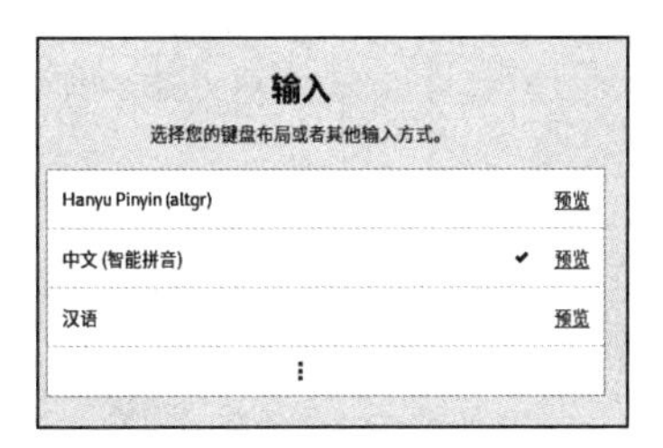

图 1-22　选择键盘布局

3. 隐私选项

Fedora 30 默认打开了“位置服务”和“自动提交问题报告”选项，如图 1-23 所示。“位置服务”是指允许应用程序使用 Mozilla 的位置服务确定用户所在的地理位置。“自动提交问题报告”是指主动向 Fedora 报告系统出现的技术问题，以帮助改进 Fedora 系统。

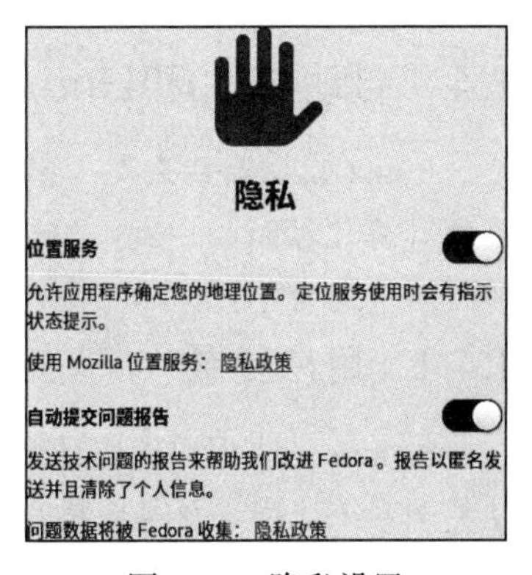

图 1-23　隐私设置

4. 在线账号

连接在线账号可帮助用户设置连接到谷歌、Nextcloud、微软、Facebook 的网络账号，方便访问这些账号相关的邮件、联系人、文档等信息，如图 1-24 所示。用户如果没有这些账号，可单击右上角的【跳过】按钮，跳过此设置步骤。

5. 创建用户

在 Linux 系统中有两类用户，根用户 root 和普通用户。

- 根用户（root），也叫超级用户，类似于 Windows 系统的 Administrator 或者 NetWare 的 Supervisor，root 用户可以在系统中做任何事情。
- 普通用户，普通用户只能进行有限的操作。

一般的 Linux 使用者均为普通用户，root 用户仅完成一些系统管理工作。如果只需完成一些由普通用户就能完成的任务，建议不要使用 root 用户，以免无意中破坏系统。

图 1-24　连接在线账号

Fedora 默认创建了 root 用户，但没有设置密码。在首次运行时，还需要创建一个普通用户。在如图 1-25 所示的界面上，输入用户的全名和用户名。用户名在系统中必须唯一，一旦创建，不能再更改，系统的所有授权、记账等都使用用户名。而全名是对用户的一个备注说明，比如在给用户提示信息时，就显示用户全名。单击【前进】按钮后，在弹出的“设置密码”对话框中输入用户的密码，如图 1-26 所示。再次单击【前进】按钮即可完成用户创建。

图 1-25　设置用户名

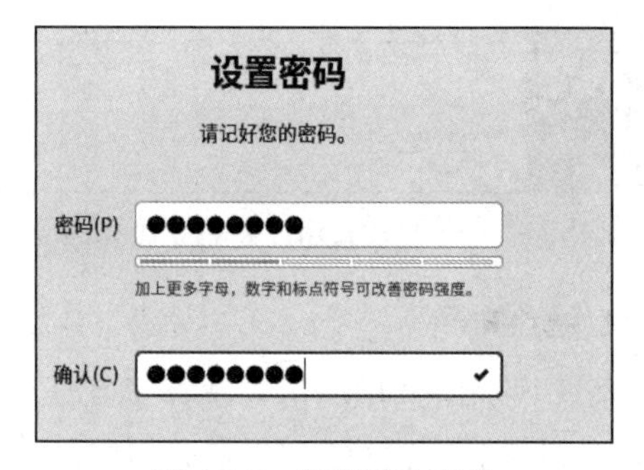

图 1-26　设置用户密码

需要说明的是，除系统创建的第一个账号外，其他已经创建了用户名和密码的用户在首次登录系统时，也要完成上述前 4 步的设置。这样每个用户登录系统后就可以有自己特定的桌面环境。

在进行完这些基本设置之后，Fedora 系统就一切准备就绪，于是用户就可以开始使用自己安装的 Fedora 了。

1.4　启动与关闭 Linux

Linux 成功安装之后，再次打开电源，在如图 1-27 所示的启动界面中选择第 1 个选项，或者等待几秒时间，就可以进入系统的登录界面。本节简要介绍 Fedora 的登录方式及注销和关闭系统的方法。

1.4.1　用户登录

Fedora 是多用户操作系统，用户要使用该系统，首先必须登录系统，使用完系统后，必须关闭系统。用户登录系统时，为了使系统能够识别自己，必须选择自己的用户名并输入匹配的密码，经验证无误后方能进入系统。

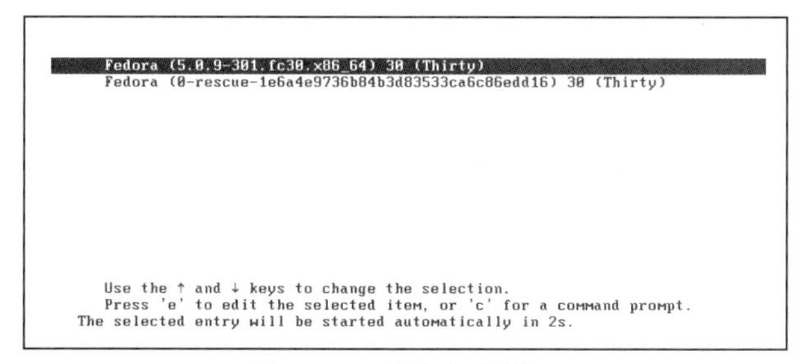

图 1-27　系统启动界面

按照系统引导，进入如图 1-28 所示的用户登录界面。该界面上列出了目前已经在系统中创建的除了 root 外的所有用户的全名。Fedora 出于安全性考虑在登录界面上隐藏 root 用户。选择要登录的用户，在如图 1-29 所示的对话框中输入该用户的密码，单击【登录】按钮完成登录过程。

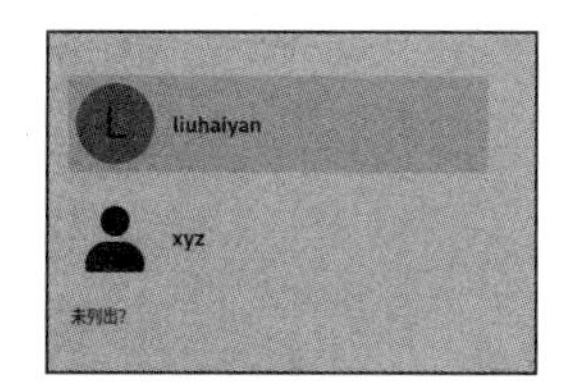

图 1-28　用户登录界面

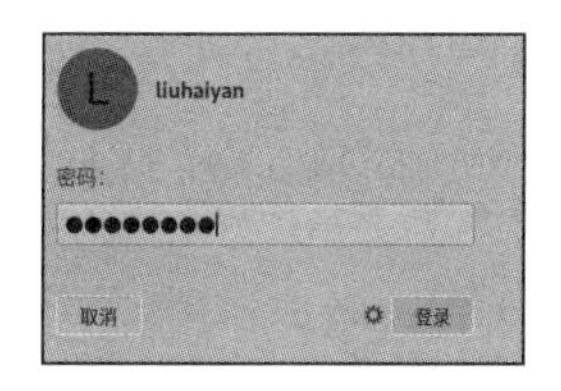

图 1-29　输入用户密码

如果要使用 root 用户登录，则需要单击登录窗口的“未列出？”链接，打开如图 1-30 所示的对话框。在该对话框中输入用户名，例如输入“root”，再单击【下一步】按钮，在打开的如图 1-31 所示的对话框中输入正确的密码，再单击【登录】按钮即可成功登录。需要说明的是，在图 1-30、图 1-31 所示的对话框中，也可以使用除 root 以外的其他用户登录，但要注意，这里输入的用户名不是用户的全名。全名与用户名是有区别的，例如在图 1-25 中创建用户时，全名是“liuhaiyan”，而用户名是“lhy”。

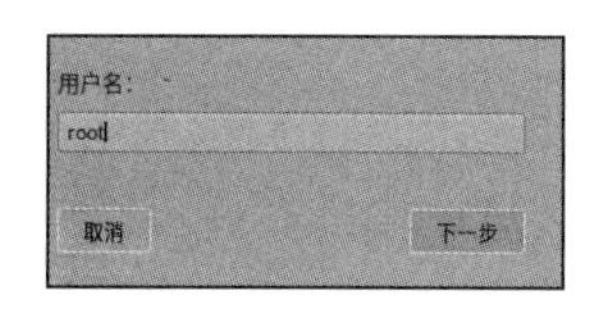

图 1-30　输入 root 用户名

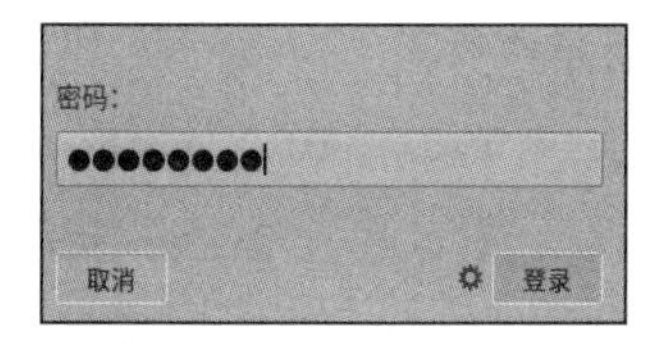

图 1-31　输入 root 用户的密码

需要注意，系统在安装过程中尽管创建了 root 用户，但并没有为它设置密码。必须首先为其创建密码，否则不能以 root 身份登录系统。可以首先以其他用户身份登录，然后执行命令“sudo passwd root”，为 root 用户创建新密码。

1.4.2　选择默认用户界面

1.2 节已经介绍过，Linux 提供了两种形式的用户界面，一种是图形界面 X Window，一种是命令行形式的用户界面 Shell。

1. 图形界面

默认安装的 Fedora Workstation 启动后直接进入如图 1-28 所示的图形化登录界面，登录成功后使用 X Window 图形化用户界面。

2. 命令行界面

当 Linux 作为服务器时，为了节省系统资源，通常不运行 X Window。许多专业级的 Linux 用户已经习惯了在命令行界面上工作，或是嫌 X Window 太慢，喜欢更直观、快速的命令行界面。使用命令行界面登录系统时，整个屏幕的左上角会出现登录提示：

```
Fedora 30 (Workstation Edition)
Kernel 5.0.9-301.fc30.x86_64 on an x86_64 (tty1)

localhost login:
```

提示的第 2 行给出了 Fedora 的内核版本号，login 的前面是主机名。在 login 提示符后面输入 root 或者其他用户名，按 Enter 键，在 Password 提示符后输入对应的密码，再按 Enter 键，即可登录成功。

如果 root 用户登录成功，则会出现“#”系统提示符。

```
Fedora 30 (Workstation Edition)
Kernel 5.0.9-301.fc30.x86_64 on an x86_64 (tty1)

localhost login: root
Password:
Last login: Sat Jul 13 17:55:28 on tty2
[root@localhost ~]#
```

如果一般用户登录成功，则会出现“$”系统提示符。

```
Fedora 30 (Workstation Edition)
Kernel 5.0.9-301.fc30.x86_64 on an x86_64 (tty1)

localhost login: lhy
Password:
Last login: Sat Jul 13 17:54:27 on tty2
[lhy@localhost ~]$ _
```

3. 默认用户界面

作为默认，Fedora Workstation 在启动时会自动使用图形化登录界面进入 X Window，而 Fedora Server 则默认进入命令行界面。可以通过命令来修改 Fedora 的默认用户界面。

早期版本的 Fedora 使用与 UNIX 的 System V 系统类似的运行级（run level）概念，系统提供 6 种不同的运行级，在不同的运行级下系统处于不同的运行状态。这 6 种运行级如下。

- 1：单用户模式，急救模式。
- 2：多用户，但是没有 NFS。
- 3：完全的多用户模式，标准的运行级。
- 4：保留，一般不用。
- 5：X Window 图形界面模式。
- 6：重新启动。

系统用 0 表示停机。运行级 3 就是标准的命令行界面模式，运行级 5 就是 X Window 图形界面模式。Fedora 30 使用目标（target）的概念代替了运行级。target 与运行级的对应关系如表 1-1 所示。

表 1-1　target 与运行级的对应关系

Fedora 的 target	System V 的运行级
poweroff.target	0
rescue.target	1
multi-user.target	2、3、4
graphical.target	5
reboot.target	6
emergency.target	

Fedora 主要使用两个默认 target，分别是 multi-user.target 和 graphical.target，分别对应运行级 3 和运行级 5，即命令行界面和 X Window 图形界面。

可以在终端中执行命令 systemctl get-default，读取系统当前使用的默认启动目标；执行命令 systemctl set-default 设置系统的默认启动界面。需要注意，在执行 set-default 命令时，系统会弹出对话框要求输入 root 用户的密码。

- 命令：systemctl set-default multi-user.target 设置默认启动目标为命令行界面。
- 命令：systemctl set-default graphical.target 设置默认启动目标为图形界面。

设置系统默认启动界面后，需要重新启动系统，新的设置才能生效。在命令行界面下成功登录后，可以执行命令 startx 启动图形化界面。通过 startx 启动的 X Window，注销后还会返回命令行界面。

1.4.3　用户注销

所谓注销，就是取消当前用户的登录，重新回到登录前的状态。

1. 图形化界面注销

在图形化界面上注销用户时，单击桌面右上角的系统菜单区，会弹出管理面板，管理面板上会显示当前的登录用户，如图 1-32 所示。单击登录用户右侧的箭头，会弹出用户操作选项：切换用户、注销、账号设置，如图 1-33 所示。

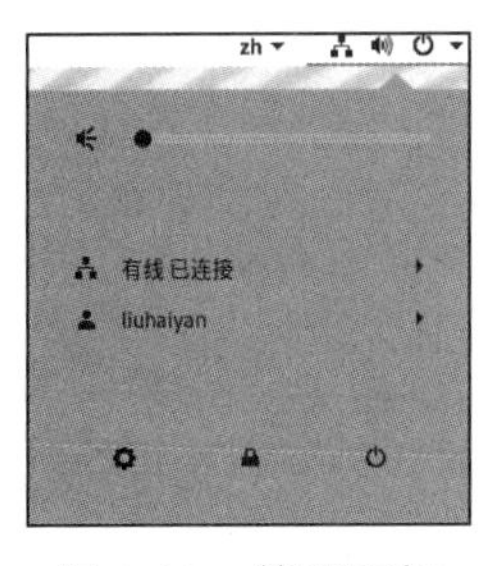

图 1-32　管理面板

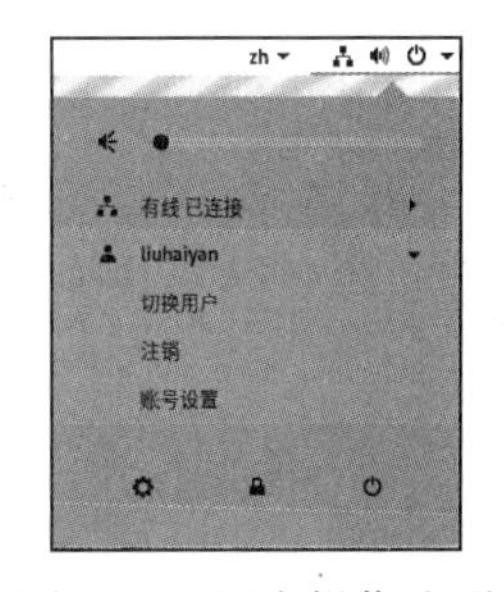

图 1-33　用户操作选项

单击“注销”选项，会弹出用户注销提示框，如图 1-34 所示。可以单击【取消】按钮取消注销操作，或者单击【注销】按钮立即执行注销命令。

执行注销命令后，系统回到图 1-28 所示的用户登录界面。

2. 控制台注销

在命令行界面下，输入命令 logout，则当前已登录用户被注销，系统重新回到登录前界面，用户可以重新登录。

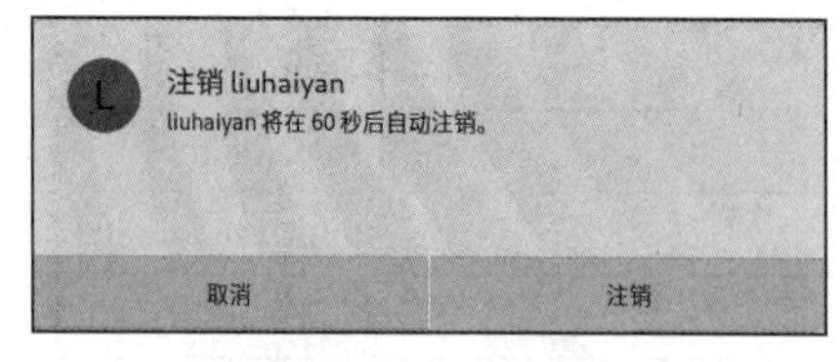

图 1-34 用户注销提示框

1.4.4 关闭系统

在切断计算机电源之前，首先需要关闭 Fedora 系统。绝对不能不执行关闭操作就直接切断电源，那样可能会导致未存盘数据丢失或者损害系统。

1. 图形化界面下的关机

在图形界面下，单击桌面右上角的系统菜单区，会弹出如图 1-32 所示的管理面板。管理面板下方的 3 个图标分别是设置图标、屏幕锁定图标和关机图标。单击关机图标，会弹出关机提示框，如图 1-35 所示。单击【关机】按钮，可执行关机命令；单击【重启】按钮可重新启动 Fedora 系统；单击【取消】按钮，可取消此次关机操作。

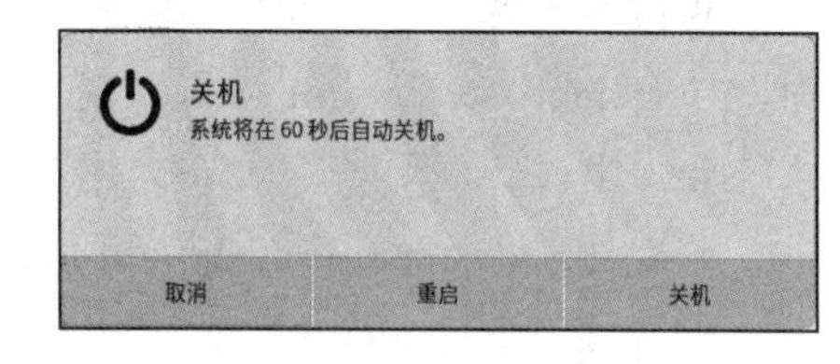

图 1-35 关机提示框

2. 命令行界面下的关机

可以在控制台执行 shutdown 命令、init 命令或 halt 命令来关闭或重新启动系统。

1）shutdown 命令能够采用一种比较安全的方式关闭系统。它首先通知已经注册到系统中的所有用户，使用户早做准备，及时保存尚未完成的处理工作，同时封锁其他用户再登录到系统。shutdown 命令还向所有的进程发送关闭信号，使进程能够执行善后处理。shutdown 命令的格式为：

```
shutdown [ 选项 ] time
```

其中，参数 time 指定关机时间。time 有两种格式：hh:mm 或者 +m。hh:mm 表示几点几分进行关机，使用 24 小时制。例如 shutdown 12:12。+m 表示 m 分钟后执行关机。特殊的参数 now 表示立即关机，即等价于 +0。

主要选项如下。

- -H：停机（Halt）。
- -r: 关机后再重新启动（reboot）。
- -P：关闭电源（Poweroff）。

2）init 是为了保持与 System V 系统兼容而保留的命令。init 命令是改变运行级命令，其命令格式为：

```
init  <n>
```

执行该命令后，系统进入运行级 n。当 n=0，进入运行级 0，而运行级 0 就是停机。

3）halt 命令也是为了与 System V 系统兼容而保留的命令。它只能由 root 用户执行。halt 命令的格式为：

```
halt [ 选项 ]
```

常用的选项 -p 表示在关机时，同时关闭电源。如果计算机不能自动切断电源，当看到系统已停机的提示时，可以手工切断计算机的电源。

除了 shutdown、init 和 halt 命令外，还可以通过 reboot、poweroff 命令来重新启动系统或关闭系统。

Fedora 30 使用 systemd 接管了系统和服务管理，因此关机和重启也可以使用 systemctl 工具实现，命令格式为：

```
systemctl  <命令>
```

这里的 <命令> 可以是 halt、poweroff、reboot 等命令。例如，执行 systemctl halt 与执行 halt 的作用相同，都表示关闭系统。

1.5　本章小结

Linux 是在 UNIX 基础上发展起来的类 UNIX 系统。本章首先分析了 Linux 的主要特性，并与其他主流操作系统进行了比较，然后详细介绍了 Fedora 的安装过程，介绍了 Linux 的登录、注销以及关闭方法。通过本章学习，读者不仅能够快速进入 Linux 世界，而且对 Linux 在总体上有一定了解。

习题

1. 什么是 Linux ?
2. Linux 有哪些特性?
3. Linux 与 Windows 操作系统的主要区别是什么?
4. Linux 与 UNIX 的相同点与不同点是什么?
5. 什么是 GNU 软件? 什么是 GPL 和 LGPL?
6. 什么是 Linux 的内核版本和发行版本 ?
7. 你知道哪些主要的发行版本?
8. 什么是 Linux 内核? 它的作用是什么?
9. 什么是 Shell ?　Shell 的作用是什么?
10. 如何确定系统硬件的体系结构类型?
11. Linux 有几种安装方式?
12. 可用哪几种方式建立 Linux 的分区? 怎样手工建立分区?
13. 安装 Linux 至少需要几个分区? 有哪些常用分区?
14. 安全专家建议，安装 Linux 时，最好为 home、var 等目录建立单独的分区，试分析这样做的好处。
15. swap（交换）分区的作用是什么?
16. 安装 Fedora 系统都需要收集哪些信息?
17. Fedora 使用 target 概念代替了 System V 系统的运行级概念，它们之间有什么样的对应关系?
18. 如何更改默认启动界面?
19. 如何进行用户登录和注销?
20. 如何安全关闭 Linux 系统?

第 2 章　Shell 及常用命令

在第 1 章介绍 Linux 系统结构时已经对 Shell 进行了简单介绍。Shell 是命令行形式的用户界面，它提供了一种用户与内核进行交互的接口。它接收用户输入的命令，并把它送入内核执行，然后把执行结果显示给用户。尽管近 20 多年来人机交互方式已普遍从字符命令行界面转向图形用户界面，并且 Linux 本身在图形化环境方面也做了很大改进，但在 UNIX/Linux 系统领域，Shell 依然是众多系统管理员首选的操作工具。

本章介绍关于 Shell 和它的命令的一些基本知识，涉及常用的 Shell 命令，包括文件、目录等概念，以及如何使用相应的命令对文件、目录进行管理，遇到问题时如何找到帮助信息等。关于用户管理、系统管理的 Shell 命令将在第 8 章介绍，关于 Shell 程序设计的知识将在第 11 章介绍。

2.1　Linux 终端使用基础

Shell 是终端下的用户操作界面，本节首先介绍 Linux 终端的概念，然后介绍 Linux 提供的 Shell 种类及 Shell 命令的基本格式。

2.1.1　什么是 Linux 终端

Linux 终端也称为虚拟控制台，是 Linux 从 UNIX 继承来的标准特性。显示器和键盘合称终端，因为它们可以对系统进行控制，所以又称为控制台，一台计算机的输入输出设备就是一个物理的控制台。如果在一台计算机上用软件的方法实现了多个互不干扰、独立工作的控制台界面，那么它就是实现了多个虚拟控制台。Linux 终端的工作方式是字符命令行方式，用户通过键盘输入命令进行操作，通过 Linux 终端对系统进行控制。通常情况下，Linux 默认启动 6 个虚拟终端。如果系统的默认启动界面选择了图形界面，那么 X Window 在第 1 个虚拟终端上。

在控制台界面下，虚拟控制台的选择可以通过按下 Alt 键和功能键 Fn（n=1~6）来实现。例如，用户登录后，按一下 Alt+F2 组合键，用户可以看到“ login:”提示符，说明用户看到了第 2 个虚拟控制台。然后只需按 Alt+F1 组合键，就可以回到第 1 个虚拟控制台。一个新安装的 Linux 系统允许用户使用 Alt+F1 到 Alt+F6 组合键来访问 6 个虚拟控制台。

虚拟控制台使得 Linux 成为一个真正的多用户操作系统，在不同的控制台上，允许多个用户同时登录，也允许一个用户进行多次登录。在某一个虚拟控制台上进行的工作尚未结束时，用户可以切换到另一个虚拟控制台开始另一项工作。例如，开发软件时，可以在一个控制台上进行编辑，在另一个控制台上进行编译，在第 3 个控制台上查阅信息。

在 X Window 中按 Alt+Ctrl+Fn（n=3~6）组合键就可以进入控制台字符操作界面，按 Alt+Ctrl+F2 组合键则回到刚才的 X Window。如果按 Alt+Ctrl+F1 组合键，则又打开一个新的 X

Window 登录界面，登录后窗口在 Alt+Ctrl+F6 之后依次排列。任何时刻，按 Alt+Ctrl+Fn（n 不等于 1）组合键，都可以在字符界面和已经登录的 X Window 界面间切换。这意味着，你可以同时拥有 4 个控制台操作界面和多个 X Window 界面，使用 Alt+Ctrl+Fn（n 不等于 1）组合键可以在字符界面与 X Window 界面间快速切换㊀。

2.1.2　Shell 的基本形式

Shell 是一个命令解释器，它可以用来启动、挂起、停止程序，还允许用户编写由 Shell 命令组成的程序。

1. Shell 的种类

Shell 有多种不同的版本，在 Linux 的 /etc 目录下的 Shells 文件中列出了系统可以接受的 Shell 及它们的路径。默认安装的 Fedora 30 中的 Shells 文件内容如下：

```
/bin/sh
/bin/bash
/usr/bin/sh
/usr/bin/bash
```

还可以通过执行命令 chsh -l 来得到系统支持的 Shell。

```
[root@localhost ~]# chsh -l
/bin/sh
/bin/bash
/usr/bin/sh
/usr/bin/bash
```

使用 ls 命令可以显示这些 Shell 的详细情况，例如：

```
[root@localhost ~]# ls -al /bin/sh
lrwxrwxrwx. 1 root root 4 Feb 16 18:03 /bin/sh -> bash
[root@localhost ~]# ls -al /bin/bash
-rwxr-xr-x. 1 root root 1494360 Feb 16 18:03 /bin/bash
```

其中，带箭头的文件是符号链接，它指向另外一个文件。2.3 节我们会详细介绍什么是符号链接，这里只需知道箭头前后是相同的 Shell 即可。由上述结果可知，Fedora 30 仅使用了 bash 这一种 Shell。

bash 指 GNU 的 Bourne Again Shell，是 GNU 操作系统上默认的 Shell。早期的 Fedora 版本及其他的 Linux 版本中还常用另一种 Shell，称为 zsh，zsh 是 UNIX 使用的命令解释器，既可以作为交互式登录的 Shell 也可以作为脚本处理器，它是在 ksh 的基础上发展而来的，并对功能进行了增强。

系统变量 $SHELL 记录系统当前正在使用的 Shell。

```
[root@localhost ~]# echo $SHELL
/bin/bash
```

虽然各种 Shell 的功能都差不多，但具体语法可能有所不同。本章主要介绍 Linux 系统

㊀ 如果是在 VMware 等虚拟机中安装的 Linux，由于 Alt+Ctrl 组合键已被虚拟机占用，那么必须首先修改虚拟机使用的快捷键，然后才能使用这里的切换方法。通过 VMware 虚拟机的【编辑 / 首选项】菜单，可以在首选项窗口中更改虚拟机使用的快捷键。

默认的 bash 的使用，bash 是对 ksh 和 ash 的改进，增加和增强了许多特性，还包含了很多其他 Shell 的特点，具有灵活和强大的编程接口，同时又有很好的用户界面。如无特殊声明，下文提到的 Shell 是指 bash。

命令 bash --version 给出系统当前的 bash 版本信息。

```
[root@localhost ~]# bash --version
GNU bash, version 5.0.2(1)-release (x86_64-redhat-linux-gnu)
Copyright (C) 2019 Free Software Foundation, Inc.
License GPLv3+: GNU GPL version 3 or later <http://gnu.org/licenses/gpl.html>

This is free software; you are free to change and redistribute it.
There is NO WARRANTY, to the extent permitted by law.
```

2. Shell 命令的基本格式

Shell 命令解释程序包含了一些内置命令，由 Shell 自身执行。除了内置命令，还有一部分由独立的程序实现的命令，用于对 Linux 功能进行扩展，称为外置命令，由 Shell 调用这些程序执行命令。例如命令 vi 是 vi 编辑器软件对应的命令，是外置命令。这里介绍 bash 的内部命令。

bash 有 40 多个内置命令，最多可有 12 个命令行参数，同时支持命令行编辑，即用户可以在输入完命令后移动光标到特定字符进行修改。它具有内建的帮助信息，2.6 节将介绍如何获得命令的帮助信息。

Shell 命令的基本格式为：

```
命令名　[ 选项 ]　<参数 1> <参数 2> ……
```

其中，方括号的部分表示该选项对命令来说是可选的。命令可能具有 0 个或多个参数。

[选项] 是对命令的特别定义，可以理解为更具体地告诉命令做什么。以“-”开始的选项通常只有一个字母，多个选项可以用一个“-”连接起来。比如“ls -a -l”与命令“ls -al”是相同的。有的选项以“--”开头，这些选项通常是一个单词，比如 --number。很多“--”格式的选项都有用“-”加上首字母的简写方式。

在命令、选项和参数之间用空格或制表符（Tab 键）隔开。连续的空格被 Shell 解释为一个空格。

3. 使用命令的基本方法

在 Shell 提示符下输入相应的命令，然后按 Enter 键执行命令，Shell 会读取命令并执行。命令执行完成后会返回提示符状态。如果没有此命令，Shell 会显示提示“-bash：…：command not found”，表明没有这个命令。这里需要强调的是，Linux 命令是严格区分大小写的，同一个单词大写和小写作为不同的命令。可以使用分号“；”将两个命令隔开，从而可以在一行中输入多个命令，按 Enter 键后 Shell 将依次执行这些命令。大多数 Shell 在到达行尾时都会自动换行，也可以使用反斜杠“\”或者分号“；”在多个命令行上输入很长的单个命令或者多个命令。

4. 命令自动补齐与历史记录

当输入命令、目录名或文件名开头的一个或几个字母时，只要按下 Tab 键，Shell 就会在相关的目录下自动查找匹配的项，自动补齐命令、目录名或文件名。如果按一次 Tab 键不能自动补齐，可以连续按两次 Tab 键，Shell 将列出所有符合匹配条件的命令或文件名。当命令、目录名或文件名很长或者难以记忆时，自动补齐功能可帮助我们提高输入效率。

Shell 会自动记忆输入过的命令，按向上↑键或者向下↓键，可以按输入顺序选择输入过的命令。

5. Shell 提示符

与 DOS 的命令提示符类似，Shell 也有命令提示符。在第 1 章介绍控制台登录时，曾提到 root 用户登录后提示符为 [root@ 主机名 ~] #，用户 lhy 登录后提示符为 [lhy@ 主机名 ~] $。

其中以“#”符号结尾的提示符表明该 Shell 的用户是 root 用户；对于 root 以外的用户，命令提示符以“$”符号结尾。默认的提示符的其他部分分别表示 [登录用户 @ 主机名当前目录]，符号“~”表示当前目录是该用户的主目录。

可以定制 Shell 的提示符，以显示系统信息或正在进行的工作。要定制自己的 Shell 提示符，可以参考文档 Bash Prompt HOWTO，或者 bash 自己的帮助文档，那里有非常详细的说明信息。

6. 输入输出重定向

Shell 命令是控制台命令，使用标准输入输出设备，即从键盘接收输入，将结果显示在显示器上。可以将 Shell 命令的输入输出重定向到其他文件或设备，这对于需要仔细分析命令处理结果及需要提前准备大量输入数据的情况都非常有用。

输入重定向符为“<”，输出重定向符为“>”和“>>”。如果 Shell 命令 X 执行过程中需要从控制台输入数据，那么执行命令“X < file”直接从文件 file 中读取所需的数据。若执行 Shell 命令 X 有输出结果，那么执行命令“X > file”将输出结果写入文件 file 中，如果 file 中原来有数据，那么其原有数据被清除。“>>”和“>”的区别是，使用“>>”重定向符不清除 file 文件的原有内容，而是将新数据附加在原数据之后。

例如，命令“ls -l”列出当前目录下的所有文件，将其显示在屏幕上，执行命令“ls -l > lsresult”则屏幕上不显示任何执行结果，而是在文件 lsresult 中存储“ls -l”命令的执行结果。

7. 管道

在 Linux 系统中，管道是一种先进先出的单向数据通道。利用管道符号“|”，可以将多个命令组合到一起，把前一个命令的输出传递给下一个命令作为输入，最终得到经过多个命令依次处理的结果。

例如，lspci 命令可以显示系统安装的所有 PCI 设备信息，grep 命令可以检索数据中符合匹配条件的文本。通过管道符号将 lspci 命令的输出结果传递给 grep 命令作为输入，可以查找系统中是否安装了符合匹配条件的 PCI 设备。例如，要显示系统安装的 VGA 设备，命令显示如下：

```
[lhy@lhy ~]$ lspci
00:00.0 Host bridge: Intel Corporation 440BX/ZX/DX - 82443BX/ZX/DX Host bridge (rev 01)
00:01.0 PCI bridge: Intel Corporation 440BX/ZX/DX - 82443BX/ZX/DX AGP bridge (rev 01)
00:07.0 ISA bridge: Intel Corporation 82371AB/EB/MB PIIX4 ISA (rev 08)
00:07.1 IDE interface: Intel Corporation 82371AB/EB/MB PIIX4 IDE (rev 01)
00:07.3 Bridge: Intel Corporation 82371AB/EB/MB PIIX4 ACPI (rev 08)
00:07.7 System peripheral: VMware Virtual Machine Communication Interface (rev 10)
00:0f.0 VGA compatible controller: VMware SVGA II Adapter
00:10.0 SCSI storage controller: LSI Logic / Symbios Logic 53c1030 PCI-X Fusion-MPT Dua
l Ultra320 SCSI (rev 01)
[lhy@lhy ~]$ lspci | grep VGA
00:0f.0 VGA compatible controller: VMware SVGA II Adapter
```

2.2 文件与目录的基本概念

用户的数据和程序大多以文件的形式保存在磁盘上。在用户使用 Linux 系统的过程中，需要经常对文件和目录进行各种操作。本节主要介绍 Linux 文件系统的基本概念。

2.2.1 文件与文件类型

在多数操作系统中都有文件的概念。文件是 Linux 用来存储信息的基本结构，它是被命名（称为文件名）的存储在某种介质（如磁盘、光盘和磁带等）上的一组信息的集合。Linux 文件均为无结构的字符流形式。文件名是文件的标识，它由字母、数字、下划线和句点组成的字符串构成。Linux 要求文件名的长度不超过 255 个字符，用户应该选择有意义的文件名以便于记忆。

为了便于管理和识别，用户可以把扩展名作为文件名的一部分，通常句点之后的部分为扩展名。扩展名对于分类文件十分有用。例如，C 语言编写的源代码文件的扩展名为 .c。除了 Linux 系统或应用程序采用的常见扩展名外，用户还可以根据自己的需要，自己定义文件扩展名，例如：.myext。

Linux 系统中有 3 种基本的文件类型：普通文件、目录文件和设备文件。

1. 普通文件

普通文件是用户最经常使用的文件。它又分为文本文件和二进制文件。

- 文本文件：文本文件以文本的 ASCII 码形式存储在计算机中。它是以“行”为基本结构的一种信息组织和存储方式。
- 二进制文件：这类文件以二进制形式存储在计算机中，用户一般不能直接读懂它们，只有通过相应的软件才能将其显示出来。常见的可执行程序、图形、图像、声音等文件都是二进制文件。

2. 目录文件

目录用于管理和组织系统中的大量文件。在 Linux 系统中，目录以文件的形式存在，目录文件存储了一组相关文件的位置、大小等与文件有关的信息。目录文件简称为目录。

3. 设备文件

Linux 系统把每一个 I/O 设备都看成一个文件，与普通文件一样处理，这样可以使文件与设备的操作尽可能统一。从用户的角度来看，对 I/O 设备的使用和对一般文件的使用一样，不必了解 I/O 设备的细节。设备文件又可以细分为块设备文件和字符设备文件。前者的存取是以字符块为单位的，后者则是以单个字符为单位的。

2.2.2　目录

在计算机系统中存有大量的文件，如何有效地组织与管理它们，并为用户提供一个使用方便的接口是文件系统的一大任务。Linux 系统以目录的方式来组织和管理系统中的所有文件。目录将所有文件的说明信息采用树形结构组织起来，有时也将目录称作文件夹，即存放文件的地方。整个文件系统有一个“根”（root)，然后在根上分“杈”（directory)，任何一个分杈上都可以再分杈，杈上也可以长出“叶子”。“根”和“杈”称为“目录”或“文件夹”，而“叶子”则是一个个的文件。实践证明，此种结构的文件系统存取效率比较高。

Linux 系统通过目录将系统中所有的文件分级、分层组织在一起，形成了 Linux 文件系统的树形层次结构。以根目录“/”为起点，所有其他的目录都由根目录派生而来。一个典型的 Linux 系统的树形目录结构如图 2-1 所示。用户可以浏览整个系统，可以进入任何一个授权进入的目录，访问那里的文件。

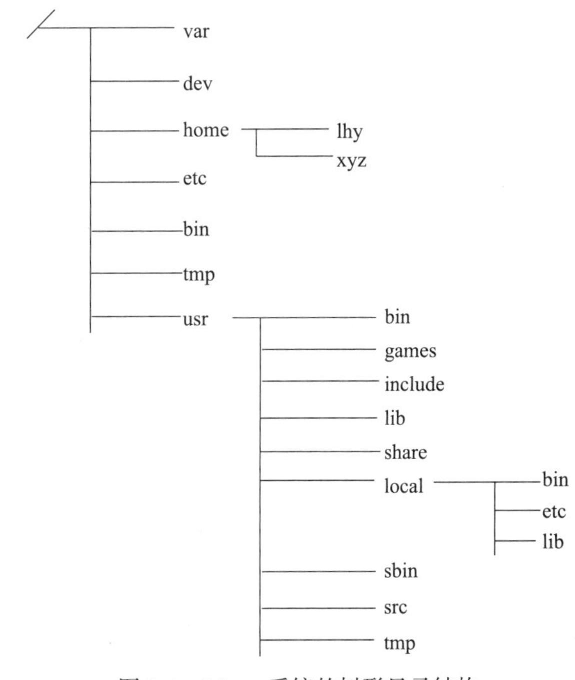

图 2-1　Linux 系统的树形目录结构

在图 2-1 中，/usr 目录存放用户安装的软件，用户安装的软件一般位于此目录下；/home 目录存放用户自身的数据；/bin 目录存放 Shell 命令等可执行文件；/dev 目录存放系统设备的信息；/var 目录主要存放系统可变信息的内容，如日志、邮件、打印队列等；/etc 目录存放系统配置信息。

图 2-1 中只给出了目录节点的名称，没有给出各个目录下的每一个文件。实际上，各个目录节点之下都会有一些文件和子目录。系统在建立每一个目录时，都会自动为它设定两个目录文件，一个是“.”，代表该目录自己，另一个是“..”，代表该目录的父目录，对于根目录，“.”和“..”都代表其自己。

Linux 目录提供了管理文件的一个方便途径。用户可以为自己的文件创建自己的目录，也可以把一个目录下的文件移动或复制到另一目录下，而且能移动整个目录，也可以和系统中的其他用户共享目录和文件。用户能够方便地从一个目录切换到另一个目录，还可以设置目录和文件的管理权限，以便允许或拒绝用户对其进行访问。

需要说明的是，根目录是 Linux 系统的特殊目录，操作系统本身的驻留程序存放在以根目录开始的专用目录中，有时称为系统目录。在图 2-1 中，那些根目录下的目录就是系统目录。

2.2.3　工作目录、用户主目录与路径

为使用户更好地使用目录，下面介绍有关目录的一些基本概念。

1. 工作目录与用户主目录

用户登录到 Linux 系统后，每时每刻都处在某个目录之中，此目录被称为“工作目录”（Working Directory）或“当前目录”（Current Directory）。工作目录是可以随时改变的。工作目录用“.”表示，其父目录用“..”表示。

用户主目录（Home Directory）是系统管理员在增加用户时为该用户建立的目录，每个用户都有自己的主目录。默认情况下，用户主目录是 /home 目录下与用户名相同的目录。不同用户的主目录一般互不相同，也可以改变用户的主目录。用户刚登录到系统中时，其工作目录便是该用户的主目录。用户可以通过“~”字符来引用自己的主目录。例如，用户 lhy 的主目录是 /home/lhy，那么命令 ls ~/files 和命令 ls /home/lhy/files 的意义相同。

2. 路径

对文件进行访问时，需要用到“路径”（Path）的概念。顾名思义，路径是指从树形目录结构中的某个目录到某个文件的一条道路。此路径的主要构成是目录名称，中间用“/”分开。一个文件在文件系统中的位置是由相应的路径决定的。路径分为相对路径和绝对路径。绝对路径是指从“根”开始的路径，也称为完全路径；相对路径是指从用户工作目录开始的路径。在树形目录结构中，到某个文件的绝对路径只有一条，而且是确定不变的，而相对路径则随着用户工作目录的变化而不断变化。

用户在对文件进行访问时，必须给出文件所在的路径。既可以使用文件的绝对路径，也可以使用相对路径。例如，假设 /home/lhy/mydir 目录下有两个文件：file_1 和 file_2。用户 lhy 的工作目录是自己的主目录 /home/lhy，若用户 lhy 想显示 mydir 目录中名为 file_1 的文件，可以使用下列命令：

```
cat  /home/lhy/mydir/file_1
```

也可以根据文件 file_1 与当前工作目录的相对位置来引用该文件，这时命令如下：

```
cat mydir/file_1
```

3. 通配符

Linux 系统允许使用特殊字符来同时引用多个文件名，这种特殊的字符称为“通配符”。Linux 系统中的通配符除了“*”和“?”以外，还可以使用“[”“]”和“-”组成的字符组模式，以便精确地扩充需要匹配的文件范围。

- 通配符“*”：通配符“*”可以代表文件名中的任意字符或字符串。通配符“*”不能与以单句点开头的文件名相匹配。以单句点开头的文件在 Linux 中是隐藏文件。
- 通配符“?”：通配符“?”可以匹配任意一个字符。
- 字符组模式：通配符“[”“]”“-”用于构成字符组模式。“[”和“]”将字符组括起来，表示可以匹配字符组中的任意一个。“-”用于表示字符范围。例如［abc］表示匹配 a、b 或者 c，［a-f］表示匹配从 a 到 f 这个范围之中的任意一个字符。

注意，当“-”处于方括号外或者字符“*”“?”处于方括号内时，它们将失去通配符的作用。

- 转义字符：当“-”处于方括号内或者“*”“?”处于方括号外时，如果希望它们失去通配符的作用，则需要使用转义字符“\”。也就是说，如果在它们前面加上转义字符“\”，它们将作为普通字符而不是通配符出现。

2.3 对目录和文件的基本操作

本节介绍常用的文件和目录操作命令，在这些命令中，文件可以用绝对路径表示也可以用相对路径表示。

2.3.1 显示文件命令

1. 文件查看和连接命令 cat

命令格式：

```
cat [选项] <file1> …
```

说明：把文件串接后显示在标准输出上。

主要选项的含义如下。

- -n 或 --number：由 1 开始对所有输出的行数进行编号。
- -b 或 --number-nonblank：和 -n 相似，只不过对于空白行不编号。
- -s 或 --squeeze-blank：当遇到有连续两行以上的空白行时，就替换为一行空白行。
- -v 或 --show-nonprinting：显示不可打印字符。

例如：

```
cat -n textfile1
```

表示将文件 textfile1 的内容加上行号后显示输出。

```
cat -b textfile1 textfile2
```

表示把文件 textfile1 和 textfile2 的内容串接在一起加上行号（空白行不加行号）后输出。

2. 分屏显示命令 more

命令格式：

```
more [选项]  <file>…
```

说明：该命令的作用类似于 cat，可将文件显示在屏幕上，但它每次只显示一页。显示文件时，按空格键可显示下一页，按 Q 键退出显示，按 H 键给出帮助信息。该命令还具有搜索字符串的功能。

主要选项的含义如下。

- -<num>：指定屏幕显示的行数为 num 行。
- -d ：在屏幕下方显示提示信息“ Press space to continue, 'q' to quit.”，如果用户按错键，则显示信息“Press 'h' for instructions.”而不是响铃。

- -l：more 默认情况下遇见特殊字符 ^L（送纸字符）时会暂停，使用该选项可取消该功能。
- -f：计算行数时，计算的是实际的行数而非自动换行后的行数，因为当单行字数太长时会自动换行。
- -p：不以卷动的方式显示每一页，而是先清除屏幕后再显示内容。
- -c：与 -p 相似，不同的是先从顶部开始显示内容，再清除每行后剩余的旧内容。
- -s：当遇到有连续两行以上的空白行时，替换为一行的空白行。
- -u：不显示下划线。
- +/<string>：在文件中搜寻字符串 string，然后显示字符串所在页的内容。
- +<num>：从第 num 行开始显示。

例如：

逐页显示 testfile 文件的内容，如有连续两行以上空白行则以一行空白行显示。

```
more -s testfile
```

从第 20 行开始显示 testfile 文件的内容。

```
more +20 testfile
```

3. 按页显示命令 less

命令格式：

```
less [ 选项 ] <filename>
```

说明：less 的作用与 more 十分相似，都可以用来浏览文本文件的内容，不同的是 less 允许使用者往回卷动以浏览已经看过的部分，同时 less 并不在一开始就读入整个文件，因此在遇上大型文件时，会比较快。与 more 相比，less 的功能更加强大，在 less 命令执行时，可以使用的命令与 vi 编辑器的命令及 more 的命令类似。该命令的选项很多，这里只介绍常用的几个。

- -i：在查找时忽略大小写。
- -p<string>：搜索指定的字符串，并从第一个符合条件的地方开始显示。
- -< 显示列数 >：改变页面的显示列数。
- -S：当某行的内容超过显示页面的宽度时，直接将超出的部分截断舍弃，默认情况下 less 命令会把超出的部分折回来显示。

例如，分屏显示 testfile 文件的内容，并将超出页面宽度的行截断显示。

```
less -S testfile
```

2.3.2　复制、删除和移动命令

1. 复制命令 cp

命令格式：

```
cp [ 选项 ] <source> <dest>
```

或者

```
cp [ 选项 ] <source>... <directory>
```

说明：将一个文件复制至另一文件，或者将一个或多个文件复制至另一个目录。

主要选项的含义如下。

- -r：若 source 中含有目录，则递归地将目录下的文件也依序复制至目的地。
- -f：若目的地已经有同名文件存在，则在复制前先予以删除再进行复制。
- -a：尽可能将文件模式、所有者、时间标签、链接等信息照原状予以复制，并且递归地复制子目录中的文件。

例如：

将文件 aaa 复制为文件 bbb。

```
cp aaa bbb
```

将所有的 C 语言源程序拷贝至 Finished 子目录中。

```
cp *.c Finished
```

2. 删除命令 rm

命令格式：

```
rm [ 选项 ] <name>...
```

说明：逐个删除指定的文件或目录。默认情况下，<name> 为文件名，rm 命令不删除目录，只有指定 -d 选项时才删除指定的目录。

主要选项的含义如下。

- -i：删除前逐一询问确认。
- -f：强制删除，即使原文件属性为只读，也直接删除而无须逐一确认。
- -r：递归地删除目录下的内容。

例如：

删除当前目录下所有的 C 语言源程序文件，删除前逐一询问确认。

```
rm -i *.c
```

将 myfiles 子目录及子目录中的所有文件强制删除。

```
rm -rf  myfiles
```

3. 移动或重命名命令 mv

命令格式：

```
mv [ 选项 ] <source> <dest>
```

或者

```
mv [ 选项 ] <source>... <directory>
```

说明：将一个文件重命名为另一文件，或将数个文件移至另一目录。

主要选项的含义如下。

- -i：若目的地已有同名文件，则先询问是否覆盖原文件。

- -f：强制移动，如果目的地有同名文件，则覆盖原文件。

例如：

将文件 aaa 更名为 bbb。

```
mv aaa bbb
```

将所有的 C 语言源程序移至 myproject 子目录中，若目的地已有同名文件，则先询问是否覆盖原文件。

```
mv -i *.c myproject
```

2.3.3 创建和删除目录命令

1. 创建目录命令 mkdir

命令格式：

```
mkdir [-p] <dirName>…
```

说明：如果指定目录不存在，则建立之。

选项 -p 表示，若要建立的目录的上层目录尚未建立，则一并建立上层目录。

例如：

在当前工作目录下，建立一个名为 AAA 的子目录。

```
mkdir AAA
```

在当前工作目录下的 BBB 子目录中，建立一个名为 CCC 的子目录。若 BBB 目录原本不存在，则建立它。

```
mkdir -p BBB/CCC
```

在本例中，若不加选项 -p，并且原本 BBB 目录不存在，则该命令会报错，声明无法创建目录。

2. 删除目录命令 rmdir

命令格式：

```
rmdir [-p] <dirName>
```

说明：删除空目录 dirName，如果目录 dirName 非空，则出现错误信息。

选项 -p 表示，当删除指定目录后，如果该目录的上层目录也变成了空目录，则将其一并删除。

例如：

将当前工作目录下名为 AAA 的子目录删除。

```
rmdir AAA
```

在当前工作目录下的 BBB 目录中，删除名为 CCC 的子目录。若 CCC 删除后，BBB 目录成为空目录，则将 BBB 也一并删除。

```
rmdir -p BBB/CCC
```

2.3.4 切换工作目录和显示目录命令

1. 切换工作目录命令 cd

命令格式：

```
cd <dirName>
```

说明：变换工作目录至 dirName。其中 dirName 可以用绝对路径表示也可以用相对路径表示。若目录名省略，则变换至当前用户的主目录。在该命令中也可以用“~”“.”“..”作为切换目标。

例如：

切换到 /usr/bin/。

```
cd /usr/bin
```

切换到自己的主目录。

```
cd ~
```

切换到当前目录的上上层目录。

```
cd ../..
```

2. 显示目录命令 pwd

pwd 命令用于显示用户当前所在的目录。

例如：执行命令

```
pwd
```

结果显示 /home/lhy，表示当前处于目录 /home/lhy 中。

3. 查看目录命令 ls

命令格式：

```
ls [ 选项 ] [<name>...]
```

说明：列出文件或者目录的信息。<name> 是文件或者目录名，默认情况下列出当前工作目录的信息。如果给定文件或者目录名，则列出指定文件或者目录的情况。

主要选项如下。

- -a：显示所有文件及目录，ls 默认将名称以“.”开头的文件或目录视为隐藏，不会列出。
- -b：当文件名包含不可打印字符时，以八进制形式列出文件名。
- -d：如果 name 参数是一个目录，那么默认情况下 ls 命令仅列出目录的名字，而不列出目录下的文件。-d 选项与 -l 选项一起使用，可列出目录的属性信息。
- -l：使用长格式，除文件名外，还显示文件的类型（d 为目录，c 为字符型设备，b 为块设备，p 为命名管道，f 为一般文件，l 为符号链接，s 为套接字）、权限、硬链接的个数、所有者名、群组名、文件大小（单位为字节）、修改时间等详细信息；如果列表是一个目录，则在最前面给出“总用量…”表示该目录占用的总块数（1块 = 1024字节）。

- -r：将文件以相反顺序显示，默认情况下按文件或目录名的英文字母顺序显示。
- -t：将文件依修改时间排序，越新的越靠前。
- -A：同 -a，但不列出“.”及“..”文件。
- -F：在列出的文件名后以符号表示文件的类型，一般文件之后不加符号，可执行文件加“*”，目录加“/”，符号链接加“@”，管道加“|”，套接字加“=”。
- -R：若目录下有文件，则递归地列出目录下的文件。

例如：

列出当前目录下所有名称以“s”开头的文件的详细信息，要求越新修改的文件越靠前。

```
ls -lt s*
```

将 /bin 目录下所有目录及文件的详细信息列出。

```
ls -lR /bin
```

列出当前目录下所有文件及目录，目录名后加“/”，可执行文件名后加“*”。

```
ls  -AF
```

2.3.5 查找与定位命令

1. 查找文件或者目录命令 find

find 命令按照用户指定的条件，从指定的目录开始检索，找到所有满足匹配条件的文件。指定的条件可以是文件名、文件大小或文件修改日期等。

命令格式：

```
find [path…] [expression]
```

说明：在目录树层次中从 path 开始向下查找文件，将符合 expression 规定的文件列出来。输入的命令中第一个以“-”“(”“)”“,”或者“!”开始的参数作为 expression 参数，在这之前的参数都被认为是要搜索的路径，在这之后的才被认为是 expression 的部分。如果不给出 path，则使用当前工作目录；如果不给出 expression，则使用“-print”作为默认的 expression。

expression 中可使用的选项有二三十个之多，在此只介绍最常用的部分。

- -amin <n>：在过去 n 分钟内被访问过。
- -anewer <file>：比文件 file 更晚被访问过的文件。
- -atime <n>：在过去 n 天内被访问过的文件。
- -cmin <n>：在过去 n 分钟内被修改过。
- -cnewer <file>：比文件 file 更新的文件。
- -ctime <n>：在过去 n 天内被修改过的文件。
- -empty：内容为空的文件。
- -gid <n> or -group <name>：gid 是 n 或 group、名称是 name 的文件。
- -ipath <p>, -path <p>：路径名称符合 p 的文件，ipath 表示忽略大小写。
- -name <name>, -iname <name>：文件名称符合 name 的文件。iname 表示忽略大小写。

- -size <n 单位 >：文件大小是 n 个单位，其中单位为 b 代表 512 位的区块，c 表示字符数，k 表示千字节，w 表示由 2 字节组成的字。
- -type <c>：文件类型是 c 的文件。其中文件类型可以是 d、c、b、p、f、l、s 之一，它们的含义与命令 ls 的选项 -l 中的说明一样。
- -pid <n>：进程的 id 是 n 的文件。

此外，还可以使用括号将表达式分隔，并使用下列逻辑运算符将表达式连接：

- exp1 exp2、exp1 -a exp2 或者 exp1 -and exp2：三者含义相同，表示同时满足 exp1 和 exp2。
- ! expr 或者 -not expr：二者含义相同，表示 expr 的否定。
- exp1 -o exp2 或者 exp1 -or exp2：二者含义相同，表示满足 exp1 或者 exp2 之一便可。

例如：

将整个系统中所有名称为 test 的文件列出来。

```
find  /  -name test
```

其中，路径 "/" 表示从系统根目录开始查找，因而能搜索整个系统。

将当前目录及其子目录中所有的一般文件列出。

```
find . -type f
```

其中，句点 "." 表示从当前目录开始查找。

将当前目录及其子目录下所有最近 20 分钟内更新过的文件列出。

```
find . -cmin -20
```

查找 /usr 下大小超过 50k 的文件。

```
find  /usr/  -size 50k
```

2. 文件定位命令 locate

命令格式：

```
locate [选项] <search string>
```

说明：locate 可以快速地搜寻文件系统内是否有满足查询条件的文件。其工作原理是，先建立一个包括系统内所有文件名称及路径的数据库，之后寻找文件时就只需查询这个数据库，而不必实际深入文件系统之中了。它还存储文件的访问权限及所有者信息，从而保证用户不能看到他们无权访问的文件。一般地，数据库的建立可以放在 crontab 中自动执行（有关 crontab 的使用将在第 8 章详细介绍）。使用者在搜索时只要用 locate filename 的形式就可以了。locate 命令的主要选项如下。

- -u：从根目录 "/" 开始创建数据库。
- -U<dir>：从目录 dir 开始创建数据库。
- -e<dir1,dir2,…>：将指定的目录排除在搜索的范围之外。
- -l<level>：level 表示安全级别，0 表示不进行安全检查。如果 level 等于 1，则启动安全模式。在安全模式下，使用者不会看到无权限看到的文件，这会使速度减慢。

- -i：大小写敏感。
- -q：安静模式，不会显示任何错误信息。
- -<n>：至多显示n个输出。
- -r<regexp>：使用正则表达式regexp作为搜索的条件，regexp是POSIX正则表达式。

例如：

寻找所有名称以test开头的文件。

```
locate test*
```

寻找所有名称为a.out的文件，但最多显示100个。

```
locate -n 100 a.out
```

3. 文件内容检索命令grep

find命令和locate命令都是根据文件名或者文件属性查找文件，而grep命令可以检索文件的内容，找到文件中满足匹配模式的文本行。grep命令的功能相当强大，这里只简单介绍它的基本功能。grep命令的基本语法格式为：

```
grep [选项] <string>  <file>…
```

其中，string是准备检索的字符串或模式，file是准备从中检索的文件。

常用的选项如下。

- -i：表示在进行比较时忽略大小写。
- -n：表示在输出的检索结果之前给出文本行在文件中的行号。
- -v：表示检索不包含给定字符串或者模式的所有文本行。

例如：

要在电话号码簿文件phonebook中检索Smith的电话，可以使用如下命令。

```
grep Smith phonebook
```

则文件中包含Smith的文本行将被输出。

grep命令中的检索模式可以是正则表达式。例如，检索文件mybook中所有行首字符为S的所有行。

```
grep '^S' mybook
```

关于grep命令的详细功能及其正则表达式的知识，可以参考Linux的在线文档或相关参考资料。

2.3.6 链接命令ln

对于同一文件，出于应用的需要，可以分配不同的名字。例如，在Linux系统中，/etc/systemd/system/<当前启动目标>下的文件主要用于引导或关闭系统。同一个文件可用于不同的启动目标，因而需要放置到不同的目录中。为了保证文件内容的一致性、文件存储位置的灵活性，同时减少不必要的存储空间浪费，这些文件都使用链接。

链接可分为两种：硬链接（hard link）与软链接（又叫符号链接，symbolic link）。硬链接的意思是一个文件是另一个文件的别名，它们不可区分，是同一个文件实体；符号链接则是一个特殊的文件，它的内容不是真正的数据，而是指向另一个文件（链接目标）的路径名，它们的关系与指针和指针所指的对象之间的关系有些类似。对符号链接的大部分操作，包括打开、读、写等，都被传递给其链接目标，操作真正作用在链接目标上，而另外一些操作（如删除等）则作用在符号链接本身上。硬链接必须在同一个文件系统中，软链接却可以跨越不同的文件系统，并且可以对目录创建链接。不论是硬链接还是软链接都不会将原本的文件复制一份，因而只会占用非常少量的磁盘空间。

创建链接的命令格式为：

```
ln [ 选项 ] <source> <dest>
```

说明：该命令产生一个从 dest 到 source 的链接。至于 ln 命令是创建硬链接还是软链接，则由选项 -s 决定。

主要选项的含义如下。

- -f：链接时先将与 dest 同名的文件删除。
- -d：允许系统管理员创建对目录的硬链接，默认情况下不允许创建目录的硬链接。
- -i：在删除与 dest 同名的文件时先进行询问。
- -n：在进行软链接时，将 dest 视为一般的文件。
- -s：创建软链接，默认情况下创建硬链接。
- -v：在链接之前显示每个文件的文件名。
- -b：在链接时将可能被覆盖或删除的文件进行备份。

例如：

对文件 yy 产生一个符号链接 zz。

```
ln -s yy zz
```

对文件 yy 产生一个硬链接 xx。

```
ln yy xx
```

2.3.7 创建文件、改变文件或目录时间的命令 touch

命令格式：

```
touch [ 选项 ] <file1> [file2 ...]
```

说明：修改指定文件的访问时间和修改时间记录，默认修改为当前时间。如果指定文件不存在则创建该文件。

主要选项的含义如下。

- -a：只改变文件的访问时间记录。
- -m：只改变文件的修改时间记录。
- -c：如果指定文件不存在，不会建立新的文件。与 --no-create 的效果一样。
- -r< 参考文件或目录 >：使用参考文件或目录的时间记录修改指定文件。
- -d<datestring> ：根据 datestring 设定文件的时间与日期，datestring 可以使用各种不同

的日期和时间格式。

- -t<stamp>：设定文件的时间记录，stamp的格式为[[CC]YY]MMDDhhmm[.ss]。
- --no-create：如果指定文件不存在，不建立新的文件。

例如：

将文件file的时间记录改为现在的时间。若文件不存在，则建立一个新文件。

```
touch file
```

将file的时间记录改为2019年5月6日18点3分。

```
touch  -t 1905061803 file
```

或者

```
touch -d "6:03pm 05/06/2019" file
```

将file的时间记录改成与rfile一样。

```
touch -r rfile file
```

2.3.8 文件比较与排序命令

1. 文件比较命令diff和diff3

当面对2个或者3个相似的文件，想找出其中的细微差别时，可以使用diff或diff3命令。diff命令的格式如下：

```
diff   file1   file2
```

diff命令分步读取两个输入文件，逐行分析其中的异同点，从而找出两者之间的差别。当找出不同行时，diff命令将尝试确定出现差别的行是否是插入、删除或者修改文件等原因造成的，如果确实如此，还要检查有多少行受到影响。最后diff命令将显示每个文件的哪一行，从哪个字符开始，有几个字符不同，同时给出两个文件中存在差别的文本行。

例如，文件t1的内容为：

```
This is the first line;
This is the second line;
This is the third line;
```

文件t2的内容为：

```
This is the first line;
This is different;
This is the third line;
```

则执行命令diff t1 t2后，输出结果为：

```
[root@lhy lhy]# diff t1 t2
2c2
< This is the second line;
---
> This is different;
```

表示diff命令发现两个文件的第2行不同。

diff3 命令则可以比较 3 个文件的异同，其语法格式为：

```
diff3  file1  file2  file3
```

例如，假设文件 t3 与 t1 相同，则执行命令 diff3 t1 t2 t3 后输出结果为：

```
[root@lhy lhy]# diff3 t1 t2 t3
====2
1:2c
3:2c
  This is the second line;
2:2c
  This is different;
```

输出结果指出：第 2 个文件与其他文件不同，并列出了第 1、3 个文件的第 2 行内容与第 2 个文件的第 2 行内容。

2. 文件排序命令 sort

sort 命令用于对输入数据或者文本文件的内容进行排序，并按照一定的顺序逐行显示。sort 命令的语法格式为：

```
sort  [选项] [file]
```

sort 命令的选项很多，其中常用选项如下。

- -b：表示忽略前置的空白符。
- -d：表示仅考虑字母、数字和空格字符，按字典顺序排序。
- -f：表示忽略字符的大小写。
- -i：表示忽略非打印字符。
- -n：表示按照字符串的数字值而不是文字进行排序。
- -r：表示按照反序，即从大到小或反向字符顺序排序。
- -k：表示按关键字或字段的位置排序。
- -o：指定存储排序结果的输出文件，默认情况下为标准输出。

例如，命令“ls -l t*”列出当前目录下所有以字母 t 开头的文件，并且通常按照文件名的字符顺序输出文件列表。

```
[root@lhy lhy]# ls -al t*
-rw-r--r--. 1 root root 73 Feb 26 16:13 t1
-rw-r--r--. 1 root root 67 Feb 26 16:13 t2
-rw-r--r--. 1 root root 73 Feb 26 16:13 t3
```

为了按照文件的大小将输出列表从大到小排序，可以将上述命令的输出结果再按照第 5 个域的数值从大到小进行排序，因此，将上述命令的结果输出交给 sort 命令，结果如下：

```
[root@lhy lhy]# ls -al t* | sort -k5 -rn
-rw-r--r--. 1 root root 73 Feb 26 16:13 t3
-rw-r--r--. 1 root root 73 Feb 26 16:13 t1
-rw-r--r--. 1 root root 67 Feb 26 16:13 t2
```

2.4 备份与压缩命令

用户需要经常备份计算机系统中的数据，为了节省存储空间，常常将备份文件进行压缩。下面分别介绍备份与压缩的命令。

2.4.1 备份命令 tar

tar最初被用来在磁带上创建文件，现在，用户可以在任何设备上创建文件。利用tar命令，可以把一大堆的文件和目录全部打包成一个文件，这对于备份文件或将几个文件组合成为一个文件以便于网络传输是非常有用的。Linux上的tar是GNU版本的。

命令格式为：

```
tar <主选项> [ 辅选项 ] <文件或者目录>
```

使用该命令时，主选项是必需的，它告诉tar要做什么事情，辅选项是辅助使用的，可以选用。

主选项如下。

- -c：创建新的备份文件。如果用户想备份一个目录或一些文件，就要选择这个选项。
- -r：将要存档的文件追加到备份文件的末尾。例如，用户已经做好了一个备份文件，发现还有一个目录或一些文件忘记备份了，这时可以使用该选项，将忘记的目录或文件追加到备份文件中。
- -t：列出备份文件的内容，查看已经备份了哪些文件。
- -u：更新备份。也就是说，用新增的文件取代原备份文件，如果在备份文件中找不到要更新的文件，则把它追加到备份文件的最后。
- -x：与-c相反，从备份文件中释放文件。

辅选项如下。

- -f：指定备份文件或设备，如果使用了该选项，那么其后必须有备份文件名。
- -k：保存已经存在的文件。例如我们把某个文件还原，在还原的过程中，遇到相同的文件，不会进行覆盖。
- -m：在还原文件时，把所有文件的修改时间设定为现在。
- -v：详细报告tar处理的文件信息。如无此选项，tar不报告文件信息。
- -w：每一步都要求确认。
- -z：用gzip来压缩/解压缩文件，加上该选项后可以将备份文件进行压缩，但还原时也必须使用该选项进行解压缩。

例如：

把/home目录（包括它的子目录）全部做备份文件，备份文件名为usr.tar。

```
tar cvf usr.tar /home
```

把/home目录（包括它的子目录）全部做备份文件，并进行压缩，备份文件名为usr.tar.gz。

```
tar czvf usr.tar.gz /home
```

把usr.tar.gz这个备份文件还原并解压缩。

```
tar xzvf usr.tar.gz
```

查看usr.tar备份文件的内容，并以分屏方式显示在显示器上。

```
tar tvf usr.tar | more
```

2.4.2 压缩和解压命令 gzip

压缩文件有两个明显的好处，一是可以减少存储空间，二是通过网络传输文件时，可以减少传输的时间。gzip 是在 Linux 系统中经常使用的一个对文件进行压缩和解压缩的命令，既方便又好用。

gzip 命令的格式为：

```
gzip [ 选项 ] < 文件名 >
```

主要选项的含义如下。

- -c：将输出写到标准输出上，并保留原有文件。
- -d 或者 --decompress：将压缩文件解压，默认情况下表示压缩。
- -l：对每个压缩文件显示下列字段，即压缩文件的大小、未压缩文件的大小、压缩比、未压缩文件的名字。
- -r：递归地查找指定目录并压缩其中的所有文件或者解压缩。
- -t：测试、检查压缩文件的完整性。
- -v：列出压缩或解压文件的详细信息。

假设目录 /home 下有文件 mm.txt、sort.txt、xx.com，则把 /home 目录下的每个文件压缩成 .gz 文件的命令如下：

```
cd /home
gzip *
```

把上例中每个压缩的文件解压，并列出详细的信息。

```
gzip -dv *
```

详细显示上例中每个压缩的文件的信息，但不解压。

```
gzip -l *
```

压缩一个 tar 备份文件，如 usr.tar，此时压缩文件的扩展名为 .tar.gz。

```
gzip usr.tar
```

2.4.3 解压命令 unzip

用 MS Windows 下的 winzip 压缩的文件如何在 Linux 系统下解压呢？可以用 unzip 命令，该命令用于解压扩展名为 .zip 的压缩文件。命令格式为：

```
unzip [ 选项 ] < 压缩文件名 >
```

主要选项的含义如下。

- -d < 目录 >：把压缩文件解压到指定目录下，默认解压到当前目录下。
- -n：不覆盖已经存在的文件。
- -o：覆盖已存在的文件且不要求用户确认。
- -j：不重建文档的目录结构，把所有文件解压到同一目录下。
- -v：查看压缩文件，但不解压。

- -t：测试文件是否完整，但不解压。

例如：

将压缩文件text.zip在当前目录下解压缩。

```
unzip text.zip
```

将压缩文件text.zip在指定目录/tmp下解压缩，如果已有同名文件存在，则不覆盖原先的文件。

```
unzip -n  -d  /tmp  text.zip
```

查看压缩文件，但不解压。

```
unzip -v text.zip
```

2.5 其他常用命令

2.5.1 显示文字命令 echo

echo命令的功能是在显示器上显示一段文字，一般起到一个提示的作用。该命令的一般格式为：

```
echo [ -n ] <字符串>
```

选项-n表示输出文字后不换行，echo默认在输出文字后换行。字符串可以加引号，也可以不加引号。用echo命令输出加引号的字符串时，将字符串原样输出；用echo命令输出不加引号的字符串时，将字符串中的各个单词作为字符串输出，各字符串之间用一个空格分隔。

2.5.2 显示日历命令 cal

cal命令的功能是显示一个简单的日历，该命令的一般格式为：

```
cal [选项] [[月] 年]
```

如果不指定月份和年份，则显示本月的日历。如果只给出一个数字（1～9999），则表示要显示的年份，命令会显示整年的日历。如果要显示某年某月的日历，则必须同时指明月份和年份。

命令中主要选项的含义如下。

- -1：显示一个月的日历，这也是默认的情况。
- -3：显示前一个月、本月、下一个月的日历。
- -s：以星期天作为一周的第1天显示，这是默认情况。
- -m：以星期一作为一周的第1天显示。
- -j：显示指定月中的每一天是一年中的第几天（从1月1日算起）。
- -y：显示出当年的完整日历。

例如，显示2019年7月的日历。

```
[root@localhost ~]# cal 7 2019
      July 2019
Su Mo Tu We Th Fr Sa
    1  2  3  4  5  6
 7  8  9 10 11 12 13
14 15 16 17 18 19 20
21 22 23 24 25 26 27
28 29 30 31
```

2.5.3　日期和时间命令 date

date 命令的功能是显示或者设置系统的日期和时间。其中，显示日期和时间的命令格式为：

```
date [ 选项 ] [+FormatString]
```

设置日期和时间的命令格式为：

```
date  <SetString>
```

没有参数的 date 命令相当于命令 date +%a%b%e%H:%M:%S%Z%Y。如果 date 命令有以“+”开始的参数，那么 date 命令将以该参数指定的格式显示当前日期和时间，或者显示选项 --date 指定的日期和时间。否则，date 命令将系统时钟设置为 SetString 指定的日期和时间。

参数 FormatString 称为日期和时间格式串，可以使用单引号或双引号引起来，也可以不使用任何引号。它是由以 % 开始的控制符以及普通字符组成的。当显示日期和时间时，普通字符原样显示，而控制符则控制日期和时间的显示格式。控制符有的控制时间的显示，有的控制日期的显示，有的控制输出格式，有的控制填充字符。其中时间控制符及其含义如表 2-1 所示，日期控制符及其含义如表 2-2 所示。

表 2-1　时间控制符

控制符	显　示	控制符	显　示
%H	小时（00..23）	%I	小时（01..12）
%k	小时（0..23）	%l	小时（1..12）
%M	分（00..59）	%p	显示 AM/PM
%P	显示 am/pm	%r	12 小时制时间（hh:mm:ss AM/PM）
%R	12 小时制时间（hh:mm）	%s	从 1970 年 1 月 1 日 00 ： 00 ： 00 到现在的秒数
%S	秒（00..60）	%T	24 小时制时间（hh:mm:ss）
%X	时间（xx 时 yy 分 zz 秒）		

表 2-2　日期控制符

控制符	显　示	控制符	显　示
%a	星期几的简称（Sun...Sat）	%A	星期几的全称（Sunday..Saturday）
%b	月的简称（Jan..Dec）	%B	月的全称（January..December）
%c	日期和时间，例如 Mon Nov 8 14:12:46 EST 2018	%C	世纪（00...99），即年份除以 100 后取整
%d	一个月的第几天（01..31）	%D	日期（mm/dd/yy）
%e	一个月的第几天（1..31）	%h	和 %b 选项相同

（续）

控制符	显　示	控制符	显　示
%j	一年的第几天（001..366）	%m	月（01..12）
%u	一个星期的第几天（1..7），1 表示 Monday	%U	一年的第几个星期（00..53），星期天为一周的第一天
%w	一个星期的第几天（0..6），0 代表星期天	%W	一年的第几个星期（00..53），星期一为一周的第一天
%x	显示日期（xxxx 年 yy 月 zz 日）	%y	年的最后两个数字
%Y	年（例如：2019）		

输出控制符有 3 个，含义如下。

- %%：显示一个 % 符号。
- %n：换行。
- %t：输出一个 Tab 符。

默认情况下，在显示日期和时间时，date 命令使用数字 0 填充数字域。例如，如果用两位数字显示月份，则 6 月显示为“06”。也可以用下述控制符来控制填充符号。

- 短线 -：表示不填充数字域。
- 下划线 _：表示用空格填充数字域。

例如，命令：date + %d/%m　　　　输出：02/01

　　命令：date + %-d/%-m　　　　输出：2/1

　　命令：date + %_d/%_m　　　　输出：2/1

如果命令参数不是以“+”开始，那么，date 命令将系统时钟设置为参数 SetString 指定的日期和时间。设置系统的日期和时间时，首先，要求用户要有足够的权限，一般只有超级用户才能用 date 命令设置日期和时间，一般用户只能用 date 命令显示日期和时间。其次，必须提供完全由数字组成的日期和时间参数 SetString，参数的格式为 MMDDhhmm[[CC]YY][.ss]，其中 MM 表示月份，DD 表示日，hh 表示小时，mm 表示分钟，CC 表示世纪，YY 表示两位数的年，CCYY 表示 4 位数的年，ss 表示秒。

除了参数之外，date 命令还可以使用一些选项。

- -d <datestr> 或者 --date=<datestr>：显示由 datestr 描述的日期和时间而不是系统当前的日期和时间，其中，datestr 可以使用任何常用的格式。关于日期和时间的格式可以参考更详细的帮助信息。
- -s<datestr> 或者 --set=<datestr>：将系统时钟设置为由 datestr 描述的日期和时间。

例如：

用指定的格式显示时间。

```
[root@localhost ~]# date "+The date now is =>%s, time now is =>%X"
The date now is =>1568774172, time now is =>22时36分12秒
```

用默认的格式显示当前的时间。

```
[root@localhost ~]# date
Sat 03 Aug 2019 01:39:54 PM CST
```

设置时间为 14 点 36 分。

```
[root@localhost ~]# date -s 14:36:00
Sat 03 Aug 2019 02:36:00 PM CST
```

设置日期为 2019 年 10 月 28 日：

```
[root@localhost ~]# date -s 191028
Mon 28 Oct 2019 12:00:00 AM CST
```

2.5.4　清除屏幕命令 clear

clear 命令的功能是清除屏幕上的信息，不论是在命令行模式下还是在图形环境中的终端上皆可执行。清屏后，提示符移动到屏幕左上角。该命令格式为：

```
clear
```

2.5.5　软件包管理命令 rpm

rpm 原来是 Red Hat Linux 发行版专门用来管理 Linux 各项套件的程序，由于它遵循 GPL 约定且功能强大，因而广受欢迎，逐渐被其他发行版采用。使用 rpm 命令，Linux 及其上的软件非常易于安装、删除和升级。

1. 使用 rpm 安装软件

命令格式为：

```
rpm -i （或者 --install）[安装选项] <file1.rpm> ... <fileN.rpm>
```

参数 file1.rpm，…，fileN.rpm 是要安装的 RPM 包的文件名。

主要的安装选项如下。

- -h（或 --hash）：安装时输出 hash 标记。
- --test：只对安装进行测试，并不实际安装。
- --percent：以百分比的形式输出安装的进度。
- --excludedocs：不安装软件包中的文档文件。
- --includedocs：安装文档文件。
- --replacepkgs：强制重新安装已经安装的软件包。
- --replacefiles：替换属于其他软件包的文件。
- --force：忽略软件包及文件的冲突。
- --noscripts：不运行预安装和后安装脚本。
- --prefix <path>：将软件包安装到由 path 指定的路径下。
- --ignorearch：不校验软件包的结构。
- --ignoreos：不检查软件包运行的操作系统。
- --root <path>：让 rpm 将 path 指定的路径作为根目录，这样预安装程序和后安装程序都会安装到这个目录下。

2. 删除

命令格式为：

```
rpm -e （或者 --erase）[删除选项] pkg1 ... pkgN
```

参数 pkg1，…，pkgN 是要删除的软件包。

3. 升级

命令格式为：

```
rpm -U ( 或者 --upgrade) [ 升级选项 ] file1.rpm ... fileN.rpm
```

参数 file1.rpm，…，fileN.rpm 为软件包的名字。

4. 查询

命令格式为：

```
rpm -q ( 或者 --query) [ 查询选项 ] pkg1 ... pkgN
```

5. 校验已安装的软件包

命令格式为：

```
rpm -V ( 或者 --verify) [ 校验选项 ] pkg1 ... pkgN
```

在删除、升级、查询、校验命令中，各个选项与安装时的选项含义相同。

2.6　联机帮助命令

Linux 提供了强大的联机帮助功能，使用最广泛的联机帮助命令是 man。此外，还有功能更强大的 info 命令。

2.6.1　man

man 命令的格式为：

```
man  <command>
```

说明：该命令列出命令 <command> 的所有使用方法，包括选项及相关的参数说明。在 man 命令下可以使用的按键如下。

- 空格键：往下翻一页。
- <PgUp>：往上翻一页。
- <PgDn>：往下翻一页。
- <Home>：回到最前面。
- <End>：到达最后。
- /<word>：搜寻 word 这个字符串。
- <q>：退出 man 命令。

2.6.2　info

除了 man 之外，Linux 还提供了另外一种联机帮助的方式，即 info 命令。Fedora 30 默认不安装该命令，在命令行输入 info 命令后，系统会自动联机安装该命令。

info 命令的使用方法与 man 命令差不多。命令格式为：

```
info  <command>
```

info 的功能比 man 强大，不过，目前只有 Linux 下才有 info 命令，其他 UNIX 系统中没有这个命令。

2.6.3 help

help 可以显示 Shell 命令的信息。命令格式为：

```
help [command]
```

2.7 本章小结

尽管 Linux 已经提供了非常完美、易用的图形用户界面，但许多专业人士仍然把 Shell 作为主要工具。本章首先介绍了 Linux 虚拟终端的概念，以及如何在多个命令行控制台与 X Window 之间进行切换。接着介绍了 Shell 命令的基本使用方法。实际上，Shell 命令远远不止本章提到的这些，Shell 命令能够完成所有的管理任务，比如设备管理、进程管理、系统监视等。在后续章节的学习中，我们会随着新概念、新工具的引入，逐步介绍所涉及的其他 Shell 命令。

习题

1. 判断下列命题是否正确。
   1）Linux 的文件名与命令不区分大小写。(　　)
   2）$ls ** 与 $ls *"*" 的显示结果完全一致。(　　)
   3）rm 和 rmdir 的作用一样，都是删除整个目录。(　　)
   4）Linux 文件名的命名规则必须遵守 8.3 的格式（即文件的文件名不超过 8 个字符、扩展名不超过 3 个字符）。(　　)
2. 什么是 Linux 终端？ Linux 终端又称为什么？
3. 默认情况下，Linux 有几个虚拟终端？如何在不同终端之间切换？如何在 X Window 与终端之间进行切换？
4. 什么是 Shell？ Shell 在用户与操作系统之间的作用是什么？
5. 什么是通配符？常用的通配符有哪些？
6. 什么是文件系统？什么是文件？
7. Linux 系统中文件命名有什么规定？
8. Linux 系统的目录 /usr、/home、/bin、/dev、/var、/etc 中主要存放什么文件？
9. 如何使用 cat 命令将多个文件连接起来显示？
10. more 命令和 less 命令有什么区别？
11. 如何用复制、删除命令实现文件的移动？
12. 如何使用 ls 命令查看隐藏文件的信息？
13. 如何递归地将当前目录下所有的 C 语言程序复制至 /home 目录中？要求：如果有同名文件，则覆盖同名文件。

14. 如何强制删除当前目录及其子目录下的所有 C 程序?
15. 给出命令，在当前工作目录下的 A 目录中删除名为 B 的子目录。若 B 删除后，A 目录成为空目录，则 A 也删除。
16. 给出查找 /usr 目录下大小超过 50k 并且最近 2 小时内被更新过的文件的命令。
17. 使用命令完成把当前工作目录切换到 /root 并显示是否切换成功。
18. 给出命令将当前目录下的文件 file 的时间记录改成 2019 年 9 月 10 日 18 点 30 分。
19. 如何执行 tar 命令对文件进行备份和恢复?
20. 给出命令将当前目录下的所有 C 程序备份为一个文件。
21. 假设有一个 rpm 包的软件 software-1.2.3-1.i386.rpm，简述软件的命名含义，并说明如何安装及如何查看是否已经安装。
22. 下面是执行“ls -l software”命令得到的信息，通过联机帮助，解释这些信息。

```
-rwxr-xr--   2   ftp   ftpusers   70   jul 28 21:12   software
```

第3章　X Window的使用

X Window是UNIX和Linux系统上的图形界面系统。1984年，麻省理工学院与DEC制定了Athena计划，这就是X Window的第1个版本。1988年1月成立了一个非盈利性的X联盟，它是由IBM、Digital Equipment和MIT公司组成的，负责制定X Window的标准。X Window系统的最新完整版本是X11R7.7（Version 11 Release 7.1），自此之后根据需求单独发布独立模块。有关X Window的详细信息可以通过http://www.x.org网站获得。

X Window是众多软件的组合体，是一个程序库，或者说是一个定义了图形操作环境的标准，任何人都可以编写符合该标准的应用软件。目前有几种X的实现工具，运行于Linux上的最流行的X实现工具是XFree86，它是一个开放源代码的X Window系统，是由Xfree86 Project公司研制的，Xfree86 Project也加入了X联盟。关于Xfree86的完整的信息可以参考网站http://www.xfree86.org/。

X Window与微软公司的Windows图形界面不同，X Window不是系统内核的必备部分，而是内核之上的一个应用，是提供用户与系统交互的桌面系统。用户可以根据个人爱好，像选择中意的媒体播放软件一样选择习惯的桌面系统。GNOME和KDE都是Linux系统上常用的桌面系统。在Fedora 30 Workstation中，默认安装的桌面系统是GNOME，在Fedora的定制版https://spins.fedoraproject.org页面上，提供了使用KDE及其他流行桌面系统的定制版。本章主要介绍GNOME桌面系统的使用。

3.1　Fedora的X Window系统

本节首先介绍X Window系统的组成和它的工作原理，然后简要介绍两种主要的集成桌面环境GNOME和KDE。

3.1.1　X Window系统的组成与特点

整个X Window由三部分组成。

1）X Server：控制输入、输出设备并维护相关资源的程序，它接收输入设备的信息，并将其传给X Client，而将X Client传来的信息输出到屏幕上。不同的显卡需要选择不同的X Server，在配置X Window时最主要的工作就是配置X Server。

2）X Client：应用程序的核心部分，它与硬件无关，每个应用程序就是一个X Client。X Client可以是终端仿真器（Xterm）或图形界面程序，它不直接对显示器绘制或者操作图形，而是与X Server通信，由X Server控制显示。

3）X protocol：X Client与X Server之间的通信协议。X协议支持网络，因此X Client和X Server既可以运行在同一台计算机上，也可以运行在不同的计算机上。X支持的网络协议有TCP/IP、DECnet等。

X Window与其他的图形界面系统相比有如下特点。

1）良好的网络支持：X Window 采用了 C/S 网络结构，X Client 和 X Server 可以通过网络来通信，而且有良好的网络透明性。这样，复杂的图形桌面可以显示在维护良好、功能强大、易于管理的服务器上，用起来非常方便。

2）个性化的窗口界面：X Window 并未对窗口界面做统一的规范，程序员可以根据需求自行设计，其中最有名的就是后面将要介绍的 GNOME 与 KDE。

3）不内嵌于操作系统：X Window 只定义了一个标准，而不属于某个操作系统，因此可在不同的操作系统上运行相同的 X Window 软件。

为了使 X Window 更加易于使用，很多公司与组织都针对其开发了集成桌面环境。几乎所有的 Linux 发行版本中都提供两种桌面：GNOME 与 KDE，它们的操作界面彼此不同，但都包括某些特定的基本功能，例如，支持桌面上的拖放操作，集成了一些常用应用软件和各种小工具等。通过它们可以快速地访问 Internet，执行各种 Linux 程序。现在 GNOME 与 KDE 已经成了两大竞争阵营，它们的竞相发展必将使 Linux 更加易于使用。

3.1.2　GNOME 简介

GNOME 是一个 UNIX/Linux 桌面套件和开发平台。最初是由墨西哥的程序设计师 Miguel de Icazq 发起的，受到 Red Hat 公司的大力支持。它现在属于 GNU 计划的一部分。

GNOME 项目有两个目标：提供一个完整的、易学易用的桌面环境——GNOME 桌面环境；为程序设计人员提供强大的应用程序开发环境——GNOME 开发平台，用于建立桌面上的应用。

1997 年 8 月，为了克服 KDE 所遇到的 Qt 许可协议和单一 C++ 依赖的困难，以墨西哥的 Miguel De Icazq 为首的 250 名程序员开始了一个新项目，这就是 GNOME。经过 14 个月的共同努力，终于完成了这个项目。现在，GNOME 不仅得到世界各地的 GNOME 团体的支持，而且还得到了 Linux 和 UNIX 的主要发行公司，包括 Fedora、Red Hat、HP、MandrakeSoft、Novell、Sun 等公司的大力支持，拥有了大量应用软件，包括文字处理软件、电子表格软件、日历程序、图形图像处理软件等。如果需要了解最新的 GNOME 信息，可以通过网站 http://www.gnome.org 来查找，这个站点不仅提供最新的到 GNOME 软件映像的链接，还有关于 GNOME 的在线文档、邮件列表等。Fedora30 Workstation 默认内置了 GNOME3.32.1。

3.1.3　KDE 简介

KDE（Kool Desktop Environment）项目是在 1996 年 10 月发起的，其目的是在 X Window 上建立一个与 MacOS 或者微软的 Windows 类似的、完整易用的桌面环境，从而使 UNIX 更接近广大普通用户。KDE 不仅提供了一个方便易用的超级桌面环境，而且还提供了一套免费的计算开发平台。KDE 现在除了拥有 KFM（类似于 IE 浏览器）、KPresenter（类似 PowerPoint）、Killustrator（类似 CorelDraw 或 Illustrator）等重量级软件以外，还有体贴用户的图形化配置软件，可以帮助用户配置 UNIX/Linux，因而深受使用者欢迎。

KDE 是基于由 TrollTech 公司开发的 Qt 程序库开发的，早期由于 Qt 采用了不同于自由软件的授权方式，一度限制了开发者的热情。但从 Qt 4.5 版本后，Qt 采用了 LGPL 的授权方式，给商业软件开发和自由软件开发带来了更多的友好和灵活性，受到自由软件社区的好评。如果需要了解最新的 KDE 信息，可以到它的网站 http://www.kde.org 去查找。

3.1.4　桌面应用程序

尽管 GNONE 和 KDE 基于不同的程序库，有一定的差别，但从底层上讲，它们都是基于 X Window 程序库，因此一般的桌面应用程序既可以在 GNOME 上运行，也可以在 KDE 上运行。特别是，大多数 Linux 上的软件都是 GPL 软件，因而在多种发行版上都可使用。

对于桌面应用程序，Fedora 在 GNOME 中集成了一些基本的、常用的工具及应用软件，如网页浏览器 Firefox、地图软件、LibreOffice 系列软件等。GNOME 还提供软件管理工具，可以帮助用户安装新软件、升级已安装的软件，或者卸载已安装的软件。

Fedora 的 KDE 定制版在 KDE 桌面中也集成了许多精心选择的应用软件，从网络应用，如网页浏览器、电子邮件软件，到多媒体娱乐应用，再到一些高级应用，如 Office、企业级人员信息管理软件等。这些精心挑选的应用具有相似的外观，并且与 KDE 桌面兼容性良好。

3.1.5　窗口管理器

X Window 系统提供给应用程序一个可以自由发挥的图形屏幕，还有一系列可供应用程序调用的过程。然而，它无法选择在屏幕的哪个位置放置窗口，怎样在窗口周围绘制界面，给窗口配置标题和菜单，也无法支持窗口的移动、改变尺寸、最大化和最小化。这些工作都需要由窗口管理器完成。窗口管理器提供了基本的窗口操作，使用户能够完成打开、移动、关闭、最大化和最小化窗口等操作，提供了启动应用程序的机制，如菜单、面板和按钮等。

在 Linux 下可以使用多种窗口管理器，比如 Enlightenment、Window Maker、FVWM2 等。这些管理器的机制类似，下面简要介绍窗口管理器的一些基本概念。

1. 窗口

窗口是用户运行软件、显示信息或者列出文件清单的地方。大多数窗口都包括几个基本组件，如边框、标题栏、按钮、窗口菜单。边框用来对窗口尺寸进行调整，各种按钮能控制窗口的大小或者关闭窗口。窗口的这些部件都通过窗口管理器来放置，因此那些运行于同一会话下的所有窗口看上去是一样的。在许多窗口中可能还会出现另外一些功能部件，这些部件不是所有的窗口都是必需的，例如菜单栏和工具栏，这些部件是由应用程序本身提供的，应用程序使用的图形库决定了它们的外观。

2. 主题

许多窗口管理器都支持主题（Themes）。主题影响着用户桌面元素的外观，提供不同的背景图像、动画和动作音效。有了不同的主题，即使窗口管理器相同也可以有感官差异很大的桌面，但窗口管理器的内部功能并没有任何改变。用户可以从 Web 站点下载各种各样的主题，并把它安装到自己的窗口管理器上。网站 https://www.gnome-look.org 上提供了各种风格的 GNOME 主题供下载。

3. 虚拟桌面和工作区

通常用户在屏幕上见到的只是整个桌面的一部分。用户可以把桌面分成不同的工作区，每个工作区包含不同的内容，屏幕只显示一个工作区。虚拟桌面包括所有的工作区及显示在它们上面的内容，例如，图标、菜单和窗口等。使用工作区的好处是：用户可以根据自己的喜好将程序在不同的工作区打开，当需要查看某项内容时，选择相应的工作区即可，以免将所有窗口置于一个桌面而显得杂乱无章。GNOME 可以动态增加或减少工作区个数，初始登录后默认显示第 1 个工作区。

4. 终端窗口

就像在 Windows 界面下可以启动 DOS 窗口一样，在 X Window 图形操作界面上也可以启动控制台界面，从而可以同时拥有这两种操作界面。在窗口管理器内部可以打开一个称为终端窗口的特殊窗口，它向用户提供了一个标准的命令行操作界面，如图 3-1 所示。用户可以在此窗口中的 Shell 提示符后输入命令及其参数，命令执行的结果显示在该终端窗口上，命令执行完后会又出现 Shell 提示符，可以继续输入其他命令。

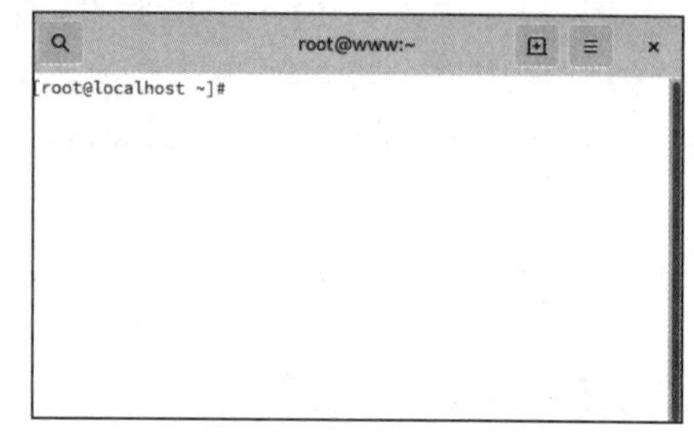

图 3-1　终端窗口

可以从终端窗口启动任何 X 程序，这是终端窗口与控制台之间的重要区别。例如，要想运行 FireFox 浏览器，在终端窗口中输入 firefox 后按 Enter 键，FireFox 浏览器就会在一个新窗口中运行起来。

输入命令 exit 或者在提示符下按 Ctrl+D 组合键可以关闭终端窗口。每个终端窗口都使用自己的 Shell，使用命令 exit 可以正式结束 Shell。关闭一个终端窗口将关闭从它启动的所有程序。

3.2　GNOME 桌面环境

3.2.1　GNOME 桌面布局

GNOME 是 Fedora 30 默认安装并使用的图形桌面环境。如果用户在登录界面中选择登录用户并正确输入密码，即可进入 GNOME 桌面环境，如图 3-2 所示。与早期版本的 Fedora 相比，GNOME 对桌面进行了重新设计，登录后见到的是一个空旷的桌面，仅在桌面的顶部有一条顶端面板，这样设计的初衷是避免用户分散注意力。

图 3-2　GNOME 的空白桌面

单击顶端面板的【活动】按钮，进入“活动概览”视图，桌面左侧出现浮动面板，右侧出现工作区选择器，整个 GNOME 窗口的布局如图 3-3 所示。

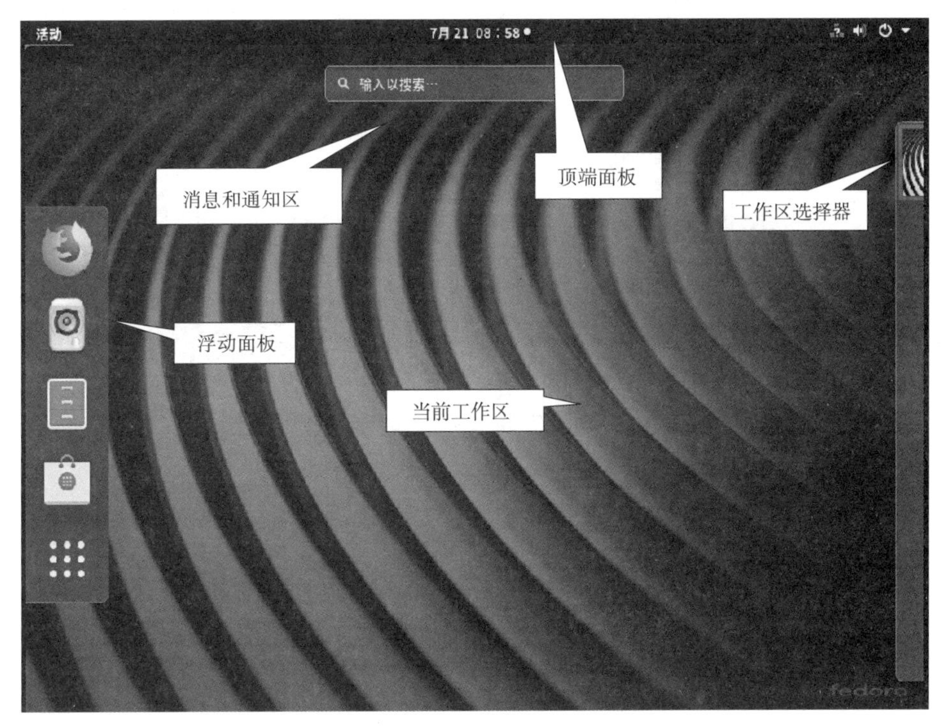

图 3-3　Fedora 桌面布局

3.2.2　GNOME 的顶端面板

GNOME 的顶端面板是用户访问 X Window、应用程序及整个系统的入口。顶端面板自左向右依次由【活动】(Activities) 按钮、应用菜单区、时间日期菜单、系统菜单区组成，如图 3-4 所示。

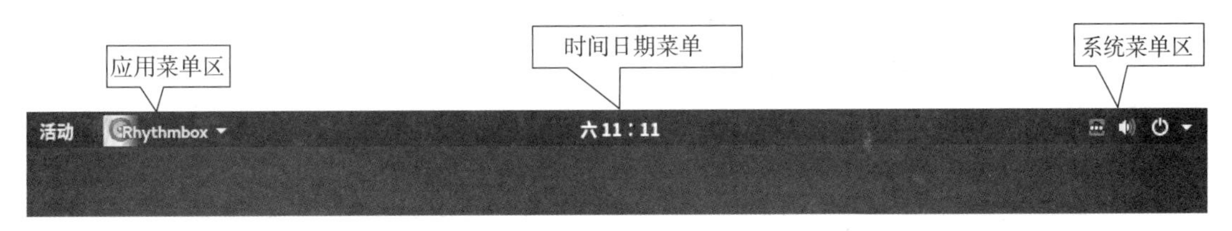

图 3-4　顶端面板组成

1.【活动】按钮

单击顶端面板的【活动】按钮，进入“活动概览”视图，桌面左侧和右侧会分别出现浮动面板和工作区选择器。键盘上带 Windows 图标的键是【活动】按钮对应的快捷键，单击快捷键，也可以打开“活动概览”视图。

2. 应用菜单区

紧挨着【活动】按钮右边的是应用菜单区，这里显示了正在运行的应用程序的图标及名称。可以快速访问应用的属性和帮助信息，应用菜单区显示的内容随着运行应用的不同而不同。

3. 时间日期菜单

在面板的正中间是时间日期菜单，显示计算机当前的日期和时间。单击时间日期菜单，下方会弹出一个日期窗口，如图 3-5 所示。左侧显示系统的消息，右侧显示日历。单击下方的【 Clear 】按钮可以清空消息。日历以月为单位显示，默认显示当前月。日历的下方有两个链接："添加世界时钟""选择地点"。

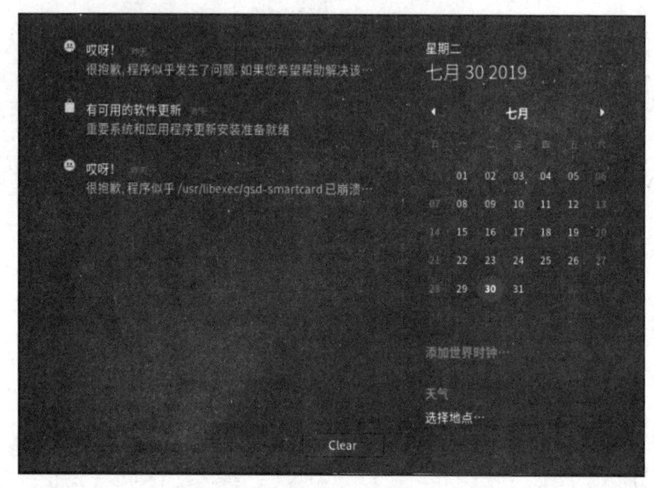

图 3-5　日期窗口

通过时间日期菜单只能显示信息，不能修改日期和时间。要修改日期和时间，可以通过"系统菜单"下方管理面板中的【设置】按钮打开"日期和时间"管理窗口，如图 3-6 所示。也可以通过如下步骤打开该窗口：在活动概览视图中单击【显示应用程序】按钮，在右侧的应用程序图标列表中选择【设置】按钮，打开设置窗口，在该窗口的左侧列表中选择"详细信息"项，然后再选择"日期和时间"项即可。

图 3-6　日期和时间管理窗口

在“日期和时间”管理窗口中，如果选中“自动设置日期和时间”选项，则通过设置时区来由系统自动设置时间；否则由手工设置日期和时间，选中下方的“日期和时间”，打开“日期和时间”设置对话框，如图 3-7 所示。在该对话框上可以手工设置具体的时间和日期。

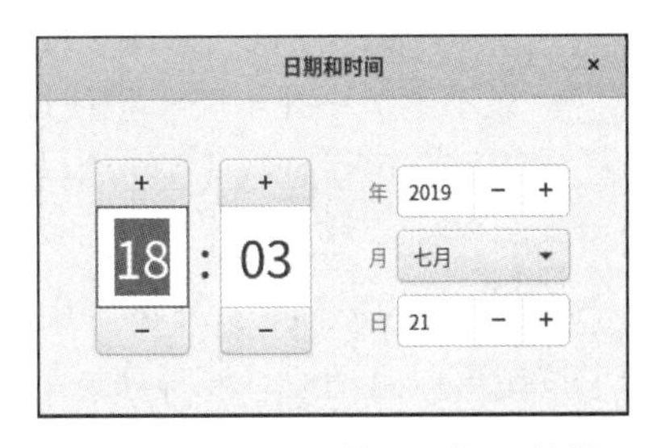

图 3-7 “日期和时间”设置对话框

4. 系统菜单区

顶端面板最右侧是系统菜单区，用于配置系统和计算机。单击系统菜单区的任何位置，弹出系统管理面板，如图 3-8 所示。

管理面板的第 1 行是声音设置，可以通过滑动杆调整音量。

第 2 行是网络设置，显示当前的网络连接状态，可以通过其右侧的箭头关闭连接或设置网络。

第 3 行是登录用户，显示当前登录用户的全名，可以通过其右侧的箭头切换用户或注销用户。

面板最下端的 3 个图标分别是【设置】【锁定】和【关机】。【设置】图标用于打开系统设置程序；【锁定】图标用于锁定计算机屏幕；【关机】图标用于关闭计算机或者重新启动系统。当用户临时离开计算机时，应单击【锁定】图标，锁定计算机屏幕，以防他人使用计算机。当计算机有一段时间没有操作时，系统也会自动进入锁定状态。计算机锁定时，屏幕呈锁定状态，屏幕中心显示系统时间和日期，右上角显示电池和网络状态，喇叭形状的图标可用于控制计算机声音的音量，如图 3-9 所示。

图 3-8 系统管理面板

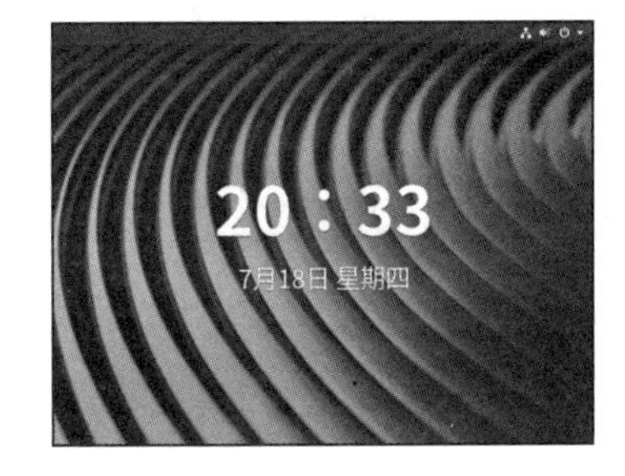

图 3-9 屏幕锁定状态

3.2.3 GNOME 的浮动面板

当要访问 X Window 或者使用应用程序时，单击顶端面板的【活动】按钮，在下方会出现一个浮动面板。浮动面板由两部分组成，上面部分是存放应用程序快捷方式的收藏夹，最下面一个是【显示应用程序】按钮，如图 3-10 所示。

默认安装的 Fedora Workstation 中，GNOME 的浮动面板上有 4 个常用应用程序的快捷方式图标，分别是网页浏览器 Firefox、音乐播放及管理应用 Rhythmbox、文件管理器 Nautilus，以及 GNOME 应用程序管理器。

右键单击某个应用程序的快捷方式图标，则弹出快捷菜单。如果该应用程尚未运行，快捷菜单包含 3 个选项，如图 3-11 所示。

- 新窗口：表示在新窗口中运行该应用程序。
- 从收藏夹中删除：表示将该图标从浮动面板的收藏夹中移除。
- 显示细节：显示关于该应用的详细信息。

在快捷菜单中选择【显示细节】菜单项，则打开一个新窗口并显示该快捷方式对应的应用程序的详细信息，图 3-12 显示了“文件”应用程序的详细信息。

在图 3-12 中，除了关于应用程序的说明信息之外，还有一个【启动】按钮。单击【启动】按钮可以启动运行该程序。

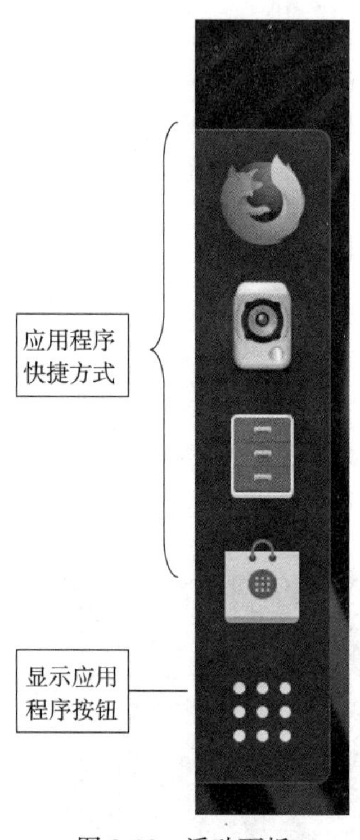

图 3-10　浮动面板

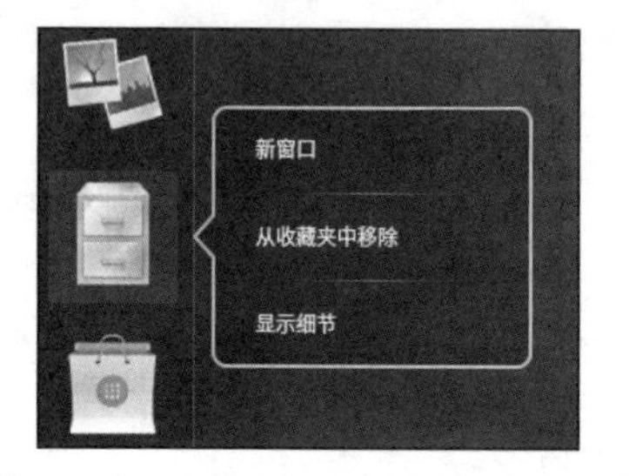

图 3-11　应用程序图标的右键菜单

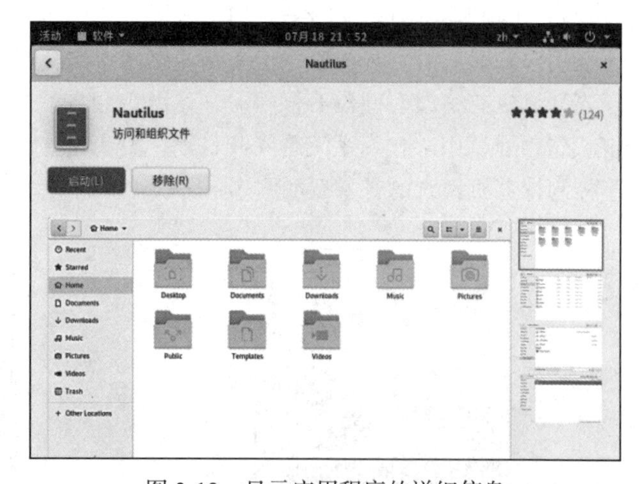

图 3-12　显示应用程序的详细信息

如果快捷方式图标代表的应用程序已经在运行，那么右键单击快捷方式图标时弹出的菜单会有所不同，如图 3-13 所示。在 3 个菜单项之前会列出运行该程序的所有窗口，用户可以选择某个项，以显示某个正在运行该程序的窗口。

浮动面板最下面的网格状按钮为【显示应用程序】按钮。单击该按钮，桌面上将显示已经安装的所有应用程序图标列表，GNOME 安装的桌面应用程序将在 3.3.1 节详细介绍。

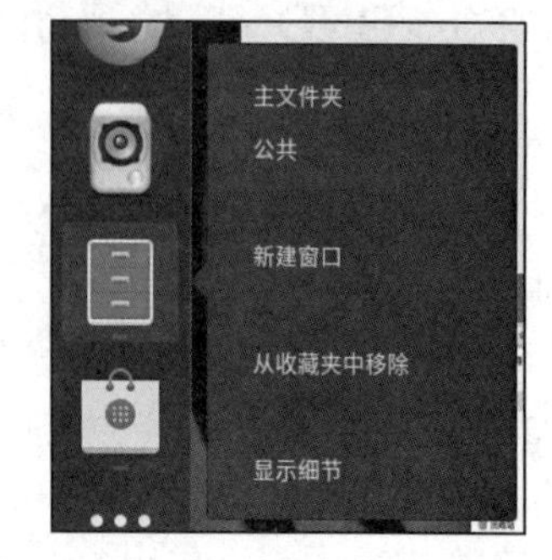

图 3-13　已运行程序的右键菜单

3.2.4　GNOME 的消息和通知区

如果某个程序或系统组件希望引起用户的注意，则会在桌面上方“搜索”所在位置显示一个提醒，这个位置就是消息和通知区。当为“地图”应用程序创建快捷方式时出现的消息提示如图 3-14 所示。

消息提示的信息一般比较简洁，如果将鼠标移动到提示上，会显示一个消息提示框，如图 3-15 所示。消息提示框一般会给出关于该消息的更详细信息，同时会根据消息的类型为用户提供操作按钮。例如，在建立或者删除快捷方式时，提供【撤消】按钮允许用户撤销刚才的操作。

图 3-14　消息提示区

图 3-15　消息提示框

3.2.5　GNOME 的工作区选择器

在 3.1.5 节曾经介绍过，Linux 使用了虚拟桌面和工作区的概念。单击【活动】按钮，桌面的右侧会露出“工作区选择器”的边角。将鼠标移动到这里，则出现完整的“工作区选择器”，如图 3-16 所示。

其中，工作区列表列出了已经使用的所有工作区，边框高亮显示的是当前工作区，最后一个空白工作区是尚未使用的工作区。当用户需要在新的工作区上操作时，只需单击空白工作区，这时桌面上打开的窗口就属于这个新工作区了。空白工作区被使用后，会在其后出现另一个新的空白工作区。

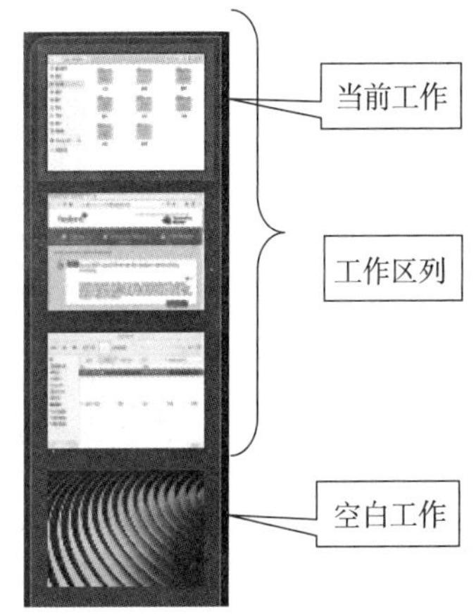

图 3-16　工作区选择器

3.2.6　GNOME 的桌面设置

1. 桌面背景设置

GNOME 允许用户将桌面设置成自己喜欢的颜色或者图片。在桌面区域右键单击，在弹出的快捷菜单中选择【更换壁纸】命令，打开设置窗口，在左侧列表中已经选中了“Background”项，如图 3-17 所示。窗口右侧有“背景”和“锁定屏幕”两个缩略图，分别代表修改桌面的背景和修改锁定屏幕时使用的图片。

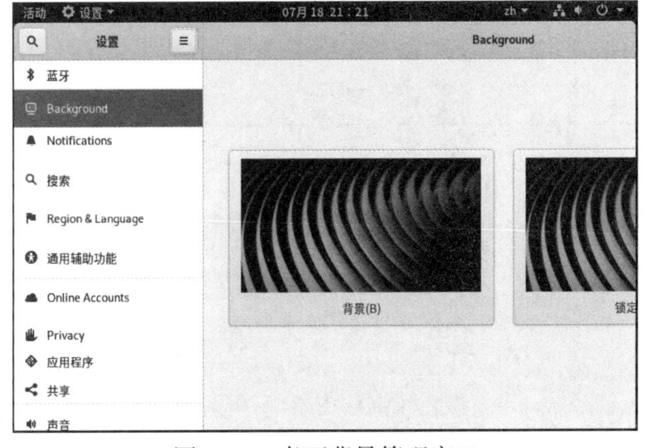

图 3-17　桌面背景管理窗口

单击“背景”缩略图，打开如图 3-18 所示的背景设置对话框，在这里可以选择系统预先提供的壁纸、图片做桌面背景或者选择背景的颜色。设定好背景之后，单击【选择】按钮完成背景设置，或者单击【取消】按钮放弃所做的选择。

图 3-18　设置背景对话框

2. 显示器设置

在桌面区域右键单击，在弹出的菜单中选择【显示设置】命令，打开设置窗口，在左侧列表中已经选中了“设备”项中的“ Displays”项。也可以首先通过浮动面板的“显示应用程序”图标，在列出的系统所有应用程序列表中选择“设置”图标，打开如图 3-19 所示“设置”窗口，在左侧列表中先选中“设备”，然后在新的左侧列表中选中“Displays”项。

图 3-19　显示器设置窗口

在该窗口中，可以设置显示器的显示方向、分辨率、刷新频率，以及是否打开夜灯（Night Light）。

3. 屏幕保护设置

与微软的 Windows 系统不同，在 GNOME 中，屏幕保护不属于桌面设置的内容，而是属于电源管理的一项内容。在设置窗口左侧列表中选择“ Power”选项，打开“电源设置”

窗口，如图 3-20 所示。

图 3-20　电源设置窗口

在该窗口上，可以选择多长时间启动“空白屏幕”、是否允许挂起系统，以及闲置多少时间自动挂起系统等。

3.3　GNOME 的应用程序管理

为方便用户使用，GNOME 桌面集成了一些基本的、常用的应用程序，随 GNOME 一起安装到计算机中，GNOME 使用窗口来显示用户运行的程序。本节介绍 GNOME 的应用程序及窗口管理的一般方法，第 4 章将较为详细地介绍几个常用应用程序的使用。

3.3.1　GNOME 中的应用程序

单击浮动面板上的【显示应用程序】按钮，将在桌面上显示系统已经安装的应用程序的列表，如图 3-21 所示。

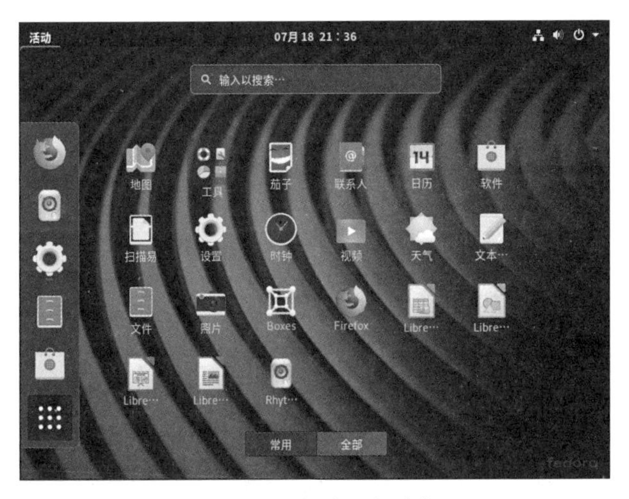

图 3-21　应用程序列表

在应用程序列表下方有两个按钮，分别是【常用】和【全部】按钮。单击【常用】按钮，上面会显示该用户常用的应用程序图标；单击【全部】按钮则显示全部应用程序。当程序列表在一幅桌面上显示不下时，可以显示在多幅桌面上，此时列表右侧会出现单选圆点，可以单击这个圆点，在几幅桌面间进行切换。

在应用程序列表上，有两个较为特殊的图标，即【工具】和【设置】图标，它们不是单一的应用程序，而是代表一组应用程序。单击【工具】图标，打开工具组应用程序列表，如图 3-22 所示。其中包含了磁盘管理、系统监视器等常用的工具。

图 3-22 GNOME 的工具组应用程序

单击【设置】图标，打开设置窗口，如图 3-23 所示。系统中几乎所有设备、软件和功能的管理都被嵌入这个窗口中。前面介绍的桌面背景设置、显示器设置都在这个窗口中实现，后面章节将介绍的网络管理、用户管理也被集成在设置窗口中。

图 3-23 GNOME 的设置窗口

GNOME 集成的其他应用程序及功能如下。

- 地图：GNOME 开发的地图应用程序，使用了 OpenStreetMap 数据库，可搜索定位到指定位置。
- 茄子（Cheese）：GNOME 开发的拍照和录像工具。
- 联系人：GNOME 开发的联系人管理工具，可以保存和管理联系人信息。
- 日历：GNOME 开发的日历应用程序，可以添加日程和提醒。
- 软件：GNOME 的应用程序管理器，可用于查找并安装新的应用程序，移除已安装的应用程序。
- 扫描易：GNOME 开发的文档和图片扫描软件，支持大多数现有的扫描仪。
- 时钟：GNOME 的时钟应用程序，用来查看时间，提供闹钟、秒表及定时器功能。
- 视频：GNOME 的视频播放程序。
- 天气：GNOME 开发的显示天气状况和天气预报的程序。
- 文本编辑器：GNOME 开发的通用文本编辑器 gedit。
- 文件：又叫 Files，是 GNOME 桌面环境下默认的文件管理器（Nautilus），类似于

Windows 的资源管理器。它提供了简单且集成的方式来管理文件和浏览文件系统。

- 用户：认证当前用户的小程序。
- 照片：在 GNOME 下查看、管理和分享照片的小程序。
- Boxes：GNOME 开发的查看和访问虚拟机的应用程序。
- Firefox："火狐"网络浏览器。
- LibreOffice Calc：LibreOffice 套件中的电子表格管理软件，类似于 MS Office 中的 Excel 软件，可用于计算、分析信息，以及管理电子表格中的列表。
- LibreOffice Draw：图形、图像编辑软件，可用于创建并编辑图形、流程图及程序徽标等。
- LibreOffice Impress：演示文稿管理软件，类似于 MS Office 中 PowerPoint 软件，可用于创建并编辑幻灯片、会议及网页中使用的演示文稿等。
- LibreOffice Writer：文档管理软件，类似于 MS Office 中的 Word 软件，可用于创建并编辑信函、报表、文档和网页中的文本及图形。
- Rhythmbox：音频管理软件，可用于播放、组织、收藏音频文件。

3.3.2 运行桌面应用程序

除了可以像 3.2.3 节中介绍的通过应用程序详细信息窗口中的【启动】按钮运行程序外，还有几种常用的方式可以运行一个应用程序（在 Fedora 30 中，GNOME 取消了从文件管理器直接启动应用程序的功能）。

1. 通过收藏夹中的快捷方式运行应用程序

鼠标单击【活动】按钮或者使用活动快捷键，打开活动概览视图。浮动面板的收藏夹中包含了一些应用程序的快捷方式，单击快捷方式图标，可以运行相应的程序。如果该程序已经运行，那么该快捷方式图标会高亮显示，这时单击该图标会在桌面上显示该程序最近运行的窗口。在快捷方式图标上右键单击会弹出一个菜单，选择【新窗口】菜单项会在一个新窗口中运行该应用程序。若在按下 Ctrl 键时单击应用程序图标，则系统也会打开一个新窗口，并在新窗口中运行该程序。还可以通过拖动快捷方式图标到桌面的方式来运行相应的应用程序。

2. 通过应用程序列表来运行应用程序

鼠标单击【活动】按钮或者使用活动快捷键，打开活动概览视图。在弹出的浮动面板中单击【显示应用程序】图标，则桌面上会显示系统安装的应用程序的图标列表。这些图标本质上也是运行应用程序的快捷方式，通过这些图标运行应用程序与上述使用收藏夹中的快捷方式运行程序的方法相同。

3. 通过搜索运行应用程序

鼠标单击【活动】按钮或者使用活动快捷键，打开活动概览视图。在桌面正上方弹出的搜索框中输入要运行的应用程序名称中包含的字符，系统会将包含搜索字符的所有应用程序的图标列在下面，如图 3-24 所示。通过这些图标运行应用程序的方法同上。

4. 通过在终端执行命令运行应用程序

打开终端窗口，在终端窗口中输入应用程序对应的命令，就可以在新窗口中运行应用程序。例如，在终端窗口中输入命令“firefox”，则可以运行 Firefox 浏览器。

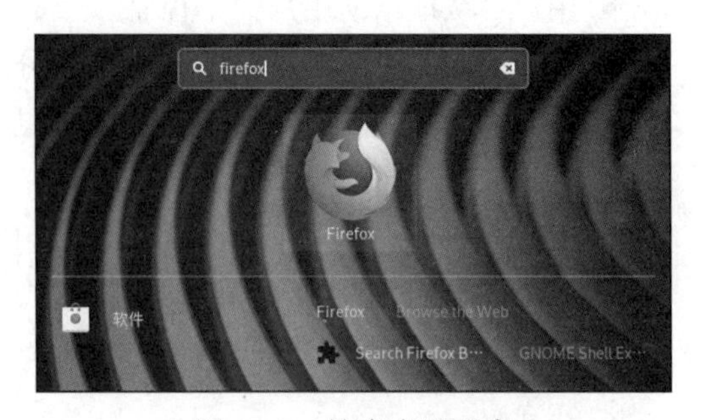

图 3-24 搜索应用程序

3.3.3 收藏夹和快捷方式管理

在 Fedora 桌面的浮动面板上，默认情况下收藏夹中已经包含了 Firefox、Rhythmbox、“文件”及“软件”的快捷方式。用户可以根据个人习惯添加或者删除收藏夹中的快捷方式。

打开应用程序列表，将某个应用程序图标拖到浮动面板上，即在收藏夹中为该应用程序添加一个快捷方式。图 3-25 展示了为“设置”应用程序创建快捷方式的过程。将应用程序列表中的“设置”图标拖动到浮动面板上，在浮动面板创建了一个新的快捷方式，同时在消息和通知区显示此次操作的消息。

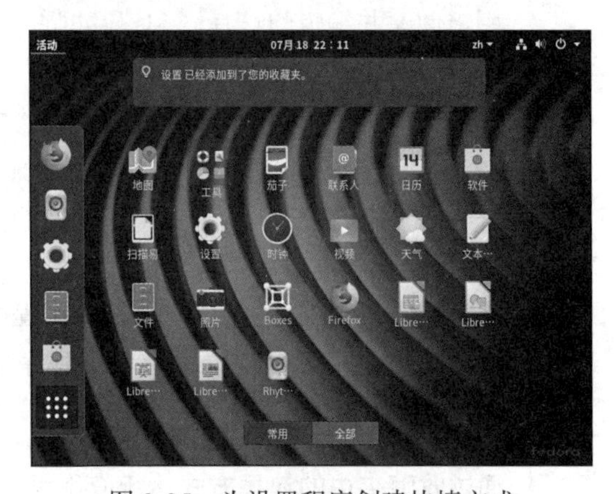

图 3-25 为设置程序创建快捷方式

右键单击收藏夹中的快捷方式，在弹出的菜单中选择【从收藏夹中移除】，即可从收藏夹中删除该快捷方式。

3.4 GNOME 的窗口管理

使用活动概览视图和浮动面板，可以在新窗口中打开应用或者管理活跃窗口。

1. 窗口菜单

Fedora 的窗口操作与其他窗口管理器的使用相差无几。右键单击窗口标题栏或单击标题栏左侧图标即可打开“窗口菜单”，如图 3-26 所示。

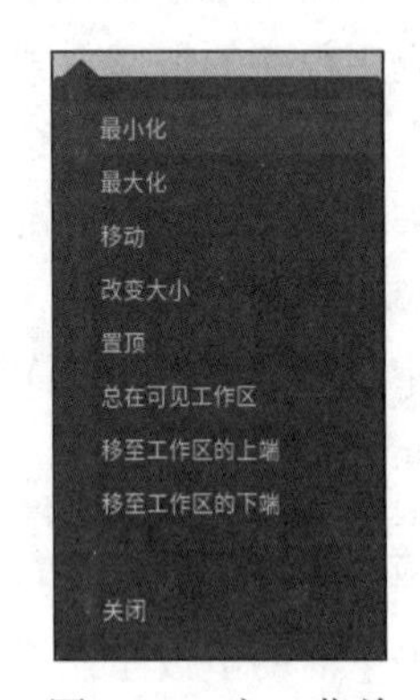

图 3-26 窗口菜单

在“窗口菜单”中，像最小化、最大化、移动、改变大小、关闭等操作与微软的 Windows 中对应操作几乎一样。与微软的 Windows 不同的窗口操作如下。

- 【置顶】：把指定窗口始终置于所有打开窗口的顶层。
- 【总在可见工作区】：指定窗口始终位于当前的工作区。
- 【移至工作区的上端】：把指定窗口移动到当前工作区的前一个工作区，同时该窗口从当前工作区消失。

- 【移至工作区的下端】：把指定窗口移动到当前工作区的下一个工作区，同时该窗口从当前工作区消失。

注意，工作区的排列是循环的，即最后一个工作区的下一个工作区是第 1 个工作区，第 1 个工作区的前一个工作区是最后一个工作区。而且，这里移动的目标工作区不包括工作区选择器中显示在最后的一个空白工作区。

2. 窗口切换

当有多个应用在运行时，用户可以在运行程序的多个窗口间进行切换。当要切换的窗口在同一个工作区时，可以单击【活动】按钮，则本工作区中的所有窗口的缩略图都平铺在桌面上，如图 3-27 所示。用鼠标单击目标窗口的缩略图即可完成切换。

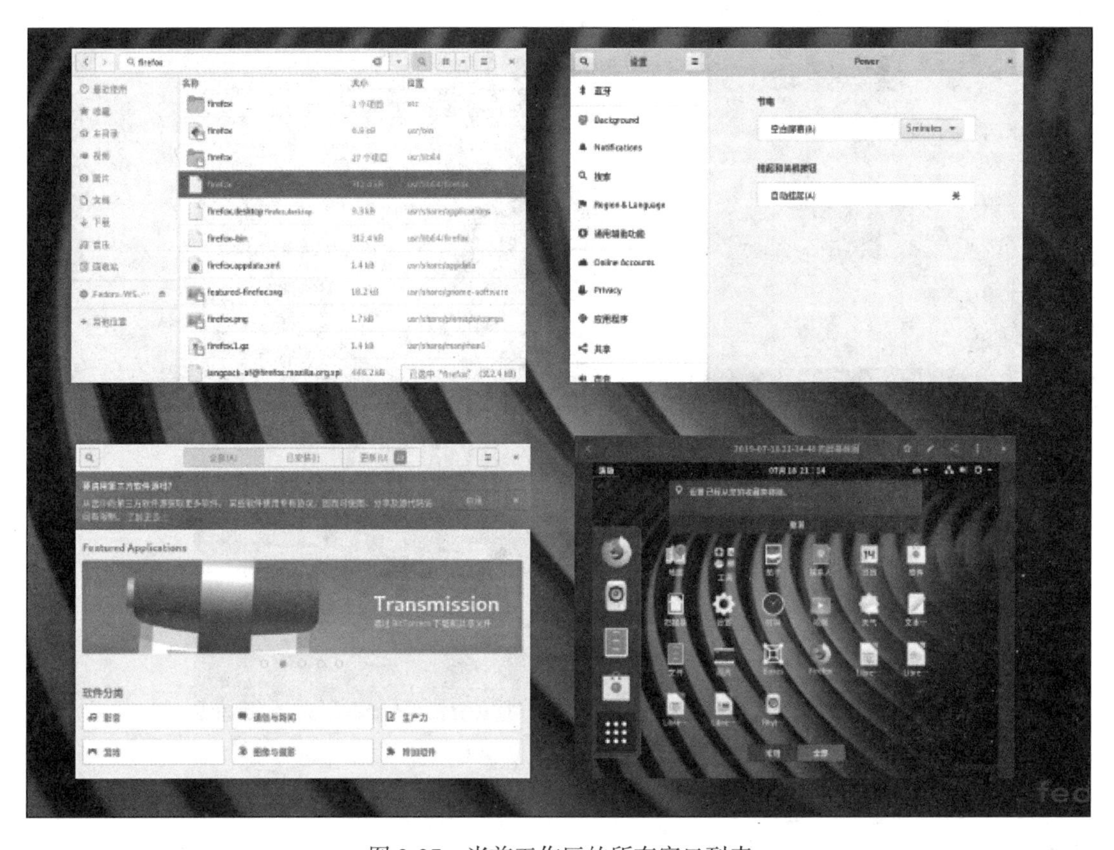

图 3-27　当前工作区的所有窗口列表

当要切换的窗口不在当前工作区时，单击【活动】按钮，打开“工作区选择器”，选择目标窗口所在的工作区，这时，桌面中间显示该工作区运行的应用程序窗口缩略图，如图 3-28 所示。单击目标窗口缩略图，即切换到该窗口。

也可以使用快捷键在窗口间快速切换。按 Alt+Tab 组合键，显示如图 3-29 所示的窗口切换器。上面列出了系统当前打开的所有窗口的缩略图，包括不同工作区中的所有窗口。可以多次按 Alt+Tab 组合键在不同窗口缩略图之间切换，当释放 Alt 键时，当前选中的窗口成为当前窗口，该窗口所在的工作区成为当前工作区。

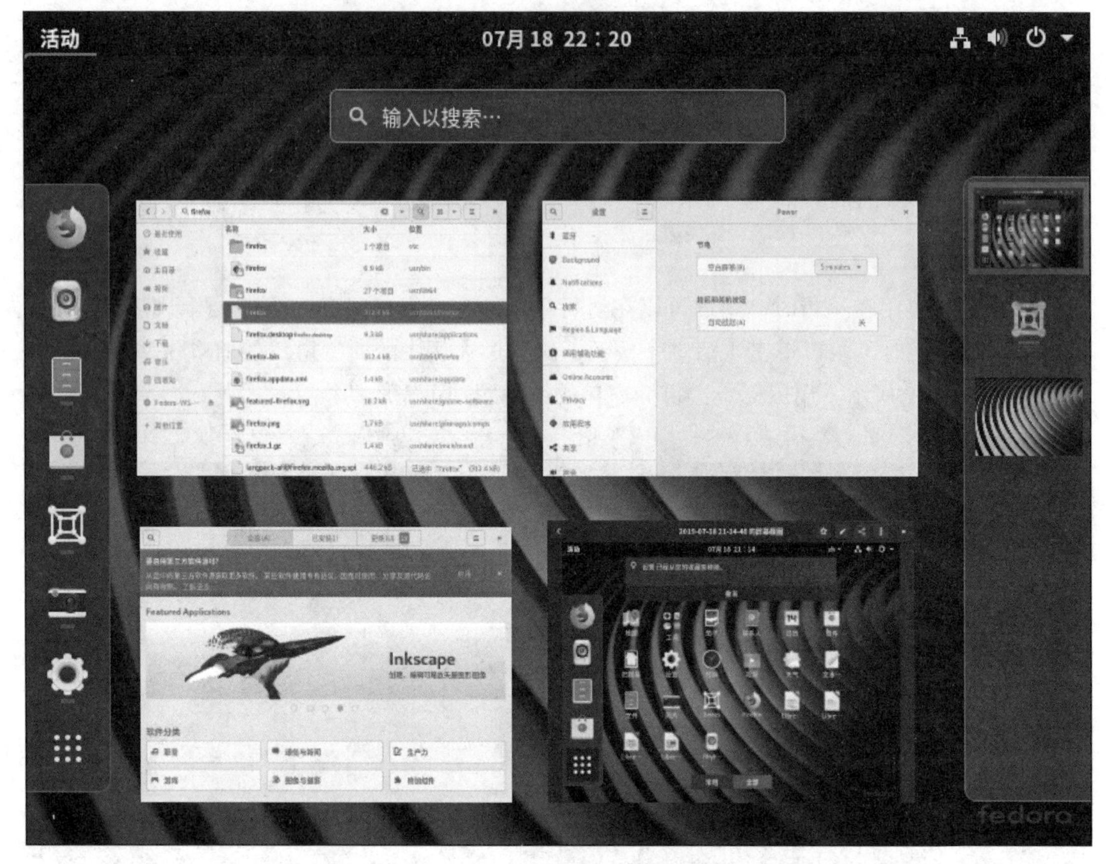

图 3-28　通过工作区选择器和窗口缩略图切换窗口

图 3-29　窗口切换器

3.5　GNOME 的文件管理

GNOME 默认使用 Nautilus 作为它的文件管理器，Nautilus 类似于 Windows 系统的资源管理器，使用它可以方便、有效地在图形环境中操作文件，还可以通过它浏览网络服务和管理硬件。

1. 认识文件管理器

鼠标单击【活动】按钮，在浮动面板上单击【文件】图标，即可打开 Nautilus 文件管理器。文件管理器主要由侧边栏、浏览窗格、当前位置及工具按钮等组成，如图 3-30 所示。

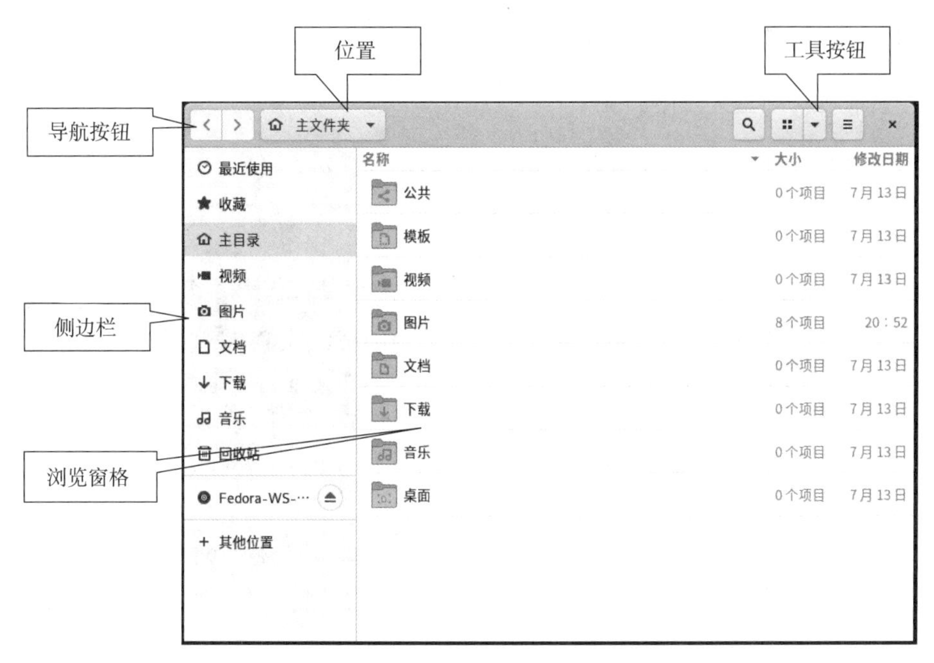

图 3-30　文件管理器主界面

（1）侧边栏

侧边栏列出了文件管理器可管理的所有目录和设备，其功能和使用与 Windows 系统中同名目录类似。其中，“主目录”为登录用户的主目录；分类目录“视频”“图片”“文档”“下载”“音乐”都位于主目录下。单击“其他位置”，在浏览窗格中显示“位于本机”列表和“网络”列表。“位于本机”下方的“计算机”是访问本机文件系统的出发点，可以从文件系统的根目录开始浏览文件；“网络”下方的“ Windows 网络”类似于 Windows 的网上邻居功能，可以查看邻近计算机中的共享文件。

（2）位置

顶部工具条的中间是位置区，逐目录列出当前浏览的路径。文件管理器打开时显示的位置为当前用户的主目录。

（3）浏览窗格

浏览窗格显示当前路径下的所有文件和目录。默认情况下，浏览窗格中的文件和目录以图标的形式显示。

（4）工具按钮

在主界面的顶部提供了工具按钮，其中左端的两个导航按钮【 < 】和【 > 】用于控制浏览路径的前进和后退。右端的工具按钮依次是查找 、切换视图 、操作选项 。查找按钮用于在当前文件夹下查找包含指定符号的文件或文件夹；切换视图按钮用于在列表视图和图标视图间进行切换；操作选项按钮提供浏览窗口操作、文件和文件夹操作等菜单。

Nautilus 具有如下特点。

- 简洁性：Nautilus 力求在完善的功能与可用性之间达成平衡，同时力求简洁。
- 安全性：尽力避免文件发生故障，因此在执行任何危险操作之前都会显示提示信息，而且允许用户撤销操作。

- 直观性：提供的各种工具及文件的图标都非常直观，很容易明白其含义。

2. 文件管理器的基本操作

作为文件管理器，Nautilus 可以实现文件的选择、打开、删除、重命名、移动、复制等基本操作。

（1）选择文件

方法 1：用鼠标单击浏览窗格中的文件，被选中的项目高亮显示。

方法 2：要选择多个文件，可以在几个文件的周围空白处单击鼠标并拖动光标，形成矩形选择区域，在该区域内的文件都被选中；选择多个相邻文件时，也可以先用鼠标单击选中一个文件，在按住 Shift 键的同时单击要选择的文件的最后一个，则从第 1 个文件到最后一个文件之间内的所有文件都被选中；要选择不相邻的多个文件，按住 Ctrl 键同时用鼠标单击要选择的各个文件即可。

方法 3：要选择文件管理器中当前目录下的所有文件或目录，可以单击“操作选项”按钮，在下拉菜单中选择【全选】命令或者使用 Ctrl+A 组合键。

（2）打开文件

方法 1：在要打开的文件上双击鼠标，则以默认方式打开该文件。

方法 2：在该文件上右键单击鼠标，选择弹出的快捷菜单顶部提供的默认打开命令，则以默认的方式打开该文件。

方法 3：在该文件上右键单击鼠标，从弹出的快捷菜中选择【使用其他程序打开】命令，则可以选择系统提供的打开方式。

方法 4：将文件拖放到已经运行的应用程序窗口中，则在应用程序中打开该文件。这种情况要求该文件能够在已经运行的应用程序中正确打开。

（3）更改文件名

方法 1：在文件上右键单击鼠标，在弹出的快捷菜中选择【重命名】命令。此时，文件名处于可编辑状态，删除原文件名，输入新文件名，再在浏览窗格空白处单击鼠标，即可更改文件名。

方法 2：在文件上右键单击鼠标，选择【属性】命令，在弹出的“属性”对话框中的“名称”文本框中更改文件名。

（4）移动和复制文件

方法 1：用鼠标拖放移动文件。在源目录的文件上按下鼠标左键不放，然后拖动鼠标到目标目录，放开鼠标左键，则该文件从原来的目录移动到了目标目录。

方法 2：在文件上单击鼠标右键，在弹出的菜单中选择【移动到】命令，在弹出的“选择移动的目标位置”对话框中选择目标目录，然后单击【选择】按钮，即完成移动。复制的实现类似，只需在菜单中选择【复制到】命令，然后再选择目标位置即可。

方法 3：在文件上单击鼠标右键，选择【剪切】命令，再到目标目录下的浏览窗格空白处单击鼠标右键，选择【粘贴】命令，则将该文件从源目录移动到目标目录下。如果先使用【复制】命令，再使用【粘贴】命令，则复制文件到目标目录。该方法也可以使用快捷键实现，GNOME 下的快捷键与 Windows 下的快捷键一样。【剪切】命令的快捷键是 Ctrl+X，

【复制】命令的快捷键是 Ctrl+C,【粘贴】命令的快捷键是 Ctrl+V。

（5）删除文件

方法 1：在文件上右键单击鼠标，选择【移到回收站】命令。GNOME 中默认删除文件都被暂时放进回收站，如果想撤销删除操作，或者恢复被删除的文件，将回收站相应文件移回到原目录下即可；如果想彻底删除被删除的文件，则右键单击侧边栏的回收站图标，选择【清空回收站】命令。

方法 2：选中文件，按 Shift+Del 组合键，则弹出删除提示框，要求确认是否要永久删除选中项目，如图 3-31 所示。所谓永久删除，是指被删除文件不放在回收站中，因而不能通过回收站恢复。

图 3-31　删除提示框

（6）定位

方法 1：以目录为导航点，定位文件或目录。可以将侧边栏列出的任何项作为导航的起始点，通过在浏览窗格中双击某个目录而进入一个子目录，通过工具栏的前进按钮【 > 】、后退按钮【 < 】逐级浏览目录，直到定位到目标文件或目录。

方法 2：通过书签定位。首先为目标位置设置书签。拖动文件至侧边栏“收藏”处，则在管理器的侧边栏会添加这个书签。然后单击书签，即可以快速定位到书签指定的目录。

3. 文件管理器的个性化操作

为了满足用户的个性化需求，Nautilus 为用户提供了一些选项，用于控制管理器的使用和显示方式。

（1）改变文件查看方式

文件浏览器提供两种查看方式：图标方式和列表方式。图标查看方式能显示文件的某些信息，如果是图形文件则能预览文件。列表方式能显示文件的名称、修改日期、大小等信息。单击【切换视图】按钮即可更改查看方式。

（2）视图控制

视图是指文件和目录的显示形式，Nautilus 使用视图选项来控制视图的显示。单击【视图切换】按钮右侧的向下箭头，将显示当前的视图选项。在图标和列表查看方式下，可选择的视图选项有所区别，如图 3-32 所示为图标查看方式下的视图选项，如图 3-33 所示为列表查看方式下的视图选项。

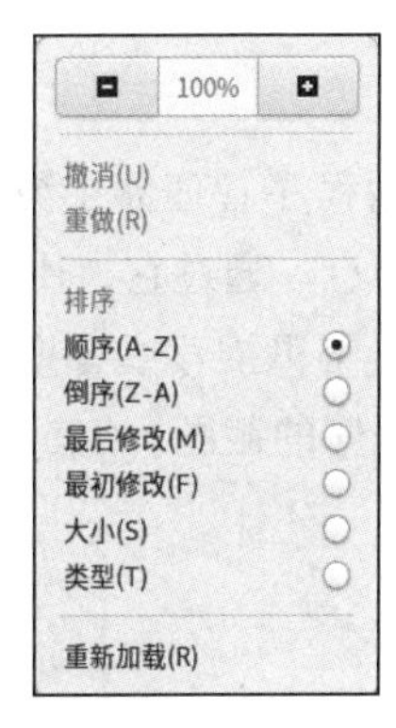

图 3-32　图标查看方式下的视图选项

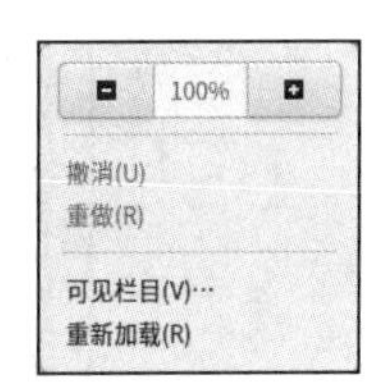

图 3-33　列表查看方式下的视图选项

视图选项的含义如下。

可以通过菜单顶部的两个按钮“－”“+”来控制显示大小。

对于图标查看方式来说，可以按照文件的名称、大小、类型、最初修改、最后修改时间来排列图标，选项【倒序】指按名称的逆序排列图标。

在列表查看方式下，可通过【可见栏目】菜单控制显示文件的哪些属性。单击【可见栏目】菜单项，弹出可见栏目选择对话框，如图 3-34 所示。在该对话框上，用户可以选择显示文件的哪些属性，以及按什么顺序显示这些属性。

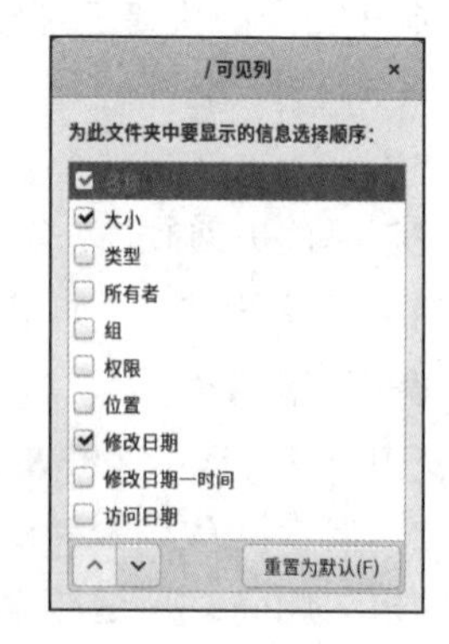

图 3-34　可见栏目选择对话框

3.6　GNOME 的软件管理

GNOME 使用“应用程序管理器”来帮助用户查找并安装新的程序，或者卸载已安装的程序。单击收藏夹中的【软件】图标，打开如图 3-35 所示的应用程序管理器主界面。

图 3-35　应用程序管理器主界面

应用程序管理器主界面上展示了一些有特色、流行的应用程序，提供应用程序的描述、截图等信息。通过它，用户可以根据软件分类、编辑推荐或者搜索来找到需要的应用程序。

单击编辑推荐或者搜索到的应用程序图标，会在新窗口中显示该程序更详细的信息，包括应用程序的截图。编辑推荐的图形类应用 Blender 的说明信息如图 3-36 所示。

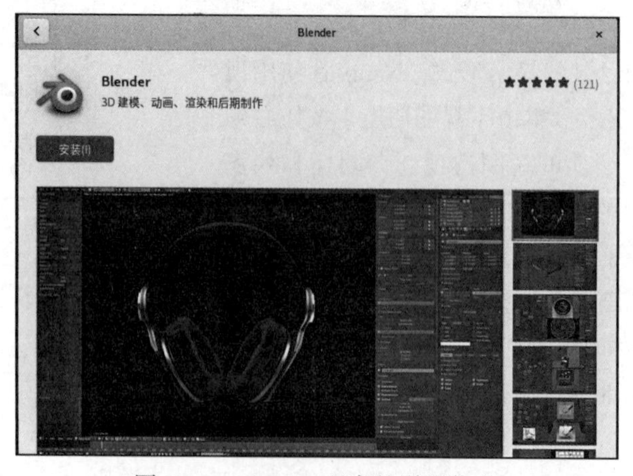

图 3-36　Blender 程序的说明信息

在应用程序说明窗口上，有一个【安装】按钮，单击该按钮将自动下载软件。在窗口的下部有一个【网站】按钮。单击【网站】按钮，则在 Firefox 浏览器中打开该应用程序对应的网站主页，如图 3-37 所示为 Blender 程序的主页。

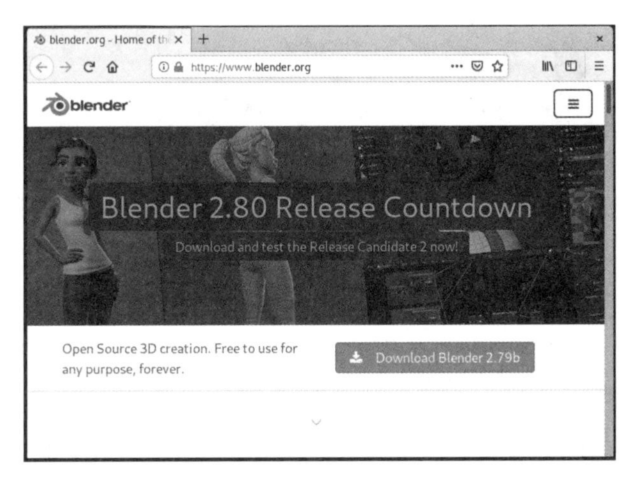

图 3-37 Blender 程序的主页

在应用程序网站上下载与自己系统匹配的软件。可以下载二进制版本，也可以下载源代码版本。如果下载二进制版本，则可以直接安装软件，而如果下载源代码，则需要首先将源代码编译，然后再安装。

在图 3-35 的应用程序管理主界面上，单击窗口顶部的【已安装】按钮，则系统中所有已经安装的应用程序被逐一列出，如图 3-38 所示。单击应用程序右侧的【移除】按钮，可以将该程序从系统中卸载。

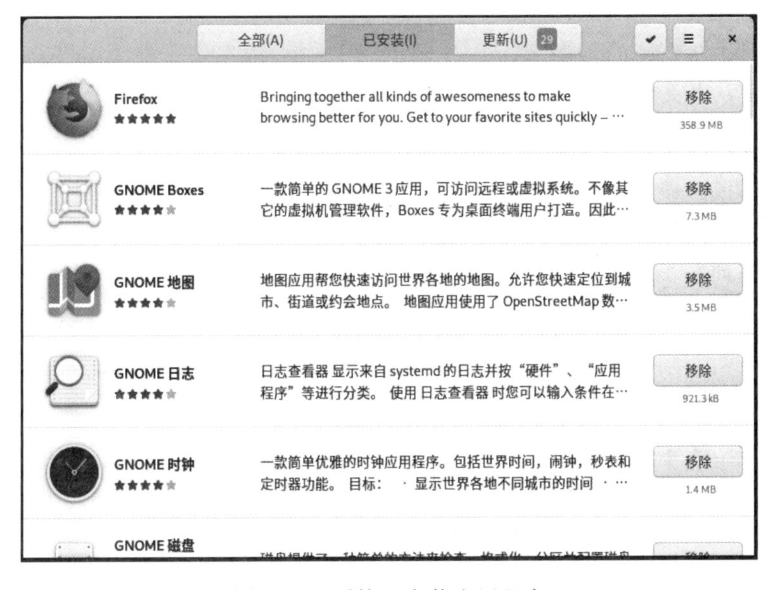

图 3-38 系统已安装应用程序

单击【更新】按钮，系统将联网检查已安装的操作系统和应用软件是否有新的版本，如

图 3-39 所示。检查完成之后，如果有新版本，则会给出版本更新情况并显示【下载】按钮。

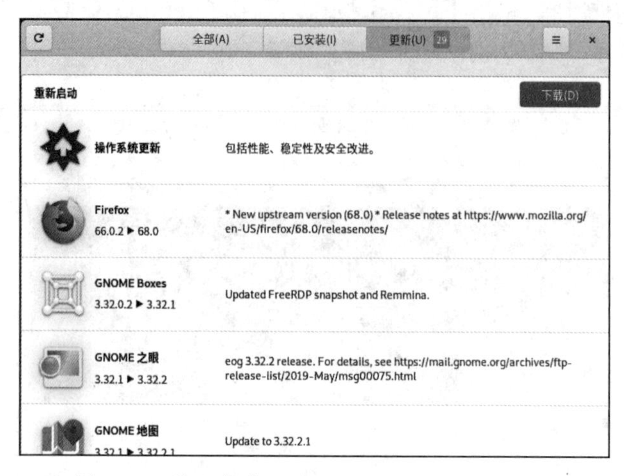

图 3-39　检查操作系统及应用程序的更新信息

3.7　本章小结

本章首先介绍了 X Window 系统的组成和特点，然后对 Fedora 默认安装的桌面 GNOME 进行了详细说明，包括桌面环境、面板的使用、应用程序管理、窗口管理器、文件管理器的使用等。

习题

1. GNOME 桌面包括________、________、________和消息通知区。
2. GNOME 的顶端面板包括________按钮、________区、__________和________区。其中________按钮是使用系统的出发点，________显示正在运行的应用程序名称，________用于显示系统管理面板。
3. GNOME 默认安装的文件管理器是________，它具有________、________、________特点。
4. 在 Linux 中如何永久删除指定文件或目录？
5. 比较 X Window 系统与 Microsoft Windows 系统之间的异同。
6. X Window 系统由哪些部分组成？每部分的作用是什么？
7. 什么是虚拟桌面？
8. 什么是工作区？如何在不同的工作区间进行切换？
9. X Window 下的终端窗口与控制台有什么区别？
10. GNOME 提供了几种面板？它们都有什么功能？
11. 练习设置 GNOME 桌面。
12. 练习 GNOME 的文件管理器的使用。
13. 练习通过 GNOME 的应用程序管理器来管理系统和应用程序的安装、更新及卸载。

第4章　Linux系统的常用软件

在微软的 Windows 系统中，除了提供驱动程序、维护工具等系统功能软件之外，还提供一些附加功能软件，如画笔、计算器等。但仅凭借 Windows 本身所提供的功能软件，还是无法满足用户日常的工作与生活的需求。因此，在 Windows 下，除了要购买操作系统软件本身之外，还要购买相关的应用软件，如 Office、Photoshop 等。在 Windows 下，很多应用软件的价格比 Windows 本身还要昂贵，这是 Windows 的不足之一。

由于 Linux 自由、开放的特点，越来越多的软件开发公司及个人爱好者加入 Linux 软件开发之中，以 Linux 系统内核为基础的 Linux 软件体系日趋成熟与完善。从系统底层的开发到日常的娱乐应用，Linux 下的软件已经可以满足用户的需求。Linux 及其相关应用软件多以套件的形式免费发行。套件不仅包含 Linux 系统软件自身，还在操作系统软件之上整合了丰富的应用软件。不同的 Linux 发行套件，在整合的软件种类、功能等方面有所不同。其中，有些套件侧重于企业管理，有些套件侧重于终端用户的应用，有些套件侧重于系统开发，有些套件则侧重于多媒体娱乐体验。即使获取的套件产品不能完全满足应用需求，用户也可以根据自己的需求，找到免费的、满足需求的软件。

在早期的 Linux 软件管理中，没有提供统一、易用的软件获取和安装界面，这就造成用户在获取、安装、卸载、升级软件时有些不方便。现在，这个现象有了很大改观。Linux 大多数发行套件都提供了集成的软件管理界面，简化了软件获取与安装的过程。本书介绍的 Fedora 系统就是 Linux 众多发行套件中，发展比较成熟、用户比较多、影响力比较大的一个产品。它为用户提供了丰富的功能，能够满足大多数用户办公、娱乐，甚至企业管理的需求，已经在各个领域得到了广泛使用。

在本章，我们主要介绍在 Fedora 30 版本中用户经常使用的一些应用软件。

4.1　办公软件

使用计算机办公是用户的基本需求。对于大多数用户来说，办公涉及的功能就是编写文档、填写报表、制作幻灯片等。本节将针对这些要求介绍 Linux 下的办公软件。

4.1.1　办公套件 LibreOffice

习惯使用 Windows 的用户都十分熟悉微软公司的 Office 办公套件，能熟练使用 Office 套件提供的 Word、Excel、PowerPoint、Access 等软件。是否会使用 Office 几乎成为衡量能否利用计算机进行办公的标准，Office 软件俨然成为计算机中的必备软件。

Linux 系统上也有一套可以与 Windows 上的 Office 地位相当的办公软件，即 LibreOffice 办公套件。Fedora 30 版本系统已默认安装了 LibreOffice 套件。

与微软公司的 Office 相比，LibreOffice 不仅功能同样完善，而且由于它是自由软件，因而有自己的特点。

1）免费使用。Office 是收费软件，并且购买一套功能完整的软件价格不菲，而 LibreOffice 是一款开放源代码的自由免费、功能齐全的办公软件，采用对企业和个人用户均免费的 GPL 2.0 授权协议。用户可以自由分发该软件，无需支付授权费用。它的源代码完全公开，任何人都可以参与软件的开发和维护。在使用上，用户既可以家庭自用，也可以用来教育研究，还能用于企业办公。

2）技术标准开放、自由。Office 提供的若干种文档类型不是开放、自由的，在 Office 基础上进行功能开发与扩充会受到微软很多自有技术的限制。而 LibreOffice 的名字就强调了其自由（Libre）的特点。在软件文化中，自由经常和开放、公开源代码、免费等特点结合在一起。在 LibreOffice 基础上进行软件的二次开发受到的限制很少，开发出的产品可以保持免费，也可以收费。事实上，以 LibreOffice 为基础，已经衍生出很多成熟的办公套件产品，它们中有的和 LibreOffice 一样是自由、开放、免费的，有的则是收费的。在支持的文档类型方面，LibreOffice 除了原生支持开放文档格式（Open Document Format，ODF）外，它还支持许多的非开放格式，比如微软的 Word、Excel、PowerPoint 的格式等。

3）跨平台的特性。LibreOffice 不仅可以在 Fedora 中安装使用，也可以在 Windows 上安装使用，除此之外还支持 Mac OS、Ubuntu、OpenSUSE、Android 等多种主流的操作系统。如果用户习惯使用 Windows 系统，可以下载 LibreOffice 的 Windows 版本来体验使用，以便为最终迁移到 Linux 下做一些准备。

在软件构成上，LibreOffice 和 Office 类似，也是以套件的形式提供的，套件中的每个组件都可以完成相对独立的功能，组件功能的定位也与 Office 软件基本相当。表 4-1 对比了 Office 套件与 LibreOffice 套件的组件功能。

表 4-1　Office、LibreOffice 组件功能对比

功能	Office 组件	LibreOffice 组件	Fedora 30 是否默认安装
文档	Word	Writer	√
表格	Excel	Calc	√
演示文稿	PowerPoint	Impress	√
数据库	Access	Base	×
图表	—	Draw	√
公式编辑	—	Math	√

其中，表 4-1 的第 4 列表示 LibreOffice 的各个组件在 Fedora 30 中的默认安装情况。从表 4-1 中可以看出，各个组件中，没有默认安装的是实现数据库功能的 Base 组件，这主要是考虑到数据库组件的应用对于普通用户来讲涉及相对较少。

在 Fedora 30 中提供的 LibreOffice 的版本是 6.2 版本，撰写本书时，已经有 6.2.5 版本可供下载。用户如果需要下载其他组件、更新软件或者了解 LibreOffice 进一步信息，可以参考 LibreOffice 官方网站（https://www.libreoffice.org）。

LibreOffice 不仅在名称、功能组成上与 Office 很类似，在使用方式上也与 Office 很接近，有 Office 使用经验的用户，不用专门学习 LibreOffice 的使用也能很快掌握其用法。下面简要介绍 LibreOffice 中的一些常用组件的使用方法。

4.1.2　Writer 组件

Writer 是 LibreOffice 办公套件的组件之一，主要完成电子文档及文字处理的功能。它

与微软的 Office 办公套件中组件 Word 的功能大体相当。在当今众多文字处理软件中，它功能齐全，特色鲜明，并且兼容性好，可以兼容包括 Word 在内的多种文档类型，可以实现多种不同文档类型之间的转换。Writer 创建和保存的基本文档类型为 odt 格式，这种格式遵从开放文档格式（Open Document Format，ODF）标准，此标准不仅是自由、开放的标准，也是 ISO/IEC 的一项国际标准。

在命令终端中执行“libreoffice”命令可以启动 LibreOffice 公共起始程序，利用该程序即可启动 Writer 组件。公共起始程序的运行主界面如图 4-1 所示。

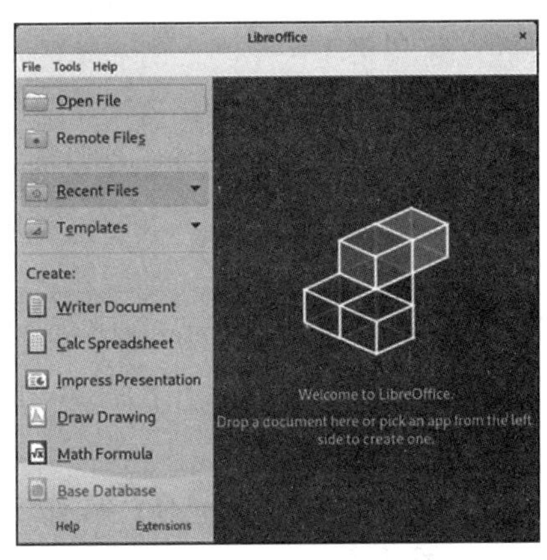

图 4-1 公共起始程序主界面

该界面是启动 LibreOffice 各个组件的一个公共起点，主界面布局可以分为左右两部分，左侧自上而下为一系列图标命令，右侧为文档缩略图，罗列最近曾经打开过的文档、表格、幻灯片等文件，单击相应缩略图会自动打开相应的文件。在图 4-1 中，由于是第一次使用 LibreOffice，没有曾经打开的文档，所以显示默认的介绍图案。单击左侧【Open File】图标命令，会出现文件浏览窗口，在计算机中浏览并选择需要打开的文件，LibreOffice 会选择合适的组件以文档、表格或者幻灯片的方式打开相应文件。单击左侧【Templates】图标命令，会出现模板浏览窗口，可选择适合的文档模板，创建新的文档。LibreOffice 默认安装的模板不多，用户可以从 LibreOffice 网站下载并安装更多的模板，以提高文档创建的效率。左侧下半部分提供了创建各种类型文件的命令的图标，从上至下分别为：【Writer Document】用于创建文本文档；【Calc Spreadsheet】用于创建电子表格；【Impress Presentation】用于创建幻灯片；【Draw Drawing】用于创建海报、图表；【Math Formula】用于创建数学公式；【Base Database】用于创建数据库。由于 Base 组件在 Fedora 30 中没有默认安装，所以【Base Database】功能不能使用。

组件 Writer 除了可以采用公共起始程序启动外，还可以通过单击【活动】/【显示应用程序】按钮找到 LibreOffice Writer 图标启动，或通过在命令终端中执行“libreoffice --writer”命令启动。Writer 启动初始界面如图 4-2 所示。

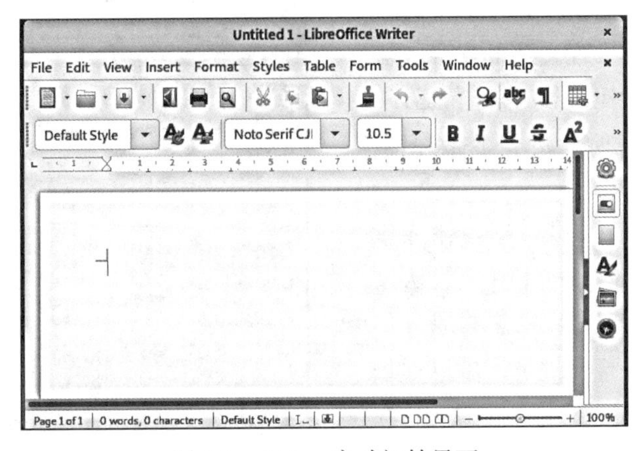

图 4-2 Writer 启动初始界面

该界面布局和 Word 等典型的文本编辑工具界面布局基本一致。界面中白色页面展示用户正在编辑的文档效果。界面上方是一组功能菜单，提供了用户编辑文档时可以使用的所有功能。菜单下方是几组工具栏，工具栏提供了用户最经常使用的菜单项的功能。界面最下方是程序状态栏。一条完整的灰色底框被分割成多个子栏，每个子栏要么显示一个当前文档的状态，如当前正编辑的页码、总页码等；要么提供一些很实用的功能，如状态栏右侧倒数第 2 个子栏提供了一个类似滑动条的功能，它可以调整文档在界面中显示的比例，当用户的屏幕面积较大时，可以利用这个功能，将两个页面并排地显示出来，提高办公、阅读的效率。

用鼠标单击界面当中白色页面编辑部分，程序进入文档编辑状态，用户就可以编辑自己的文档了。用户可以输入文字，利用菜单或者工具栏的命令对文档的字体、段落等格式进行调整。

用户还可以通过【 Insert 】菜单在文档中插入特殊字符、图片、文本框等内容。【 Insert 】菜单如图 4-3 所示。常用的插入功能有如下两个。

1）插入图片（Image）：向文档中插入一幅已经编辑好的图片以实现文档的图文混排。选择【 Insert/Image 】，在展开的子菜单中选择图片的来源，如【 From File… 】子菜单项，在弹出的对话框中定位并选择事先编辑好的图片，就可以实现向文档中插入图片的功能。

2）插入特殊字符（Special Character…）：当利用计算机提供的输入法不方便输入希腊语、货币符号等特殊符号时，可以选择该命令选项，在弹出的对话框窗口中选择合适的特殊字符插入文档中。

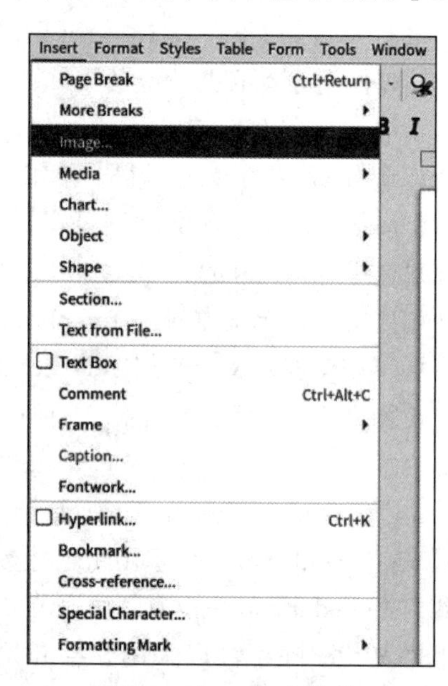

图 4-3　【 Insert 】菜单

在文档编辑过程中或者文档编辑完毕后要保存文档。可以通过菜单命令【 File/Save 】、单击工具栏上的【 Save 】按钮或者利用 Ctrl+S 组合键实现文档的保存。当编辑一个新文档时，第一次使用【 Save 】命令会弹出如图 4-4 所示的文件保存对话框。

其中，在“Name”输入框中输入欲保存的文件名称。在 Fedora 中，默认文件夹路径是 Linux 当前用户的主目录。如果希望将文档保存到其他目录，可以通过单击中间的导航窗口，在计算机中选择任意一个目录作为保存文件的文件夹。文件

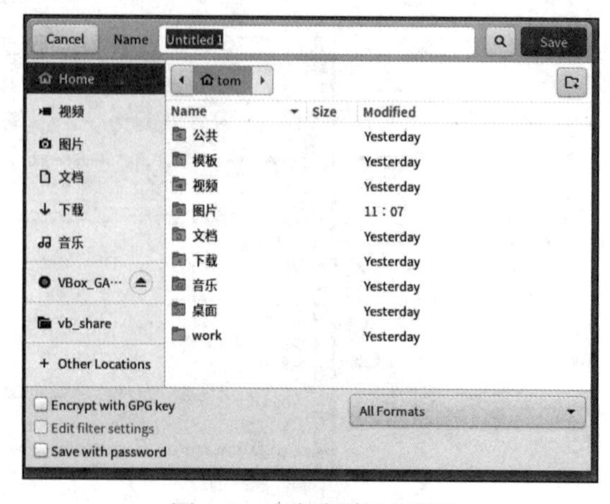

图 4-4　文件保存对话框

保存对话框右下角的下拉组合框用来指定文档保存的类型，通常不需要额外指定，Writer 组件默认将文件保存为 odt 格式。当需要将编辑好的文档转换成其他格式时，例如，需要转换为 Office Word 所支持的 doc、docx 格式时，可以单击这个下拉框，在其中选择 Word 格式。“Save with password”复选框默认状态下为未选中状态，即不使用密码保存。当用户对文档的保密性要求较高时，可以勾选此项。如果选择了密码保存，那么当单击【Save】按钮时，会弹出密码设置对话框，用户输入并二次确认密码后，文档就以密码加密的方式进行保存。在打开文档时，如果该文档在保存时指定了密码，Writer 会自动提示用户键入相应的密码进行验证，验证通过文档才能被打开。文档编辑并保存完毕后，可以单击【File/Close】菜单项退出 Writer 组件，返回到公共起始程序，也可以单击【File/Exit LiberOffice】退出 LibreOffice 程序。

4.1.3 Calc 组件

Calc 是 LibreOffice 办公套件中完成电子表格处理功能的组件。在微软的 Office 办公套件中，组件 Excel 的功能和它大体相当。Calc 兼容包括 Excel 在内的多种文档类型，可以实现不同文档类型之间的转换。Calc 创建和保存的基本文档类型为 ods 格式，该格式同样遵从开放文档（ODF）国际标准。

可以在图 4-1 所示的公共起始界面中启动 Calc 组件，也可以通过单击【活动】/【显示应用程序】按钮项找到 LibreOffice Calc 图标启动，或通过在命令终端中执行“libreoffice --calc”命令启动。Calc 组件启动后的初始界面如图 4-5 所示。

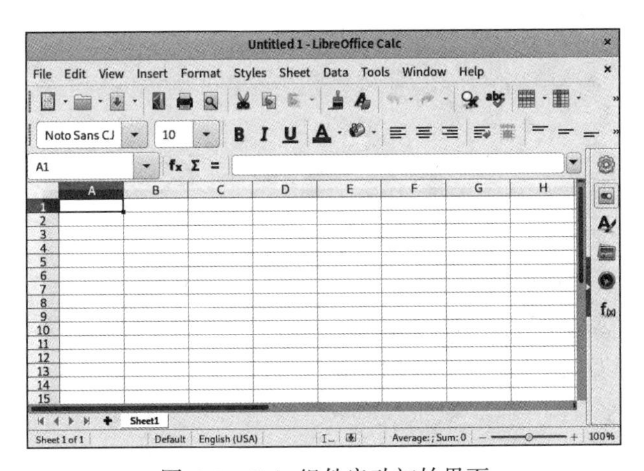

图 4-5 Calc 组件启动初始界面

该界面布局与 Writer 组件界面布局类似。界面主体为编辑表格的工作表视图，与 Office 的 Excel 组件不同，系统默认提供了 1 个工作表。表格由若干行和若干列组成。行编号由 1 开始，依次递增；列编号由 A 开始，依次递增。利用列和行的编号可以定位表格中的任一个单元格，例如，左上角第 1 个单元格的编号为“A1”。单击某个单元格，其编号会在工作表视图左上方的文本框中显示出来。以图 4-5 为例，工作表中左上角第 1 个单元格被选中，其编号“A1”将显示在文本框中。可以采取鼠标左键拖曳的方式选中一组连续单元格，被选中的一组单元格以该组中左上角和右下角的单元格编号来确定。例如，如果选定工作表中 A1、

A2、B1、B2 四个单元格，则该选中区域的编号为“A1:B2”。注意，两个编号之间用冒号分开。

用鼠标单击某个单元格就可以对表格进行编辑了。用户可根据需要设计表格的布局与格式。在编辑表格过程中，经常要对表格中的字体、背景、边框等进行定制，这时候可以使用设置单元格格式的功能。使用这个功能时，首先要选中需要设置的单元格。选中一个单元格用鼠标单击就可以了，选中多个单元格可以采用鼠标左键拖曳的方式。确定好要操作的单元格对象后，可以通过鼠标右键菜单【Format Cells】或者菜单项【Format/Cells】来打开“Format Cells”设置对话框，如图 4-6 所示。

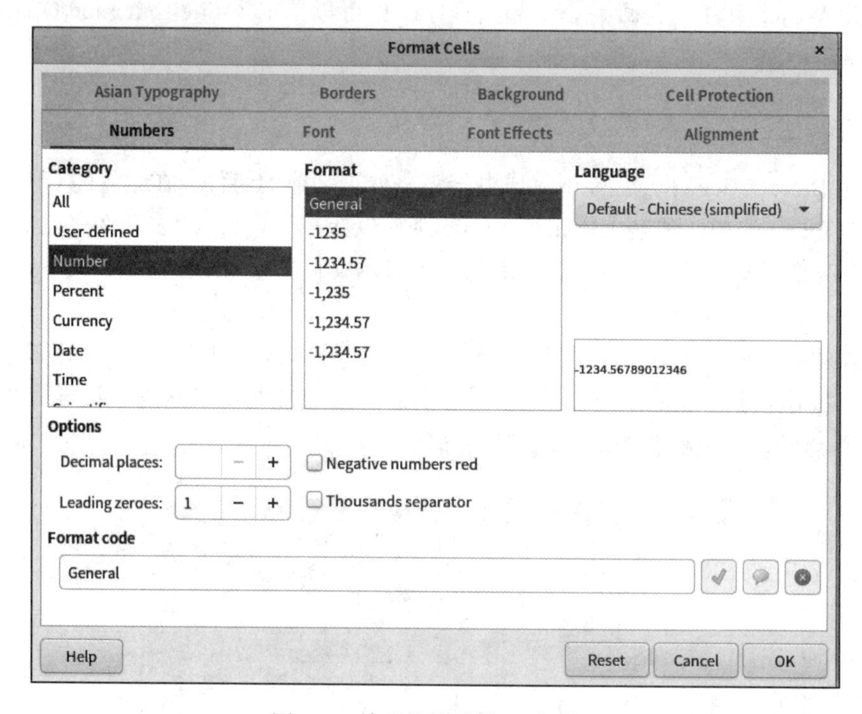

图 4-6　单元格格式设置对话框

该对话框由 8 个选项卡组成，其中，“Numbers”选项卡可以设置被选单元格中的数字字符的显示格式，可以按照数字形式显示，也可以按照文本方式显示。“Font Effects”选项卡可以设置单元格中字符的字体，字符颜色也可以在该选项卡中设置。除此之外，该选项卡还可以设置字符是否采用下划线、删除线等效果。“Alignment”选项卡可以设置文字在单元格中垂直和水平方向的对齐方式，水平对齐方式中有默认、左对齐、右对齐、居中、分散对齐、两端对齐和填充 7 种；垂直对齐方式中有默认、顶端对齐、中间对齐、底端对齐、两端对齐和分散对齐 6 种。如果希望文字在单元格中自动换行也可以在“Alignment”选项卡中设置。在单元格中输入文本时，如果按 Enter 键，单元格中的文字不会换行，而是将输入焦点移动到当前单元格的正下方的单元格中。如果希望使单元格中的文字换行，可以在“Alignment”标签页中设置自动换行，也可以在键入文本时，使用 Ctrl+Enter 组合键实现手工换行。

将几个内容相同的单元格合并成一个单元格是设计和制作表格时常用到的一项功能。和设置单元格格式相同，合并单元格前首先要选定欲合并的若干单元格，然后通过【 Format/Merge Cells 】菜单或者单击工具栏上的【 Merge and Center Cells 】按钮实现合并。当没有选中欲合并的多个单元格或只选中一个单元格的情况下，【 Format/Merge Cells 】命令无法使用。

表格编辑完毕后，可以采用与 Writer 中相同的方式保存并关闭 Calc 组件。

4.1.4　Impress 组件

Impress 是 LibreOffice 中完成幻灯片设计功能的组件。在微软的 Office 办公套件中，组件 PowerPoint 的功能大体与它相当。Impress 兼容包括 PowerPoint（ppt、pptx）在内的多种文档类型，可以实现不同文档类型之间的转换。Impress 创建和保存的基本文档类型为 odp 格式，该格式同样遵从开放文档格式（ODF）国际标准。

可以在图 4-1 所示的公共起始界面中启动 Impress 组件，也可以通过单击【活动】/【显示应用程序】按钮找到 LibreOffice Impress 图标启动，或通过在命令终端中执行“libreoffice --impress”命令来启动。LibreOffice 的 Impress 组件启动后的初始界面如图 4-7 所示。

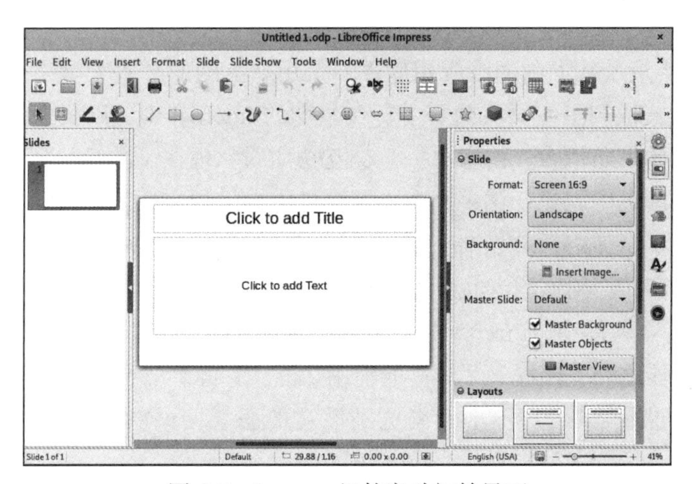

图 4-7　Impress 组件启动初始界面

界面主体部分划分为左、中、右 3 个窗口。左侧窗口是幻灯片的缩略图，它像一个目录，显示了已经创建的每一页幻灯片的缩微外观。中间是编辑窗口，默认显示效果和幻灯片的最终效果一致，主要编辑工作都在这个视图下进行。右侧窗口界面元素最多，提供了设置幻灯片属性、幻灯片切换、动画、幻灯片母版、样式、图库和导航 7 个功能的设置界面，功能设置界面的切换可以通过单击右侧边缘由上至下依次排列的图标实现。【 Master Slides 】工具栏可以重新指定幻灯片所使用的母版，并可以实时地预览更改后的幻灯片效果。【 Properties 】工具栏可以设定幻灯片的大小、方向、背景和内容分布样式。当选中幻灯片页面中的文字或者图片等界面元素后，【 Properties 】工具栏会发生相应的变化，实现对字体、图形格式等属性的设置。可以使用【 Animation 】工具栏为选中的元素设置展现的动画效果，系统中预置了多种动画效果可供选择。【 Slide Transition 】工具栏提供了若干页面间切换的效果，帮助用户美化前后两页幻灯片之间的切换方式。

编辑一页幻灯片的一般步骤是：首先选择该页幻灯片的模板，然后在页面中根据版式布局划分出的各个板块中加入文字、图形、图像等界面元素，并设计好它们的展现方式，包括字体、颜色、动画效果和出现顺序等。最后考虑进入下一页幻灯片的切换效果，进而完成本页幻灯片的设计，重新开始新的一页幻灯片的设计。所有幻灯片都设计制作完成后，可以通过【Slide Show/Start from First Slide】、F5 功能键或者单击工具栏【Start from First Slide】按钮等多种方式放映幻灯片，观察制作好的幻灯片的效果。在幻灯片放映过程中，按 Esc 键可以随时退出放映状态而返回编辑状态。

4.2　网络应用软件

无论是休闲还是办公，计算机网络日益成为计算机用户的基本要求。迅猛发展的 Internet 为用户提供了大量丰富、便捷的服务。越来越多的用户源源不断地加入网络环境之中，他们在享受网络带来的服务同时，又贡献着自己的劳动与智慧，使 Internet 的内容更加丰富，新的业务层出不穷。Linux 系统本身的产生与发展都与网络有着密不可分的关系，其结构特点非常适合在网络中应用。本节介绍 Fedora 30 中的一些常用网络应用软件。

4.2.1　浏览器 Firefox

Internet 浏览器是最基本的网络应用软件，是用户上网的必备工具之一。网站技术的发展使更多的功能被集成到了一页页网页中。在早期的 Internet 中，网页只是文字、图片、声音等一些媒体信息的发布平台，内容单一，交互功能弱。现在，游戏、聊天、办公、购物等各种功能都可以在网页中完成。许多原先由计算机中专门的应用程序才能实现的功能，现在在网页上就能实现了，使用计算机渐渐变成了使用浏览器。伴随着网络功能的丰富，对浏览器的要求也越来越高，新浏览器产品纷纷出现，它们各有特点，丰富了用户的选择。

在众多的浏览器软件中，Firefox 是近几年迅速发展起来的优秀软件之一。它除了提供基本的网页浏览功能之外，还提供了丰富的辅助功能。它的主要特性有以下几点。

- 恶意网站防护：当用户不小心浏览到潜在的恶意网站时，它会以醒目的方式提出警告。
- 选项卡方式浏览：在不同选项卡中放置网页，使计算机桌面更加简洁，方便用户管理。
- 清除访问记录痕迹：可以将上网过程中留下的浏览历史、Cookie、密码、缓冲网页等各种用户信息清除掉。在 3.5 后的版本中，还提供了隐私浏览模式或者隐身浏览模式，在该模式下，浏览网站不会在用户计算机上留下任何蛛丝马迹。
- 自动更新功能：保证软件时刻保持最新，强化软件的安全性，丰富软件的功能。
- 支持附加组件机制：软件提供开放标准的接口，支持大量第三方开发的附加软件，可以美化软件界面，丰富软件功能。

Firefox 是一款支持多种平台的软件，除了可以在 Linux 下安装使用，还适用于 Windows、Mac OS 甚至智能手机 Android 等平台。它由 Mozilla 社区负责维护，以 Mozilla Public License 2.0（MPL 2.0）许可方式发布，用户可以免费下载使用，并能获得源代码。Firefox 的官方网站为 https://www.mozilla.com，用户可以到该网站下载软件或者查找进一步资料。

用户可以通过单击【活动】按钮，在浮动面板上单击 Firefox 图标启动 Firefox 浏览器，也可以通过单击【活动】/【显示应用程序】按钮找到 Firefox 图标启动，或者用终端命令“firefox”启动 Firefox 浏览器。Firefox 启动初始界面如图 4-8 所示。

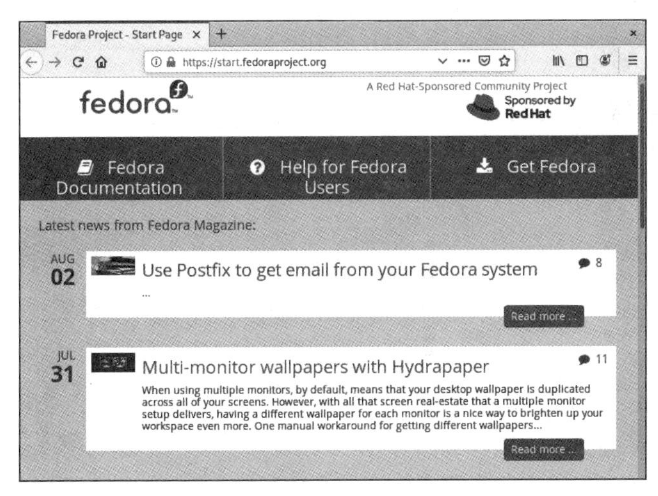

图 4-8 Firefox 启动初始界面

Firefox 的界面布局与大多数浏览器布局相同。窗口界面正上方的文本框用来接收用户输入的网址。网址框左侧箭头图标按钮为【Go back one page】，鼠标左键单击图标按钮会转到当前浏览页的上一页，鼠标右键单击图标会出现菜单列表，显示浏览的历史网址列表，可以从历史列表中选择历史网址进行浏览。当用户在网页中单击某个链接打开新窗口时，Firefox 会产生一个新的选项卡，将新建窗口放在选项卡中。用户也可以手工创建新窗口或者新的选项卡。单击地址栏上方的【+】图标按钮，会在当前窗口中新建一个选项卡。网址框中如果输入的是合法完整的网址，则直接连接相应网站，打开网站首页开始浏览；如果输入的不是完整网址，则 Firefox 把输入的文字作为关键字，调用默认的搜索引擎进行搜索，显示搜索结果的网页。在 Fedora 30 中，Firefox 默认的搜索引擎是 Google，默认的搜索引擎可以进行修改。当浏览器已经完成打开一个网页时，如图 4-8 所示，已经打开网站 https://start.fedoraproject.org 的主页，在浏览器网址框内右侧有 4 个图标按钮，依次提供了显示历史、页面动作、保存到 Pocket 和为此页添加书签的功能。除此之外，网址框外右侧还有 4 个图标按钮，依次提供了历史和书签、显示侧栏、Firefox 账户和打开菜单的功能。其中，【Open menu】提供了打开菜单的功能，实现对 Firefox 浏览器进行配置和管理的功能。

用户在使用浏览器过程中，浏览器会自动保存浏览网页的一些信息，其中包括网站浏览记录、缓存的网页图片，甚至可能包括用户在登录网站时使用的用户名和密码等隐私信息。这些信息保存在计算机中，会对用户的信息安全构成威胁，特别是当用户在公用计算机或者他人的计算机中使用浏览器时，这些信息很可能会泄露。因此，及时清除上网痕迹是安全使用互联网的一个基本措施。Firefox 提供了完善的功能帮助用户及时清除上网痕迹。可以通过单击菜单【Open menu/Preference/Privacy & Security】，打开如图 4-9 所示的隐私管理界面。

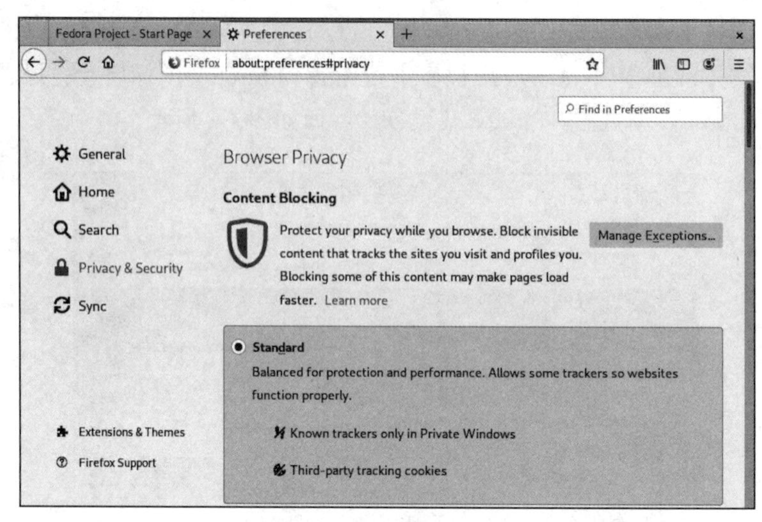

图 4-9　隐私管理界面

Firefox 提供了多种保护用户隐私和安全性的措施，图 4-9 仅展现了该功能的部分页面，完整页面可以通过拖动浏览器右侧的滑块进行浏览与设置。其中，【 Content Blocking 】即内容拦截，实现网站提供的跟踪器、Cookie 等内容的拦截，可以提供用户隐私的保护，提高浏览器的工作效率。【 Cookies and Site Data 】可以查看计算机中保存的站点 Cookies 信息，并可以清除掉 Cookies 信息。【 Logins and Passwords 】可以对浏览器保存登录信息和密码信息进行设置。Firefox 提供了密码保存的功能，当用户第一次访问某个需要用户名、密码的网站时，Firefox 会提示用户是否将登录信息进行保存，用户一旦选择保存这些登录信息，后续再访问该网站就不必再次输入登录信息了，这显然简化了用户的网页浏览，但同时也带来了登录信息泄露的隐患。【 Logins and Passwords 】可以对这些信息的保存进行管理，具有查看已经保存的信息、清除已经保存的信息等功能。【 History 】实现对用户浏览历史的管理，可以清除浏览的历史数据。【 Address Bar 】提供了对使用地址栏时的建议选项。在地址栏中键入网址时，为了方便用户输入，浏览器会自动提供一些网址，【地址栏】组可以对是否提供提示，以及提示来源进行设置。【 Permissions 】实现对浏览器访问用户计算机设备的限制。网页不仅提供了丰富的信息，也可以向用户计算机请求多种类型的信息，会利用用户的位置、话筒、摄像头、音箱等设备，对浏览器是否开放这些权限，涉及用户隐私保护问题。【 Permissions 】提供了对这些权限的管理。

4.2.2　个人信息管理应用 Evolution

Evolution 是 Linux 下的一款个人信息管理应用，它将日历、任务、通信地址簿等功能集成在一起，为用户提供了完整的电子邮件和个人信息管理的功能。在企业应用中，它还支持很多服务协议，可以方便地集成到企业中的大型服务器中去。Evolution 应用软件在 Fedora 30 中默认没有安装，需要在联网条件下进行安装。联网安装 Evolution 可以通过终端命令方式或者图形向导方式进行安装。

1. 终端命令安装方式

终端命令安装方式没有图形界面的向导辅助，但利用终端命令安装简单、快捷。用户可以通过如下两个终端命令实现联网安装 Evolution。

```
$sudo  yum  install  evoluiton
```

或者

```
$sudo  dnf  install  evoluiton
```

两个终端命令都可以实现 Evolution 软件的安装，安装过程中需要输入用户的登录密码进行身份认证，以便获得管理员 root 的权限。

2. 图形向导安装方式

首先展开【活动】/【显示应用程序】找到【软件】图标，单击【软件】启动软件管理界面，通过搜索功能找到如图 4-10 所示的 Evolution 软件的介绍条目，然后双击该条目，选择单击【安装】按钮即可。

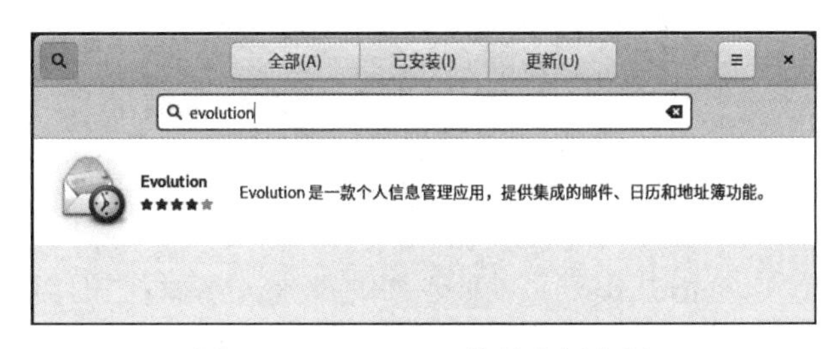

图 4-10　Evolution 软件介绍条目

在 Fedora 30 中安装的版本为 3.32，用户可以通过单击【活动】/【显示应用程序】按钮找到 Evolution 图标启动，或者用终端命令“evolution”启动 Evolution 软件。由于 Evolution 管理信息以至少一个电子邮件账户为基础，因此首次运行 Evolution 会启动一个向导程序，引导用户完善基本用户信息。在向导程序中有关用户的重要信息如下。

1）用户名：这不是邮件账户的用户名，而是账户显示的名称。用户可以任意设置一个有意义的名称，如用户的真实姓名等。

2）电子邮件地址：用户的电子邮件地址。

3）电子邮件接收服务器地址：该邮件账户接收邮件的服务器地址。常见的邮件接收服务器类型有 POP 和 IMAP。以搜狐免费电子邮件为例，其接收服务器地址为 pop3.sohu.com，端口为 110。

4）电子邮件接收服务器身份验证信息：接收邮件时邮件服务器对用户的身份进行验证，通常要求用户名和密码，在 Evolution 向导中可以先不输入，在第一次接收邮件时系统会提示用户输入密码。

5）电子邮件发送服务器：发送邮件的邮件服务器地址，常见的服务器类型为 SMTP。以搜狐免费电子邮件为例，其邮件发送服务器地址为 smtp.sohu.com，端口为 25。

6）电子邮件发送服务器身份验证信息：发送邮件时，邮件服务器对用户的身份进行验证，通常要求输入用户名和密码。同样，密码在向导中也可以先不输入，在第一次发送邮件时系统会提示用户输入密码。

7）其他选项：邮件接收后是否在服务器中保存邮件副本等。

在向导的引导下，将以上这些信息填写完整后，Evolution 自动打开邮件管理视图，其界面如图 4-11 所示。

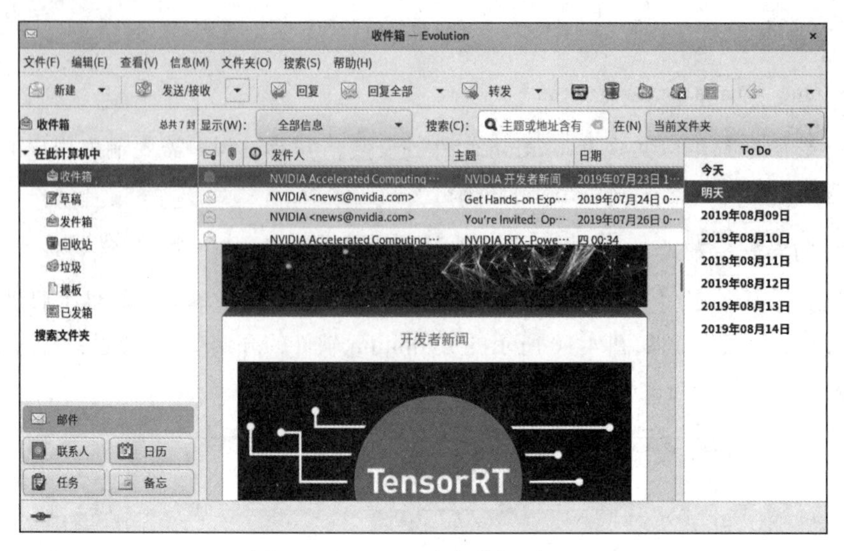

图 4-11　Evolution 邮件视图界面

根据其不同功能，Evolution 提供了 5 种不同的视图。5 种视图的切换可以通过单击界面左侧的【邮件】【联系人】【日历】【任务】和【备忘】5 个按钮来实现。在不同视图中，界面的布局和菜单命令项的内容都会发生不同的变化。在图 4-11 的邮件管理视图中，界面划分为左中右 3 部分。左侧主要是目录导航树，每个节点对应不同邮件类型，单击相应节点就打开相应类型的目录。中间又分为上下两个部分，上半部分是邮件的列表，所有邮件的发件人、主题、日期等摘要信息在这里通过列表框直观地罗列出来。下半部分是邮件的具体内容，单击列表框中的邮件摘要信息，相应邮件全文信息会出现在下方的文本窗口中。

单击工具栏上的【新建】按钮，会弹出新建电子邮件的窗口，在其中可以完成电子邮件的撰写。Evolution 将接收和发送电子邮件的功能放到了同一个按钮上，单击【发送 / 接收】按钮可以实现电子邮件的发送与接收。第一次使用这项功能，Evolution 会弹出如图 4-12 所示对话框，提示用户输入用于验证身份的密码。如果选中文本框下面的【将该密码添加到您的密钥环】复选框，则系统会记住当前账户的密码，下次接收和发送邮件时，就不用再次输入密码了。

图 4-12　密码提示对话框

4.3　多媒体应用软件

计算机是家庭中的媒体中心，因此，播放器软件是计算机中不可缺少的软件。Linux 平台拥有大量的播放器软件，可以满足用户对播放器的不同需求。无论是在 Linux 下还是在 Windows 下，播放器的功能设计都是针对普通用户的，简单实用是它们的共同特点。因此，Linux 下的各种媒体播放器的使用方法都非常容易掌握。

媒体文件的播放称为解码，不同类型的媒体文件依赖不同的解码器，像 mp3、rmvb、wma 等格式的媒体文件，其格式不是开放的，它们的解码器受到版权约束，这与 Linux 自由、开放的版权基础不一致，因此，在包括 Fedora 在内的众多套件中，都没有提供针对这些媒体类型的解码器软件。默认情况下 Linux 用户无法使用这些类型的媒体文件，这给习惯使用 Windows 的用户造成了一些不便。用户可以将这些 Linux 不支持的媒体文件利用软件转换为 Linux 支持的类型，也可以在 Linux 系统上自行下载并安装相应的解码器。本节主要介绍两款 Fedora 默认安装的播放器软件：Rhythmbox 和 Totem，其中，Rhythmbox 用于播放音乐媒体，Totem 则既可以用于播放音乐媒体，又可以用于播放视频媒体，而且侧重于视频媒体的播放。

4.3.1　音乐播放器 Rhythmbox

Rhythmbox 是 Linux 下的一款集成化的音乐管理工具，它的创建灵感来自于苹果公司的 iTunes 播放器，以 GNOME 桌面系统和 Gstream 媒体框架为基础。它不仅可以播放多种格式的音乐文件，还可以连接到互联网中接收网络电台。

Rhythmbox 是 Fedora 30 下默认安装的一款软件，默认版本为 3.4，其官方网站是 https://wiki.gnome.org/Apps/Rhythmbox，用户可以到该网站下载最新软件和相关资料。Rhythmbox 使用 Gstreamer 作为底层的解码器和功能的基础，因此，Rhythmbox 支持的文件格式依赖于 Gstreamer 支持的文件格式，而 Gstreamer 也是以插件的形式提供对不同文件格式的支持，不同的 Linux 发行版本，Gstreamer 提供的插件不尽相同。在早期的 Fedora 中，默认配置下，Gstreamer 没有提供对 MP3 格式的支持，因此，Rhythmbox 也无法播放 mp3 格式的音频文件，如果想播放 mp3 音乐，需要额外安装相应的 Gstreamer 解码插件。但这种情况在 Fedora 30 中变得简化了，系统默认提供了对 mp3 格式的支持，用户可以直接播放 mp3 格式的音乐。

用户可以通过单击【活动】按钮，在浮动面板上单击 Rhythmbox 图标启动 Rhythmbox 播放器软件，也可以通过单击【活动】/【显示应用程序】按钮找到 Rhythmbox 图标启动，或者用终端命令“rhythmbox”启动软件。其运行界面如图 4-13 所示。

Rhythmbox 播放器界面布局很简洁，可以分为上下两部分功能区。上面部分主要是从左至右的一排功能按钮，依次为上一首、播放 / 暂停、下一首、循环播放、乱序播放、专辑封面、当前曲目信息、播放进度、音量设置和设置按钮。按钮大都功能直观，最右侧的设置按钮提供了 Rhythmbox 的一些不常用的功能，单击按钮后的功能菜单如图 4-14 所示。其中【查看】菜单项用来设置播放器的界面显示方式。【工具】菜单项罗列出播放器安装的第三方工具，在默认安装中，播放器没有安装第三方工具，可以通过【插件】菜单提供的功能安装新的工具。【插件】菜单项可以对播放器安装的插件进行配置，实现插件启用、停用、参数设定等功能。安装插件可以丰富播放器的功能，增加新的播放方式、播放内容、方便播放器使用。【首选项】菜单项可以对曲目信息显示、曲目文件保存位置、播放器回放方式等进行设置。播放器下面部分主要用来展示音乐曲目的信息，可以分为左右两部分。左侧是音乐分类列表。单击一个分类条目时，该条目下的相关音乐曲目的详细信息就会在右侧的界面中罗列出来。

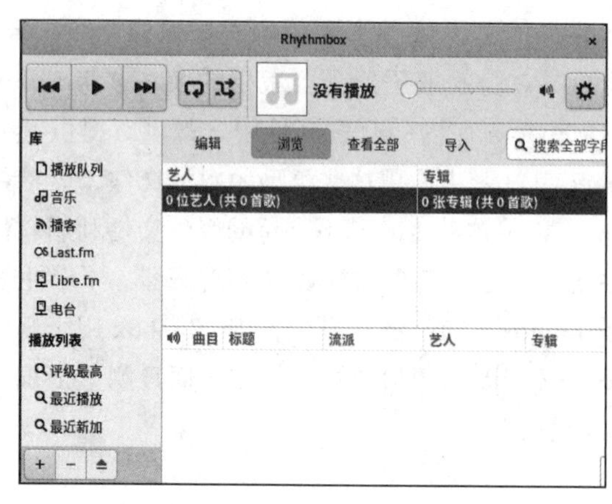

图 4-13　Rhythmbox 播放器界面

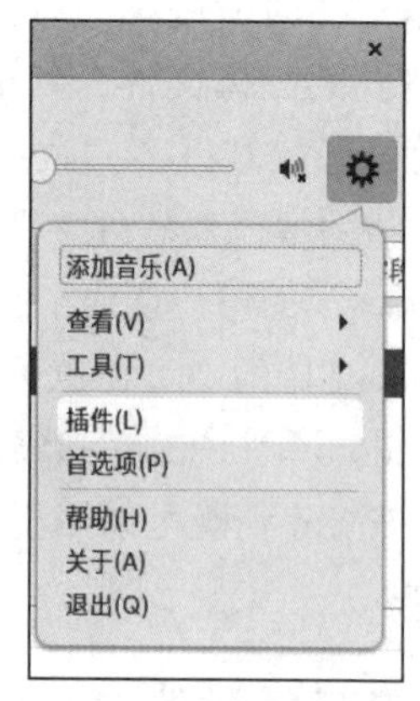

图 4-14　设置按钮菜单

当用户需要欣赏音乐时，对于单个文件的曲目，用户可以直接双击该文件，Fedora 30 会自动启动 Rhythmbox 实现文件的播放。如果用户需要播放的文件比较多，可以将相关文件都保存到一个目录中，然后单击图 4-13 中左下角的【 + 】按钮，选择【从文件导入】，定位到保存文件的文件夹，再单击【打开】即可。导入文件夹中的音乐后，播放列表中会增加一个以文件夹名称命名的播放列表，通过选择该播放列表可以实现对其中文件的播放、删除、调整等功能。

4.3.2　视频播放器 Totem

Totem 又名“视频”，是 Fedora 30 下默认安装的一款视频播放应用软件，其官方网站是 https://wiki.gnome.org/Apps/Videos，用户可以到该网站下载最新软件和相关资料。Totem 以 GNOME 桌面系统、xine-lib 和 Gstreamer 媒体框架为基础，侧重于播放视频文件，也可以兼顾音频文件的播放。Totem 视频播放器在 Fedora 30 中使用【视频】作为应用软件的名称，有如下特点：

- 支持文件管理器的缩微图预览。
- 集成到文件属性菜单，实现查看相关媒体文件的属性功能。
- 集成到网页浏览器（Firefox）中，可以在页面中浏览视频。
- 支持网络视频功能。

用户可以通过单击【活动】/【显示应用程序】按钮找到视频图标启动，或者用终端命令“totem”启动软件。其运行界面如图 4-15 和图 4-16 所示。

图 4-15　Totem 启动界面

图 4-16　Totem 播放界面

其中，图 4-15 为程序启动界面，该程序界面相当简洁，主体部分为视频的缩略图标，双击图标即可打开相应视频。如果需要播放的视频不在图标列表中，可以单击界面右上角的【 + 】图标添加本地或者网络视频。界面正上方有【视频】和【频道】两个按钮，【视频】按钮对应默认启动界面，【频道】按钮打开联网视频频道列表，展现形式和视频相似，每一个网络视频频道对应一个缩略图标。单击放大镜图标可以在视频中搜索特定视频，单击放大镜右侧的钩子图标可以编辑视频图标列表，实现图标的多选播放、图标删除等功能。

视频打开后的界面如图 4-16 所示。当鼠标移动到播放界面上方时，会出现播放视频常用的【上一章】【下一章】【播放】【暂停】【音量调节】等功能按钮。单击播放进度提示条可以实现播放进度的设定。界面右上角一对箭头的按钮为全屏播放按钮，其右侧的按钮为菜单功能按钮，单击它可以打开功能菜单，实现抓取屏幕截图、选择字幕、查看视频属性等功能。

当需要播放 rmvb、mp4 等 Fedora 默认不支持的类型的视频文件时，Totem 需要额外安装解码器。安装解码器有多种方式，比较简单的方式是采用先联网添加 rpmfusion 软件源，再安装解码器的方式。以安装支持 mp4 和 rmvb 格式的解码器为例，可以在终端中依次使用下面 3 个终端命令进行安装。

```
    $sudo  dnf  install
    https://download1.rpmfusion.org/free/fedora/rpmfusion-free-release-$(rpm -E %fedora).
noarch.rpm
    https://download1.rpmfusion.org/nonfree/fedora/rpmfusion-nonfree-release-$(rpm -E %fedora).
noarch.rpm
    $sudo  dnf  install  gstreamer1-libav
    $sudo  dnf  install  gstreamer1-plugins-ugly
```

3 个安装命令分别由 3 个“$”符号开始。其中，第 1 个命令由于参数比较长，分成多行呈现出来，实际应用中要将多行命令合并到一行中，合并时注意在行尾增加一个空白字符，分隔开不同的参数。第 1 个命令完成向系统中增加两个软件源的功能，两个软件源分别是 rpmfusion-free 源和 rpmfusion-nonfree 源。第 2 个命令是联网安装 gstreamer1-libav 解码器。第 3 个命令和第 2 个类似，安装 gstreamer1-plugins-ugly 解码器。3 条命令都是以 sudo dnf 开始，即都要求 root 管理员权限，因此，运行中会询问用户的密码以实现身份认证。实际运行命令过程中，由于 3 条命令执行时间接近，只有在第 1 条命令时，系统才会询问用户密码，后两条命令询问密码的过程省略了。

4.4　其他工具

Fedora 30 中还提供了许多功能完善的工具，给计算机用户的日常工作提供了方便。本节主要介绍进行图片编辑的 GUN 图片处理程序（GIMP）和进行文本编辑的 gedit 软件。

4.4.1　GNU 图像处理程序

在 Windows 下进行图像的编辑与处理时，人们常用的软件是 Adobe 公司的 Photoshop。该软件功能完善，可以随心所欲地对图像进行处理。在 Linux 下也有一款图像处理软件，功能可以与 Photoshop 相媲美，这款软件就是 GIMP。GIMP 是 GNU Image Manipulation Program（GNU 图像处理程序）的缩写。它为图像处理提供了丰富的功能。

- 可定制的用户界面：不同的用户使用软件的习惯不同，使用的软件功能不同，在 GIMP 中，用户可以按照自己的喜好定制工具栏的外观，可以设定工具的种类、布局与图标的大小，还可以通过界面主题，改变界面元素的颜色、背景等外观风格。
- 完善的功能：GIMP 既提供了画笔、变形、填充等基本功能，也提供了滤镜、色彩变换等高级功能，为用户处理图像提供了丰富的手段。
- 功能插件机制：插件是一种功能扩充手段，GIMP 提供了一种开放的插件机制，众多的 GIMP 用户贡献自己的插件，丰富了 GIMP 的功能。用户也可以通过编写插件，将自己常用的功能以插件的形式固定下来，提高处理图像的效率。
- 遵循 GPL：用户可以免费获取和使用，并能获得源代码，从而可以在其基础上进行完善。
- 多平台运行：支持当今主流的操作系统，除了可以运行于 Linux、UNIX 操作系统上以外，还可以运行在 Windows、Mac OS X 等系统上。

GIMP 不是 Fedora 30 中默认安装的软件，用户可以通过如下终端命令自动安装 GIMP。

```
$sudo dnf install gimp
```

该命令需要连接互联网，并且需要 root 权限。从 GIMP 的官方网站 https://www.gimp.org 可以下载最新版本的软件和查找相关资料。用户可以通过单击【活动】/【显示应用程序】按钮找到 GNU 图像处理程序图标启动，也可以通过在命令终端中执行“gimp”命令启动。GIMP 启动后，其界面如图 4-17 所示。

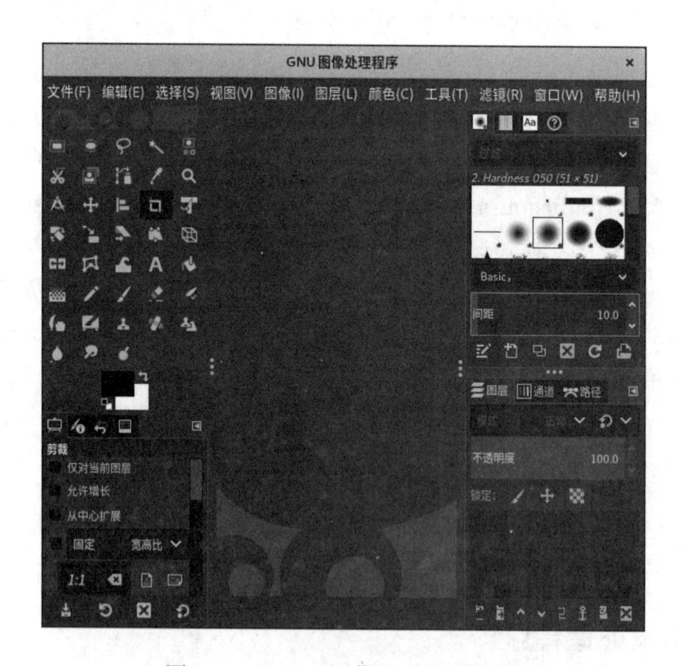

图 4-17　GIMP 图像处理程序界面

可见，GIMP 软件界面和 Photoshop 等软件界面布局非常相似。窗口上方为菜单区域，所有的功能都可以在相应的菜单下找到。窗口下方为软件界面主体，可以分为左中右 3 部分。左侧称为工具箱，以绘图和图像处理工具为主，右侧为多种辅助设计工具对话框，默认包括笔刷、图案、字体、图层等。左侧窗口界面布局又分为上下两部分，上面部分为工具箱，提供了各种功能的工具，下面部分在初始状态下为工具选项功能，当用户单击相应的工具后，界面下方的工具选项窗口会随着用户所选的工具发生变化，实现对所选择的工具进行参数设置的功能。例如，当用户在工具箱窗口中选择了【画笔】工具，可以通过下方的工具选项窗口对【画笔】的模式、大小、图案等进行设置。

左侧下方和右侧的对话框窗口由不同功能的选项卡层叠组成，通过单击选项卡的标签，可以实现选项卡切换的功能。每一个选项卡在 GIMP 中称为标签页，每个标签页都提供相对独立的功能，可以根据用户的使用习惯增加、删除和移动标签页的位置。单击对话框窗口右上角的三角按钮，会出现如图 4-18 所示的配置标签页的功能菜单。其中，【添加标签页】用于将图层、通道、路径等标签页增加到窗口；【关闭标签页】用于将当前最前端的标签页隐藏起来；【分离标签页】用于将当前最前端的标签页脱离选项卡窗口，单独漂移出来；【标签页锁定到停靠】用于锁定当前最前端的标签页。其他命令选项可以实现标签页的显示外观和布局配置功能。

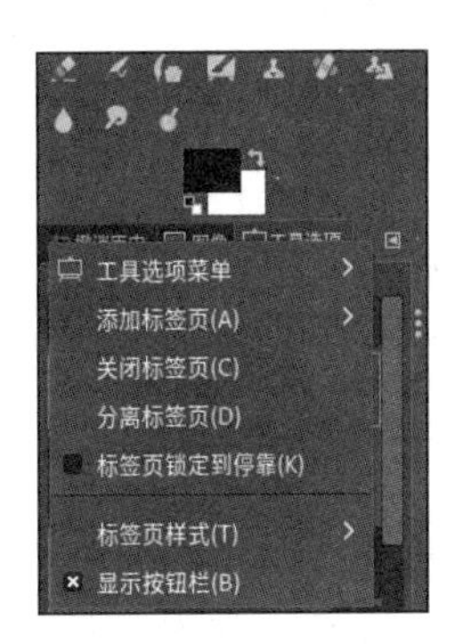

图 4-18　GIMP 工具箱标签页配置菜单

界面的中间是主窗口，图像文件在这个窗口中显示，各种关于图像的操作也在这个窗口中进行，图像编辑的效果可以实时、直观地在这个窗口里展示出来。如果用户的显示器屏幕不大，中间可用来编辑和显示图像的空间可能会显得局促。遇到这种困难，GIMP 也为用户提供了很好的解决方法。界面的左侧和右侧界面是可以脱离开主界面的，可以通过【窗口 / 单窗口模式】实现窗口模式的切换。单窗口模式即图 4-17 所示的默认模式；非单窗口模式界面中，左右两侧的工具箱和对话框将从显示图像的主窗口脱离开，可以单独调整大小和位置，界面图像编辑主窗口可以有更多的空间来进行编辑和显示效果。当已经打开了一幅图像进行编辑时，如果用户觉得屏幕面积不大，工具箱对话框窗口遮挡了图像，给编辑带来了不便，那么可以通过使用 Tab 键，切换对话框窗口的显示状态，即实现对话框窗口的隐藏和显示。

4.4.2　文本编辑器

在 Linux 中，程序脚本、系统配置信息等几乎都是以文本文件的形式存在的，文本编辑器是 Linux 的日常使用和管理的常用工具。在图形界面环境中，Fedora 默认安装了一款用于文本文件编辑的图形化软件，这就是 gedit。

用户可以通过单击【活动】/【显示应用程序】按钮找到 gedit 图标启动，也可以通过在命令终端中执行“gedit”命令启动。gedit 启动后，其主界面如图 4-19 所示。

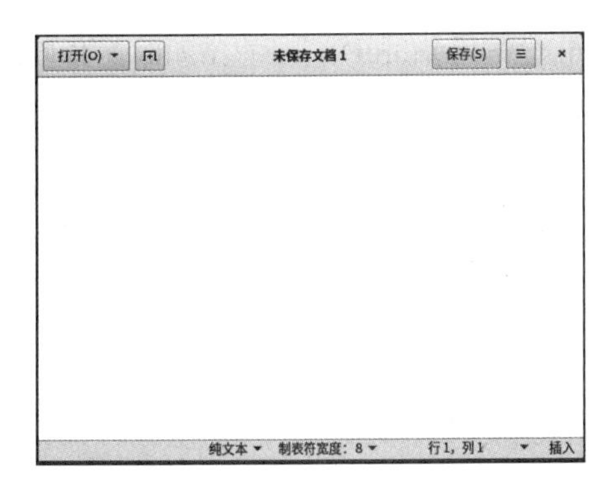

图 4-19　gedit 程序界面

使用 gedit 编辑一些系统的配置文件时应该

额外注意权限问题。在Linux中对系统配置文件进行修改通常需要root用户权限。在执行gedit前，可以首先切换到root身份，或者以root权限直接执行gedit。有时，为了简化命令，可以在启动gedit的同时打开要编辑的文件。例如，要使用gedit来编辑文件/foo/foo.conf，可以使用如下命令直接利用gedit打开该文件：

```
$gedit  /foo/foo.conf
```

如果编辑文本文件需要root权限，可以在文件路径前增加“admin:”。例如，同样要编辑/foo/foo.conf文件，而该文件的编辑需要root权限，可以使用如下命令：

```
$gedit  admin:/foo/foo.conf
```

gedit软件界面的功能布局清晰有序。gedit的使用与Windwos下的记事本/写字板的使用方法非常相似。可以通过单击【打开】按钮打开文件浏览对话框，选定要编辑的文本文件。打开的文件会在界面中的标签页面中显示出来。用户可以在标签页面中浏览或者编辑文档。编辑完毕单击【保存】按钮，将修改的结果保存回文件中。单击窗口右上方的【×】按钮，即可退出gedit程序。

4.5　本章小结

通过本章的学习，读者可以对Linux下的常用软件有一个初步的了解。Linux下的应用软件种类齐全，基本上每一种Windows下的软件都可以找到其对应功能的Linux平台的软件。Linux中常用的软件在使用方法及软件界面上与Windows中的软件区别不大，但在安装及配置方面存在一定差别。了解常用软件的基本功能，学会安装、配置和使用软件是本章学习的重点。读者可以尝试将Fedora 30作为日常工作、娱乐的平台，从而更好地熟悉和掌握这些软件。

习题

1. LibreOffice办公套件包含哪些组件？它们各自的功能是什么？
2. odt文件类型是LibreOffice中________组件创建的文档类型。
3. odp文件类型是LibreOffice中________组件创建的文档类型。
4. ods文件类型是LibreOffice中________组件创建的文档类型。
5. 尝试用LibreOffice的Writer组件打开Office的Word文档。
6. 尝试用LibreOffice的Writer组件实现odt文件向Word文档的转换。
7. 简述利用Evolution配置电子邮件账户需要收集哪些信息的方法。
8. Firefox提供了哪些保护用户隐私和安全性的措施？
9. 搜集资料，总结Linux下还有哪些常用的媒体播放软件。
10. 尝试在联网情况下安装GIMP软件。
11. 使用gedit文本编辑器编辑/etc/inittab文件，在文件中新增加一行字符串“#2020-01-01”，并保存文件。

第 5 章　硬件与软件的安装

在使用 Linux 系统时，人们经常会根据自身的需求安装新的外部设备或应用软件，使其能够更好地为自己服务。本章将介绍在 Linux 系统上安装硬件驱动程序和应用软件的基本知识，然后介绍如何利用 dnf 命令对软件进行安装和更新。此外，还将介绍 patch 命令的基本原理和使用方法。

5.1　Linux 硬件安装

计算机系统中的硬件主要由 CPU、内存和输入或输出设备构成，Linux 操作系统能够发现已经连接到主机上的硬件，并根据设备型号调用其驱动程序，实现对硬件的管理。这一过程通常是由 Linux 自动完成的，但对于一些与主机相连接的新型或非通用的设备，例如磁盘、打印机、显卡、网卡、摄像头、游戏手柄等，则需要用户为这些设备安装驱动程序。因此，用户需要掌握一些 Linux 管理硬件的基本知识，掌握安装驱动程序的基本方法，从而能够根据需求扩展系统的功能，使其能够更好地为自己服务。

5.1.1　Linux 硬件管理基础

Linux 对硬件的识别是以组成硬件的芯片组为基础的，这些芯片组通常以制造厂商命名，例如：Intel、ATI、NVIDIA 等。需要注意的是芯片组厂商与硬件厂商往往是不相同的，以显卡为例，市场上有“华硕”“七彩虹”“技嘉”等很多 OEM 厂商的产品，但这些厂商并不设计和生产显卡上的芯片组，只是将 Intel、ATI、NVIDIA 等芯片组集成起来，用户需要以芯片组标识为依据去下载和安装硬件的驱动程序，才能使之正常工作。

硬件的芯片信息可以在其包装或说明书上找到，而对于机器内已安装的硬件还可以通过软件工具来查看，最常使用的是 lspci 命令。

lspci 命令主要用于列出机器中的 PCI 接口设备、USB 接口设备、主板集成设备，比如声卡、显卡、网卡等。lspci 通过读取 hwdata 数据库获取硬件信息，常用的命令选项有两个：-b 和 -v。-b 表示以总线为中心的视图来查看硬件信息，-v 表示列出硬件的详细信息。例如我们打开终端键入 lspci -b 命令，会得到如图 5-1 所示的信息。

从结果中我们可以查看到各种硬件设备的基本信息，例如：显卡，即 VGA compatible controller 和 Display controller 的芯片组，是 Intel 公司生产的 82852/855GM；以太网网卡，即 Ethernet controller 的芯片组，为 Realtek 公司生产的 RTL-8139/8139C/8139C+；多媒体声卡，即 Multimedia audio controller 的芯片组，为 Intel 公司生产的 82801DB/DBL/DBM (ICH4/ICH4-L/ICH4-M) AC'97。

这些信息有什么用处呢？如果某个硬件设备在使用中出现了问题，不能正常工作，我们就可以根据这些信息到生产厂商官方的用户支持网站上查找最新版的驱动程序，通常新版的驱动程序会修正老版驱动程序中的一些错误，能够更好地适应特定系统的工作。另外，一些网站还会列出硬件设备或芯片组在特定Linux系统中出现问题时的解决办法，用户也可以参照这些帮助文件来解决自己遇到的问题。

```
[root@localhost ~]# lspci -b
00:00.0 Host bridge: Intel Corporation 82852/82855 GM/GME/PM/GMV Processor to I/O Controller (rev 02)
00:00.1 System peripheral: Intel Corporation 82852/82855 GM/GME/PM/GMV Processor to I/O Controller (rev 02)
00:00.3 System peripheral: Intel Corporation 82852/82855 GM/GME/PM/GMV Processor to I/O Controller(rev 02)
......
00:02.0 VGA compatible controller: Intel Corporation 82852/855GM Integrated Graphics Device (rev 02)
00:02.1 Display controller: Intel Corporation 82852/855GM Integrated Graphics Device (rev 02)
00:1d.0 USB Controller: Intel Corporation 82801DB/DBL/DBM (ICH4/ICH4-L/ICH4-M) USB UHCI Controller #1 (rev 03)
......
00:1e.0 PCI bridge: Intel Corporation 82801 Mobile PCI Bridge (rev 83)
00:1f.0 ISA bridge: Intel Corporation 82801DBM (ICH4-M) LPC Interface Bridge (rev 03)
00:1f.1 IDE interface: Intel Corporation 82801DBM (ICH4-M) IDE Controller (rev 03)
00:1f.3 SMBus: Intel Corporation 82801DB/DBL/DBM (ICH4/ICH4-L/ICH4-M) SMBus Controller (rev 03)
00:1f.5 Multimedia audio controller: Intel Corporation 82801DB/DBL/DBM (ICH4/ICH4-L/ICH4-M) AC'97 Audio Controller
(rev 03)
00:1f.6 Modem: Intel Corporation 82801DB/DBL/DBM (ICH4/ICH4-L/ICH4-M) AC'97 Modem Controller (rev 03)
02:00.0 Ethernet controller: Realtek Semiconductor Co., Ltd. RTL-8139/8139C/8139C+ (rev 10)
02:09.0 CardBus bridge: Texas Instruments Texas Instruments PCIxx21/x515 Cardbus Controller
......
```

图5-1　利用lspci命令查看系统硬件信息

查看硬件信息除了有lspci命令之外，还有用于查看usb设备的lsusb命令、用于查看磁盘及其分区情况的fdisk命令等。

利用proc文件系统（procfs）也可以了解当前主机内的各种硬件信息。proc文件系统是一个虚拟文件系统，虽然它仅存在于内存中，但Linux仍将其视为一般文件系统挂载在根目录下，作为用户与系统内核沟通的接口，允许用户在运行时访问内核内部数据结构、改变内核设置。/proc目录下的文件内容如表5-1所示。

表5-1　常用的proc文件及其内容

proc路径	文件内容
/proc/cpuinfo	CPU的信息（如型号、家族、缓存大小等）
/proc/meminfo	物理内存、交换空间等信息
/proc/mounts	已加载的文件系统列表
/proc/devices	可用设备列表
/proc/filesystems	被支持的文件系统
/proc/modules	已加载的模块
/proc/version	内核版本
/proc/cmdline	系统启动时输入的内核命令行参数

可以使用文件编辑器或诸如more、less、cat这样的命令来查看/proc目录下的文件内容，了解当前的Linux内核状态、计算机的硬件信息和运行中的进程状态等信息。例如，如果用户需要了解当前主机内CPU的信息，则可以运行"cat /proc/cpuinfo"命令来查看。

5.1.2　Linux统一设备模型

为了更好地对硬件进行管理，自Linux 2.6之后，Linux提出了一种全新的设备模型来管理所有的硬件。在物理上，硬件设备之间是有一种层次关系的，例如把U盘插到计算机上时，连接U盘的是USB Hub，USB Hub又被连接到USB 2.0 Host Controller（即EHCI）上，而EHCI是一个挂载在PCI Bus上的设备。这个层次关系可以表示为

PCI → EHCI → USB Hub → USB Disk

如果 Linux 系统要进入休眠状态，首先要逐层通知所有的外部设备进入休眠模式，然后整个系统才可以休眠。这种按照层次关系逐级进行的管理和控制，需要一个树状结构把所有的外设组织起来，在 Linux 中它被称为“统一设备管理模型”。用户可以通过“统一设备管理模型”去查看所有的设备，了解并建立设备和驱动程序之间的联系，并按类型对设备进行归类，从而更清晰地了解设备间的关系。“统一设备管理模型”还将很多硬件的共有属性和操作进行抽象，大大减少了管理硬件和开发驱动程序的难度。

由于 Linux 在很大程度上借鉴了 UNIX“一切都是文件”的思路，所以 Linux 2.6 提供了名为 sysfs 的虚拟文件系统，向用户展现统一设备管理模型。sysfs 与 Linux 2.6 出现之前就存在的 procfs 类似，都作为用户与系统内核沟通的接口，使用户在系统运行时可以访问系统内核的内部数据结构或改变内核设置，但 sysfs 比 procfs 更加系统化，更适合管理新型设备。sysfs 被挂载在 /sys 目录下，如果你的系统内核是 Linux 2.6 或更高级的版本但却没有 /sys 目录，那么需要执行命令“ mount -t sysfs sysfs /sys”将这个存在于内存中的虚拟文件系统挂载到根目录下。通过查看 /sys 目录，也可以了解当前的 Linux 内核状态、计算机的硬件信息和运行中的进程状态等信息。

sysfs 中常用的 sys 文件如表 5-2 所示。前面提到的查看硬件信息工具，如 lspci 命令，就是通过遍历 sys 文件系统来获取各种当前系统信息的。

表 5-2　常用的 sys 文件

sys 路径	文件内容
/sys/devices	全局设备结构体系，包含所有被发现的注册在各种总线上的各种物理设备
/sys/class	包含所有注册在内核里面的设备类型，按设备功能分类
/sys/block	该目录下的所有子目录代表系统中当前被发现的所有块设备
/sys/bus	该目录下的每个子目录都是内核支持并且已经注册了的总线类型
/sys/fs	描述系统中所有的文件系统，包括文件系统本身和按照文件系统分类存放的已挂载点
/sys/kernel	内核中所有可调整的参数
/sys/firmware	对固件对象和属性进行操作和观察的用户接口
/sys/module	包含所有被载入内核的模块
/sys/power	系统中的电源选项，对正在使用的 power 子系统的描述

5.1.3　安装硬件驱动的一般步骤

随着 Linux 系统的不断更新，最新版的 Linux 通常能够很好地兼容各种硬件设备。用户在安装 Linux 系统的同时，各类硬件的驱动程序也会自动地执行默认安装。但如果对默认安装的某个硬件驱动程序不太满意，想下载和安装特定版本的驱动程序，或者为一些 Linux 无法确定默认驱动程序的特殊设备安装驱动程序，那么可以按照下面的方法来手动完成驱动程序的安装。

1）查明硬件设备及其芯片组的型号。根据前面的介绍，我们可以使用 lspci 命令来查看已安装设备的详细信息，这些信息中包括芯片组信息。例如：要查看显卡信息，可以在终端命令行下输入命令“lspci”，在输出结果中查看有关 VGA 的信息，如图 5-2 所示。

```
[leo@localhost ~]$ lspci
00:00.0 Host bridge: Intel Corporation 440BX/ZX/DX - 82443BX/ZX/DX Host bridge (rev 01)
00:01.0 PCI bridge: Intel Corporation 440BX/ZX/DX - 82443BX/ZX/DX AGP bridge (rev 01)
...
00:0f.0 VGA compatible controller: NVIDIA GeForce GTX 750 Ti
...
```

图 5-2　利用 lspci 命令查看 VGA 显卡信息

2）获取设备或芯片组的驱动程序。根据查到的设备芯片组型号，可以到其制造商的官方网站下载最新版本或指定版本的驱动程序。下载时要注意选择驱动程序适用的 Linux 版本，例如你的 VGA 显卡芯片组型号为 NVIDIA GeForce GTX 750 Ti，那么在 NVIDIA 的网站上选择显卡驱动程序时，要以显卡芯片组型号 GeForce GTX 750、CPU 字长（32 位或 64 位）、Linux 版本等条件进行筛选。

3）如果下载的驱动程序是源程序，那么在安装驱动程序前需要使用 gcc 或 g++ 等工具对源程序进行编译。所以在安装驱动之前最好先阅读驱动程序目录中的 README 或 INSTALL 文件，根据其中的指示，预先安装所需的编译工具或依赖文件。

4）如果之前已安装过某个版本的驱动程序，安装新版驱动程序之前还需要删除原有驱动程序，并在删除后重启系统。

5）根据新版驱动程序包中的 README 文件或 INSTALL 文件中的指令完成驱动程序的安装。例如：对于已下载的 NVIDIA GeForce GTX 750 显卡的驱动程序，解开其压缩包后，查看其中的安装说明文本，可以看到需要执行命令“sudo sh ./nvidia.run”来完成安装。

5.1.4　硬件安装实例

下面我们将根据上面介绍的方法，以在 Fedora 30 上安装 HP 1020 激光打印机为例，来演示硬件设备的具体安装过程。

1）在 Fedora 30 中，打开系统设置窗口，如图 5-3 所示。

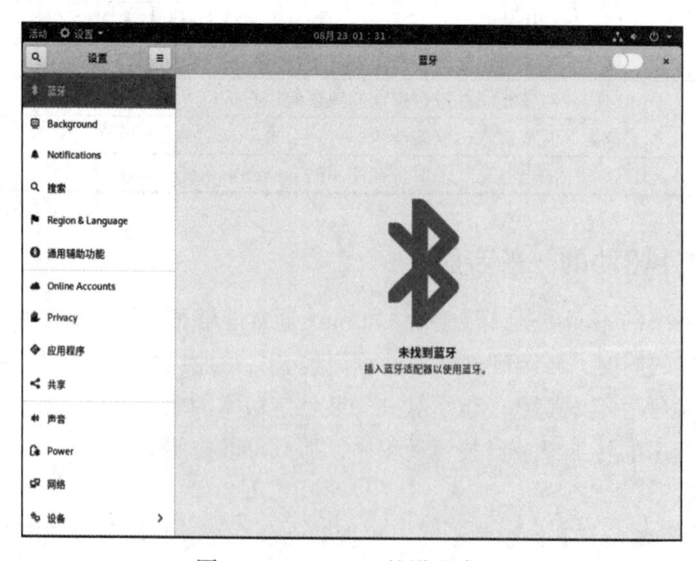

图 5-3　Fedora 30 的设置窗口

2）在左侧列表中单击“设备”选项，进入“设备”设置窗口。该窗口左侧列表中有一个“Printer”选项，单击该选项会显示当前计算机中已经安装的打印机的情况，如图 5-4 所示。

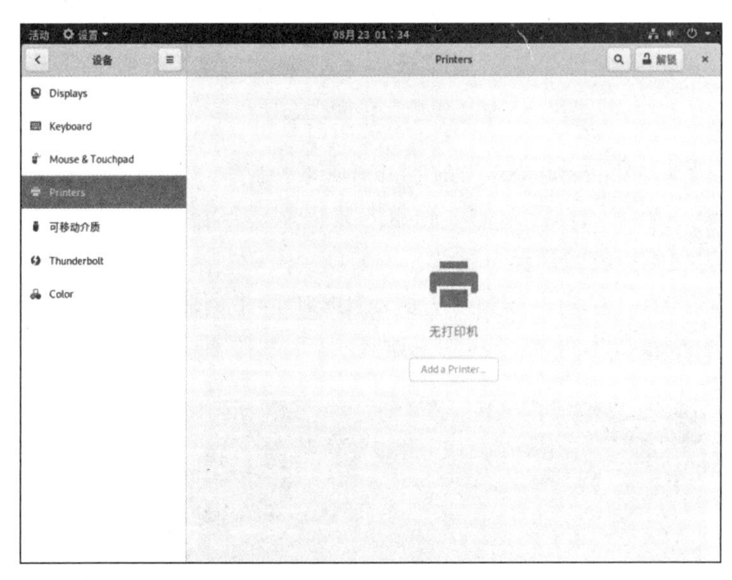

图 5-4　打印机设备窗口

在没有正确安装驱动程序前，系统会显示“无打印机”。

下面我们根据前面介绍的步骤来安装一台办公室里常见的 HP 1020 打印机。

1）查明设备及其芯片组的型号。打印机有些特殊，我们不需要考虑打印机内部芯片组的型号，只需知道打印机的品牌和型号就可以了，这些信息通常印在打印机面板上。例如，下面要安装的打印机型号为 HP Laser Jet 1020 plus。

2）由于打印机的驱动程序通常由制造商以光盘形式提供，所以在获取其驱动程序时可以先在随机附送的安装光盘中找一找，如果有对应 Linux 版本的驱动就可以直接使用。但如果安装光盘中仅提供了 Windows 操作系统的打印机驱动程序，那么就需要到 HP 官方网站上查找驱动程序。由于惠普公司推荐使用 Windows 系统，而且对 Linux 的支持并不好，所以 HP 打印机的 Linux 驱动程序并不好找。惠普官方提供了一个面向所有 HP 图形和打印设备的开源程序 HPLIP，作为这些设备用于 Linux 系统时的统一驱动程序。在百度或谷歌中搜索“HP Linux Imaging and Printing”，可以找到提供 HPLIP 的惠普官方网站 hplipopensource.com。HPLIP 不仅可作为 HP Laser Jet 1020 plus 的 Linux 驱动程序，而且同时支持 HP 扫描仪、HP 传真机和其他各类激光打印机，这是因为在 HPLIP 中集成了数千种不同的 HP 图形设备与打印设备的 Linux 驱动模块。目前 HPLIP 的最新版本是 3.19.6，单击下载后会得到名为 hplip-3.19.6.run 的可执行安装文件（注意，从 3.19.5 版本开始才支持 Fedora 30）。

3）运行安装文件。在 Fedora 中打开一个终端窗口，进入 hplip-3.15.2.run 所在目录，并键入命令“sh hplip-3.19.6.run”。按 Enter 键运行后会出现如图 5-5 所示的界面，安装程序要求用户选择安装模式。“自动安装”键入 <a>、“自定义安装”键入 <c>、“退出安装”键入 <q>。默认选择“自动安装”。

```
INSTALLATION MODE
-----------------
Automatic mode will install the full HPLIP solution with the most common options
.
Custom mode allows you to choose installation options to fit specific requiremen
ts.

Please choose the installation mode (a=automatic*, c=custom, q=quit) : a
```

图 5-5　HPLIP 安装步骤之选择安装模式

4）HPLIP 安装程序会自动验证当前 Linux 系统的版本。不同的 Linux 版本使用不同的安装步骤，所以在进行下一步之前需要确定安装程序是否能正确识别当前 Linux 系统的版本。如果在版本识别不正确的情况下继续，安装就会失败，这时需要退出安装，重新运行该程序，并在步骤 3 选择“自定义安装”方式。HPLIP 的最新版本 3.19.6 支持 Fedora 30，因此可以正确识别 Fedora 版本，选“yes”即键入“y”并按 Enter 键即可，如图 5-6 所示。

```
INTRODUCTION
------------
This installer will install HPLIP version 3.19.6 on your computer.
Please close any running package management systems now (YaST, Adept, Synaptic,
Up2date, etc).


DISTRO/OS CONFIRMATION
----------------------
Distro appears to be Fedora 30.

Is "Fedora 30" your correct distro/OS and version (y=yes*, n=no, q=quit) ?
```

图 5-6　HPLIP 安装步骤之确认当前 Linux 版本

5）HPLIP 安装程序会要求用户键入 root 或超级用户的密码。键入密码并按 Enter 键后，程序会自动执行一系列的安装过程，并提示用户阅读安装说明文件。不同的 Linux 版本会有不同的后续步骤，再次按 Enter 键将继续安装过程，如图 5-7 所示。

```
ENTER USER PASSWORD
-------------------
Please enter the sudoer (roo)'s password:


INSTALLATION NOTES
------------------
SELinux must run in permissive mode or it must be disabled for HPLIP to function
 properly. Please run SELinux in permissive mode or disable it before continuing
.
To complete the install in Fedora you must quit the installer at the printer set
up stage, log out, log back in, and run hp-setup.

Please read the installation notes. Press <enter> to continue or 'q' to quit:
```

图 5-7　HPLIP 安装步骤之 root 用户授权

6）SELinux 将会对 HPLIP 程序进行安全策略配置，选择“y”继续，如图 5-8 所示。

```
SECURITY PACKAGES
-----------------
SELinux is installed.
SELinux protects the application from external intrusion attempts making the app
lication secure

Would you like to have this installer install the hplip specific policy/profile
(y=yes*, n=no, q=quit) ? y
```

图 5-8　HPLIP 安装步骤之安全策略配置

7）HPLIP 安装程序将检查用户系统，执行预安装命令。运行完毕之后将会自动进行预安装步骤。图 5-9 显示了执行预安装命令和开始进行安装的步骤，图 5-10 显示了执行完安装步骤的界面。

```
RUNNING PRE-INSTALL COMMANDS
----------------------------
OK


RUNNING SCANJET DEPENDENCY COMMANDS
-----------------------------------
sudo dnf -y -d 10 -e 1 install python3-pip (Scanjet-depend step 1)
warning: Failed to install this Scanjet dependency package. Some Scanjet features will not wor

sudo pip3 install opencv-python (Scanjet-depend step 2)
sudo pip3 install pypdf2 (Scanjet-depend step 3)
sudo pip3 install imutils (Scanjet-depend step 4)
sudo dnf -y -d 10 -e 1 install leptonica (Scanjet-depend step 5)
```

图 5-9　HPLIP 安装步骤之开始预安装

```
sudo pip3 install ocrmypdf (Scanjet-depend step 13)
sudo pip3 install scikit-image (Scanjet-depend step 14)
sudo pip3 install scipy (Scanjet-depend step 15)
OK
```

图 5-10　HPLIP 安装步骤之预安装完毕

8）预安装完毕，HPLIP 会依次执行“./configure”配置和“make”编译过程。如果编译成功，HPLIP 会进入“make install”阶段完成安装，如图 5-11 所示。

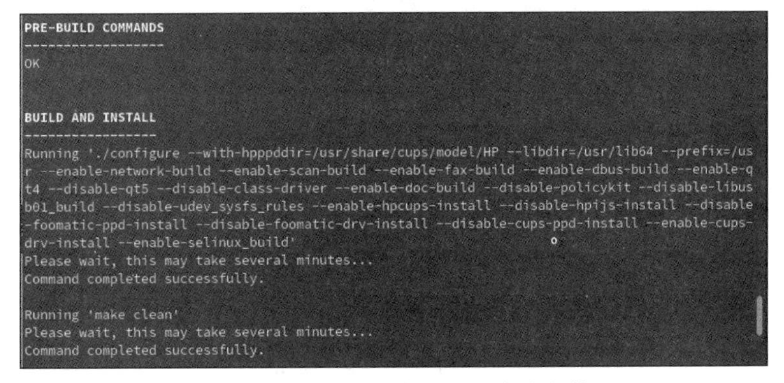

```
PRE-BUILD COMMANDS
------------------
OK


BUILD AND INSTALL
-----------------
Running './configure --with-hpppddir=/usr/share/cups/model/HP --libdir=/usr/lib64 --prefix=/us
r --enable-network-build --enable-scan-build --enable-fax-build --enable-dbus-build --enable-q
t4 --disable-qt5 --disable-class-driver --enable-doc-build --disable-policykit --disable-libus
b01_build --disable-udev_sysfs_rules --enable-hpcups-install --disable-hpijs-install --disable
-foomatic-ppd-install --disable-foomatic-drv-install --disable-cups-ppd-install --enable-cups-
drv-install --enable-selinux_build'
Please wait, this may take several minutes...
Command completed successfully.

Running 'make clean'
Please wait, this may take several minutes...
Command completed successfully.
```

图 5-11　HPLIP 安装步骤之完成安装

之后 HPLIP 还会要求用户进行一些选择，用于完成在 Fedora 的 Internet 防火墙中打开远程访问打印机时所需的端口、是否检查更新、重启计算机等步骤。图 5-12 显示了在 Internet 防火墙中打开端口的界面，图 5-13 显示了安装程序询问是否检查更新的界面。

```
POST-BUILD COMMANDS
-------------------


OPEN MDNS/BONJOUR FIREWALL PORT (MULTICAST PORT 5353)
-----------------------------------------------------
In order to setup your printer on the network using mDNS/Bonjour, it is required that your
internet firewall allows connections on port 5353. If this port is blocked by the firewall,
connection to network printers using mDNS/Bonjour will not be possible.

Do you wish to open this port on your internet firewall (y=yes*, n=no, q=quit) ?
```

图 5-12　HPLIP 安装步骤之打开端口

```
HPLIP UPDATE NOTIFICATION
-------------------------
Do you want to check for HPLIP updates?. (y=yes*, n=no) : n
```

图 5-13　HPLIP 安装步骤之是否检查更新

9）重启后将打印机与计算机按照如图 5-14 所示方式进行连接，并接通打印机电源。

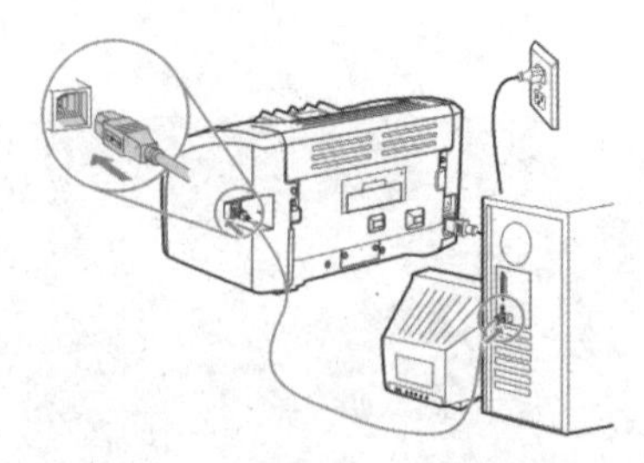

图 5-14　HP LaserJet 1020 plus 打印机与计算机连接示意图

10）在终端窗口中运行“sudo hp-setup”命令配置打印机，会弹出如图 5-15 所示界面。选择“USB”为连接类型。单击“Next”按钮进入下一步。

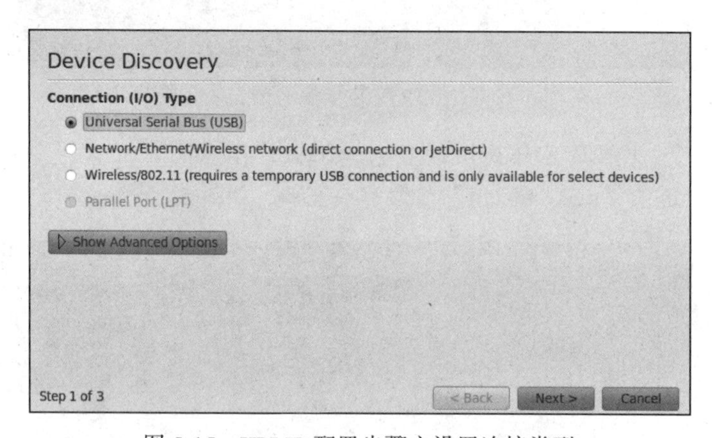

图 5-15　HPLIP 配置步骤之设置连接类型

11）已安装的 HPLIP 将检测到当前计算机已连接的图形或打印设备，如图 5-16 所示。单击“Next”按钮进入下一步。

12）在弹出的如图 5-17 所示的“Setup Device”对话框中选择用于驱动 HP 1020 Plus 打印机的 PPD 文件，并单击“Add Printer”按钮增加打印机，完成打印机的安装和配置过程。

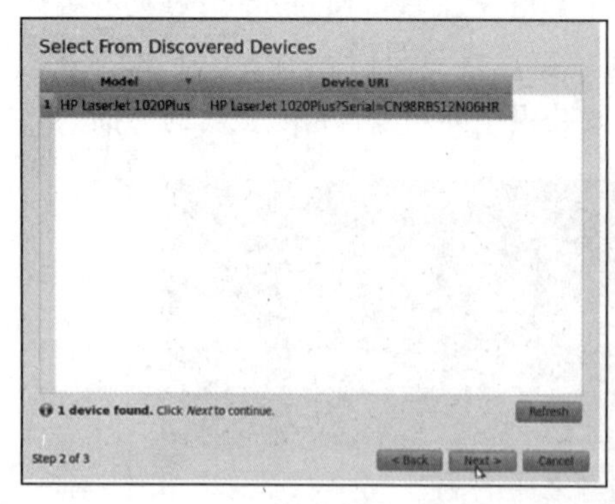

图 5-16　HPLIP 配置步骤之选择已发现的打印机

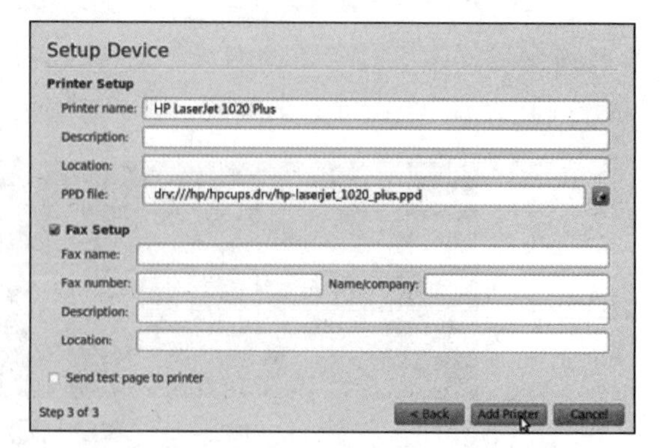

图 5-17　HPLIP 配置步骤之增加打印机

有时，用户所使用的打印机厂商并没有提供 Linux 驱动，也没有被 Linux 系统默认支持，在这种情况下可以采用另一种解决方法，即使用打印机厂商提供的驱动中的 PPD 文件。

PPD（PostScript Printer Description）文件是定制用户指定的 PostScript 打印机驱动程序的行为。这个文件包含有关输出设备的信息，其中包括打印机驻留字体、可用介质大小及方向、优化的网频、网角、分辨率及色彩输出功能。通过选择与 PostScript 打印机或照排机相应的 PPD，可以使用可用的输出设备设置填充“打印”对话框。用户还可以根据需要切换到另一个 PPD。应用程序使用 PPD 文件中的信息来确定在打印文档时向打印机发送哪些 PostScript 信息。例如，应用程序假定 PPD 文件中列出的字体驻留在打印机中，因此这些字体不是在打印时下载的，除非明确指定包含这些字体。

现在以一台 KONICA MINOITA1300W 打印机为例说明。

1）通过网络下载含有 ppd 文件的 KONICA MINOITA1300W 在 Windows 下的驱动，注意区分 32 位和 64 位操作系统，如图 5-18 所示。

```
*PPD-Adobe: "4.3"
*%
*% For information on using this, and to obtain the required backend
*% script, consult http://www.openprinting.org/
*%
*% This file is published under the GNU General Public License
*%
*% PPD-O-MATIC (4.0.0 or newer) generated this PPD file. It is for use with
*% all programs and environments which use PPD files for dealing with
*% printer capability information. The printer must be configured with the
*% "foomatic-rip" backend filter script of Foomatic 4.0.0 or newer. This
*% file and "foomatic-rip" work together to support PPD-controlled printer
*% driver option access with all supported printer drivers and printing
*% spoolers.
*%
*% To save this file on your disk, wait until the download has completed
*% (the animation of the browser logo must stop) and then use the
*% "Save as..." command in the "File" menu of your browser or in the
*% pop-up manu when you click on this document with the right mouse button.
*% DO NOT cut and paste this file into an editor with your mouse. This can
*% introduce additional line breaks which lead to unexpected results.
*%
*% You may save this file as 'Minolta-PagePro_1300W-min12xxw.ppd'
*%
*%
*FormatVersion: "4.3"
*FileVersion:   "1.1"
```

图 5-18　KONICA MINOITA 1300W 打印机的 PPD 文件

2）在“设置”→“设备”→“Printers”里，选择“Add a printer”(添加打印机)，然后不选择“Serach for Drivers”(查找驱动) 或者“Select from Database”(从数据库添加)，而要选择“Install PPD File”(安装 PPD 文件)，如图 5-19 所示。

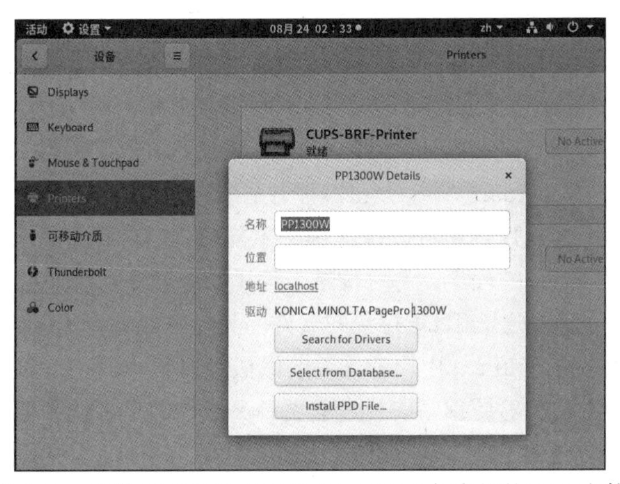

图 5-19　安装 KONICA MINOITA 1300W 打印机的 PPD 文件

安装完成之后，就可以在打印机列表中看到新安装的打印机了，如图 5-20 所示。

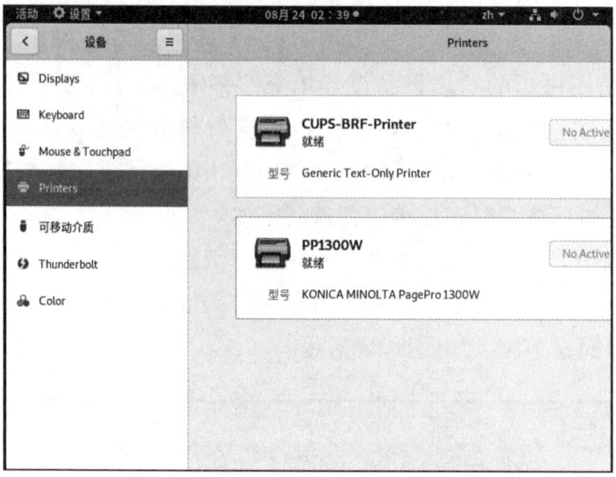

图 5-20　KONICA MINOITA 1300W 打印机安装完毕

5.2 Linux 软件的安装

5.2.1 Linux 中应用软件的安装包

如前文所述，Linux 中的应用软件通常以包的形式进行发布，所以在安装软件之前需要先了解一下常见软件安装包的类型。

常见的 Linux 应用软件安装包有 3 种类型：

- Tarball 包，例如 app-1.2.3-1.tar.gz，Tarball 是 Linux 下最方便的打包工具和数据备份工具，因为它以 tar 这个指令来打包与压缩的档案，所以有时候简称为 tar 包。
- RPM 包，例如 app-1.2.3-1.i386.rpm，RPM 包是 Red Hat Linux 设计提供的一种包格式，这种文件包在 Linux 系统中安装非常简便，已成为公认的一种软件标准封装。
- Deb 包，例如 app-1.2.3-1.1.deb，是 Debain Linux 提供的一种包封装格式，这种软件包十分便于软件的安装、更新及移除。

这里需要说明一下，大多数 Linux 应用软件包的命名有一定的规律，一般遵循“名称 - 版本 - 修正版 - 包的封装类型”的命名规范。例如，前面提到的“app-1.2.3-1.tar.gz”，意味着该程序的软件名称为“app”，其版本号为“1.2.3”，修正版本号为“1”，包类型为“tar.gz”；而在“app-1.2.3-1.i386.rpm”中，还增加了“i386”来说明该包仅适用于 Intel x86 系列的计算机系统，这是因为，通常在 rpm 包中的是已编译好的程序，所以需要指明其适用的系统架构。

在 Linux 应用程序的软件包中可以包含两种不同的内容：一种是已编译的可执行文件，也就是解压后可以直接运行的程序；另一种是未编译的源程序，解压后还需要使用编译工具将其编译成为可执行文件。通常用 tar 打包的软件，其包中都是源程序，而用 rpm 或 dpkg 打包的则常为可执行程序。在 Linux 中较为推荐的做法是提供源程序的压缩包，由用户自己动手编译源程序。这种方式能够使程序安装过程更具灵活性和扩展性，但对于不熟悉 Linux 系统的用户却容易遇到问题和困难。这时可执行的安装程序就体现出其优越性了，它们更容易使用，安装这些程序与在 Windows 系统中安装软件几乎没什么区别，可大大降低 Linux 软件安装的难度。实际上，许多应用软件都会提供多种打包格式的安装程序，用户可以根据自己的情况进行选择。

5.2.2　安装 Tarball 包应用软件

如果要安装以 Tarball 包封装的 Linux 应用程序，那么需要先把 Tarball 包展开才能看到安装程序。此外，虽然 Tarball 包并不对包内文件进行压缩，但是很多程序的安装包却是在 Tarball 包的基础上进行了压缩处理，如 gzip 或 bz2 等，所以在展开 Tarball 包之前还需要解压缩。

为了便于理解，下面以安装 Java 运行环境 Java 8 Update221 为例，介绍安装 Tarball 应用软件的具体方法。

假设已事先将 Java 8 Update 221 的安装包 jre-8u221-linux-x64.tar.gz 下载到 /home/lhy/ 目录下，那么解压的具体步骤如下。

1）切换到所需的安装目录。例如要在 /usr/java/ 目录中安装软件，则键入命令“cd /usr/java/”。如果要将 Java 安装在系统级位置（例如 /usr/local），则必须以超级用户身份登录，从而获得必要的权限；如果不具有超级用户访问权限，可以将 Java 安装在当前用户的主目录中，或者安装在当前用户有写权限的子目录中。

2）将 jre-8u221-linux-x64.tar.gz 文件移到当前目录。这时可以键入如下命令：

```
mv /home/lhy/jre-8u221-linux-x64.tar.gz ./
```

3）解压缩并展开 Tarball 包，使用以下一个命令就可以完成：

```
tar -zxvf jre-8u221-linux-x64.tar.gz
```

由于 Java 运行环境解压后可以直接使用，所以安装过程也随之完成。进入解压缩后形成的 jre1.8.0_221 目录，可以看到可用命令所在的目录 bin 和 Java 库所在的目录 lib。

需要注意的是，虽然上例 Tarball 包里的 Java 程序是无须后续安装的可执行文件，但很多以 Tarball 包封装的开源软件，包中是软件源程序且不提供可执行的安装文件。例如，在安装 Linux 下的个人财务管理软件 GnuCash 时，就需要用户对源程序进行配置、编译和安装等过程。具体步骤如下。

1）下载 GnuCash 软件的 Tarball 包到目录 /root（如果要让主机上所有用户都能使用软件，则以 root 权限安装，否则软件只能由安装它的用户使用）。以 gnucash-3.6.tar.bz2 为例，用以下命令将其解压缩：

```
tar -jxvf gnucash-3.6.tar.bz2
```

2）进入生成的目录 gnucash-3.6，打开并阅读 README 文件，其中介绍了该软件源程序的配置、编译和安装过程的操作指导（有些软件将编译和安装步骤写在 INSTALL 文件中）。

3）gnucash 软件的编译使用了 cmake 工具，因此首先执行“dnf install cmake”命令安装 cmake 工具。然后执行“dnf builddep gnucash”命令安装 gnucash 的所有依赖项，执行“dnf builddep gnucash-docs”安装 gnucash 文档的所有依赖项。

4）在 gnucash-3.6 目录下，执行命令“cmake .”为编译做准备。该命令会根据 CMakeLists.txt 文件中的设置，检查当前系统的状态是否满足编译需要，然后根据系统状态创建编译配置文件 Makefile。此处的点“.”指源文件所在的目录是当前目录，该位置的参数可以指定源文件所在目录。另外，“cmake”命令还有一个比较重要的选项是“-DCMAKE_INSTALL_PREFIX”，它用于指定软件的安装目录。例如，要将 gnucash 安装到 /usr/local/gnucash 下，就可以使用命令：

```
cmake . -DCMAKE_INSTALL_PREFIX=/usr/local/gnucash
```

当不再需要这个软件时，只需直接删除软件的目录即可。

5）执行“make”命令进行软件编译。

6）执行“make install”完成安装。软件默认安装在 /usr/local/bin 目录下，此时可以在安装目录下找到可执行的 gnucash 文件。

7）执行“make clean”删除安装过程中产生的临时文件。

需要说明的是，不同软件的编译、安装过程会有较大差异，用户在安装前需要认真阅读安装说明文件，以了解具体步骤，而这些文件一般以 INSTALL 和 README 命名。此外，如果要对已安装软件进行更新，通常需要下载该软件的最新版本的 Tarball 包，在删除该软件安装目录下所有文件后，重新执行上述编译、安装步骤；而如果需要删除某个已安装软件，通常只需要删除该软件安装目录及其所有文件就可以了，但这种删除方式不会清除安装在其他目录下的依赖文件，会遗留一定的系统垃圾。一些工具可用于彻底清除 Linux 下已安装的软件，例如 Kinstall 和 Kife。其使用方法可参考工具自带的说明文件，此处不赘述。

5.2.3　安装 RPM 包应用软件

RPM 是 Red Hat Package Manager 的简写，是一种由 Red Hat 公司设计开发的软件包管理工具。RPM 不仅可以安装、卸载、升级和管理软件，还可以完成如组件查询和验证、软件数字签名的导入、验证和发布、软件包依赖处理和网络远程安装等众多功能。RPM 包有二进制包和源代码包两种，源代码包常以 src.rpm 作为后缀名。二进制包可以直接执行安装过程，而源代码包会由 RPM 自动编译、安装。RPM 是 Red Hat 公司对 Linux 世界的一大贡献，它使 Linux 的软件安装工作变得十分简单，通常仅需一条命令就可以完成安装过程。

下面首先介绍 RPM 工具的常用命令，之后以安装 RPM 版的 Java 运行环境为例介绍具体步骤。

RPM 工具命令的一般命令格式如下：

```
rpm [选项...]<软件名>
```

常用选项有：

- -i，用于安装软件。
- -t，用于测试安装。
- -p，用于显示安装进度。
- -f，用于忽略任何错误。
- -U，用于升级安装。
- -v，用于显示详细信息。
- -q，用于查询软件信息。

- -e：用于删除软件包。
- -a：查询或验证软件包中的所有文件。
- -h：验证软件包的哈希（hash）标记。
- -V：校验软件包中的文件。

各种选项通常组合使用，例如：

- -ivh，用于安装并显示安装进度。
- -Uvh，用于升级软件包。
- -qpl，用于列出 RPM 软件包内的文件信息。
- -qpi，用于列出 RPM 软件包的描述信息。
- -qf，用于查找指定文件属于哪个 RPM 软件包。
- -Va：校验所有的 RPM 软件包，查找丢失的文件。

下面以安装基于 RPM 封装的 Java 运行环境为例来介绍具体步骤。假设已将 RPM 的 Java 8 Update 221（8u221）安装程序 jre-8u221-linux-x64.rpm 下载到了用户目录 /home/lhy/ 下，之后的安装步骤如下。

1）安装 RPM 包软件需要先成为超级用户，所以在终端中执行“su -”命令，并键入超级用户口令。

2）如果之前已安装了 Java 运行环境的早期版本，那么要卸载这些早期版本。如果不确定是否已经安装了 Java 运行环境，那么可键入以下命令进行查询：

```
rpm –q jre*|grep jre
```

如果发现有早期版本，例如已经安装了 jre-7u7-linux-i586，那么利用下列命令将其删除：

```
rpm -e jre-7u7-linux-i586
```

3）切换到所需的安装目录。例如要在 /usr/java/ 目录中安装软件，键入命令：

```
cd /usr/java
```

4）安装程序包。

```
rpm -ivh /home/lhy/jre-8u221-linux-x64.rpm
```

5）之后如果要升级该程序包，可以键入：

```
rpm -Uvh jre-8u221-linux-x64.rpm
```

安装完成之后，安装文件就不再需要了。如果要节省磁盘空间，应删除 jre-8u221-linux-x64.rpm 文件。

6）退出终端，不需要重新启动。安装完毕。

5.2.4　安装 Deb 包应用软件

Deb 包是由 DPKG（“Debian Package”的简写）对软件的一种封装形式。DPKG 是为 Debian Linux 设计的一种包管理器，方便软件的安装、更新及移除。它与 RPM 十分类似，但由于 RPM 出现得更早，所以在各种版本的 Linux 中都常见到，而 DPKG 则只出现在基于

Debian 的 Linux 版本中，如 Ubuntu、Knoppix 等。DPKG 本身是一个底层的工具，上层的工具如 APT，被用于从远程获取软件包及处理复杂的软件包关系。

在具体应用中，DPKG 命令的一般格式为：

```
dpkg [<选项> ...] <命令>
```

常用选项和命令有：

- -i<package_name.deb>，用于安装名为 package_name.deb 的软件包。
- -R<dir>，用于安装 dir 目录下所有的软件包。
- -unpack <package_name.deb>，用于展开名为 package_name.deb 的软件包，但是不进行配置。
- -configure <package_name.deb>，用于重新配置和释放名为 package_name.deb 的软件包。
- -r <package_name>，用于删除软件包，但保留其配置信息。
- -update-avail <package_name>，用于获取可替换已安装程序 package_name 的替代软件包。
- -P <package_name>，用于删除名为 package_name 的包，包括其配置信息。
- -compare-versions <ver1> op <ver2>，用于比较同一软件不同版本 ver1 和 ver2 之间的差别。
- -l，用于显示所有已经安装的 Deb 包，同时显示版本号以及简短说明。
- -s <package-name>，用于显示名为 package_name 的包的状态信息。
- -p <package-name>，用于显示名为 package_name 的包的具体信息。
- -L<package-name>，用于显示名为 package_name 的包的安装位置。

虽然面向 Debian 系列 Linux 设计的软件常以 DPKG 包（*.deb）进行封装，通过 dpkg 命令可以方便地安装、更新和删除这些包，但随着 DPKG 前端工具 APT 的出现，人们可以在 Debian 上更高效地安装软件包。APT 工具在安装软件的同时自动下载安装所需依赖文件，而当软件包更新时，APT 工具能自动管理关联文件和维护已有配置文件。

APT 的工作原理是一个客户 / 服务器系统。在服务器上先复制所有的 DPKG 包，然后用 APT 的分析工具根据每个 DPKG 包的头信息对所有的包进行分析，将分析结果记录在 DEB 索引清单中，并将清单存放在服务器中的 base 文件夹内。APT 服务器内的包有所变动，就要产生新的 DEB 索引清单。客户端在进行安装或升级时先要查询 DEB 索引清单，从而获知所有具有依赖关系的软件包，一同下载到客户端完成安装。当客户端需要安装、升级或删除某个软件包时，客户端取得 DEB 索引清单压缩文件后，会将其解压后存放在 /var/state/apt/lists/ 目录下。客户端使用软件安装命令 apt-get install 或更新命令 apt-get upgrade 时，会对比客户机与服务器中 DEB 索引清单，这样就知道软件是已安装、未安装或是否可以更新的。

APT 工具命令的一般形式是：

```
apt-get [options] command
```

常见用法有：

- apt-cache search <package>，用于搜索名为 package 的 DPKG 软件包。

- apt-cache show <package>，用于获取名为package的DPKG包相关信息，如说明、大小、版本等。
- apt-get install <package>，用于安装名为package的DPKG包。
- apt-get install< package> --reinstall，用于重新安装名为package的DPKG包。
- apt-get -f install，用于修复安装。
- apt-get remove <package>，用于删除名为package的DPKG包。
- apt-get remove <package>-purge，用于删除名为package的DPKG包及配置文件等。
- apt-get update，用于更新APT源（APT服务器）。
- apt-get upgrade，用于更新已安装的包。
- apt-get dist-upgrade，用于升级基于Debian的Linux系统。
- apt-cache depends <package>，用于了解名为package的包的依赖包。
- apt-cache rdepends<package>，用于查看名为package的包被哪些包依赖。
- apt-get build-dep <package>，用于安装与package相关的编译环境。
- apt-get source <package>，用于下载package包的源代码。
- apt-get clean，用于清理无用的DPKG包。
- apt-get check，用于检查是否有损坏的依赖。

5.3 通过dnf安装软件

Yellow dog Updater，Modified简称为yum，是一个应用于Fedora、Red Hat和SUSE等Linux中的命令行软件包管理器。yum基于RPM包管理，能够从指定的服务器自动下载RPM包并且安装，可以自动处理依赖关系，并且一次安装所有依赖的软件包，而不需要烦琐地逐个下载安装依赖包。

自Fedora 22开始，yum被它的继任者dnf（Dandified YUM）所取代。dnf致力于改善yum的瓶颈问题，即性能、内存占用、依赖解决、速度和许多其他问题。在功能方面，dnf与yum的不同主要有如下几个方面：

- 自动排除无效部分。例如，如果在执行“dnf update”操作期间发现某个包的依赖性不满足，那么该包将不会被更新，但其他包将继续更新。
- 跳过无效的资源库。如果已配置和启用的资源存储库没有响应，dnf将跳过它并继续使用可用的资源库。
- 统一了更新和升级。命令dnf update和dnf upgrade是等效的。这与yum不同，yum upgrade与yum update相比，将废弃的包也考虑在内。
- 安装包时不升级依赖项。如果dnf在安装新包时报告不满足对已安装包的依赖，则应该在重试之前更新依赖的包。
- 卸载时清除。在卸载包时，dnf将自动删除用户未显式安装的任何依赖包。如果软件包是独立安装的，则不会以这种方式卸载，仅删除作为依赖项安装的包。
- 资源库缓存定时更新。默认情况下，dnf将每小时检查一次配置的资源存储库中的更新，从系统启动10分钟后开始。该操作由systemd的一个timer单元dnf-makecache.timer控制。dnf还将遵守在单个资源存储配置中设置的“metadata_expire”选项指定的过期时间。

- 提供对存储库操作。repository packages 命令可用于搜索或获取特定资源存储库中的包信息、列出该存储库中已安装的包等。
- dnf 可以移除内核。内核包不受 dnf 保护，可以卸载任何内核包，包括正在运行的包。移除内核时要小心，并在移除内核时指定完整版本号，以获得最佳结果。
- 允许替换软件包。可以使用“--allowerating”选项用一个包替换另一个包，而不中断那些依赖于这两个包的功能。

从上述这些不同点可以看出，与 yum 相比，dnf 对软件包的管理功能更趋完善和智能。此外，在运行方面，dnf 也更健壮、更高效。

大多数 dnf 命令使用 yum 用户熟悉的指令，并且使用相同的 rpm 包存储库，因此熟悉 yum 命令的用户可以很容易地迁移到 dnf 命令上来。

当用户在终端中输入 yum 命令时，该命令将被重定向到 dnf，并打印有关重定向的警告信息。喜欢使用 yum 的用户可以手动安装旧的 yum 包管理器，但要注意，旧的命令行程序已重命名为 yum-deprecated 而不是 yum。

5.3.1　dnf 资源库的配置

利用 dnf 进行软件包管理时，需要事先对 dnf 资源库（软件仓库）进行配置。可供 dnf 下载、安装的软件包都来自于 dnf 资源库，包括 Fedora 本身的软件包。这些软件包全部由 Linux 社区维护，大多为自由软件。所有的包都有一个出于安全考虑的独立 GPG（GNU Private Guard）签名。

dnf 资源库的配置一般有两种方式，一种是直接配置 /etc/dnf/dnf.conf 文件，另一种是在 /etc/yum.repos.d 目录下增加 .repo 文件。第 2 种方式最常用，并且要优先于第 1 种方式。

首先介绍第 1 种方式，通过编辑 /etc/dnf/dnf.conf 文件来实现 dnf 资源库配置。dnf.conf 文件分为两部分：主（main）部分和资源库部分。主部分定义全局性属性，整个文件中只能有一个主部分。资源库部分可以定义本地或远程每个资源的信息。在 gedit 文本编辑器中打开 dnf.conf 文件，如图 5-21 所示。

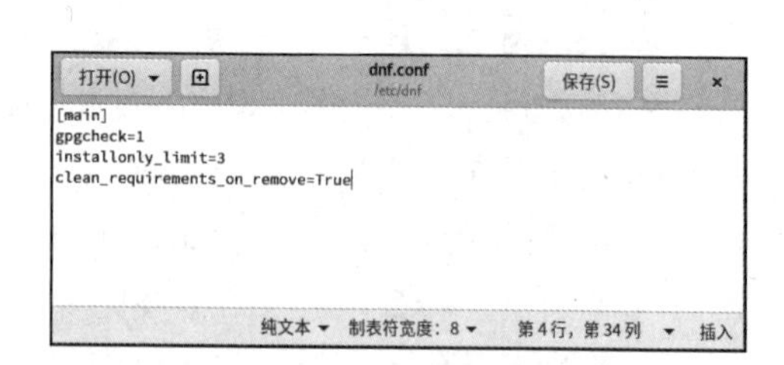

图 5-21　dnf.conf 文件

可见，默认情况下，dnf.conf 文件仅配置了主部分的几个属性。文件中包含设定 yum 更新的各种配置选项：

- gpgcheck=1，表示是否检查 GPG 密钥签名。
- installonly_limit=3，表示允许并发安装的包的个数，默认是 3，最小值是 2。0 或者 1 意味着不限制安装包的个数。
- clean_requirements_on_remove=True，表示在执行 remove 命令时，不再被使用的依赖包是否也移除。该选项仅适用于作为依赖项安装的包。

虽然 dnf 不提倡直接在 dnf.conf 文件中设置资源库，但这种方式仍是可行的。具体方法是在 dnf.conf 文件的尾部添加一些包含 dnf 资源的 URL 文本。

由于需要在 dnf.conf 中追加大量的信息，会使得 dnf.conf 的文件结构不够清晰，尤其是当更新源不止一个时情况会更加严重，所以这种方式往往不被推荐。

较为推荐的配置资源库的方式是在 /etc/yum.repos.d 目录中增加 .repo 文件。每一个 .repo 文件都定义了一个或者多个 dnf 资源库的细节内容，包括从哪里下载需要安装或者升级的软件包。默认情况下 /etc/yum.repos.d 目录中有 fedora.repo、fedora-modular.repo、fedora-updates.repo、fedora-updates-modular.repo、fedora-updates-testing.repo 文件，它们定义了 Fedora 默认的 dnf 源（Fedora 官方服务器）。

用 gedit 工具来查看一下 fedora.repo 内容，了解一下 .repo 文件的基本结构。在命令行窗口中运行如下命令，打开如图 5-22 所示的 fedora.repo 文件。

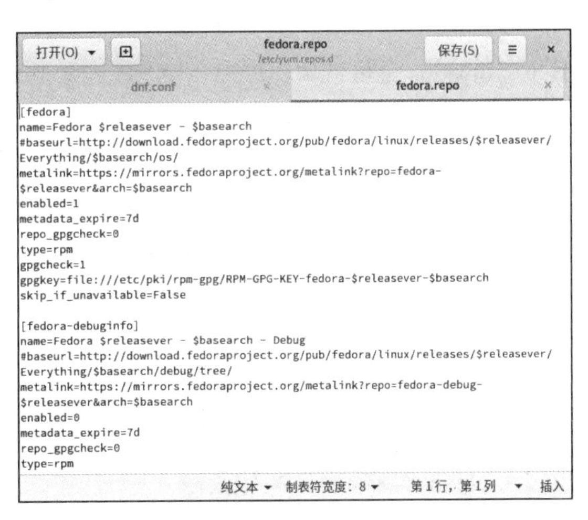

图 5-22　fedora.repo 的默认内容

```
sudo gedit /etc/yum.repos.d/fedora.repo
```

其中：

- [fedora] 定义了软件源的名称，将被 dnf 程序获取并识别。
- name=Fedora $releasever - $basearch 定义了资源库的名称，通常是为了方便阅读配置文件；$releasever 变量定义了发行版本，通常是 8、9、10 等数字，$basearch 变量定义了系统的架构，可以是 i386、x86_64 等值，这两个变量根据当前系统的版本架构不同而有不同的取值，这可以方便 dnf 升级的时候选择适合当前系统的软件包。
- # 是行注释符，表示该行将不会被 dnf（或 yum）程序读取。
- metalink 指明了 dnf 源的 URL 地址。

当使用 dnf 进行软件下载时，dnf 程序会随机选取其中一个源进行下载。由于这些服务器大多在国外，软件下载速度会很慢，所以通常需要在 /etc/yum.repos.d 中增加一些国内第三方提供的 Fedoradnf 源，例如由网易公司、搜狐公司和一些国内大学提供的镜像服务器。

下面以添加网易公司的 Fedora 源为例来介绍具体方法。

1）通过浏览器访问网易镜像服务网站 http://mirrors.163.com，在其首页上找到并单击“fedora 使用帮助”。

2）根据“ fedora 使用帮助”，下载 fedora-163.repo 和 fedora-updates-163.repo，并放到 /etc/yum.repos.d/ 目录下。

3）打开终端窗口，在 Shell 命令行中依次运行命令“ dnf clean all” 和“ dnf make cache”，生成缓存，配置完毕。

如果想添加其他的 dnf 源，如搜狐的 Fedora 源，可以参考搜狐公司的镜像站点上的帮助，下载相应的 .repo 文件即可。

5.3.2 dnf 的常用命令

在配置了 dnf 源之后，就可以利用 dnf 命令进行软件安装了。dnf 命令的一般格式为：

```
dnf [options] COMMAND
```

其中，options 是可选项，COMMAND 表示 dnf 的具体命令，常用命令有：

- autoremove，自动移除作为依赖项安装的不需要的包。
- check，检查本地的软件包库以发现问题。
- repolist，查看系统中可用的 DNF 软件库。
- list installed，列出所有安装的 RPM 包。
- list available，列出所有可安装的 RPM 包。
- search <package>，搜索软件库中的 RPM 包。
- info <package>，查看软件包详情。
- check-update，用于检查是否有可用的软件包更新。
- clean，用于删除缓存数据。
- remove，用于从系统中卸载一个或多个软件包。
- install，用于向系统中安装一个或多个软件包。
- reinstall，用于覆盖安装软件包。
- update，用于更新系统中的一个或多个软件包。
- distro-sync，更新软件包到最新的稳定发行版。

可选择使用的选项有很多，常用的有：

- -h, --help，用于显示此帮助消息并退出。
- -c [config file], --config=[config file]，用于配置文件路径。
- -q, --quiet，用于静默执行。
- -v, --verbose，用于在控制台显示详尽的操作过程。
- --version，用于显示 dnf 版本。
- --installroot=[path]，用于设置安装根目录。
- -x [package], --exclude=[package]，用于采用全名或通配符排除软件包。

5.3.3 使用 dnf 安装软件的实例

下面以在 Fedora 30 中安装数据库管理系统 MySQL Community Server 8.0 为例，介绍使用 dnf 安装软件的方法步骤。

1）在执行安装前，应查看一下当前系统是否已安装过 MySQL。MySQL Community Server 是一款免费开源的数据库服务器产品，它为 Linux 系统用户提供了多种安装方式，如源代码包、Tarball 包和 RPM 版等。为了查明系统是否已安装过它，可以使用下列 3 种命令进行查看：

```
dnf list installed mysql*
rpm -qa | grep mysql*
locate mysql*
```

分别运行这 3 条命令，如果系统显示出类似“ Mysql Server”的相关信息，说明已经安装了 MySQL 数据库。

2）安装 MySQL Community Server 8.0 的 dnf 资源文件。

运行下列命令：

```
dnf install https://dev.mysql.com/get/mysql80-community-release-fc30-1.noarch.rpm
```

执行该命令之后，mysql80-community 的资源文件 mysql-community.repo 和 mysql-community-source.repo 被写到 dnf 资源文件目录 /etc/yum.repos.d 下。

3）安装 MySQL 服务器端。

运行下列命令安装 mysql-community-server：

```
dnf install mysql-community-server
```

4）启动 MySQL 服务器。

执行命令 systemctl start mysqld.service 启动 MySQL 服务器，或者执行命令 systemctl enable mysqld.service，使得在系统启动时即启动 MySQL 服务器。

初次启动 MySQL 服务器时，它会为 root 用户随机生成一个密码。执行下述命令找到相应的密码：

```
[root@localhost ~]# journalctl > tmp
[root@localhost ~]#  grep 'A temporary password' tmp
8月 20 21:16:37 localhost mysqld_pre_systemd[11365]: 2019-08-20T13:16:37.429201Z 5 [Note] [MY-010454]
 [Server] A temporary password is generated for root@localhost: &qhR2zRo7aiq
```

其中，第 1 个命令是将日志信息写入文本文件 tmp，第 2 个命令是从文本文件中查找满足条件的文本。从显示信息可以看出，该 MySQL 服务器随机生成的密码为：&qhR2zRo7aiq。

5）MySQL 的安全设置。

该步骤包括修改 root 用户的密码、移除匿名用户、禁止 root 用户的远程登录、移除测试用数据库，以及重新导入授权表等数据库安全设置。执行如下指令，然后按照提示进行输入或选择即可：

```
mysql_secure_installation
```

6）访问数据库。

执行如下命令：

```
mysql -u root -p
```

按照系统提示，输入 root 用户的密码（此处的 root 是指数据库服务器的 root 用户）。登录成功后，就可以进行数据库的管理工作了。

5.4 patch 原理和使用

patch 在计算机系统中通常是指软件的“补丁”。patch 作为软件的一部分，用于软件更新和修复程序错误或安全漏洞，也可以作为一种调试手段来调试有问题的代码。在 Linux 系统中，patch 可以表示软件补丁，此外它还是一个能够对应用程序文件进行更改的命令，将该命令与其他命令配合使用可以实现软件的更新和错误修复。

5.4.1　软件更新的一般过程

Linux 中的软件更新和修复错误的过程一般由 3 部分构成：

1）使用 diff 命令比较两个文件或文件集合的差异并记录下来，例如，比较软件的新、旧两个版本，生成一个 diff 文件，即 patch 文件，也称为补丁文件。

2）使用 patch 命令将 diff 文件应用于原来的两个文件（集合）之一，从而得到另一个文件（集合）。举个例子来说，假设文件 A 和文件 B，经过 diff 之后生成了补丁文件 C，这个过程相当于 A - B = C，那么 patch 的过程就是 B+C = A 或 A–C =B。简言之，如果能得到 A、B、C 三个文件中的任意两个，就能用 diff 和 patch 命令生成另外一个文件。

3）检查是否存在无法 patch 的文件，修改或重新选择是否对其生成 patch 文件，对所有 patch 文件进行编译后，就可以应用 patch 命令对软件进行更新和修复了。

下面详细介绍一下 diff 命令和 patch 命令的使用方法。

5.4.2　文件比较命令 diff

diff 命令常用于比较文件，既可以比较单个文件也可以比较某个目录中所有的文件。diff 命令常用于逐行比较两个版本不同的文本文件以找到改动的地方。最新版本的 diff 也支持二进制文件。

diff 命令的格式为：

```
diff [选项] … <文件 1>|<目录 1>  <文件 2>|<目录 2>
```

diff 命令中的源和目标，既可以是文件名，也可以是目录名。最简单的情况是比较两个文件的不同。如果其中一个为目录名，而另一个为文件名，那么 diff 命令将在该目录下寻找同名文件进行比较；而如果是两个目录名，那么将比较目录下的所有同名文件，但不递归比较子目录内容。它会列出不同的文件、公共子目录和只在一个目录出现的文件。如果需要递归比较，则要使用 -r 参数。如果使用“ - ”代替文件参数，则要比较的内容将来自标准输入。

常用的主要选项及含义如下：

- -a,--text，把所有文件当作文本文件逐行比较，这是默认情况。
- -b,--ignore-space-change，忽略空格产生的变化。
- -B,--ignore-blank-lines，忽略空白行的变化。
- -i 或 --ignore-case，不检查大小写的不同。
- -w,--ignore-all-space，比较时忽略所有空格。
- --no-ignore-file-name-case，比较时考虑文件名大小写。
- -d 或 --minimal，使用不同的演算法，努力寻找一个较小的变化集合。
- -r 或 --recursive，比较子目录中的文件。
- -N 或 --new-file，在比较目录时，若文件 A 仅出现在某个目录中，默认会显示“Only in <目录名> 文件 A”，若使用 -N 参数，则 diff 会将文件 A 与一个空白的文件比较。
- -q 或 --brief，仅显示文件有差异，不显示详细的信息。

- -s 或 --report-identical-files，文件没有差异也显示信息。
- -c, -C<NUM> 或 --context[=<NUM>]，使用上下文输出格式（文件 1 在上，文件 2 在下，差异点会标注出来），输出 <NUM>（默认是 3）行的上下文（上下各 NUM 行，不包括差异行）。
- -u,-U <NUM>,--unified[=<NUM>]，以合并的方式来显示文件内容的不同（输出一个整体，只有在差异的地方会输出差异点，并标注出来），输出 NUM（默认 3）行的上下文。
- -e 或 --ed，输出 ed 脚本 script。
- -n 或 --rcs，将比较结果以 RCS 的格式来显示。
- -y 或 --side-by-side，以并列的方式显示文件的异同之处。
- --left-column，在使用 -y 参数时，若两个文件某一行内容相同，则仅在左侧的栏位显示该行内容。
- -W<NUM> 或 --width[=<NUM>]，在使用 -y 参数时，指定列的宽度为 NUM（默认 130）。
- -p, --show-c-function，若比较的文件为 C 语言的程序代码文件，则显示差异所在的函数名称。
- -F --show-function-lines=<RE>，显示最近匹配 <RE>（正则表达式）的行。
- -I RE,--ignore-matching-lines=<RE>，忽略所有匹配 <RE>（正则表达式）的行的更改。

要了解 diff 命令的更详细选项，请参考它的在线文档。

5.4.3 打补丁命令 patch

patch 命令用于对文件进行更改，完成软件错误或漏洞的修复。Fedora 30 默认没有安装 patch 工具。使用 dnf 命令安装 patch，或者直接在命令行中输入 patch，在提示是否安装 patch 时选择“y”即可以安装 patch。

使用 patch 命令的一般格式为：

```
patch [选项] [<原文件A>[<补丁文件B>]]
```

其功能是给原文件 A 打上补丁文件 B，补丁文件 B 一般是使用 diff 命令产生的。

常用选项如下。

- -b，用于将每个补丁文件的原文件保存在同名的文件中，并在文件名后附加了后缀“.orig”。
- -d <dir>，用于在打补丁前，更改当前目录到指定目录 <dir>。
- -E，用于在打完补丁之后删除内容为空的文件。
- -i<PatchFile>，用于从指定文件，而不是从标准输入中读取补丁信息。
- -o，用于指定输出目录。
- -p 数字，用于指定目录级别。例如如果补丁文件 B 包含路径 /dir1/dir2/p1.c，那么当选项为 -p 0，指使用完整路径名；为 -p 1，指去除前导斜杠，剩余 dir1/dir2/p1.c；为 -p 3，指去除前导斜杠和前两个目录，留下 p1. c。

- -R，用于恢复原文件，常在错误修补后恢复原文件。

默认情况下，原文件 A 在打上补丁文件 B 后成为修补版本，它会替换原始版本。

5.4.4　软件更新过程示例

下面用简单示例来展示软件补丁的形成和 Patch 的过程。

假设现在有两个文件，test0 和 test1，文件的内容用 cat 命显示如下：

```
[root@localhost ~]# cat test0
00000000
00000000
00000000
[root@localhost ~]# cat test1
00000000
11111111
00000000
```

用 diff 命令比较 test0 与 test1 之间的区别，生成补丁文件 test1.patch。

```
$ diff -uN test0 test1 >test1.patch
```

用 cat 命令查看文件 test1.patch 的内容：

```
[root@localhost ~]# cat test1.patch
--- test0       2019-08-20 15:57:45.461236513 +0800
+++ test1       2019-08-20 15:38:35.891683099 +0800
@@ -1,3 +1,3 @@
 00000000
-00000000
+11111111
 00000000
```

下面给 test0 打上补丁 test1.patch：

```
patch -p0 test0 test1.patch
```

或

```
patch -p0 < test1.patch
```

运行上面命令后，test0 中内容将和 test1 中内容完全一样，但是文件名称还是 test0。

```
[root@localhost ~]# patch -p0 <test1.patch
patching file test0
[root@localhost ~]# cat test0
00000000
11111111
00000000
```

如果想恢复原来的 test0，可以利用 -R 选项进行操作回滚。

```
$ patch -RE -p0 <test1.patch
```

此时，test0 的内容将还原为最初的全 0 状态。

```
[root@localhost ~]# patch -RE -p0 < test1.patch
patching file test0
[root@localhost ~]# cat test0
00000000
00000000
00000000
```

以上例子是通过 diff 命令对两个单一文件进行比较并生成补丁文件，然后利用 patch 实现对原文件打补丁的过程。在实际应用中，绝大多数程序会包含多个文件，这就要求对目录下的多个文件进行比较并生成补丁文件，之后再利用 patch 命令修复原文件。下面举例说明这一情形。

假设当前有 dir1 和 dir2 两个目录，dir1 下有 dir1name 和 test1 两个文件，dir2 下有 dir2name 和 test2 两个文件，利用 tree 命令可查看目录树结构。

```
[root@localhost test]# tree
.
├── dir1
│   ├── dir1name
│   └── test1
└── dir2
    ├── dir2name
    └── test2

2 directories, 4 files
```

这些文件的内容可用 cat 命令分别查看。

```
[root@localhost test]# cat dir1/dir1name
--------
dir1name
--------
[root@localhost test]# cat dir1/test1
00000000
00000000
00000000
[root@localhost test]# cat dir2/dir2name
--------
dir2name
--------
[root@localhost test]# cat dir2/test2
00000000
11111111
00000000
```

了解了文件目录结构和文件内容后，尝试对目录进行比较并生成补丁文件 dir2.patch。

```
$ diff -uNr dir1 dir2 > dir2.patch
```

生成的 dir2.patch 文件内容为：

```
diff -uNr dir1/dir1name dir2/dir1name
--- dir1/dir1name  2019-08-20 16:00:38.244164607 +0800
+++ dir2/dir1name  1970-01-01 08:00:00.000000000 +0800
@@ -1,3 +0,0 @@
---------
-dir1name
---------
diff -uNr dir1/dir2name dir2/dir2name
--- dir1/dir2name  1970-01-01 08:00:00.000000000 +0800
+++ dir2/dir2name  2019-08-20 16:02:14.681006913 +0800
@@ -0,0 +1,3 @@
+--------
+dir2name
```

```
+--------
diff -uNr dir1/test1 dir2/test1
--- dir1/test1     2019-08-20 16:01:08.429137062 +0800
+++ dir2/test1     1970-01-01 08:00:00.000000000 +0800
@@ -1,3 +0,0 @@
-00000000
-00000000
-00000000
diff -uNr dir1/test2 dir2/test2
--- dir1/test2     1970-01-01 08:00:00.000000000 +0800
+++ dir2/test2     2019-08-20 16:02:40.027208277 +0800
@@ -0,0 +1,3 @@
+00000000
+11111111
+00000000
```

补丁文件 dir2.patch 中的内容是对两个目录中所有的文件进行比较后的结果，即差异文件。具体过程是 diff 命令依次比较两个目录下的同名文件，如果不加 -N 选项就会指明 dir1name 和 test1 只在 dir1 中存在，dir2name 和 test2 只在 dir2 中存在，将无法执行比较，所以需要在 diff 后加上了 -N 选项。

如果 dir2 是 dir1 的升级版，那么就可以用 dir2.patch 对 dir1 进行打补丁。升级的具体步骤如下：

```
$ cp dir2.patch dir1
$ cd dir1
$ patch -p1 < dir2.patch
```

运行完毕后，在当前 dir1 目录下查看目录结构如下：

```
[root@localhost dir1]# tree
.
├── dir2name
├── dir2.patch
└── test2

0 directories, 3 files
```

可见，原有的 dir1name 和 test1 已经被改变为 dir2name 和 test2 了，其文件内容也相应改变。

5.5 本章小结

本章主要介绍了 Linux 系统中硬件驱动和应用软件的常用安装方法。

自 Linux 2.6 之后，Linux 内核以“统一设备管理模型”实现了系统硬件资源的管理，这种树形管理模型通过对设备管理的抽象，形成了一致化的硬件设备管理方式，简化了 Linux 下硬件驱动开发和使用的难度，便于人们查看和理解硬件信息。

Linux 系统由分散在世界各地的开发者共同完成，不同的用户需求和不同的应用软件促使 Linux 应用程序的安装方式呈现出多样性。本章介绍了多种安装应用程序的方式，这些程序安装方式与应用软件的打包方式密切相关。利用 diff 命令和 patch 命令，可以比较新旧文件版本并生成补丁文件，对旧版的文件或目录进行更新升级，以修复漏洞和弥补安全隐患，是自由软件世界中必不可少的工具。

习题

1. 在 Linux 中可以使用哪些命令查看当前系统的硬件信息？
2. 在 Linux 终端中运行命令“lspci -bv”会得到什么结果？
3. 简述虚拟文件系统 sysfs 与 procfs 的区别与联系。
4. 如何在 Linux 下安装以源代码形式发布的应用程序？请简述其步骤。
5. 如何在 Linux 下安装以 RPM 包形式发布的应用程序？请简述其步骤。
6. 如何在 Linux 下安装以 DPKG 包形式发布的应用程序？请简述其步骤。
7. 在基于 Debian 的 Linux 版本中，运行命令“apt-get install gcc”将执行什么操作？
8. Fedora Linux 中的 dnf 命令有什么功能？通过 dnf 安装程序有什么优势？
9. 如何配置 dnf 的软件源？
10. 简述使用 dnf 安装应用程序的一般步骤。
11. Linux 中的 patch 是指什么？
12. 利用 diff 命令和 patch 命令怎样生成“补丁文件”？请举例说明。

第二部分

Linux的系统管理

本部分包含5章内容，主要面向高级用户和系统管理者，帮助他们处理网络管理问题、配置网络服务、管理系统用户、对系统进行安全管理、定制Linux内核及发行版。通过本部分的学习，读者不仅可以掌握Linux系统的强大功能，还可以充当网络管理员，发挥Linux的强大网络功能。

第6章介绍网络接口的配置以及系统的TCP/IP网络管理，重点介绍了网络接口的配置方法，以及对网络接口的操作命令，包括启动、停止、查看等。此外还介绍了几个常用的网络命令，最后详细介绍与网络有关的配置文件。

第7章介绍几个常用的网络服务器的安装、配置和运行。包括Apache、vsFTPd、Samba及DNS服务的安装、配置和使用，这些GNU软件安装简单，使用方便，是部署网络服务器的首选。此外还介绍网络服务管理工具和使用方法。

第8章介绍系统管理与监控技术。首先详细介绍用户的管理方法，包括用户的配置文件、文件访问权限以及相关命令；然后介绍进程的概念及进程的管理；接着介绍系统的监视工具和有关命令；最后介绍系统日志的查看方法。这些命令和工具对系统的监控和管理非常重要。

第9章从提高系统安全的角度出发，介绍系统的安全管理方法。首先介绍标准Linux系统的安全管理与配置方法，然后介绍Linux内置的iptables防火墙，最后介绍目前最杰出的安全子系统SELinux的概念、原理和使用方法。

第10章介绍Linux系统定制的基本知识，以Linux内核5.2.8版本为例对系统内核的定制过程进行说明，使读者了解Linux内核定制、编译和运行的基本方法。在Fedora官网提供的定制版的基础上，介绍如何创建自己的Fedora定制版。

第 6 章　网络的基本配置

通常，我们把计算机中连接网络的设备称为网络接口设备，例如：以太网卡和调制解调器。如果一台计算机要联网，需要配置其网络接口的参数，包括 IP 地址、子网掩码、默认网关、DNS（域名服务器）地址等。Linux 系统提供了一系列工具和命令，用于对网络设备进行管理和控制，还可以直接编辑相关的配置文件实现网络配置。

6.1　网络接口的硬件信息

使用网络接口的前提是正确安装网络接口设备。网络接口属于硬件，只有内核支持它，才能驱动它。目前的 Linux 内核默认可以支持的网络接口卡的芯片种类和数量已经相当完备和庞大。如果某个特殊网络接口卡不被 Linux 内核支持，那么需要下载新的驱动程序，或者重新编译内核以获得对它的支持。

首先确认内核是否已经识别了所安装的网络接口。例如，使用命令 dmesg 来查看本机安装的以太网卡（eth）相关的信息。

```
[lhy@localhost /]$ dmesg |grep -in eth
1432:[    2.807573] e1000 0000:02:01.0 eth0: (PCI:66MHz:32-bit) 00:0c:29:2c:8d:5a
1433:[    2.807581] e1000 0000:02:01.0 eth0: Intel(R) PRO/1000 Network Connection
1434:[    2.811017] e1000 0000:02:01.0 ens33: renamed from eth0
```

根据第 1432 行的说明，可以确定该主机安装了一块以太网卡，使用的模块为 e1000，它使用了 Intel 的网卡芯片。根据第 1434 行的说明，ens33 是对 eth0 的重命名。

也可以使用 PCI 设备列表命令“lspci”来查询相关设备的芯片信息。

```
[lhy@localhost /]$ lspci | grep -in ethernet
43:02:01.0 Ethernet controller: Intel Corporation 82545EM Gigabit Ethernet
Controller (Copper) (rev 01)
```

接着，查看内核是否已将 e1000 模块加载，只有加载了相应的模块，内核才能驱动该硬件。使用模块列表命令“lsmod”查看模块状态。

```
[lhy@localhost /]$ lsmod | grep -in e1000
68:e1000                 151552  0
```

根据上述命令的输出信息可知，e1000 模块已经加载。

最后，使用命令 modinfo 进一步查看该模块的信息。

```
[lhy@localhost /]$ modinfo e1000
filename:       /lib/modules/5.0.9-301.fc30.x86_64/kernel/drivers/net/ethernet/inte
l/e1000/e1000.ko.xz
version:        7.3.21-k8-NAPI
license:        GPL v2
description:    Intel(R) PRO/1000 Network Driver
author:         Intel Corporation, <linux.nics@intel.com>
srcversion:     C521B82214E3F5A010A9383
```

```
alias:          pci:v00008086d00002E6Esv*sd*bc*sc*i*
alias:          pci:v00008086d000010B5sv*sd*bc*sc*i*
alias:          pci:v00008086d00001099sv*sd*bc*sc*i*
```

命令 modinfo 显示了模块 e1000 的详细信息，其中第 1 行给出了驱动程序所在的存储位置及模块对应的内核版本号。

6.2　网络接口的配置与管理

网络接口参数有手动配置方法和 DHCP 自动分配方法。即使是自动分配，也需要首先手工设置一些参数。网络管理器（NetworkManager）是检测网络、自动连接网络的服务，在 Fedora 中默认已经安装。基于网络管理器，有文本界面的配置工具和命令行界面的配置工具。

在 Linux 系统中，网络接口的配置可以使用多种工具和命令完成，也可以通过直接编辑配置文件实现。本章先介绍配置工具和命令，然后再介绍相关的配置文件。

6.2.1　使用文本界面工具管理接口

早期版本的 Fedora 默认安装时集成了控制网络管理器的文本界面工具 system-config-network，目前该工具已更名为 nmtui，而 Fedora 30 Workstation 默认安装时没有内置该工具。由于该工具既能在控制台模式下使用，又能在图形桌面下使用，并且操作简单，因此对于需要灵活配置网络的用户，可以下载安装该工具。

在终端窗口中输入命令 nmtui，系统提示未找到此命令，询问是否安装软件包“Network-Manger-tui”以提供该命令。按 Y 键表示同意安装。系统自动联网下载并安装软件。在安装过程中，如果发现该软件包依赖的其他软件包没被安装，则会提示用户，得到同意后会安装依赖软件。nmtui 的安装过程如图 6-1 所示。

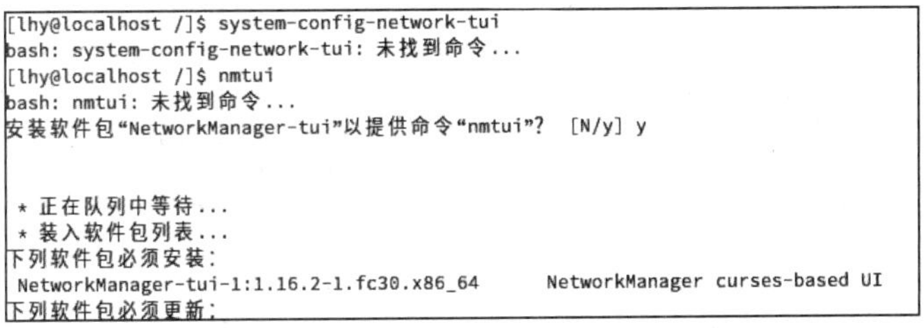

```
[lhy@localhost /]$ system-config-network-tui
bash: system-config-network-tui: 未找到命令...
[lhy@localhost /]$ nmtui
bash: nmtui: 未找到命令...
安装软件包“NetworkManager-tui”以提供命令“nmtui”?  [N/y] y


 * 正在队列中等待...
 * 装入软件包列表...
下列软件包必须安装：
 NetworkManager-tui-1:1.16.2-1.fc30.x86_64      NetworkManager curses-based UI
下列软件包必须更新：
```

图 6-1　在线安装 nmtui 命令使用的软件包

在终端中输入命令 nmtui，会弹出如图 6-2 所示的选择操作窗口。该窗口提供了 4 个选项：编辑连接、启用连接、设置系统主机名、退出。

用户通过键盘移动光标选择不同的选项。使用↑、↓键可在选项之间移动光标，使用 Tab 键可在选项及【确定】按钮之间移动光标。当光标处于“编辑连接”时，可以按 Enter 键，打开选择连接设备窗口，如图 6-3 所示。

在这里列出了本机已经安装的所有网络连接，可以选择一个连接进行配置，也可以添加新的连接。选中连接后按 Enter 键，打开该连接的编辑窗口，如图 6-4 所示。窗口中显示该连接的当前配置信息。

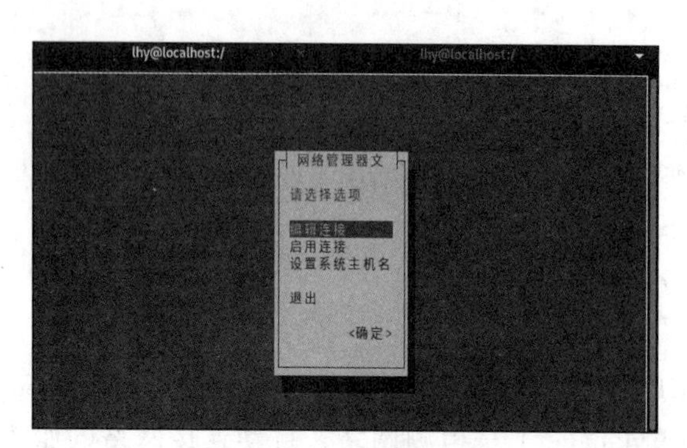

图6-2　选择操作界面

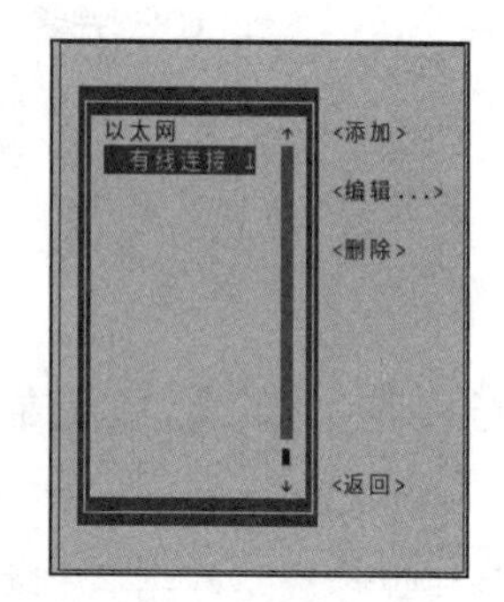

图6-3　选择连接设备窗口

用户可以在此窗口编辑连接的参数，包括连接的名称、使用的设备及IP配置。IP配置既支持IPv4也支持IPv6。配置右侧有个【显示】按钮，表示当前的配置信息处于隐藏状态。在【显示】按钮上按Enter键，则按钮变成【隐藏】，表示配置信息当前处于显示状态。

在“IPv4配置”右侧有【自动】按钮，在该按钮上按Enter键，会弹出一个选项窗口，其中有5个选项，即禁用、自动、本地链路、手动、共享，表示IP的配置方式。系统默认选择了“自动”方式，表示该连接从DHCP服务器自动获得IP地址、子网掩码、默认网关以及DNS等参数。如果选择“手动”，则需要在下面的“地址”“网关”和“DNS服务器”后面手工输入参数，如图6-5所示。

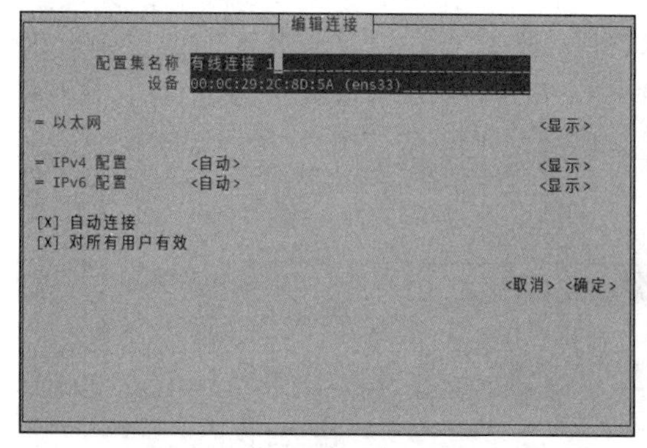

图6-4　编辑连接窗口

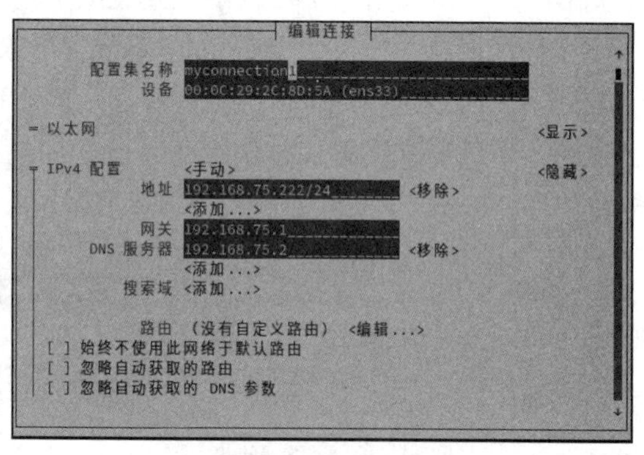

图6-5　设置连接参数

当光标移动到【确定】或者【取消】按钮时，按Enter键表示单击该按钮，然后返回图6-3所示的界面。

注意，编辑后的配置参数被写入连接配置文件，但新的配置还没有生效。在图6-2所示的“启用连接”选项上按Enter键，打开“连接启用/停止”窗口，如图6-6所示。这里列出了本机所有的连接配置文件。选中一个连接，如果在右侧的【停用】按钮上按Enter键，表示停用该连接，并且该按钮变成【激活】；若在【激活】按钮上按Enter键，则表示启用该连接，并且该按钮变成【停用】。在此窗口上，如果先停用连接，然后再启用连接，

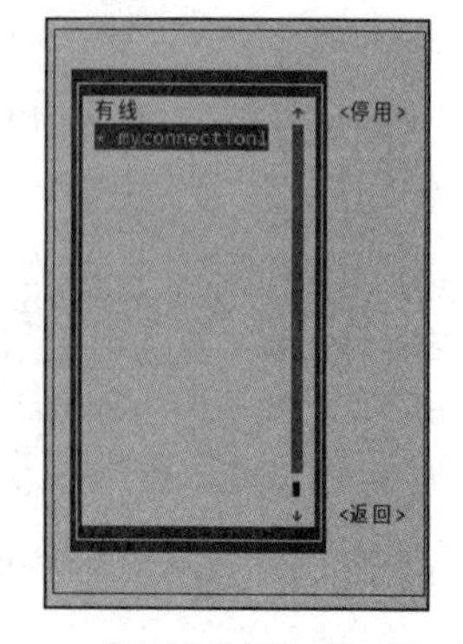

图6-6　“连接启用/停用”窗口

那么网络管理器会重新读取连接配置文件，这样新的配置就会生效。

6.2.2 使用命令行界面工具管理接口

Fedora 30 Workstation 默认安装了控制网络管理器的命令行界面工具 nmcli。使用 nmcli 既可以显示网络配置信息，也可以编辑配置参数。

nmcli 命令的基本格式如下：

```
nmcli [OPTIONS] OBJECT {COMMAND | help }
```

其中，OPTIONS 包括：

- -t[erse]　简明输出
- -p[retty]　详细输出
- -m[ode] tabular|multiline　输出格式（tab 分隔或多行）
- -f[ields] <field1,field2,...>|all|common　指定输出域
- -e[scape] yes|no　值中列分隔符使用转义符
- -n[ocheck]　不检查版本
- -a[sk]　询问缺失参数
- -w[ait] <seconds>　等待时间
- -v[ersion]　显示程序版本
- -h[elp]　打印帮助信息

OBJECT 包括：

- g[eneral]　网络管理器的综合状态和操作
- n[etworking]　网络控制
- r[adio]　网络管理器无线开关
- c[onnection]　网络管理器的连接
- d[evice]　网络管理器管理的设备
- a[gent]　网络管理器的 agent

OBJECT 中常用的就是 connection、device。多个 connection 可以共用一个 device，但是同一时间只能启动一个。OPTIONS 和 COMMAND 可以用全称也可以用简称，简称可以为全称的首字母或者前 3 个字母。

nmcli 工具主要用于查看网络管理器管理的对象的信息，以及对信息进行编辑。

1. 显示网络信息

查看 NetworkManager 的综合状态：nmcli general status。用法如下：

```
[lhy@localhost /]$ nmcli general status
STATE           CONNECTIVITY  WIFI-HW  WIFI    WWAN-HW  WWAN
已连接（仅站点）  受限           已启用     已启用    已启用     已启用
```

显示所有连接：nmcli connetction show。用法如下：

```
[lhy@localhost /]$ nmcli connection show
NAME           UUID                                  TYPE      DEVICE
myconnection1  bda5906b-479f-3b9b-87f3-23ea522b5834  ethernet  ens33
```

显示活动的连接：nmcli connection show --active。用法如下：

```
[lhy@localhost /]$ nmcli connection show --active
NAME          UUID                                  TYPE      DEVICE
myconnection1 bda5906b-479f-3b9b-87f3-23ea522b5834  ethernet  ens33
```

显示活动连接的所有配置：nmcli connection show < 连接名 >。用法如下：

```
[lhy@localhost /]$ nmcli connection show myconnection1
connection.id:                          myconnection1
connection.uuid:                        bda5906b-479f-3b9b-87f3-23ea522b5834
connection.stable-id:                   --
connection.type:                        802-3-ethernet
connection.interface-name:              --
connection.autoconnect:                 是
connection.autoconnect-priority:        -999
connection.autoconnect-retries:         -1 (default)
connection.multi-connect:               0 (default)
connection.auth-retries:                -1
connection.timestamp:                   1563103679
connection.read-only:                   否
connection.permissions:                 --
```

显示网络管理器管理的所有设备及其状态：nmcli device status。用法如下：

```
[lhy@localhost /]$ nmcli device status
DEVICE  TYPE      STATE   CONNECTION
ens33   ethernet  已连接  myconnection1
lo      loopback  未托管  --
```

显示设备的配置信息：nmcli dev show < 设备名 >。用法如下：

```
[lhy@localhost /]$ nmcli device show ens33
GENERAL.DEVICE:                         ens33
GENERAL.TYPE:                           ethernet
GENERAL.HWADDR:                         00:0C:29:2C:8D:5A
GENERAL.MTU:                            1500
GENERAL.STATE:                          100 (已连接)
GENERAL.CONNECTION:                     myconnection1
GENERAL.CON-PATH:                       /org/freedesktop/NetworkManager/ActiveConn
WIRED-PROPERTIES.CARRIER:               开
IP4.ADDRESS[1]:                         192.168.75.222/24
IP4.ADDRESS[2]:                         192.168.75.128/24
IP4.GATEWAY:                            192.168.75.1
IP4.ROUTE[1]:                           dst = 192.168.75.0/24, nh = 0.0.0.0, mt =
IP4.ROUTE[2]:                           dst = 192.168.75.0/24, nh = 0.0.0.0, mt =
IP4.ROUTE[3]:                           dst = 0.0.0.0/0, nh = 192.168.75.1, mt = 2
IP4.DNS[1]:                             192.168.75.2
IP4.DOMAIN[1]:                          localdomain
IP6.ADDRESS[1]:                         fe80::dcd3:ee65:7755:de66/64
IP6.GATEWAY:                            --
IP6.ROUTE[1]:                           dst = fe80::/64, nh = ::, mt = 100
IP6.ROUTE[2]:                           dst = ff00::/8, nh = ::, mt = 256, table=2
```

2. 编辑网络配置

（1）添加网络连接

```
nmcli  connection add con-name <连接名> ifname <接口名> type <类型名>……...
```

其中，< 连接名 > 是新建的配置名，ifname 后跟的是网络接口名称，type 后跟的是连接类型。

例如：

```
nmcli connection add con-name myconnection2 ifname ens33 type Ethernet
```

创建静态 ip 命令如下：

```
nmcli connection add myconnection3 ifname ens33 type Ethernet ipv4.method manual ipv4.
address 192.168.1.18 ipv4.gateway 192.168.1.1 ipv4.dns 1.2.3.4 autoconnect yes
```

其中，ipv4.method 后的 manual 表示手动配置 IP 地址，默认是 auto ；ipv4.addresses 后跟的是 ipv4 地址，ipv4.gateway 后跟的是网关地址，autoconnect 为 yes 表示开机自动连接，默认不自动连接。

（2）修改网络连接

```
nmcli connection modify  <连接名>  <属性名> <属性值>
```

例如，修改连接 myconnection3 的 IP 地址设置：

```
nmcli connection modify myconnection3 ipv4.address 2.3.4.5/24
```

注意，一个连接可以有多个地址，如果要添加多个地址，只需在上述命令中 ipv4.address 之前使用 “+”。

nmcli 工具有一个交互式连接编辑器，可以直接进入交互式模式进行编辑：

```
nmcli connection edit <连接名>
```

也可以先不输入 <连接名>，执行命令后系统将提示用户从显示的列表中输入有效的连接名。输入连接名后，再显示 nmcli 提示符。

交互模式下使用 print 命令可以打印当前网络配置的所有配置情况，也可以打印单独的某项配置。在交互模式下使用 Tab 键可以看到所有可用命令：

```
activate  describe  help   print  remove  set
back      goto      nmcli  quit   save    verify
```

其中，print 命令打印信息，set 命令设置属性值，save 命令保存设置，quit 命令退出编辑状态。也可以使用 help 命令查看交互式命令的详细情况。

（3）删除网络连接

删除指定连接的命令如下：

```
nmcli connection delete <连接名>
```

注意，如果指定连接正处于激活状态，那么删除连接会引起系统异常，因此应该首先断开指定设备，然后再删除连接。

3. 启动 / 停止网络连接

通过 add 和 modify 进行的操作，仅仅修改了配置文件，并不会立即生效。必须重新加载配置文件，才能使新的配置生效。

重新加载指定连接配置的命令为：

```
nmcli connection reload <连接名>
```

停止指定网络连接的命令为：

```
nmcli connection down <连接名>
```

激活指定网络连接的命令为：

```
nmcli connection up <连接名>
```

在删除连接之前，应该先断开指定设备，对应命令为：

```
nmcli device disconnect <设备名>
```

6.2.3　使用系统设置管理网络接口

单击桌面右上角的系统菜单区，弹出系统管理面板，面板上显示网络的状态信息，包括网络的名称以及网络是否已连接。单击右侧的箭头，会弹出关于网络配置的详细列表，如图6-7所示。

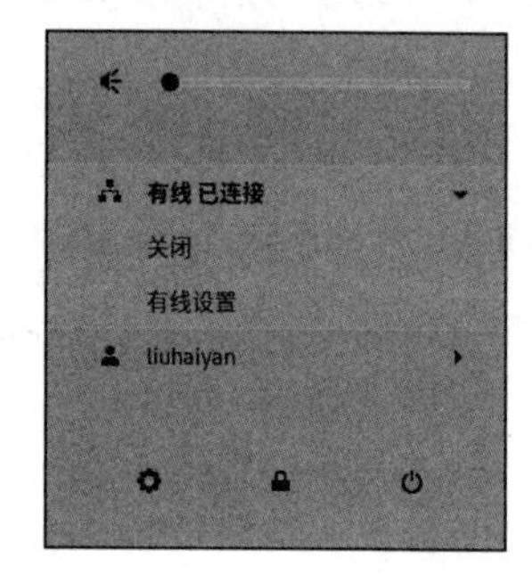

图6-7　管理面板上的网络状态信息

单击"有线设置"项，打开系统设置窗口，如图6-8所示。窗口左侧是系统可以设置的所有项目，右侧显示了网络接口的配置信息。

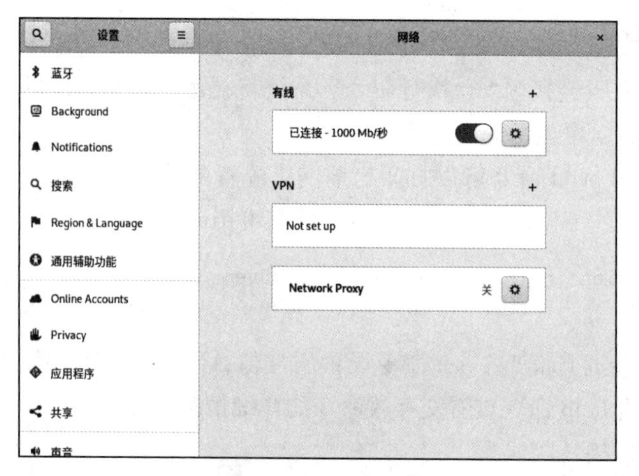

图6-8　网络配置窗口

也可以通过应用程序中的【设置】程序图标打开如图6-8所示的窗口。打开【设置】程序的步骤为：单击【活动】按钮，在浮动面板上单击【显示应用程序】图标，在应用程序列表中单击【设置】图标，打开设置窗口后，在左侧选项列表中选中"网络"⊖。还可以使用快捷方式打开【设置】程序：在桌面上右键单击，在快捷菜单中选择【设置】命令。

网络配置主窗口上列出了当前的连接情况。连接右侧的圆形按钮用来停止/启用该连接，轮状按钮用于对连接的配置信息进行编辑。单击轮状按钮，打开连接编辑窗口，如图6-9所示。其中，"详细信息"选项卡用于显示当前的配置信息，"身份"选项卡用于设置

⊖　3.3节有关于打开设置窗口的详细说明，尚不熟悉的读者可去参阅。

连接名称、MAC 地址等，“IPv4”、“IPv6”选项卡用于设置 IP 地址、网关、DNS 等，“安全”选项卡用于配置 802.1x 安全性，包括认证方式以及用户名和口令等。

编辑完成后，单击【应用】按钮保存修改信息，或单击【取消】放弃刚做的修改。单击窗口下方的【Remove Connection Profile】按钮可删除本连接的配置文件。

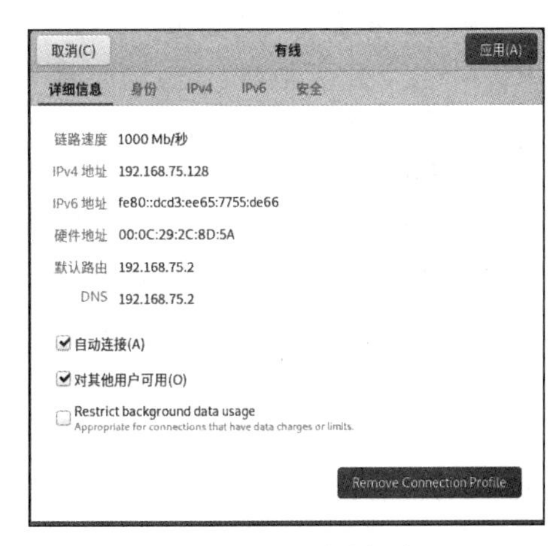

图 6-9　网络连接编辑窗口

可以对一个接口定义多个连接。在图 6-8 所示的连接右侧有个【+】图标，单击【+】图标可以添加一个新的连接。需要注意，一个接口可以保存多个连接配置，但一个接口任何时刻只能应用一个连接配置。

6.2.4　使用 ifconfig 命令管理接口

ifconfig 是网络接口配置命令，可以在 Linux 终端中使用 ifconfig 命令查看网卡信息、修改网络接口的配置。需要注意，使用 ifconfig 命令进行的修改，仅仅是修改了内存中的配置信息，没有将修改后的信息写入配置文件。因此，当重启计算机或者重启网络服务后，修改的配置将失效。

Fedora 30 不再使用“网卡类型 + 序号”的接口命名规则，即接口名不再是“eth0”“eth1”这样的形式，其命名由内核根据设备的信息自动设定，不同的系统，命名可能不一样。

首先，使用 ifconfig 查看本机的接口信息，该命令会列出本机的所有网络接口及接口的详细信息，如图 6-10 所示。

```
[lhy@localhost ~]$ ifconfig
ens33: flags=4163<UP,BROADCAST,RUNNING,MULTICAST>  mtu 1500
        inet 192.168.75.100  netmask 255.255.255.0  broadcast 192.168.75.255
        inet6 fe80::dcd3:ee65:7755:de66  prefixlen 64  scopeid 0x20<link>
        ether 00:0c:29:2c:8d:5a  txqueuelen 1000  (Ethernet)
        RX packets 25350  bytes 28285333 (26.9 MiB)
        RX errors 0  dropped 0  overruns 0  frame 0
        TX packets 13535  bytes 1701034 (1.6 MiB)
        TX errors 0  dropped 0 overruns 0  carrier 0  collisions 0

lo: flags=73<UP,LOOPBACK,RUNNING>  mtu 65536
        inet 127.0.0.1  netmask 255.0.0.0
        inet6 ::1  prefixlen 128  scopeid 0x10<host>
        loop  txqueuelen 1000  (Local Loopback)
        RX packets 497  bytes 41195 (40.2 KiB)
        RX errors 0  dropped 0  overruns 0  frame 0
        TX packets 497  bytes 41195 (40.2 KiB)
        TX errors 0  dropped 0 overruns 0  carrier 0  collisions 0

[lhy@localhost ~]$
```

图 6-10　使用 ifconfig 命令查看网络接口信息

由图 6-10 可知，该计算机安装了一块以太（ether）网卡，接口名为 ens33[⊖]。图 6-10 中显示的接口 lo 是指环回（loopback）接口，每个主机都有一个环回接口；IP 地址为 127.0.0.1，

⊖ 在 6.1 节曾经提到，ens33 是系统自动为网络接口设备（device）eth0 进行的重命名；nmtui 中的配置集与 nmcli 中的连接含义相同，都是对设备的一个配置。一个设备可以对应多个连接，但任何时刻最多只能启用一个连接。ifconfig 命令中的参数“设备名”是指网络接口设备的名称，如 ens33 或者 lo，而不是连接的名称。

环回接口指向自己，所有发送给环回接口的数据都发送给主机自己。

ifconfig 命令显示了每个接口的详细信息，包括：

- ether, 48 位十六进制的以太网 MAC 地址，前 3 组为网卡制造商代码，后 3 组为网卡编号。
- inet，IPv4 地址。
- netmask，子网掩码。
- broadcast，广播地址。
- inet6, IPv6 地址。
- MTU，数据包最大的传输单位，一般默认值是 1500 字节。
- RX、TX，分别表示已接收、已发送的数据包的统计信息。

不带参数的 ifconfig 命令列出所有接口的信息。如果只需显示某个设备的状态，则在 ifconfig 命令后加上设备名即可，例如，命令“ifconfig　ens33”只显示 ens33 设备的信息。

得知接口名称后，就可以使用 ifconfig 命令为接口配置 IP 地址了。命令格式为：

```
ifconfig  <设备名>   <IP 地址> netmask  <掩码>
```

例如：

```
ifconfig ens33 192.168.15.11 netmask 255.255.255.0
```

命令 ifconfig 也可用于启动或停止网络接口设备。命令格式为：

```
ifconfig  <设备名>  [up|down]
```

其功能就是控制指定的网络接口设备启动（up）或停止（down）。例如，执行命令“ifconfig ens33　down“后，再使用命令 ifconfig 查看接口，发现设备 ens33 消失了。

```
[root@localhost lhy]# ifconfig ens33 down
[root@localhost lhy]# ifconfig
lo: flags=73<UP,LOOPBACK,RUNNING>  mtu 65536
        inet 127.0.0.1  netmask 255.0.0.0
        inet6 ::1  prefixlen 128  scopeid 0x10<host>
        loop  txqueuelen 1000  (Local Loopback)
        RX packets 412  bytes 34856 (34.0 KiB)
        RX errors 0  dropped 0  overruns 0  frame 0
        TX packets 412  bytes 34856 (34.0 KiB)
        TX errors 0  dropped 0 overruns 0  carrier 0  collisions 0
```

执行命令“ifconfig ens33　up“后，再使用命令 ifconfig 查看接口，会发现设备 ens33 已启用，并处于连接状态。

```
[root@localhost lhy]# ifconfig ens33 up
[root@localhost lhy]# ifconfig
ens33: flags=4163<UP,BROADCAST,RUNNING,MULTICAST>  mtu 1500
        inet 192.168.75.100  netmask 255.255.255.0  broadcast 192.168.75.255
        inet6 fe80::dcd3:ee65:7755:de66  prefixlen 64  scopeid 0x20<link>
        ether 00:0c:29:2c:8d:5a  txqueuelen 1000  (Ethernet)
        RX packets 0  bytes 0 (0.0 B)
        RX errors 0  dropped 0  overruns 0  frame 0
        TX packets 66  bytes 8679 (8.4 KiB)
        TX errors 0  dropped 0 overruns 0  carrier 0  collisions 0
```

```
lo: flags=73<UP,LOOPBACK,RUNNING>  mtu 65536
        inet 127.0.0.1  netmask 255.0.0.0
        inet6 ::1  prefixlen 128  scopeid 0x10<host>
        loop  txqueuelen 1000  (Local Loopback)
        RX packets 472  bytes 40012 (39.0 KiB)
        RX errors 0  dropped 0  overruns 0  frame 0
        TX packets 472  bytes 40012 (39.0 KiB)
        TX errors 0  dropped 0 overruns 0  carrier 0  collisions 0
```

需要注意，该命令的执行需要有 root 权限。

6.3 常用的网络命令

为了方便用户进行网络测试、管理和使用，下面介绍几个常用的网络命令。

6.3.1 网络测试命令

1. ping 命令

ping 命令常用来测试网络是否连通，测试主机是否在线。该命令在应用时能够不间断地向目标主机发送 ICMP 协议的数据包，目标主机接收到数据包后会返回应答数据包。用户可以在屏幕上看到各数据包返回的信息，可根据这些信息判断网络的连通状态。命令格式为：

```
ping [选项] <目的主机名或 IP 地址>
```

例如，图 6-11 给出了执行命令“ping 192.168.75.1”后的情况。

```
[lhy@localhost ~]$ ping 192.168.75.1
PING 192.168.75.1 (192.168.75.1) 56(84) bytes of data.
64 bytes from 192.168.75.1: icmp_seq=1 ttl=128 time=0.304 ms
64 bytes from 192.168.75.1: icmp_seq=2 ttl=128 time=0.597 ms
64 bytes from 192.168.75.1: icmp_seq=3 ttl=128 time=0.649 ms
64 bytes from 192.168.75.1: icmp_seq=4 ttl=128 time=1.03 ms
64 bytes from 192.168.75.1: icmp_seq=5 ttl=128 time=0.428 ms
64 bytes from 192.168.75.1: icmp_seq=6 ttl=128 time=0.784 ms
64 bytes from 192.168.75.1: icmp_seq=7 ttl=128 time=0.370 ms
64 bytes from 192.168.75.1: icmp_seq=8 ttl=128 time=0.387 ms
^C
--- 192.168.75.1 ping statistics ---
8 packets transmitted, 8 received, 0% packet loss, time 133ms
rtt min/avg/max/mdev = 0.304/0.568/1.027/0.231 ms
[lhy@localhost ~]$
```

图 6-11　执行 ping 命令

ICMP 返回的信息如下。

- icmp_seq：ICMP 数据包序号。
- ttl：数据包生存时间。
- time：从系统发出数据包到收到返回信息的时间，以 ms 为计算单位。

使用 ping 命令时，系统会连续不断地发送数据包，用户可按 Ctrl+C 组合键中止数据包的发送。这时，ping 命令会自动对发送的数据包进行统计，包括：发送的数据包的个数、接收到的返回数据包的个数，数据包丢失率和时间的统计等信息。

选项 c 可以控制 ping 命令发送的数据包的个数。其命令格式为：

```
ping –c<数据包个数>  <目的主机名或地址>
```

例如：

```
ping -c 5 192.168.75.1
```

表示向 IP 地址为 192.168.75.1 的主机发送 5 个 ICMP 数据包。

2. 用 ping 命令测试网络连通的实例

在安装网络时，经常需要检测网络是否正常。假设要测试一台主机是否正常连接网络，设本机域名为 lhy.com，IP 地址为 192.168.75.128，网关为 192.168.75.1，域名服务器的 IP 为 192.168.75.2。可以按照以下步骤依次进行测试。

1）测试本机的网络操作系统是否工作正常。

命令为：

```
ping 127.0.0.1
```

或

```
ping localhost
```

以 127 开头的任意 IP 地址都是环回地址（loopback），专门用于测试本机网络接口。localhost 通常是本地主机的别名，在 /etc/hosts 文件中可将 localhost 转换为 IP 地址 127.0.0.1。如果上面的命令返回正常信息，则表示本机网络操作系统工作正常。

2）测试本机网络接口是否正常。

命令为：

```
ping 192.168.75.128
```

如果返回正常信息，则表示本机网卡正常。

通常本机通过集线器（hub）或者交换机（switch）等网络连接设备与本地局域网中的其他主机相连，当使用上面命令时，系统会将包含本机 IP 地址的数据包发向网络，再由网络连接设备返回给主机。如果这些网络连接设备未连接好，则返回错误信息“Destination host unreachable”。

3）测试本机与本地局域网中的网关或其他主机的连通性。

命令为：

```
ping 192.168.75.1
ping 192.168.75.129
```

前者是测试本机与网关的连通性，后者是测试本机与本局域网中其他主机的连通性。如果都能连通，表示本地局域网通信正常。

4）测试本机与远程网络中的网关或其他主机的连通性。

命令为：

```
ping 192.168.214.254
ping 192.168.214.45
```

前者是测试本机与远程局域网网关的连通性，后者是测试本机与远程局域网中主机的连通性。如果都能连通，表示本地局域网与其他局域网之间的通信正常。

5）测试 DNS 服务器是否正常。

命令为：

```
ping lhy.com
ping abc.com
```

测试 DNS 服务器的连通性，包括测试本机域名和其他主机域名，如果都正常连接，则表示本机的 DNS 服务器的配置是正确的。

需要注意的是，如果主机安装了防火墙等安全工具，可能会阻止外部主机对系统使用 ping 命令。所以，以上测试过程中 ping 其他主机时，可能返回错误信息“ Destination host unreachable”。这可能是目标主机安装了防火墙的原因。

3. 显示数据包经过路由的信息的命令 traceroute

向目的地址发送的数据包每经过一个网关或路由器，使用该命令都可回馈一行信息，包括：网关或路由器的主机名或 IP 地址、3 次经过该网关或路由器的时间（毫秒）。系统默认数据包长度为 38 字节，最大跳（hop）数为 30 次。

命令格式为：

```
traceroute  <目的主机 IP 或域名>
```

例如：

```
traceroute www.sohu.com
```

用法如下：

```
[lhy@www ~]$ traceroute www.sohu.com
traceroute to www.sohu.com (123.126.104.68), 30 hops max, 60 byte packets
 1  _gateway (192.168.3.1)  4.730 ms  4.296 ms  3.969 ms
 2  192.168.21.254 (192.168.21.254)  15.972 ms  15.674 ms  15.430 ms
 3  124.64.32.1 (124.64.32.1)  15.248 ms  15.036 ms  14.623 ms
 4  221.129.255.157 (221.129.255.157)  14.379 ms  14.165 ms  13.870 ms
 5  124.65.62.137 (124.65.62.137)  13.616 ms 61.148.158.49 (61.148.158.49)  13.1
75 ms 124.65.62.165 (124.65.62.165)  12.772 ms
```

4. 管理路由表命令 route

在 Internet 中，数据包能否正确传送到目的主机是通过路由（route）来实现的，所谓“路由”可以简单地描述为：为一个节点找到通往每个可能目的地的路径。网络中的路由机制如同现实世界中邮政系统的作用一样。路由机制本身是非常复杂的，涉及很多网络设备和复杂的路由算法。Linux 主机通过对路由表的管理来支持简单的网络路由。可以使用 route 命令来对系统内的 IP 路由表进行操作。

（1）显示路由表内容

不加任何参数的 route 命令可显示本机路由表的内容，例如：

```
[lhy@localhost ~]$ route
Kernel IP routing table
Destination     Gateway         Genmask         Flags Metric Ref    Use Iface
default         localhost       0.0.0.0         UG    100    0        0 ens33
192.168.75.0    0.0.0.0         255.255.255.0   U     100    0        0 ens33
[lhy@localhost ~]$
```

各项内容的含义如下。

- Destination：指定路由的目标地址，它可以是一个网络，也可以是一个主机的 IP 地址。
- Gateway：与网络目标连接时所通过网关的 IP 地址，* 表示没有设置网关。

- Genmask：目的网络的子网掩码。
- Flags：路由的类型，U表示是一个连接路径，G表示使用网关连接，H表示连接目标是一台主机。
- Metric：度量至目的网络的连接路径的代价。
- Ref：连接路由的参考数目。
- Use：查找该路由的次数。
- Iface：连接该路由的网络接口设备。

（2）添加/删除路由记录

添加或者删除路由记录的命令格式为：

```
route add|del -net <网络号> netmask <网络掩码> dev <设备名>
```

add表示添加指定记录，del表示删除指定记录。例如，

```
route add -net 200.1.1.0 netmask 255.255.255.0 dev ens33
```

表示通过ens33连接网络200.1.1.0。即，若系统收到目标为该网络的数据包，则由ens33设备将其送出。

```
route del -net 200.1.1.0 netmask 255.255.255.0 dev ens33
```

表示从路由表中删除上述条目。

（3）添加/删除默认网关

添加或者删除默认网关的命令格式为：

```
route add|del  default  gw  <网关名或网关IP>
```

例如：

```
route add default gw 192.168.75.1
route del default gw 192.168.75.1
```

当在路由表中找不到匹配项时，将数据包交给默认网关处理。

6.3.2 远程登录命令

远程登录（remote login）是Internet中最广泛的应用之一。例如，我们可以先登录到A主机系统，然后再通过网络远程登录到B主机。在A主机提供的终端可以间接操作B主机中的资源，如同直接操作B主机一样，因而不需要为每一台主机连接一个硬件终端。

目前常使用的远程登录命令是telnet。几乎每种TCP/IP的实现都提供这个功能，它能够运行在具有不同操作系统的主机之间。

出于安全性考虑，一些系统在为远程用户提供登录功能时，会限制访问者的操作权限。当允许远程登录时，系统通常把这些用户放在一个受限制的Shell中，以防系统被怀有恶意的或不小心的用户破坏。此外，远程登录用户只能使用基于终端的环境而不是X Window环境，telnet只为普通终端提供终端仿真，而不支持X Window等图形环境。

telnet命令要求远程主机中必须安装并启动telnet服务。而出于安全性考虑，Fedora系统默认不安装telnet服务，因此需要下载并安装telnet-server软件包，并正确设置相关的配

置文件，以启动 telnet 服务。

可以在线下载并安装 telnet-server 软件包。先以 root 用户身份登录系统，打开终端，输入命令：

```
dnf install telnet-server
```

系统会在线升级一些基础组件，检查软件的依赖关系，下载并安装软件包，如图 6-12 所示。

```
[lhy@localhost ~]$ su root
密码：
[root@localhost lhy]# yum install telnet-server
Fedora Modular 30 - x86_64                       2.7 kB/s | 6.9 kB     00:02
Fedora Modular 30 - x86_64 - Updates             7.1 kB/s | 6.6 kB     00:00
Fedora Modular 30 - x86_64 - Updates             178 kB/s | 240 kB     00:01
Fedora 30 - x86_64 - Updates                     7.8 kB/s | 7.3 kB     00:00
Fedora 30 - x86_64 - Updates                      10 kB/s |  12 kB     00:01
Fedora 30 - x86_64                               7.5 kB/s | 7.0 kB     00:00
依赖关系解决。
================================================================================
 Package              Architecture Version                Repository      Size
================================================================================
安装：
 telnet-server        x86_64       1:0.17-76.fc30         fedora          36 k

事务概要
================================================================================
安装  1 软件包
```

图 6-12　在线安装 telnet-server 软件

安装成功之后，执行下述命令，启动 telnet 服务：

```
systemctl enable telnet.socket
systemctl start telnet.socket
```

用户可以在网络的一台主机中，打开终端，并使用 telnet 命令，其形式为：

```
telnet  <主机名/IP>
```

其中“主机名 /IP”是要连接的远程主机的主机名或 IP 地址。如果这一命令执行成功，将从远程主机上先后得到“login：”和“Password:”提示符，提示用户输入用户名和口令。如果用户名和口令输入正确，就能成功登录，并发现远程系统上会出现 telnet 提示符。例如，使用用户 xxx 登录 192.168.75.128 主机的过程如下：

```
[root@localhost lhy]# telnet 192.168.75.128
Trying 192.168.75.128...
Connected to 192.168.75.128.
Escape character is '^]'.

Kernel 5.0.9-301.fc30.x86_64 on an x86_64 (1)
localhost login: xyz
Password:
Last login: Sat Jul 13 18:28:01 on tty1
[xyz@localhost ~]$
```

可见，已经以用户 xyz 的身份登录到 192.168.75.128 主机上了。

登录后，在 telnet 提示符后面可以输入很多命令，从而控制登录主机。在 telnet 联机帮助手册中对这些命令有详细的说明。

结束远程登录会话后，一定要使用 logout 或者 exit 命令退出远程系统。接着 telnet 会报告远程会话被关闭，并返回到用户本机的 Shell 提示符下。

使用 telnet 命令能够简便快捷地通过网络操纵其他主机，但是由于 Telnet 在网络中是以明文的方式进行通信，安全性能较差。目前常使用的远程登录服务是具有加密和认证功能的 SSH 服务。

6.4 网络相关的配置文件

在 Linux 系统中，对网络的配置不仅可以通过前面介绍的工具或命令实现，还可以直接编辑相应的配置文件。Linux 系统中的网络配置由许多文件共同决定，它们都是文本文件，可以使用任何文本编辑器进行编辑。表 6-1 给出了主要配置文件及其功能描述。

表 6-1 Linux 系统的网络配置文件及其功能描述

配置文件名	功能描述
/etc/hostname	主机名配置文件
/etc/hosts	主机名与 IP 地址的映射文件
/etc/resolv.conf	域名服务器配置文件
/etc/host.conf	主机名解析配置文件
/etc/nsswitch.conf	名字服务切换配置文件
/etc/protocols	定义使用的网络协议及协议号
/etc/services	网络服务名与端口号的映射文件

6.4.1 主机名配置文件

主机名配置文件 /etc/hostname 用于设置本机的域名，格式为：

```
<主机名>.<所在域>
```

默认安装时该文件的内容为：localhost.localdomain。用户应该按照主机所在的域和主机自身的命名来设置该文件。例如，设置主机名为“lhyhost.lhycom”，表示本机是域“lhycom”中的一台名为“lhyhost”的主机。

设置主机名后，可以用主机名引用本主机。例如，要 ping 本主机，可以用主机名代替其 IP 地址。

```
[lhy@lhyhost ~]$ ping lhyhost.lhycom
PING lhyhost.lhycom(lhyhost.lhycom (fe80::dcd3:ee65:7755:de66%ens33)) 56 data by
tes
64 bytes from lhyhost.lhycom (fe80::dcd3:ee65:7755:de66%ens33): icmp_seq=1 ttl=6
4 time=0.062 ms
64 bytes from lhyhost.lhycom (fe80::dcd3:ee65:7755:de66%ens33): icmp_seq=2 ttl=6
4 time=0.059 ms
64 bytes from lhyhost.lhycom (fe80::dcd3:ee65:7755:de66%ens33): icmp_seq=3 ttl=6
4 time=0.052 ms
64 bytes from lhyhost.lhycom (fe80::dcd3:ee65:7755:de66%ens33): icmp_seq=4 ttl=6
4 time=0.117 ms
64 bytes from lhyhost.lhycom (fe80::dcd3:ee65:7755:de66%ens33): icmp_seq=5 ttl=6
4 time=0.060 ms
64 bytes from lhyhost.lhycom (fe80::dcd3:ee65:7755:de66%ens33): icmp_seq=6 ttl=6
4 time=0.088 ms
^C
--- lhyhost.lhycom ping statistics ---
6 packets transmitted, 6 received, 0% packet loss, time 100ms
rtt min/avg/max/mdev = 0.052/0.073/0.117/0.022 ms
[lhy@lhyhost ~]$
```

6.4.2 主机名列表文件

在进行网络操作时，如果使用主机名，例如 www.sohu.com，系统需要首先将其转换为对应的 IP 地址才能继续工作。通常有两种方法找到对应的 IP 地址：在本机的主机名列表文件 /etc/hosts 中搜索对应的域名和 IP 地址映射项，或者通过网络从域名服务器查询。

主机名列表文件 /etc/hosts 用于保存常用的主机名及其对应的 IP 地址，以供快速查询使用。文件格式为：

```
IP 地址      主机名      别名
```

例如：

```
192.168.3.130          qq.yys.com          qq
```

表示 IP 为 192.168.3.130 的主机名为 qq.yys.com，其别名为 qq。

用户在网络操作时可以直接使用 qq.yys.com 或 qq，系统会自动搜索 /etc/hosts 文件，查找对应的 IP 地址并使用。

```
[root@localhost lhy]# ping -c 2 qq.yys.com
PING qq.yys.com (192.168.3.130) 56(84) bytes of data.
64 bytes from qq.yys.com (192.168.3.130): icmp_seq=1 ttl=64 time=0.619 ms
64 bytes from qq.yys.com (192.168.3.130): icmp_seq=2 ttl=64 time=1.04 ms

--- qq.yys.com ping statistics ---
2 packets transmitted, 2 received, 0% packet loss, time 23ms
rtt min/avg/max/mdev = 0.619/0.831/1.044/0.214 ms
[root@localhost lhy]# ping -c 2 qq
PING qq.yys.com (192.168.3.130) 56(84) bytes of data.
64 bytes from qq.yys.com (192.168.3.130): icmp_seq=1 ttl=64 time=0.477 ms
64 bytes from qq.yys.com (192.168.3.130): icmp_seq=2 ttl=64 time=1.13 ms

--- qq.yys.com ping statistics ---
2 packets transmitted, 2 received, 0% packet loss, time 45ms
rtt min/avg/max/mdev = 0.477/0.805/1.134/0.329 ms
```

6.4.3　域名服务器配置文件

出于安全考虑，一台主机最多可以设置 3 个 DNS 服务器。文件 /etc/resolv.conf 保存了 DNS 服务器的 IP 地址，以及查询这些服务器的顺序。文件的主要配置项为：

- nameserver <DNS 服务器 IP>，功能是定义 DNS 服务器。系统在查询域名时，会按照它们设置的顺序来进行。如果前面的 DNS 服务器出现问题，则自动查询下一个 DNS 服务器。
- domain < 域名 >，功能是定义缺省域。缺省域用于建立域搜索清单，其中只包含一个域。例如：

```
domain  myschool.org
```

在查找 lhy 主机的 IP 地址时，系统先查找 lhy.myschool.org，如果不能解析其 IP 地址，系统再向域名服务器查询。

- search < 域名列表 >，功能是定义搜索清单。其后的域名列表中可以最多有 6 个域名，例如：

```
search  myschool.org  myoffice.org
```

如果搜索 lhy 主机，首先搜索 lhy.myschool.org，然后再搜索 lhy.myoffice.org，如果都

没有结果，系统就直接寻找 lhy，不带任何域扩展名称。从这个例子可以看出，search 命令比 domain 命令更灵活。

在 resolv.conf 文件中既可以使用 search 命令，也可以使用 domain 命令，但二者不能同时使用，否则会出现意想不到的结果。

如果没有 search 命令，也没有 domain 命令，解析器就从本地主机名衍生出缺省的域名。

6.4.4　主机名解析配置文件

/etc/host.conf 文件指定如何解析主机名。默认情况下该文件只有一行：

```
multi  on
```

表示允许一个域名对应多个 IP 地址。

该文件其他常用的配置项如下。

- trim：trim 后面跟一个或者多个域名，每个域名以“.”开始，多个域名之间以“,”“:”或者“;”分隔。trim 表示在查询域名之前，要将这里指定的域名从要查询的域名中去除，该选项主要用于处理本地主机域名的情况。比如，假设本地主机属于域“yys.com”，在 /etc/hosts 文件中包含“192.168.3.130　qq”项，表示域名 qq.yys.com 对应 IP 地址 192.168.3.130。这时，如果在 /etc/host.conf 文件中增加 trim 配置项“trim.yy.com”，那么在查询域名“qq.yy.com”时，解析器会去除指定的“.yys.com”，相当于要根据“qq”去做域名查询，这样就可以从 hosts 文件得到查询结果。
- nospoof：nospoof 后跟值 on 或者 off，默认取值为 off。在网络操作中，有时需要利用 IP 地址反向查询对应的主机名，以防止出现域名欺骗，这时需要在 /etc/host.conf 文件中增加“nospoof on”配置项。
- alert：当 nospoof 取值为 on 时，alert 配置项用于控制是否将域名欺骗的企图写入日志，值为 on 表示写入，缺省值为 off。
- reorder：如果被设置为 on，表示查询的结果将被重新排序。当查询返回多个地址时，本地地址将排在前面。该配置项缺省值为 off。

6.4.5　名字服务切换配置文件

除了 /etc/host.conf 可以控制域名解析行为外，文件 /etc/nsswitch.conf 也用于设置系统中多种名字服务方式的使用顺序。nsswitch.conf 的每一行或者是注释（以“#”开头）或者是一个配置项。配置项由数据库名、空格和一个或多个查询服务名组成。其中，可以使用的数据库名及其含义如表 6-2 所示。每个数据库名对应 /etc/ 目录下可以被 nsswitch.conf 控制的一个文件。可用的查询服务名及其含义如表 6-3 所示。

表 6-2　nsswitch.conf 的数据库名及其含义

关键字	含义	关键字	含义
aliases	邮件别名	passwd	系统用户
group	用户组	shadow	隐蔽的用户口令
hosts	主机名和 IP 地址	networks	网络
publickey	公钥和私钥	protocols	网络协议
services	端口号和服务名	ethers	以太网号
rpc	远程过程调用	netgroup	网络组

表 6-3 nsswitch.conf 可用的查询服务名及其含义

服务名	含义
nisplus 或 nis+	使用 NIS+ 服务
nis 或 yp	使用 NIS，即 nis 版本 2，也叫 yp
dns	使用 DNS 服务
files	使用本地文件
db	使用本地数据库
compact	使用 NIS 的兼容模式
hesiod	查找用户时使用 hesiod

例如：

```
shadow: files
```

表示查找用户口令时使用本地文件 /etc/shadow。

```
hosts: files dns
```

表示查找主机名与 IP 地址的映射关系时，首先查找本地文件 /etc/hosts，然后再通过 DNS 服务器查找。

6.4.6 协议定义文件

文件 /etc/protocols 描述了 TCP/IP 系统提供的各种网络互联协议及对应的协议号。文件的每一行的格式为：

```
协议名称    协议号    别名
```

其中，“协议号”是该协议对应的官方数字，该数字将出现在 ip 包的包头中。

例如：

```
ip   0    IP
tcp  6    TCP
udp  17   UDP
```

表示 ip 协议的协议号为 0、tcp 协议的协议号为 6、udp 的协议号为 17，大写的 IP、TCP 和 UDP 分别是 ip、tcp、udp 的别名。

6.4.7 网络服务列表文件

文件 /etc/services 是网络服务列表，其中列出了系统支持的服务名称、服务使用的端口号和协议类型、服务的别名、功能注释等。

例如：

```
http    80/tcp    www www-http    #WorldWideWeb HTTP
```

这一条目表示 Web 服务 http 使用 80 端口进行基于 TCP 协议的通信，该服务又称为 www 或 www-http 服务。

6.5 本章小结

Linux系统本身是一个网络操作系统，其对网络接口设备的管理相对比较精细。本章重点介绍了网络接口的多种配置方法。此外，还介绍了对网络接口的操作，包括：启动、停止、查看等。Linux系统为用户提供了丰富的网络命令，本章介绍了网络测试命令ping、显示数据包路由信息的命令traceroute、显示本机路由表内容的命令route，以及远程登录命令telnet等。Linux系统对网络的控制和管理可以通过一系列的配置文件实现，本章的最后部分介绍了与网络有关的配置文件，以满足高级用户的需求。

习题

1. 什么是网络接口设备？请举例说明。
2. 有什么方法可以配置网络接口设备？
3. 假设在启动系统时，系统报错提示你本机的IP地址已被占用，说明错误原因，并给出解决方法。
4. 在不启动X Window的情况下，如何配置网络接口设备的IP地址？
5. 如何控制网络接口的启动与停止？
6. 怎样快捷地查看本机的网络接口配置信息？
7. 如何判断本机网络的连通性能？
8. 如何判断同一网络中的某台主机是否在线？
9. 可用什么方法了解本机与另一台主机之间有哪些路由器？
10. 怎样在本机中远程登录另一台主机？
11. 如果一台主机A中安装了一个网卡，但它需要使用3个IP地址，并分别对应使用3个不同的主机名。如何让主机B能够按不同的主机名访问不同的IP地址？如何配置这两台主机？
12. 哪个TCP/IP配置文件中包含了TCP/IP各种协议的名称？
13. 如何知道Linux系统能够提供哪些网络服务？
14. 要根据主机名获得对应的IP地址，可能涉及哪些配置文件？
15. 在Linux下可以设置静态路由表，如何查看路由表信息？
16. 邻近的同事设置其主机名称为“wang.yys.com”，你如何在网络命令中使用这个名称？
17. 决定查询一个域名时，如何使用本机主机名列表文件与DNS服务器的顺序？
18. 用户怎样才能从本机信任地访问另一台远程主机？
19. 安装并配置一台Fedora系统的telnet服务器，并在其他主机中使用终端登录连接该主机。
20. 当用户使用一个主机名时，系统怎样才能最快地查找到其对应的IP地址？
21. 为了方便用户记忆，主机域名可以表示主机提供的网络服务，例如：www.yys.com与ftp.yys.com可以分别表示提供WWW服务与FTP服务的主机，它们可以是不同主机，也可以是同一台主机。如果在IP地址为192.168.3.120的Linux主机A中提供这两种网络服务，如何配置才能使客户机B按主机域名获取主机A提供的服务？

第 7 章　常用网络服务的配置与使用

Linux 作为一个网络操作系统，最主要的功能就是提供各种网络服务。如果你的系统要作为网络服务器使用，那么建议你使用 Server 版本，因为 Server 版本默认已经安装了一些网络服务，并且它没有安装 X Window，性能表现更好。当然也可以使用 Workstation 版，然后自己下载安装所需的服务软件。本章介绍几种常用的网络服务：HTTP 服务、FTP 服务、Samba 服务、DNS 服务。主要介绍网络服务的基本管理方法，包括如何安装、启动、配置、操作网络服务等。需要强调的是，在对网络服务的管理过程中，通常需要操作者具有 root 权限。

7.1　Fedora 的服务管理

7.1.1　systemd 的工作原理

早期的 Fedora 使用 SysV 架构。系统引导之后，内核加载运行 /sbin/init。init 是系统的第一个进程，其他服务都由 init 启动。服务被写成 Shell 脚本，通常放在像 /etc/rc.d/init.d/ 这样的目录里，调用时有一个或几个参数，如 start、stop 或 restart，用来控制服务的开始、停止和重启。

service 和 chkconfig 命令是 SysV 架构下用来管理服务的命令行工具。对于服务程序，在安装时会自动在 /etc/init.d 目录中添加一个配置文件。当使用 service 命令控制程序时，实际上是根据 /etc/init.d 目录中的配置文件来管理服务的。例如，在执行 service httpd start 开启 httpd 服务时，service 会根据 /etc/init.d/httpd 配置文件执行指定程序。

自 Fedora 16 开始，systemd 逐渐接管了系统的初始化和服务管理。内核一旦检测完硬件并组织好内存，就会运行 /usr/lib/systemd/systemd，启动 systemd 进程，因此 systemd 是系统中的第一个进程。然后它根据 /etc/systemd/system 目录里的配置文件启动其他服务。与早期的 SysV 的 init 相比，systemd 具有按需启动、服务间更精细的从属关系控制及强大的并行执行能力等优点。

通过查看当前进程树命令 pstree，可获知系统正在运行哪些服务，如图 7-1 所示。

```
[lhy@lhyhost systemd]$ system-config-services
bash: system-config-services: 未找到命令...
[lhy@lhyhost systemd]$ pstree
systemd─┬─ModemManager───2*[{ModemManager}]
        ├─NetworkManager─┬─dhclient
        │                └─2*[{NetworkManager}]
        ├─VGAuthService
        ├─abrt-dbus───2*[{abrt-dbus}]
        ├─3*[abrt-dump-journ]
        ├─abrtd───2*[{abrtd}]
        ├─accounts-daemon───2*[{accounts-daemon}]
        ├─alsactl
        ├─atd
        ├─auditd───{auditd}
        ├─avahi-daemon───avahi-daemon
        ├─boltd───2*[{boltd}]
        ├─colord───2*[{colord}]
        ├─crond
        ├─cupsd
        ├─dbus-broker-lau───dbus-broker
        ├─firewalld───{firewalld}
```

图 7-1　pstree 命令显示系统运行服务

可以看出，systemd 是当前系统的第一个进程，其他进程都是由它启动的。

对于支持 systemd 的程序，在安装的时候，会自动在 /usr/lib/systemd/system 目录添加一个配置文件，systemd 会根据配置文件控制该服务的启动和停止。

systemctl 命令是与 systemd 交互、进行服务管理的工具，可以使用它永久性或只在当前会话中启用 / 禁用服务，systemctl 实际上是根据相应的配置文件来管理服务的。

7.1.2 systemd 的配置文件

systemd 的核心是一个叫单元（unit）的概念，它是一些存有关于服务（运行在后台的程序）、设备、挂载点和操作系统其他方面信息的配置文件。systemd 的目标之一就是简化这些事务之间的相互作用，如果某个程序需要在其他操作之后运行，那么 systemd 可以根据配置自动运行。

单元文件的命名为“< 配置文件名 >.< 类型 >”，例如，httpd 服务对应的单元文件为“httpd.service”。常见的单元类型及其含义如表 7-1 所示。

表 7-1　systemd 常见的单元类型

单元类型	文件后缀	描　述
service	.service	守护进程的启动、停止、重启和重载是此类型
target	.target	此类 unit 为其他 unit 进行逻辑分组（1.4.2 节中有相关介绍）
timer	.timer	此类 unit 封装系统定时器
automount	.automount	此类 unit 封装系统结构层次中的一个自动挂载点
device	.device	此类 unit 封装一个 Linux 设备树中的设备
mount	.mount	此类 unit 封装系统结构层次中的一个挂载点

单元文件通常包括 3 个部分。

- [unit]：通用配置项，包括该 unit 的基本信息。
- [unittype]：不同类型的单元可以定义的内容不同。
- [install]：包括安装、启用和禁用服务的内容。

unit 字段的主要配置项及其含义如表 7-2 所示；表 7-3 给出了 service 字段主要的配置项及其含义；表 7-4 给出了 install 单元的主要配置项及其含义。

表 7-2　unit 字段的配置项及含义

配置项	描　述
Description	一些描述信息，一般是关于服务的说明
Documentation	指定参考文档的列表，以空格分开的 URI 形式，如 http://, https://, file:, info:, man
After/Before	Before 指定本服务必须在什么服务之前启动；After 指定本服务必须在什么服务之后启动
Requires	指定此服务依赖的其他服务。如果本服务被激活，那么 Requires 后面的服务也会被激活，反之，如果 Requires 后面的服务被停止或无法启动，则本服务也会停止
Wants	相对弱化的 Requires，这里列出的服务会被启动，但如果无法启动或无法添加到事务处理，并不影响本服务作为一个整体的启动。这是推荐的两个服务关联的方式。这种依赖关系也可以不在配置文件中声明，而是通过 .wants/ 目录添加
Conflicts	相互冲突的服务

表 7-3　service 字段的配置项及其含义

字段	描述
Type	设置进程的启动类型，必须是下列值之一：simple、forking、oneshot、dbus、notify、idle simple（设置了 ExecStart = 但未设置 BusName = 时的默认值）：表示 ExecStart= 所设定的进程就是该服务的主进程 dbus（设置了 ExecStart = 与 BusName = 时的默认值）：与 simple 类似，不同之处在于该进程需要在 D-Bus 上获得一个由 BusName = 指定的名称 oneshot（未设置 ExecStart = 时的默认值）：与 simple 类似，不同之处在于该进程必须在 systemd 启动后继单元之前退出。此种类型通常需要设置 RemainAfterExit= 选项 forking：表示 ExecStart = 所设定的进程将会在启动过程中使用 fork() 系统调用 notify：simple 类似，不同之处在于该进程将会在启动完成之后通过 sd_notify(3) 之类的接口发送一个通知消息 idle：与 simple 类似，不同之处在于该进程将会被延迟到所有的操作都完成之后再执行。这样可以避免控制台上的状态信息与 Shell 脚本的输出混杂在一起
ExecStart	在启动该服务时需要执行的命令行（命令 + 参数）。仅在设置了 Type=oneshot 的情况下，才可以设置任意个命令行（包括零个），否则必须且只能设置一个命令行。多个命令行既可以在同一个 ExecStart = 中设置，也可以通过设置多个 ExecStart = 来达到相同的效果
ExecStop	这是一个可选的指令，用于设置当该服务被要求停止时所执行的命令行。语法规则与 ExecStart = 完全相同
ExecReload	这是一个可选的指令，用于设置当该服务被要求重新载入配置时所执行的命令行。语法规则与 ExecStart = 完全相同
Restart	当服务进程正常退出、异常退出、被杀死、超时的时候，是否重新启动该服务。该选项可以取下列值之一：no、on-success、on-failure、on-abnormal、on-watchdog、on-abort、always。no（默认值）表示不会被重启；always 表示会被无条件的重启；on-success 表示仅在服务进程正常退出时重启；on-failure 表示仅在服务进程异常退出时重启
RemainAfterExit	可设为“yes”或“no”（默认值），表示当该服务的所有进程全部退出之后，是否依然将此服务视为活动（active）状态

表 7-4　install 字段的配置项及含义

配置项	描　述
Alias	安装使用时的额外名字（即别名）。名字必须和服务本身有同样的后缀（即同样的类型）。这个选项可以指定多次，所有的名字都起作用，当执行 systemctl enable 命令时，会建立相当的链接
RequiredBy WantedBy	在 .wants/ 或 .requires/ 子目录中为服务建立相应的链接。这样做的效果是当列表中的服务启动时，本服务也会启动
Also	当此服务安装时同时需要安装的附加服务。如果用户请求安装的服务中配置了此项，则 systemctl enable 命令执行时会自动安装本项所指定的服务
DefaultInstance	表示 unit 启用时默认的实例

例如，系统默认的显示服务对应的文件 /etc/systemd/system/display-manager.service 内容如下（以“#”开始的行为注释）：

```
[Unit]
Description=GNOME Display Manager
# replaces the getty
Conflicts=getty@tty1.service
After=getty@tty1.service
# replaces plymouth-quit since it quits plymouth on its own
Conflicts=plymouth-quit.service
After=plymouth-quit.service
# Needs all the dependencies of the services it's replacing
# pulled from getty@.service and plymouth-quit.service
```

```
# (except for plymouth-quit-wait.service since it waits until
# plymouth is quit, which we do)
After=rc-local.service plymouth-start.service systemd-user-sessions.service
# GDM takes responsibility for stopping plymouth, so if it fails
# for any reason, make sure plymouth still stops
OnFailure=plymouth-quit.service
[Service]
ExecStart=/usr/sbin/gdm
KillMode=mixed
Restart=always
IgnoreSIGPIPE=no
BusName=org.gnome.DisplayManager
StandardOutput=syslog
StandardError=inherit
EnvironmentFile=-/etc/locale.conf
ExecReload=/bin/kill -SIGHUP $MAINPID
KeyringMode=shared
[Install]
Alias=display-manager.service
```

7.1.3　systemd 的服务管理工具

systemctl 是 systemd 的一个命令行管理工具，主要负责管理 systemd 控制的系统和服务。systemctl 集之前版本中的 service 和 chkconfig 的功能于一体，可以查看、启动、停止系统服务。

列出系统所有可用单元的命令如下：

```
systemctl list-unit-files
```

在该命令的输出中，可以被启用（enabled）的单元显示为绿色，被禁用（disabled）的显示为红色。标记为“static”的单元不能直接启用，它们是其他单元所依赖的对象。注意，一个单元显示为“enabled”，并不等于对应的服务正在运行，而只能说明它可以运行。设置成 enabled 的服务，在系统下次引导时将被启动。

列出系统所有可用服务的命令如下：

```
systemctl list-unit-files --type=service
```

列出所有启用服务的命令如下：

```
systemctl list-unit-files  --type=service | grep enabled
```

检查指定单元状态的命令如下：

```
systemctl status <服务单元名>
```

检查显示服务状态的命令如下：

```
systemctl status display-manager.service
```

检查服务是否活跃状态的命令如下：

```
systemctl  is-active  <服务名>
```

检查服务是否是引导时启动的命令如下：

```
systemctl is-enabled dnsmasq.service
```

该命令提供了许多有用的信息：服务描述、单元配置文件的位置、启动的时间、进程号，以及它所从属的 CGroups（用以限制各组进程的资源开销）。

启用服务，从而可以在系统引导时自动启动服务的命令如下：

```
systemctl enable  <服务名>
```

该命令会在 /etc/systemd/system/< 当前启动目标 >.wants/ 目录下新建一个到 /usr/lib/systemd/system/< 单元名 > 的符号链接。< 当前启动目标 > 是指系统当前的启动级别，如 multi-user.target。

禁用服务的命令如下：

```
systemctl  disable  <服务名>
```

启动服务的命令如下：

```
systemctl start  <服务名>
```

注意，若指定服务被禁用了，需要先通过 systemctl enable 将其启用（enabled），然后才能启动（start）该服务。

停止服务的命令如下：

```
systemctl stop  <服务名>
```

重新启动服务的命令如下：

```
systemctl  restart  <服务名>
```

重新加载服务的配置文件的命令如下：

```
systemctl  reload  <服务名>
```

注意，上述命令中的 < 服务名 >，既可以使用简称，如 httpd，也可以使用全名，如 httpd.service。

7.1.4　SysV 的服务管理工具

Fedora 30 中 systemd 与 SysV 的服务脚本兼容，因此仍可以使用原来 SysV 下的命令和工具管理 SysV 服务。

1. ntsysv 工具

在终端中输入命令 ntsysv 即进入文本界面的服务管理工具。如没有安装该工具，那么在保持联网的状态下，输入 ntsysv 命令后系统将自动安装它。该工具的功能是设置在 Linux 系统的不同运行级自动启动哪些服务，如图 7-2 所示。

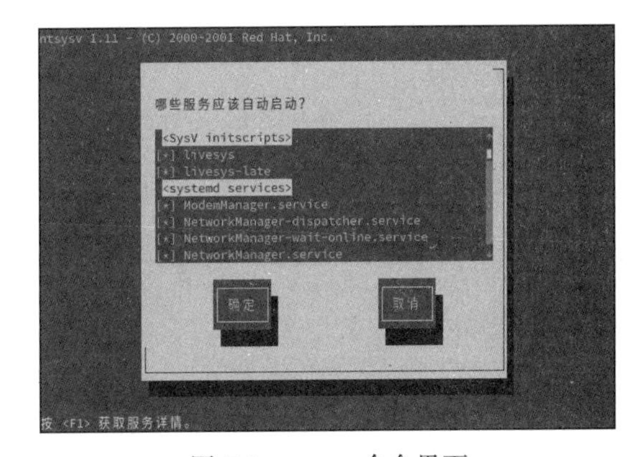

图 7-2　ntsysv 命令界面

用户可以按 Tab 键在按钮与列表之间移动焦点，按上下方向键在列表中上下移动光标，按空格键选择或取消要启动的服务。操作完毕后，需要在【确定】按钮上按 Enter 键或者空格键保存配置结果，系统将在下一次引导时使用新的配置。

2. chkconfig

终端命令 chkconfig 用于检查和设置系统服务，它具有以下 5 种功能。

- 添加指定的新服务，命令格式为：

```
chkconfig --add 服务名
```

- 删除指定服务，命令格式为：

```
chkconfig --del 服务名
```

- 显示所有或指定服务，以及它们在每个运行级别是否启动等，命令格式为：

```
chkconfig --list 或 chkconfig --list [服务名]
```

- 检查指定服务的状态，命令格式为：

```
chkconfig 服务名
```

- 改变服务的运行级别及启动信息，命令格式为：

```
chkconfig [--level 运行级] 服务名 [状态]
```

其中服务通常只能运行在 3、4、5 级中。状态可以是 on（启动）、off（停止）或者 reset（重置）3 种状态之一。

在终端下运行 chkconfig 命令，显示当前系统中的 SysV 服务：

```
[lhy@lhyhost systemd]$ chkconfig

注：该输出结果只显示 SysV 服务，并不包含
原生 systemd 服务。SysV 配置数据
可能被原生 systemd 配置覆盖。

      要列出 systemd 服务，请执行 'systemctl list-unit-files'。
      查看在具体 target 启用的服务请执行
      'systemctl list-dependencies [target]'。

livesys         0:关    1:关    2:关    3:开    4:开    5:开    6:关
livesys-late    0:关    1:关    2:关    3:开    4:开    5:开    6:关
```

可见，默认情况下系统中只有与显示（display）相关的 livesys 和 livesys-late 两个 SysV 服务，其他服务都已经由 systemd 接管。这两个服务在运行级（run level）为 3、4、5 时打开，在其他运行级时关闭。

3. service

service 命令也可以管理 SysV 服务脚本。命令格式为：

```
service  服务名 [start|stop|restart]
```

参数含义：start（启动服务）、stop（停止服务）、restart（重新启动服务）。

例如：

```
[lhy@lhyhost systemd]$ service httpd start
Redirecting to /bin/systemctl start httpd.service
```

可见，服务 httpd 已经由 systemd 管理，因此 service 命令被重定向到了 systemctl。

7.2 Apache 服务器

7.2.1 简介

Apache Web 服务器是 Apache 软件基金会（Apache Software Foundation）（http://www.apache.org/）支持的一个创建健壮的、工业级的、功能强大的、开放源代码的 Web 服务器的项目，称为 Apache HTTP Server Project（http://httpd.apache.org/）。它的最早版本于 1995 年 4 月发行（Apache 0.6.2）。从 1996 年开始，Apache 成为 Internet 上最流行、市场占有率最高的 Web 服务器。根据 2019 年 6 月 Netcraft（http://news.netcraft.com）关于 Web 服务器所做的调查，Internet 上近 30.1% 的 Web 站点使用了 Apache 作为唯一域的服务器，Apache 在所有 Web 服务器中高居首位。

Apache 服务器具有的主要特点如下：

1）良好的跨平台性，几乎可以在所有的计算机平台上运行。

2）支持 HTTP 1.0 和 HTTP 1.1 协议。

3）简单且强有力的基于文件的配置（httpd.conf）和方便、快捷的图形配置界面。

4）支持 PHP、CGI（通用网关接口）、JAVA SERVLETS 和 FASTCGI。

5）支持服务器端包含命令（SSI），支持虚拟主机。

6）支持 HTTP 认证，支持安全套接层（SSL）。

7）集成 PERL 脚本编程语言。

8）集成的代理服务器。

9）可以通过 Web 浏览器监视服务器的状态，可以自定义日志。

10）具有用户会话过程的跟踪能力。

11）具有安全、稳定、有效的工作性能。

12）具有高度的可配置性和使用第三方模块的可扩展性。

13）实现了动态共享对象，允许在运行时动态装载功能模块。

14）可以通过使用 Apache 模块 API 编写自己的模块。

Apache 正在数以百万计的网络服务器上运行，它经过开发者和用户的充分测试，庞大的用户群和不间断的运行可以更容易发现其不足和缺点，更加利于补丁程序和新版本的发行。

7.2.2 安装

Fedora 30 Workstation（也包括 Server 版）中默认安装了 httpd-2.4.39 的 Apache 服务器。如果用户的系统上还没有安装 Apache，那么可以在终端输入命令：dnf install httpd，系统会从 Fedora 的资源库自动下载安装 Apache。除此之外，还可以到网站上获取最新版本的 Apache 软件包，然后再手动安装。获得 Apache 程序最方便的方法是到 Apache HTTP Server Project 的网站（http://httpd.apache.org）或其他的镜像站点上直接下载。此外，Internet 许多站点也提供了 Apache 软件。撰写本书时 Apache Web 服务器的最新版本是 2.4.39-4。

从网站上下载的格式通常是 *.tar.gz 格式的压缩文件，如 httpd-2.4.39.tar.gz，或其他常用的 tar.bz2 或者 zip 包。首先要将源代码解压缩，再对其进行编译和安装。假设源代码文件为 httpd-2.4.39.tar.bz2，在 X Window 中找到该文件后双击，然后单击提取，将文件解压缩到当前目录的子目录 http-2.4.39 中。

还可以在终端中运行解压缩命令：tar -xzf httpd-2.4.39.tar.gz，源代码解压缩到当前目录的 httpd-2.4.39 子目录中，切换目录进入 httpd-2.4.39 后，首先在当前目录中执行具有自动配置功能的脚本文件 configure。configure 脚本文件能够自动检测安装平台的配置是否满足软件的需要。使用时，通常不需要参数，但也可以在该命令后使用一些必要的参数，例如使用命令：

```
./configure -- prefix=/home/myapache
```

表示将 Apache 服务器安装到 /home/myapache 目录中。具体参数可使用帮助命令查看：./configure --help 。

下一步执行编译命令：

```
make
```

该命令使用 gcc 编译器根据 makefile 文件，将源代码编译成基于当前平台的可执行的二进制文件。

最后一步是执行安装命令：

```
make install
```

安装之后，系统将 Apache 的各种组件分别安装到不同目录中，同时也会创建必要的应用目录。例如，Apache 的配置文件位于 /etc/httpd 目录，可执行文件位于 /usr/sbin/ 目录，日志文件位于 /var/log/httpd 目录等。

7.2.3　启动与关闭

在 Linux 系统中，Apache 服务的守护程序名称是 httpd，所以启动系统中的 httpd 程序就是启动 Apache 服务器。对于 Apache 服务器的启动 / 关闭 / 重启操作，可以按照前面介绍的方法使用 systemctl 工具实现。也可以直接操作系统中安装的 Apache 程序。命令格式为：

```
httpd [选项]
```

主要的选项及其含义如下。

- -d < 服务器根 >：设置 Web 服务器的根目录。
- -f < 配置文件 >：设置配置文件，默认的配置文件是 /etc/httpd/conf/httpd.conf。
- -k start|restart|graceful|stop|graceful-stop ：让 http 启动、重启或停止。这里的 graceful 是指让正在进行的连接会话结束后再重启或停止。
- -C < 配置目录 >：在读取配置文件之前先处理配置目录。
- -c < 配置目录 >：在读取配置文件之后处理配置目录。
- -e < 日志级别 >：设置服务器启动的日志级别。
- -E < 文件名 >：将服务器启动期间的错误消息发送给指定文件。

Apache 启动成功后，打开浏览器，在地址栏里输入 http://127.0.0.1，则显示 Apache 测试页，显示该测试页就表示服务启动成功了，如图 7-3 所示。

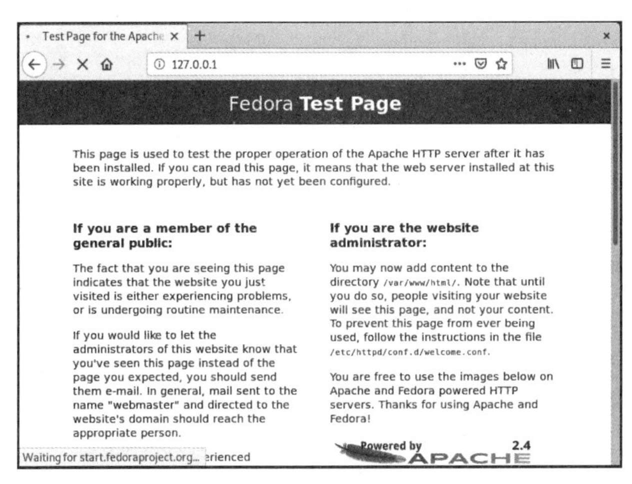

图 7-3　Apache 测试页

7.2.4　配置

Apache 服务器的主要配置文件是 httpd.conf，默认安装在目录 /etc/httpd/conf/ 下。该文件主要包括 3 部分：广域环境设置、主服务器或默认服务器的参数定义以及虚拟主机设置。各部分都是由一系列的配置项构成的，以“#”符号开始的部分表示注释，不起作用。用户在设置 httpd.conf 文件后，需要重新启动 HTTP 服务以使新的设置生效。

Apache 2.4 的配置项很多，这里只介绍几个关键的、常用的项。

1. listen

指定 Apache 在哪一个 TCP 端口进行侦听，HTTP 服务默认端口为 80。

当使用浏览器浏览网页时，如果 http 服务器要使用 80 端口以外的其他端口，那么必须在 URL 中指定该端口。例如：如果在服务器 www.test.com 中设置的 listen 为 80，那么在客户端的浏览器中使用 URL：http://www.test.com。如果设置 listen 为 1234，则需要在 URL 后增加一个冒号和端口号，即 http://www.test.com:1234。

该项还可以将 Apache 直接绑定到固定的 IP 地址上，这种设置通常用在有多个网卡的主机上。例如设置：

```
listen 12.34.56.78:80
```

表示 Apache 只负责侦听到 IP 地址 12.34.56.78 的 80 端口的 http 请求。

2. User 与 Group

该项用于设置 Apache 运行时的权限。Apache 服务器在启动时需要使用 root 权限，为了防止黑客通过攻击 Apache 服务器获取 root 权限，系统在服务器启动后将 Apache 运行时的权限切换到一个低级的权限。系统默认切换后的权限为：

```
User apache
Group apache
```

用户 apache 和用户组 apache 是专门为 Apache 设置的，具有较低的用户权限，使攻击者无法轻易地获取 root 权限。

3. ServerRoot

这是 Apache 配置文件、错误信息、日志文件所在的目录，系统默认根目录是“/etc/httpd”。管理员通常需要对这个目录下的文件进行维护和管理。

4. ServerName

通常为了便于记忆，允许管理员设置一个不同于 Apache 服务器主机名的“别名”。例如：原先 Apache 服务器的主机名“test1.test.com”，很难使人联想到这是一台 Web 服务器。所以，可以在此设置：ServerName　www.test.com，即将“www.test.com”设为其别名。用户就可以在浏览器端使用“http://test1.test.com”或“http://www.test.com”连接 Apache 服务器。

但需要注意，必须先将这个别名在 DNS 服务器中登记，否则不能使用。如果系统没有建立其他别名记录，在此可以直接输入 IP 地址，例如：ServerName　12.34.56.78，这样客户端可以使用“http://12.34.56.78”直接连接 Apache 服务器。

5. DocumentRoot

该项指 Apache 存放网页的根文档目录，所有客户端的连接请求都会直接以该目录中的网页来响应。如果我们建立一个网站，就需要把所有网页都存放在该目录下。Apache 2.4.39 默认的根文档目录是“/var/www/html”，用户可以根据需要改变根文档目录的位置。

7.2.5　应用实例

有很多用户希望建立自己的个人主页，利用 Apache 可以很方便地实现这个愿望。现在假设有两台机器，一台是 Linux 系统并安装有 Apache 服务器，另一台则是安装了浏览器的客户机。下面介绍具体步骤。

1. 部署主页文件

用户首先使用各种网页设计工具以及各种脚本语言（如 Perl、PHP 等）制作好个人网页，建议将首页的文件名命名为 index.htm 或 index.html。然后，将网页文件复制到 Linux 系统中的 Apache 服务器指定的根文档目录中。

2. 修改 Apache 的配置

用户可以根据自己的需要，通过修改配置文件 /etc/httpd/conf/httpd.conf 来修改 Apache 的配置。

3. 重新启动

重新启动 Apache 服务器，使新的配置生效。

4. 在客户机中浏览个人主页

在客户机中，打开浏览器。例如，在 Windows 的搜狗浏览器中，在地址栏输入 Apache 服务器的 URL，如：

```
http://<Apache 服务器的 IP 或主机名 >
```

如果网络连通没有问题，就可以看到个人主页了，如图 7-4 所示。

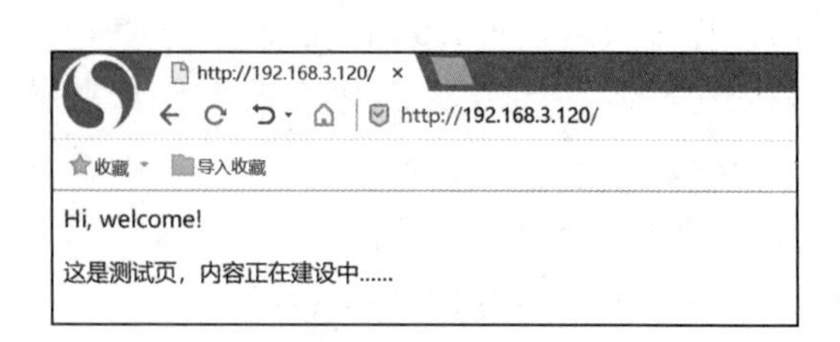

图 7-4　在浏览器中访问做好的个人主页

如果个人主页的首页文件名不是 index.htm 或 index.html，则需要在浏览器的地址栏中输入该文件名：

```
http://<Apache 服务器的 IP 或主机名>/<文件名>
```
⊖

7.2.6　使用 SSL 加密传输

随着网络的广泛应用，网络安全问题日益严重。现有 Web 服务通常使用安全套接层（Secure Socket Layer，SSL）进行服务器和客户端的加密传输。通常，SSL 使用一对公钥和私钥进行通信，服务器端持有私钥，用户持有公钥，双方都可以利用手中的密钥将发送给对方的信息进行加密，也可以利用密钥对接收的密文进行解密。

Apache 2.4.39 内置了对 SSL 的支持，但要使用 SSL 加密通信还需要进行适当的配置。下面给出基本的配置过程和方式。

1. 安装 SSL 模块

Apache 的 SSL 加密通信需要使用 SSL 模块。如果系统还没有安装 SSL 模块，那么首先下载安装该模块，如图 7-5 所示。

```
[root@lhyhost lhy]# dnf install mod_ssl
Fedora Modular 30 - x86_64                    7.5 kB/s | 7.2 kB     00:00
Fedora Modular 30 - x86_64 - Updates          5.7 kB/s | 6.6 kB     00:01
Fedora 30 - x86_64 - Updates                  6.8 kB/s | 7.5 kB     00:01
Fedora 30 - x86_64                            5.3 kB/s | 7.3 kB     00:01
依赖关系解决。
================================================================================
 Package        Architecture   Version                  Repository      Size
================================================================================
安装：
 mod_ssl        x86_64         1:2.4.39-4.fc30          updates         107 k
安装依赖关系：
 sscg           x86_64         2.5.1-2.fc30             fedora           38 k

事务概要
================================================================================
安装  2 软件包
```

图 7-5　下载安装 SSL 模块

2. 启用 SSL

安装完成后，会在 /etc/httpd/conf.d/ 下生成一个 ssl.conf 配置文件。SSL 支持单向认证和双向认证两种方式。在单向认证方式中，Apache 服务器需要向用户证明自己就是用户要访问的真实服务提供者；而在双向认证方式中，除了服务器要证明自己外，客户端还需要证明自己。本节仅对于第 1 种方式进行说明。在第 1 种方式中，Apache 需要两个文件，一个是私钥文件，另一个是根据此私钥签署的证书，它们用于证明服务器。

在 ssl.conf 中，需要指定这两个文件的位置：

```
SSLCertificateFile     /etc/pki/tls/certs/www.test.com.crt    证书文件
SSLCertificatekeyFile  /etc/pki/tls/private/www.test.com.key  私钥证书
```

这两个文件既可以使用系统默认提供的文件，也可以根据需要使用专用的工具来创建。Fedora 30 默认已经安装了 OpenSSL 工具，可以用它生成符合 x.509 规范的数字证书。

⊖ 如果在其他主机的浏览器中无法浏览测试页，则可能是 Apache 所在服务器上 iptables 防火墙的原因，可以先清空 iptables 的规则再测试。本章后面其他网络服务中也可能涉及 iptables 问题，建议采取同样的措施。

3. 将证书导入浏览器

服务器的证书文件需要加载到客户机的浏览器中，才能实现 SSL 加密传输。不同浏览器导入证书的方式稍有不同。在 Windows 系统的搜狗浏览器中，选择系统菜单中的【选项】命令，在打开的选项页面上，单击右上角的【 Internet 选项】按钮，则打开“ Internet 属性”对话框。单击内容选项卡的【证书】按钮，在弹出的“证书”对话框中可以导入服务器的数字证书，如图 7-6 所示。

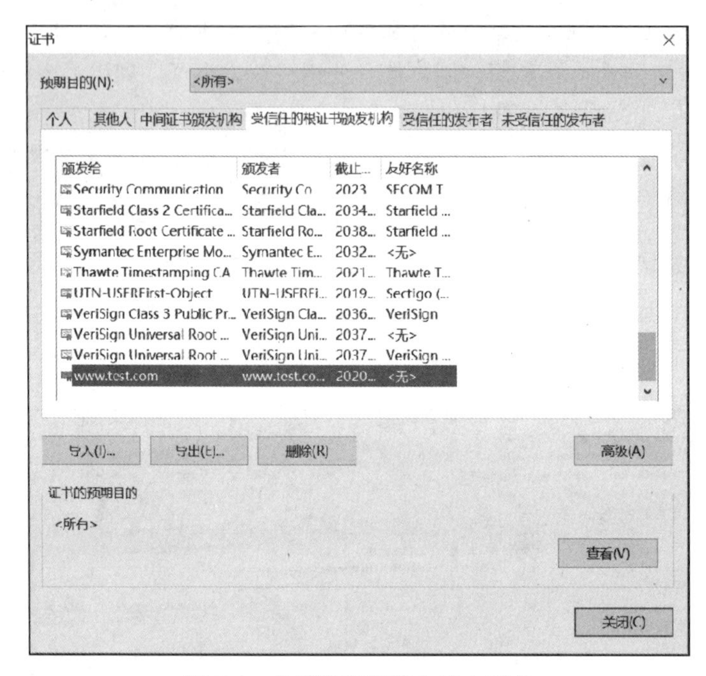

图 7-6　在搜狗浏览器中导入证书

4. 使用 SSL 访问 Web 服务

成功导入证书后，客户端就可以与服务器进行基于 SSL 的安全通信了。注意，这时在浏览器的地址栏中输入的 URL 需要以“ https://”开头。上例中浏览器的 URL 可写为：https://www.test.com/。

如果连接成功，浏览器地址栏前面会显示绿色图标，如图 7-7 所示。这表明该服务器确认可信，并且当前使用 SSL 协议加密通信。

如果客户端没有导入与服务器端匹配的数字证书，那么首次连接服务器时就会出现如图 7-8 所示的安全提示框。说明该站点的证书有问题，原因是证书的颁发机构不是你所信任的公司或者证书上的项目不匹配等。如果选择【否】按钮，则进行未加密的通信；如果选择【是】按钮，则表示用户信任该证书的颁发机构，从而可以进行加密的通信。

除了使用单向认证方式让服务器向用户证明自己是真正的服务提供者之外，还可以选择让用户证明自己的双向认证方式。双向 SSL 认证需要客户端申请并安装数字证书，Apache 服务器在配置文件中要指定用来验证客户端证书的 CA 证书，并要求客户端出示自己的证书。

图 7-7　浏览器使用 SSL 访问 Web 服务

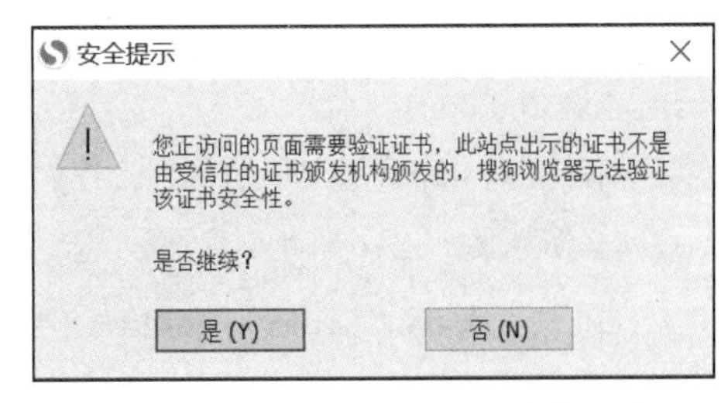

图 7-8　证书不匹配时的安全提示框

7.3　vsFTPd 服务器

7.3.1　简介

FTP（File Transfer Protocol）是一种文件传输协议，FTP 服务是网络中最为常用的服务之一。它实现了服务器与客户机之间的文件传输和资源再分配，是资源共享的主要方式之一。

在 Linux 下实现 FTP 服务的软件有很多，最常见的有 vsFTPd、WU-FTPd、ProFTP 等。vsFTPd（very secure FTP daemon）是一个功能强大的 FTP 服务器，能运行在大部分 UNIX 类操作系统上，支持很多其他 FTP 服务器不支持的特征，例如：

- 支持虚拟 IP
- 支持虚拟用户
- 可以独立操作或者由 systemd 管理
- 可以对每个用户进行配置
- 限制带宽
- 支持 IPv6
- 支持通过 SSL 的加密
- 简洁、安全、快速

vsFTPd 的开发者 Chris Evans 在设计开发之初就考虑了安全问题，因此 vsFTPd 的安全性比其他 FTP 服务器更高。

7.3.2　安装

在 Fedora 30 默认没有安装 vsFTPd，通过命令“dnf install vsftpd”可以从 Fedora 的资源池自动下载安装 vsFTPd 的最新版。也可以下载 vsFTPd 的 rpm 软件包（http://pkgs.org），然后再手动安装。撰写本书时 vsFTPd 的最新版本是 3.0.3-29。具体的安装过程与 Apache 的安装过程类似，此处不赘述。

7.3.3　启动与关闭

与 Apache 相似，vsFTPd 也可以工作在两种模式：一种是自己启动运行的独立（standalone）工作模式，另一种是由超级服务器 systemd 管理的工作模式。

独立工作模式的设置方法很简单，在 vsFTPd 的配置文件 /etc/vsftpd/vsftpd.conf 中，设置选项“listen=YES”即可，其含义是使用 vsFTPd 自己的守护程序 vsftpd 来负责监听来自客户的请求。此时，管理员可以直接操作 vsFTPd 的守护程序。

在终端中使用命令：vsftpd [< 配置文件 >]，即可启动 vsftpd 程序。默认的配置文件为 /etc/vsftpd/vsftpd.conf。

如果使用 systemd 管理 vsftpd 服务，那么可以使用 systemctl 命令控制 vsftpd 的启动、停止，命令格式为：

```
systemctl {start | stop | restart…} vsftpd[.service]
```

此时使用默认的配置文件。如果要指定配置文件，则命令格式为：

```
systemctl {start | stop | restart…} vsftpd@<配置文件名>[.service]
```

此外，还可以使用 7.1.4 节介绍的 ntsysv 工具设置 vsftpd 在系统引导时自动启动。

7.3.4　配置

vsFTPd 的配置文件有 3 个：

- /etc/vsftpd/vsftpd.conf
- /etc/vsftpd/ftpusers
- /etc/vsftpd/user_list。

其中第 1 个文件是 vsFTPd 的主配置文件，后两个文件用于 vsFTPd 的访问控制。下面列出了主配置文件 /etc/vsftpd/vsftpd.conf 主要内容。和大多数配置文件一样，以“#”开始的行为注释行。

- anonymous_enable=YES　　# 允许匿名登录
- local_enable=YES　　# 允许本地用户登录
- write_enable=YES　　# 开放本地用户的写权限
- local_umask=022　　# 设置本地用户生成文件的掩码为 022，即用户新建的文件和目录权限值为 755
- dirmessage_enable=YES　　# 当切换目录时，显示该目录的信息
- xferlog_enable=YES　　# 激活上传和下载日志
- connect_from_port_20=YES　　# 使用 FTP 数据端口 20 的连接请求
- xferlog_std_format=YES　　# 使用标准的 xftpd xferlog 日志格式
- pam_service_name=vsftpd　　# 设置 PAM 认证服务的配置文件名称，该文件在 /etc/pam.d/ 目录中
- userlist_enable=YES　　# 与前面介绍的 vsftpd.user_list 配置文件有关
- listen=YES　　# 是否允许 vsftpd 运行在独立启动模式
- listen_ipv6=YES　　# 既监听 IPv6 又监听 IPv4 连接，与上述 listen 不能同时为 YES
- tcp_wrappers=YES　　# 使用 tcp_wrapper 作为主机访问控制方式

以上仅列出了配置文件在默认安装时没有被注释掉的配置项，这些是 vsFTPd 运行的基本配置项。用户可以根据自己的需要修改这些配置项，或者将被注释掉的配置项其前面的注释符删除，增加新的配置功能。

配置文件 /etc/vsftpd/ftpusers 中列出了不能登录 FTP 的用户。文件 /etc/vsftpd/user_list

的作用取决于配置项 userlist_enable 和 userlist_deny 的值。userlist_enable= YES 表示启用 userlist_file 白 / 黑名单用户列表，默认为 NO。userlist_deny 控制 userlist_file 是白名单还是黑名单，userlist_enable=YES 时该字段才有效。userlist_deny=YES 表示 userlist_file 为黑名单；userlist_deny=NO 表示 userlist_file 为白名单。

用户修改完配置文件，需要重新启动 vsFTPd 才能使配置文件生效。

7.3.5 FTP 客户端

建立好一台 FTP 服务器后，就可以在其他主机上使用 FTP 客户端程序访问 FTP 服务了。不同的操作系统提供不同的客户端应用程序。访问 FTP 服务可以使用网络浏览器、终端命令等方式。

1. 网络浏览器

打开系统的网络浏览器，例如 Windows 的 IE、Linux 的 Firefox 等，在地址栏中输入 ftp 命令。如果是匿名连接，输入命令为：ftp://<FTP 服务器的 IP 地址或主机名 >，该命令表示连接使用 FTP 协议。一旦连接成功，就可以直接使用图形界面操作，非常方便。

如果是以本地用户身份访问，则输入命令：ftp://< 本地用户名 >@<FTP 服务器的 IP 地址或主机名 >，系统若连接成功，则会弹出一个对话框，要求用户输入口令。如图 7-9 所示为本地用户登录 FTP 服务器。

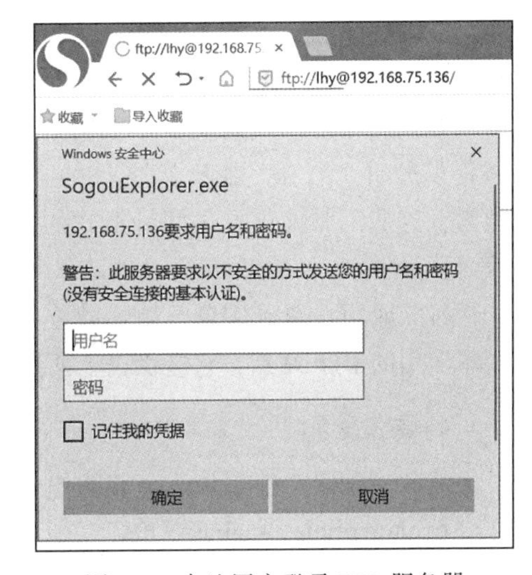

图 7-9 本地用户登录 FTP 服务器

2. 终端操作命令

不同的操作系统都提供终端工具，支持使用 ftp 命令进行远程文件传输。在系统终端中，执行下述命令连接 FTP 服务器：

```
ftp <FTP 服务器的 IP 地址或主机名 >
```

一旦连接成功，系统会要求用户输入用户名和口令。如果用户是以匿名方式登录，则默认的用户名是 anonymous 或 ftp，口令则是空的或任意字符串。有些系统要求匿名口令为一个电子邮件地址。

进入系统后，会出现 FTP 系统的命令提示符 “ ftp>”，在该提示符后可以输入各种 FTP 命令，进行相关操作。

最常用的命令有：

- ls，列出远程服务器的当前目录。
- cd，在远程服务器上改变工作目录。
- lcd，在本地主机上改变工作目录。
- ascii，设置文件传输方式为 ASCII 模式。
- binary，设置文件传输方式为二进制模式。

- close，终止当前的 ftp 会话。
- hash，每次传输完数据缓冲区中的数据后就显示一个“#”号。
- get（mget）filename，从远程服务器上传送文件 filename 到本地主机。
- put（mput）filename，从本地主机传送文件 filename 到远程服务器。
- open，连接远程 ftp 站点。
- quit，断开与远程服务器的连接并退出 ftp。
- ?，显示本地帮助信息。
- !，转到 Shell 中。

从 Windows 命令行连接到 FTP 服务器，并从服务器下载 readme.txt 文件的过程，如图 7-10 所示。

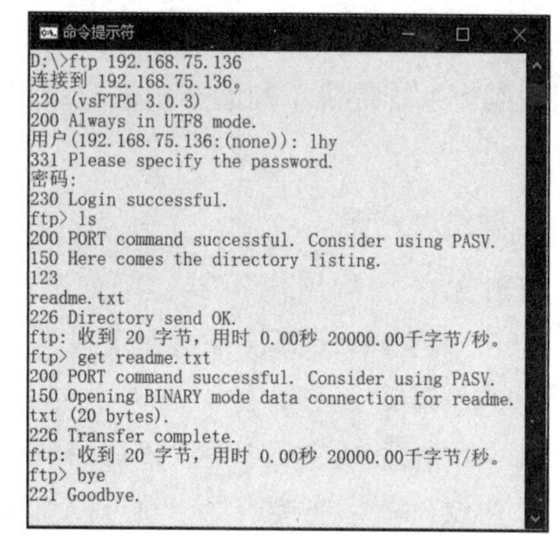

图 7-10　在 Windows 命令行界面中使用 FTP 服务

7.3.6　应用实例

在网络中可以找到很多 FTP 网站，能够提供软件、音乐、影视等文件的下载。通常，这些网站能够提供两种形式的登录服务：面向大众的匿名登录服务、面向 VIP 的本地用户登录服务。下面建立一个简单实用的 FTP 站点，它提供以上两种功能的服务。

1. 匿名登录

修改主配置文件 vsftpd.conf 的如下项目：

- anonymous_enable=YES　　# 表示允许匿名用户访问。匿名登录时输入用户名 anonymous，密码为某个 Email 或空，或者用户名 ftp、密码为 ftp 或空
- write_enable=YES　　# 允许登录用户有写权限
- anon_root=var/ftp　　# 匿名用户的登录目录
- anon_upload_enable=yes　　# 允许匿名用户上传
- anon_mkdir_write_enable=yes　　# 允许匿名用户创建目录。只有在 write_enable=YES 时此项才有效

匿名登录后的用户可以读取 /var/ftp 目录及其子目录下的所有文件（即下载文件），但不具有写的权限（即不能上传文件），这是因为在建立 /var/ftp 目录时没有设置匿名用户对该目录的写权限。但不能直接将该目录赋予写权限，因为 vsftpd 不允许根目录具有写权限。所以，要想让匿名用户拥有写权限，还需要创建一个具有写权限的其他目录。例如，在 /var/ftp 目录下再创建一个目录，赋予其他用户的写权限。

```
chmod 777 /var/ftp/pub
```

匿名用户登录后，可以转换到此目录，然后再上传文件或者创建目录。一个匿名登录并上传文件的示例，如图 7-11 所示。

2. 本地用户登录

（1）允许登录

如果某位用户是 FTP 网站的 VIP，网站管理员需要向这位用户提供特殊服务，在 FTP 服务器主机中为他建立一个账户，使他成为 FTP 服务器主机的本地用户。此外，在主配置文件 vsftpd.conf 中设置配置项：local_enable=YES，vsFTPd 就允许所有的本地用户进行远程登录。

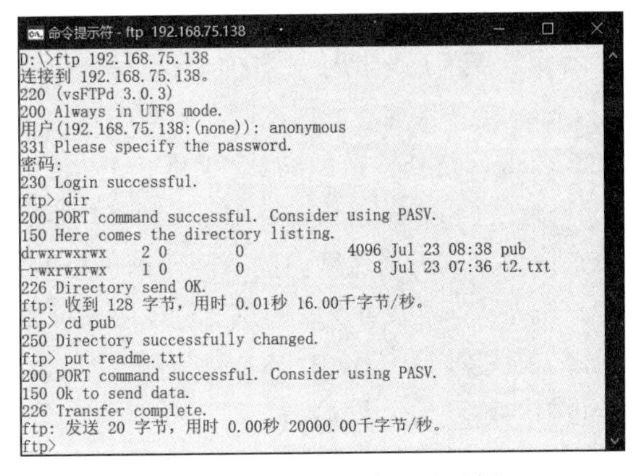

图 7-11　vsftpd 匿名登录示例

本地用户在登录时使用自己的用户名和口令，登录后用户可以读取自己的主目录和其他系统目录。例如：假设用户名为 vip，那么他能够读自己的主目录 /home/vip，也可以读取系统目录 /etc，还能够看到用户文件 /etc/passwd。当然，这类用户可能会导致一定的安全问题。

（2）上传文件

对于本地用户而言，设置比较简单。只要在主配置文件 vsftpd.conf 中设置配置项：write_enable=YES，vsFTPd 就允许所有登录的本地用户对他们看到的目录进行写操作，包括建立或删除目录、上传或删除文件等操作。

（3）访问控制

1）指定的本地用户不能访问，而其他本地用户可以访问。

- userlist_enable= YES，启用 userlist_file 白 / 黑名单用户列表。
- userlist_deny= YES，userlist_file 为黑名单。
- userlist_file= /etc/vsftpd/user_list，用户列表中的用户不能访问 FTP 服务器。

2）指定的本地用户可以访问，而其他本地用户不可以访问。

- userlist_enable= YES
- userlist_deny= NO
- userlist_file= /etc/vsftpd/user_list

这样，文件 /etc/vsftpd/user_list 就具有和 1）相反的功能，只有在文件列表中指定的本地用户才能访问服务器，其他本地用户不能访问服务器。

3）无论何时都禁止指定本地用户访问服务器。在 /etc/vsftpd/ftpusers 配置文件中保存了一个用户列表，如果哪个用户名在这个列表中，它就不能通过网络进行 FTP 登录。出于安全考虑，系统默认指定了一些用户不能从网络中登录，包括：root、bin、daemon、adm、lp 等系统用户。如果要禁止一个本地用户登录 vsFTPd，只需要将它写入 /etc/vsftpd/ftpusers 的列表中即可。

以上内容配置好后，将 FTP 服务器重新启动，使用另一台机器打开 FTP 客户端，就可以进行连接测试了。

7.4 Samba 服务器

7.4.1 简介

在常用的局域网中，有许多计算机安装的是 Windows 操作系统，也有一部分计算机使用 Linux 操作系统。如何在两个不同的系统之间实现文件共享是经常遇到的问题。除了使用 FTP、telnet 之外，在 Linux 上架设 SMB 服务也是一种非常高效、简捷的方法。

SMB（Server Messages Block，服务器消息块）是一种在局域网上共享文件和打印机的通信协议，它为局域网内的不同计算机提供文件及打印机等资源的共享服务。SMB 协议是客户机 / 服务器型协议，客户通过该协议可以访问服务器上的共享文件系统、打印机及其他资源。通过设置“NetBIOS over TCP/IP”使得 SMB 不但能与局域网主机分享资源，还能与全世界的计算机分享资源。

SMB 协议最早是由 Microsoft 和 Intel 在 1987 年开发实现的，并于 1992 年成为 Open Group 的国际标准。最近微软又把 SMB 改名为 CIFS（Common Internet File System），并且加入了许多新的特色。

在 Linux 上运行 SMB 的软件很多，最常用的是 Samba。Samba 属于 GPL 软件，能运行在 Linux（UNIX）环境下。Samba 最初是由澳大利亚的 Andrew Tridgell 在 1991 年设计的，采用的网络协议是 NetBIOS。1992 年 1 月，他开发出了 0.1 版，称为 Server 0.1。1992 年年底，从一封电子邮件中，Andrew Tridgell 获知一个爱好者将 Server 0.1 移植到了 Linux 上。人们发现这个程序可以直接使用，于是为了满足用户的要求，Andrew Tridgell 开始在 Linux 上开发它。由于名称 smb-server 已经被注册，所以他就把这个软件起名为 Samba。

Samba 的主要功能如下。

1）提供 Windows NT 风格的文件和打印机共享：Windows 各个版本的主机可据此共享 UNIX 等其他操作系统的资源，使得外表看起来和共享 NT 的资源没有区别。

2）解析 NetBIOS 名字：在 Windows 网络中，为了能够利用网上资源，同时自己的资源也能被别人所利用，各个主机都定期地向网上广播自己的身份信息。而负责收集这些信息、为别的主机提供检索情报的服务器被称为浏览服务器。Samba 可以有效地完成这项功能，在跨越网关时 Samba 还可以作为 WINS 服务器使用。

3）提供 SMB 客户功能：利用 Samba 提供的 smbclient 程序，可以在 UNIX 下以类似于 FTP 的方式访问 Windows 的资源。

4）备份 PC 上的资源：利用名为 smbtar 的 Shell 脚本，可以使用 tar 格式备份和恢复一台远程 Windows 上的共享文件。

7.4.2 安装

在 Fedora 30 Server 中附带的 Samba 软件版本是 4.10.2，可以在 DVD 安装介质 package 目录下找到相关的软件包，也可以到网站（https://www.samba.org/）上获取最新版的 Samba 软件包。

如果主机连接互联网，那么可以使用命令“dnf install samba”从 Fedora 的资源池自动下载安装。Samba 涉及的软件包比较多，使用 dnf 命令能自动解决不同软件包间的依赖关系。

7.4.3　启动与关闭

在 Linux 系统中，Samba 服务的守护程序是 smb，服务和控制都是对 smb 进行操作。可以使用 systemctl 命令控制 samba 的启动、停止，命令格式为：

```
systemctl {start | stop | restart…} smb[.service]
```

此外，可以使用 7.1.4 节介绍的 ntsysv 工具设置 smb.service 在系统引导时自启动。

7.4.4　配置

Samba 的配置文件是 /etc/samba/smb.conf 文件，配置文件主要分为两部分，第 1 部分是全局设置，包括一个 global 配置段；第 2 部分是共享定义，包括：home、printers、tmp 等多个配置段。每段以形式“[段名]”开头，包括一组配置项。Smb 的详细配置规则可通过命令“man smb.conf”参考在线文档，这里仅列出常用的配置项。

global 配置段中常用的配置项如下：

- workgroup = MYGROUP　　# 设置工作组名称
- server string = Samba Server　　# 设置服务器字符串，说明服务器用途
- printcap name = /etc/printcap　　# 设置打印机配置文件
- load printers = yes　　# 设置是否自动在网络中共享打印机
- printing = cups　　# 设置打印机系统类型
- security = user　　# 设置安全级别，由低到高为 user、server、domain
- passdb backend = tdbsam　　# 定义 Samba 用户数据库

在早期版本中，security = share 表示不需要密码进行访问，但在新版中已经废除了 share 安全级别。可以使用如下两行替代：

```
security = user
map to guest = Bad User
```

下面是第 2 部分中各段出现的配置项。

- comment：对共享资源的说明。
- path：指定共享路径。
- browseable：当共享资源为私人目录时是否允许其他用户浏览。
- writeable：是否可写。
- read only：是否只读。
- printable：是否可打印。
- valid users：指定哪些用户可以访问。
- guest ok：是否允许 guest 用户访问。
- create mask：设置创建文件的掩码。

- public：是否公开，yes 表示不需要账号、密码共享。
- create mode：新建文件的权限值，如 0664。
- directory mode：新建目录权限值，如 0775。

例如，创建一个每个人都可访问的目录。

```
[public]
comment = everybody can visit
path = /home/public
public = yes
read only = yes
```

创建一个用户共享文件夹。

```
[myhome]
comment = lhy’s share folder
path = /home/lhy/
browseable=yes
writeable= yes
guest ok = no
```

以上配置表示在 myhome 段中，共享资源为 /home/lhy/，它是用户 lhy 的私有目录，其他用户具有读权限，拒绝 guest 用户访问，lhy 用户对其拥有写权限。

配置完后，可以使用命令 testparm 测试系统配置是否正确，如果没有错误信息返回，就可以重新启动 samba 服务器使配置生效了。图 7-12 展示了 Samba 服务器配置的共享资源出现在 Windows 系统的网络邻居中[⊖]。

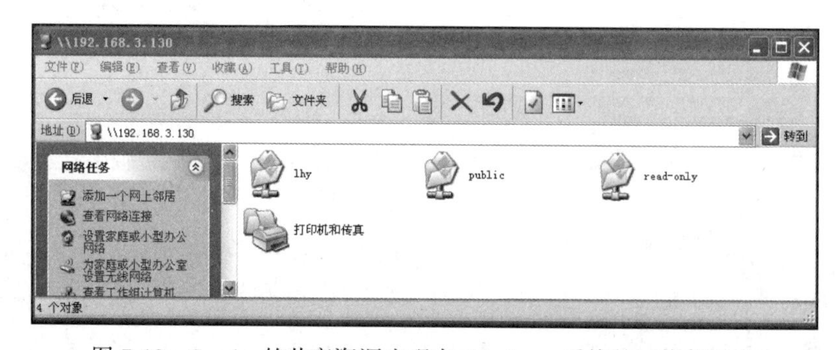

图 7-12　Samba 的共享资源出现在 Windows 系统的网络邻居中

Samba 使用它自己的数据库来管理用户和口令。但在添加到 Samba 自己的用户数据库之前，相同用户名的系统用户必须首先存在。所以，在添加一个新的 Samba 用户时，如果相同用户名的系统用户还不存在，那么必须先创建一个，然后再以 root 身份执行下面命令：

```
smbpasswd -a <username>   添加到 samba 用户数据库
smbpasswd -e <username>   激活用户
```

这个命令会为用户将一个加密口令写到 global 配置段设置的保存 samba 用户的数据库中。

⊖　在访问 Samba 服务时，一定要确保 Linux 主机的防火墙以及 selinux 策略允许该访问。iptables 和 SElinux 默认不允许该访问。此外，Windows 的共享认证有多种方式，如果在 Windows 中访问 Samba 共享目录时出现登录问题，请尝试将本地安全策略的安全选项 Lan Manager 身份验证级别修改为：仅发送 NTLMv2 响应 \ 拒绝 LM。

7.4.5　应用实例

1. 使用 Samba 服务器实现共享

在 Linux 下，Samba 服务一般有 3 种共享配置方式：

- public，不需要密码，且可读写及删除文件。
- read-only，不需要密码，但只可以读取文件。
- user，需要密码，可读写及删除文件。

共享配置的步骤如下。

1）以 root 身份登录系统。

2）到 /home 目录下增加下列目录，并指定这些目录的权限：

```
chmod 777 /home/pub
chmod 755 /home/read-only
```

3）编辑 /etc/smb.conf 文件，修改如下内容：

```
security=user
map to guest = Bad User
```

在 /etc/smb.conf 文件最后面增加以下内容，分别设置 3 种共享模式：

```
[public]
comment=Public Areas
path=/home/pub
guest ok=yes
read only = no
[read-only]
comment=Read-Only Areas
path=/home/read-only
guest ok=yes
[user]
comment=Password Required
path=/home/user
writable=yes
```

完成后，保存文件并退出。注意，writable =yes 与 read only = no 等价。

4）使用下述命令重新运行 Samba。

```
systemctl  restart smb
```

至此，我们就可以在其他的计算机上共享这些目录了，如图 7-13 所示。

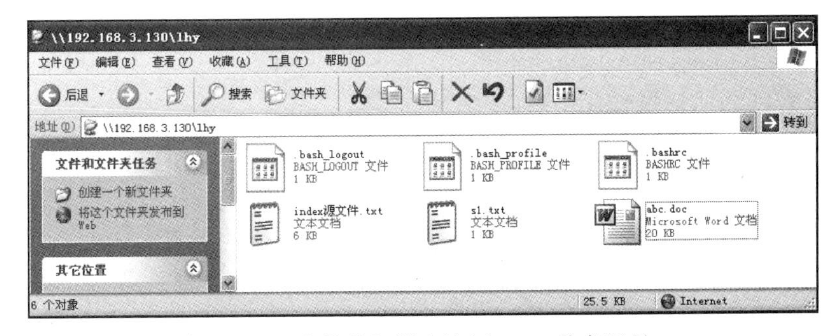

图 7-13　在其他机器上访问 SMB 共享目录

2. 在 Linux 系统中使用 Windows 共享资源

在 Linux 系统中，可以通过 Samba 客户端程序 smbclient 使用 Windows 建立的共享资源。

（1）建立共享资源

在一台 Windows 机器（假设主机名为 lhywinxp，IP 为 192.168.3.110）上建立一个共享目录 fedorashare，将其访问权限按需要进行设置。

（2）查看共享资源

在 Linux 系统中，使用终端命令 smbclient 可以查看 Windows 提供了哪些共享资源。由于 Fedora 默认没有提供 smbclient 命令，因此必须首先安装 samba-client 软件包。可以使用命令“dnf intall samba-client”安装该软件包。

使用 smbclient 查看主机共享资源的命令格式为：

```
smbclient  -L  <主机名>|<IP 地址>  -U user
```

例如：

```
smbclient -L lhywinxp  -U lhy
```

或者

```
smbclient  -L 192.168.3.110  -U lhy
```

如图 7-14 所示，查看 winxp 共享资源的执行过程。

```
[root@localhost samba]# smbclient -L lhywinxp -U lhy
Enter WORKGROUP\lhy's password:

        Sharename       Type      Comment
        ---------       ----      -------
        IPC$            IPC       ■ ■  IPC
        fedorashare     Disk
Reconnecting with SMB1 for workgroup listing.

        Server               Comment
        ---------            -------

        Workgroup            Master
        ---------            -------
[root@localhost samba]#
```

图 7-14　使用 smbclient 查看共享资源

（3）操作资源

使用 smbclient 连接共享资源的命令格式如下：

```
smbclient //<主机名或 IP 地址>/<共享资源名>
```

例如，连接 lhywinxp 主机中的共享目录 fedorashare。

```
smbclient //lhywinxp/fedorashare
```

连接成功后，需要输入密码。进入 smbclient 操作环境后，可以进行类似 ftp 客户端的操作，它们的命令也基本相似，如 help、cd、ls、dir、get、put 等。如果不知道有哪些命令可用，可以输入 help 查看所有命令，如图 7-15 所示。操作完毕后，使用 quit 退出 SMB 连接。

```
[root@localhost samba]# smbclient //lhywinxp/fedorashare -U lhy
Enter WORKGROUP\lhy's password:
Try "help" to get a list of possible commands.
smb: \> help
?              allinfo        altname        archive        backup
blocksize      cancel         case_sensitive cd             chmod
chown          close          del            deltree        dir
du             echo           exit           get            getfacl
geteas         hardlink       help           history        iosize
lcd            link           lock           lowercase      ls
l              mask           md             mget           mkdir
more           mput           newer          notify         open
posix          posix_encrypt  posix_open     posix_mkdir    posix_rmdir
posix_unlink   posix_whoami   print          prompt         put
pwd            q              queue          quit           readlink
rd             recurse        reget          rename         reput
rm             rmdir          showacls       setea          setmode
scopy          stat           symlink        tar            tarmode
timeout        translate      unlock         volume         vuid
wdel           logon          listconnect    showconnect    tcon
tdis           tid            utimes         logoff         ..
!
smb: \> _
```

图 7-15　smbclient 可以使用的命令

7.5 DNS 服务器

7.5.1 简介

DNS（Domain Name System）是一个分布式数据库，每个 DNS 服务器负责控制整个分布式数据库的部分段，而每一段中的数据通过客户/服务器模式在整个网络上均可存取。通过采用复制技术和缓存技术，DNS系统在保证整个数据库可靠的同时，又拥有良好的性能。

DNS的名字结构是一个倒立的树状结构，根的名字用空字符串“”来表示，但在文本中用“.”来书写。树的每一个节点都表示整个分布式数据库中的一个分区（也叫域，即Domains），每个域可再进一步划分成子分区（域），每个域都有一个标签（LABEL），表明了它与父域的关系。在DNS中，完整的域名是一个从该域到根之间路径上的标签序列，以“.”分隔这些标签。Internet域名结构如图7-16所示。

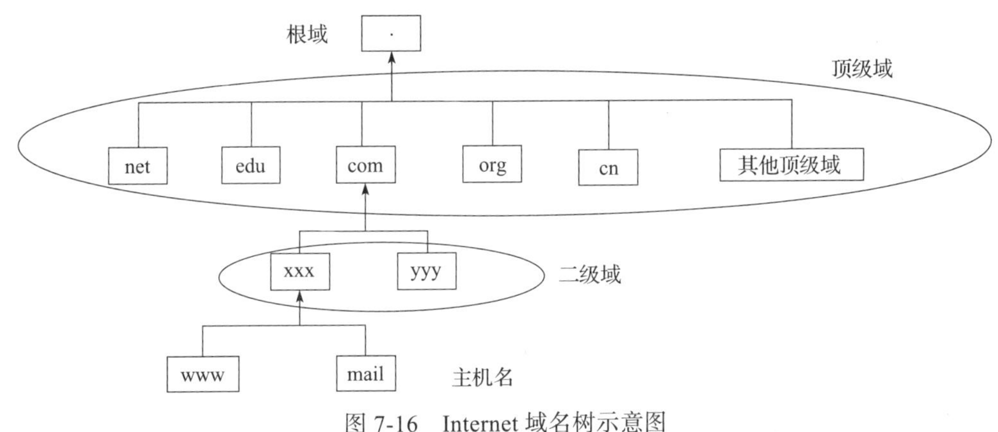

图7-16 Internet域名树示意图

域即为树状域名空间中的一棵子树，域的域名同该子树根节点的域名一样。也就是说，域的名字就是该域中最高层节点的名字。在DNS中，每个域分别由不同的组织进行管理。每个组织都可以将它的域再分成一定数量的子域，并将这些子域委托给其他组织进行管理，域既包括主机又能包括它的子域。域名被用作DNS数据库中的索引，域包含所有域名在该域的主机。

在域名树中，叶节点通常代表主机。网络上的每一台主机都有一个域名，通过域名可知道主机的有关信息，包括主机的IP地址、Email、路由信息等。一个主机可以有一个或多个域名别名。

存储有关域名信息的程序被称为域名服务器（Domain Name Server-DNS）。通常，域名服务器包含域名空间（称为区，zone）中除了代理给他人的子域之外的所有域名和数据。如果域的子域没有被他人代理，则该区包含该子域名和子域中的所有数据。

域名服务可提供域名解析功能（Resolver）供客户访问。正向域名解析是指客户机查询域名对应的IP地址，而逆向域名解析是指客户机询问IP地址对应的域名。通常，域名解析需要网络中的多台服务器协作完成。域名解析的过程如下：

1）客户机将域名查询请求发送到本地DNS服务器，服务器在本地数据库中查找客户机要求的映射。

2）如果不能在本地找到客户机查询的信息，则将客户机的请求发送到根域名服务器。根域名服务器负责解析客户机请求的根域部分，它将包含下一级域名信息的服务器的地址返回给客户机的本地DNS服务器。

3）客户机的本地DNS服务器利用根域名服务器解析的地址访问下一级DNS服务器，

得到维护再下一级域名的 DNS 服务器的地址。

4）按照上述方法递归地逐级接近查找目标，最后在维护目标域名的 DNS 服务器上找到相应的 IP 地址信息。

5）客户机的本地 DNS 服务器将查询结果返回客户机。

6）客户机利用从本地 DNS 服务器查询得到的 IP 地址访问目标主机。

目前，全世界绝大多数 DNS 服务器使用的软件产品都是 Bind，Bind 的全名是 Berkeley Internet Name Domain，最初是 BSD UNIX 中的一部分，目前由 ISC（Internet Systems Consortium 互联网系统协会）组织负责维护与发展。Bind 能够提供强大的、稳定的域名服务。本节中主要介绍 Bind 软件的安装、管理与使用。

7.5.2　安装 Bind

Fedora 30 Server 中附带的 Bind 软件版本是 9.11.5，可以在 DVD 安装介质的 package 目录下找到相关的软件包。也可以到网站（http://www.isc.org/）上获取最新版的 Bind 软件包。

如果主机连接互联网，那么可以使用命令“dnf install bind”从 Fedora 的资源池自动下载安装。Bind 依赖的软件包比较多，使用 dnf 命令能自动解决软件包之间的依赖问题。

7.5.3　启动与关闭

在 Linux 系统中，不论系统安装了什么 DNS 服务器软件，DNS 服务的守护程序名称都是 named。所以，对系统中的 named 进行操作就是操作 DNS 服务器软件。与其他服务一样，可以使用 systemctl 命令控制 named 的启动、停止，命令格式为：

```
systemctl {start | stop | restart…} named[.service]
```

此外，还可以使用 7.1.4 节介绍的 ntsysv 工具设置 named.service 在系统引导时自启动。

通常，管理员需要先对 DNS 服务器进行配置然后再启动，这样它才能正常工作。另外，管理员还应该在 DNS 服务器的主机中对 DNS 系统的运行进行测试。假设管理员在 DNS 服务器中配置了一个域名 mail.test.com，其 IP 地址为 192.168.1.12，配置完成后需要重新启动 named。

修改 /etc/resolv.conf 文件，设置主机使用的 DNS 服务器为自身：nameserver 127.0.0.1，修改完毕重新启动网络服务。

最后在终端中执行测试命令：

```
nslookup mail.test.com
```

该命令向设置的 DNS 服务器发送数据包，查询 mail.test.com 的 IP 地址。如果查询成功，则 DNS 服务器会返回查询域名对应的 IP 地址，这样就表示了 DNS 服务器正常运行。

7.5.4　配置

1. 编辑配置文件

named 的正常运行需要使用一组配置文件，文件的名称及说明如表 7-5 所示。

表 7-5　域名服务器的配置文件

	文件名	说　明
主配置文件	/etc/named.conf	设置一般的 named 参数，指定该服务器使用的域数据库的信息源
根域名服务器指向文件	/var/named/named.ca	根域名服务器的配置信息
用户配置的区域文件	在主配置文件中指定，如：/var/named/test.com.zone	将主机名映射为 IP 地址的区域文件
	在主配置文件中指定，如：/var/named/3.168.192.in-addr.arpa.zone	将 IP 地址映射为主机名的区域文件

下面具体说明这些配置文件的作用。

（1）主配置文件

主配置文件 /etc/named.conf 定义了 Bind 的全局属性，规范了 Bind 的行为和功能。其可用的配置项如表 7-6 所示。

表 7-6　主配置文件 /etc/named.conf 的配置项

配置语句	说　明
acl	定义访问控制清单
control	定义 rndc 命令使用的控制通道，控制通道是 named 为外部提供的管理 named 服务器的接口
include	将其他文件包含到本配置文件中
key	定义 rndc 控制 named 时需要携带的密钥，这个密钥由 rndc-gen 生成
logging	定义日志的记录规范
options	定义全局配置选项
server	定义远程服务器的特征
trusted-keys	为服务器定义 DENSSEC 加密密钥
zone	定义一个区域

其中，options 配置项的语法如下：

```
options(
配置子句;
配置子句;
);
```

常用的配置子句如下。

- recursion yes|no：是否使用递归式 DNS 服务器。
- transfer-format one-answer|many-answer：是否允许在一条消息中放入多条应答信息。
- directory“< 路径 >”：定义区域数据文件的存放位置，默认为 /var/named。
- forwarders {<IP 地址 >}：定义转发器的 IP 地址。所有非本域的和在缓存中无法找到的域名查询都将转发到指定的 DNS 转发器上。

zone 配置项的语法如下：

```
zone  "<域名>" IN (
    type  master|hint|slave;
    file "<文件名>";
```

```
    其他子句;
);
```

其中，type 表示负责该区域的 DNS 服务器的类型，file 为存储该区域信息的数据文件。DNS 服务器类型可分如下几种。

- 主域名服务器（master）：负责本区域的主要域名服务器，保存本域信息源数据库。
- 辅助域名服务器（slave）：在本区域中作为主域名服务器的备份，保存了本域信息源数据库的副本。
- 代理域名服务器（stub）：与辅助域名服务器功能相似，但只保存主域名服务器的 NS 记录，而非全部域信息。
- 根域名服务器（hint）：internet (IN) 的区域类型，是负责解析根域的 DNS 服务器，也是域结构的顶层服务器，全世界有 13 台根域名服务器。其对应的 file 文件名是 "name.ca"，保存了这 13 台服务器的信息，可以从网络中定时更新。
- 转发域名服务器（forward）：其功能是将来自用户端的域名解析要求代为转送至其他 DNS 服务器。

在 zone 语句中的区域文件定义了一个区的域名信息，通常也称为域名数据库文件。每个区域文件还包括若干个资源记录，一条资源记录包括：[name] [ttl] IN type rdata。其中，

- name：表示资源记录引用的域对象名，可以是一台主机，也可以是整个域。其值若为 "." 表示根域，"@" 表示默认域，若为空值则表示最后一个带有名字的域对象。
- ttl（time to live）：表示资源记录中信息存放在缓存中的时间，以秒为单位。
- IN：是一个关键字，标识记录为一个 Internet DNS 资源记录。
- type：指定资源记录的类别，例如："A" 表示为主机名转换为 IP 地址，"MX" 表示为邮件交换记录，"NS" 标识为一个 DNS 服务器，"CNAME" 表示一台主机的别名，一台主机可以设置多个域名。
- rdata：指定与这个资源记录有关的数据，其内容取决于 type 值。

named.conf 中定义了一个特殊的域 "."，这是根域，默认域名文件是 named.ca。

```
zone "." {
type hint;
file "named.ca";
};
```

named.ca 文件不是由用户设定的，需要从网络中获取。该文件共有 13 条资源记录，分别表示 13 台根域名服务器的信息，其中一条资源记录如下：

```
. 3600000 IN NS A.ROOT-SERVERS.NET.
A.ROOT-SERVERS.NET. 3600000 A 198.41.0.4
```

表示一台根域名服务器 "A.ROOT-SERVERS.NET" 的资源信息，13 台根域名服务器的名称除首字母以 A 至 M 排列外，其他都相同。默认安装的 named.ca 一般不需要进行修改。

（2）正向解析区域文件

named.conf 中定义的正向解析区域对应一个正向解析区域文件，该文件用来定义域信

息，实现主机名到地址的映射、识别 mail 服务器和提供各种域信息。示例如下：

```
$TTL 86400
@  IN      SOA     localhost.  root.localhost (
                   11 ; serial                  # 区域文件版本序号
                   28800 ; refresh              # 辅助域名服务器更新时间间隔为 3 小时
                   7200 ; retry                 # 辅助域名服务器更新失败时再尝试的时间间隔为 15 分钟
                   604800 ; expire              # 辅助域名服务器更新超时时间为 1 周
                   86400 ; ttl                  # 本区域文件中所有资源记录 TTL 的最小值为 1 天
                   )
    IN     NS      dns.test.com.                # 设置域名服务器主机
dns IN     A       192.168.3.130                # 设置区域中的主机
www IN     A       192.168.3.120                # 设置区域中的主机
host1      IN      CNAME    www                 # 设置主机的别名
```

第 1 行设置 TTL 值为 86400 秒（即 1 天），定义系统缓冲区中的资源记录保存时间。

第 2 行是一个 SOA 记录的设置，所有域信息数据文件都必须有一个且只能有一个 SOA（Start Of Authority），在“SOA”后面指定了这个区域授权主机和管理者的信箱。在本例中，授权主机是 localhost，也可以用“@”代替。管理者的信箱为“root.”，指明为本机的 root 用户，也可以表示为“root.localhost.”。在括号中是 SOA 记录的几个参数，其后为本区域的资源记录。

“IN NS dns.test.com”是一条 DNS 服务器记录，指出本地区域的域名服务器。“IN”为 DNS 资源记录关键字。

“www IN A　　192.168.3.120”表示一条主机记录，指出本地区域中域名 www.test.com 对应的 IP 为 192.168.3.120。

“host1　IN　CNAME　www”表示“host1.test.com”为“www.test.com”的一个别名。

（3）逆向解析区域文件

named.conf 中定义的逆向解析区域对应一个逆向解析区域文件，该文件主要实现 IP 地址向域名的映射，示例如下：

```
#/var/named/3.168.192.in-addr.arpa.zone
$TTL 86400
@   IN     SOA     localhost.root.localhost (
                   6 ; serial
                   28800 ; refresh
                   7200 ; retry
                   604800 ; expire
                   86400 ; ttl
                   )
@   IN      NS     localhost.                   # 指定域名服务器主机的域名
120 IN      PTR           www.                  # 逆向设置主机
```

SOA 记录中各参数的含义，以及 NS 记录与正向解析区域文件相同。与正向解析区域文件不同的是主机记录，它根据 IP 地址给出主机域名，例如，“120　IN　PTR　www.”表示 IP 地址“192.168.3.120”对应的域名是 www.test.com.

2. 对配置文件进行语法检查

配置文件的编写较为复杂，尤其是当需要处理的记录较多时。Bind 提供了两个工具，可以帮助用户对配置文件进行语法检查。named-checkconf用于检查主配置文件的语法是否正确，named-checkzone用于检查区域文件的语法是否正确。

```
[root@localhost named]# named-checkconf -z /etc/named.conf
zone test.com/IN: loaded serial 0
zone 3.168.192.in-addr.arpa/IN: loaded serial 0
zone localhost.localdomain/IN: loaded serial 0
zone localhost/IN: loaded serial 0
zone 1.0.0.0.0.0.0.0.0.0.0.0.0.0.0.0.0.0.0.0.0.0.0.0.0.0.0.0.0.0.0.0.ip6.arpa/IN: loaded serial 0
zone 1.0.0.127.in-addr.arpa/IN: loaded serial 0
zone 0.in-addr.arpa/IN: loaded serial 0
[root@localhost named]# named-checkzone test.com test.com.zone
zone test.com/IN: loaded serial 0
OK
```

这两个命令都有一些可选的参数，各参数含义请参考在线文档说明。

3. 域名解析测试

配置文件的语法正确并不意味着能正确实现域名解析功能。因此，还需要对域名服务器的功能进行测试。

可以首先在本机进行测试。首先将本机的DNS服务器指向自身，然后尝试通过域名访问主机。也可以用nslookup命令进行测试。

本机测试通过之后，再在局域网其他主机上进行测试。让该主机的DNS指向定义的DNS服务器，然后尝试通过域名访问其他主机。

7.5.5　应用实例

下面我们给出一个DNS配置实例。假设要配置一台DNS服务器，负责解析域test.com，该域网络资源的分配如表7-7所示。

表7-7　网络资源列表

功能	域　名	IP地址
域名服务器	dns.test.com	192.168.3.130
Web服务器	www.test.com	192.168.3.120
FTP服务器	ftp.test.com	192.168.3.120
主机	lhy10.test.com	192.168.3.100
主机	lhyxp.test.com	192.168.3.110
主机	host1.test.com	192.168.3.110

1. 配置named.conf文件

按照上节给出的配置说明修改named.conf，特别注意定义test.com区域和相应的逆向解析区域，区域类型都是master。

```
zone "test.com" IN{
    type master;
    file "test.com.zone";
};
zone  "3.168.192.in-addr.arpa" IN{
    type master;
    file "3.168.192.in-addr.arpa.zone";
};
```

2. 编辑正向解析区域文件

按照域名解析要求，编写的 /var/named/test.com.zone 文件内容如下：

```
$TTL 3H
@     IN SOA     ns.test.com.     root (
                              0    ; serial
                              1D    ; refresh
                              1H    ; retry
                              1W    ; expire
                              3H )    ; minimum
    IN     NS     dns.test.com.
dns       IN     A     192.168.3.130
www       IN     A     192.168.3.120
FTP       IN     A     192.168.3.120
lhyXP     IN     A     192.168.3.110
lhy10     IN     A     192.168.3.100
host1     IN     CNAME     lhy10
```

3. 编辑逆向解析区域文件

按照逆向解析需求，编辑 /var/named/3.168.192.in-addr.arpa.zone 文件如下。

```
$TTL 3H
@    IN SOA     localhost root.localhost. (
                          0     ; serial
                         1D     ; refresh
                          1H     ; retry
                          1W     ; expire
                        3H )     ; minimum
@       IN     NS     localhost.
110     IN     PTR     lhyxp.
100     IN     PTR     lhy10.
120     IN     PTR     www.
130     IN     PTR     dns.
```

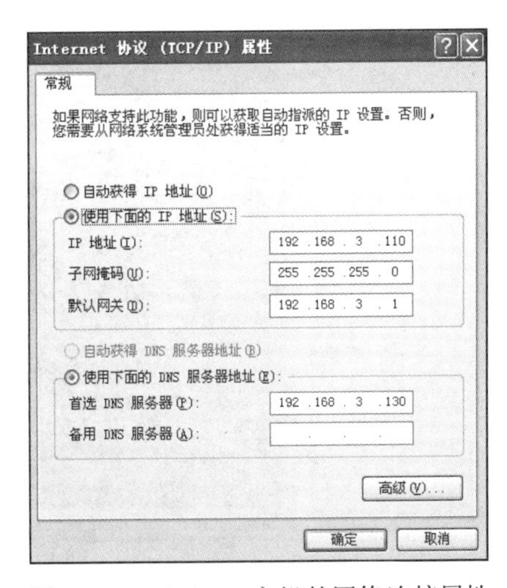

图 7-17 Windows 主机的网络连接属性

4. 测试域名服务器配置是否成功⊖

重新启动域名服务的命令为“systemctl restart named”。

lhyxp 是一台 Windows XP 主机，可以从该主机上测试域名服务器的域名解析功能。首先通过【本地连接 / 属性 / TCPIP 设置】来设置本机的 IP 地址和 DNS 服务器，如图 7-17 所示。

然后，使用 ping 命令或者直接通过域名访问 Web 站点等方式来测试 DNS 域名解析是否成功，如图 7-18、图 7-19 所示。

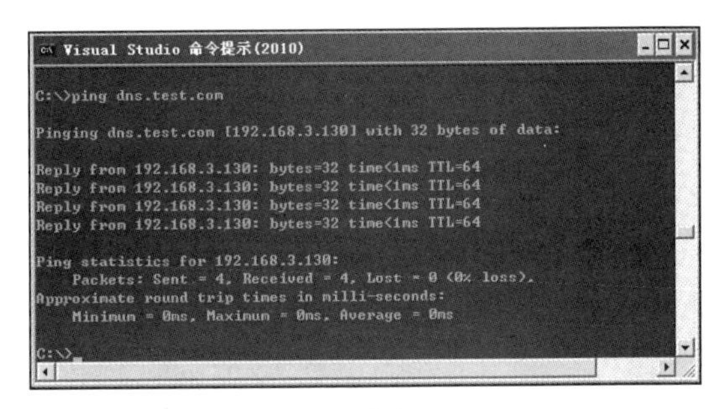

图 7-18 ping 测试 dns.test.com

⊖ 注意，自定义的区域文件所属组必须为 named，否则不能正确进行域名解析。例如，以 root 身份执行命令：chown root:named /var/named/*.zone 修改区域文件属性。

图 7-19　使用域名访问 Web 站点

也可以使 nslookup 命令测试域名解析情况，如图 7-20 所示。

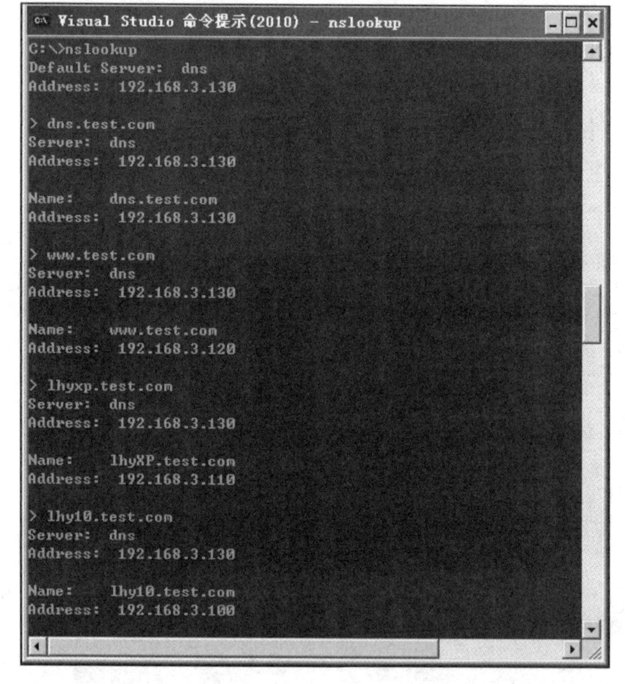

图 7-20　使用 nslookup 测试域名服务器

7.6　本章小结

本章介绍了 Apache、FTP、Samba、DNS 等几种常用的网络服务，每一种网络服务都可以通过配置文件来进行配置。使用配置文件简单方便，但是需要理解配置文件的具体选项。读者应该首先理解各种配置参数的具体含义，然后参照示例进行配置。此外，在使用具体服务之前还需要进行测试，只有测试通过之后，才能正常使用网络服务。

习题

1. Linux 系统提供哪些常用的网络服务？
2. 用户如何设置在 Linux 系统开机时自动启动某个网络服务？

3. ntsysv 管理工具有什么功能?
4. 如何查看当前系统运行了哪些服务?
5. Apache 服务器有哪些功能?
6. 如何安装最新的 Apache 服务器?
7. 如何创建一个个人 Web 网站?
8. 怎样控制 Apache 的启动与关闭?
9. 如何改变 Apache 服务器的监听端口?
10. 怎样在 Apache 服务器中使用 SSL 功能?
11. 什么是 FTP？
12. vsFtpd 有哪些功能?
13. 在一台 Windows 系统主机中如何连接一台 FTP 服务器?
14. 如何在 Windows 与 Linux 系统主机之间共享文件夹?
15. 什么是 SMB？为什么使用 Samba 软件?
16. 构建一台服务器，提供多种服务，包括 WWW 服务、FTP 服务、网络共享服务。
17. 简单说明 DNS 的工作原理。

第 8 章　系统管理与监视

Linux 系统是多用户、多任务的网络操作系统，允许多个用户同时登录和使用系统，每个用户通过账号标识自己的身份，Linux 将用户账号分组，并依据用户的身份进行权限管理。本章首先介绍 Linux 系统的用户管理机制，然后介绍系统的进程管理、系统监视以及日志查看等功能。

8.1　用户管理

8.1.1　Linux 的账号

无论是从本机还是从远程登录 Linux 系统，每个操作者都要有自己的用户账号，不同的账号对资源拥有不同的访问权限。在系统管理的范围内，除了文件资源的管理外，系统管理员最重要的工作就是管理用户的账号了。所谓用户账号管理是指账号的新建、删除、修改和账号的规划，以及权限的授予等操作。

Linux 系统的账号分为用户账号和组账号两类。

- 用户账号：通常一个操作者拥有一个用户账号，每个用户账号有唯一的识别号 UID（User ID）和自己所属组的识别号 GID（Group ID）。在 1.3.5 节曾介绍过，Linux 系统有一个根用户 root，除此之外，系统中创建的用户又分为管理员和标准用户。与 Windows 系统中的管理员和普通用户类似，管理员用户拥有比标准用户更多的权限。
- 组账号：是一组用户账号的集合。通过使用组账号，可以设置一组用户对文件具有相同的权限。以组为单位对资源的访问权限进行配置，可以节省日常维护时间。

在 Linux 系统中必须有 root 用户，root 是超级用户，具有最高权限，可以管理所有的用户账号和组账号。在进行账号管理时必须以 root 用户身份进行操作，否则只能管理自己的账号信息。

8.1.2　用户管理方法

用户管理的工作包括：建立一个合法的账号、设置和管理用户的密码、修改账号的属性，以及在必要时删除账号。Linux 系统既提供了图形界面的用户管理工具，又提供了管理用户的终端命令。

1. GNOME 的图形界面用户管理

Fedora 提供了一个图形界面的用户管理器，允许查看、修改、添加和删除用户和组。在 X Window 中，单击右上角的系统菜单区，在弹出的管理面板中单击登录用户右侧的箭头，窗口会列出【切换用户】【注销】和【账号设置】等与账号相关的菜单项，如图 8-1 所示。

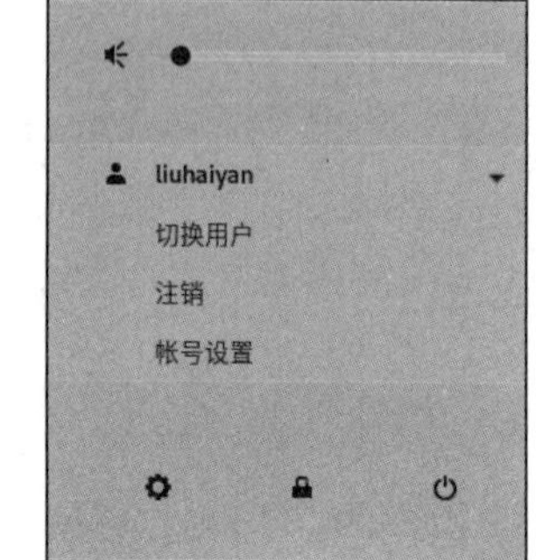

图 8-1　系统菜单中与账号有关的菜单

单击【账号设置】菜单项，打开系统的用户管理主窗口，如图 8-2 所示。也可以通过运行设置程序打开用户管理主窗口：单击【活动】按钮，在浮动面板上单击【显示应用程序】图标，在应用程序列表中单击【设置】图标，在设置窗口左侧选项列表中单击【详细信息】。在详细信息窗口左侧单击【用户】选项，也可以打开如图 8-2 所示的用户管理主窗口。

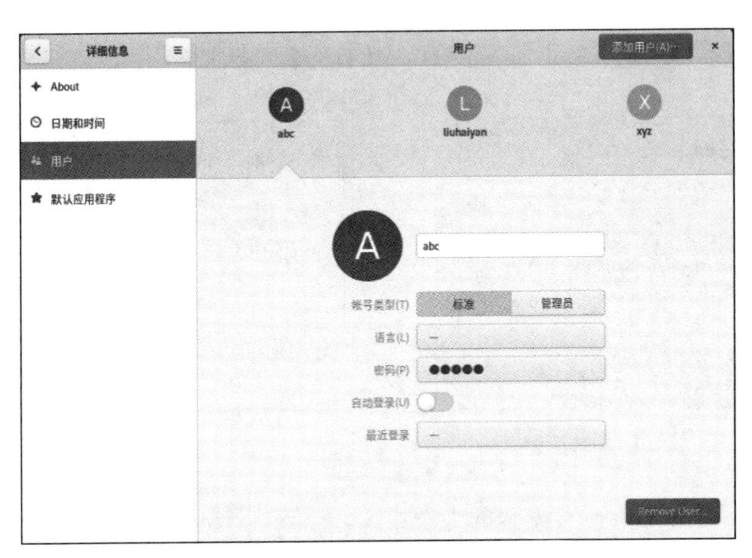

图 8-2　root 登录后的用户管理主窗口

用户管理主窗口右侧上方列出系统当前存在的用户账号，右侧下方显示选中账号的信息。如果当前登录用户是 root，那么窗口右上角会显示一个【添加用户】按钮。root 用户可以对所有其他用户进行管理，包括添加用户、删除用户、修改账号类型、设置密码、设置是否自动登录等。所谓“自动登录”，是指不需输入密码就可以用指定用户身份登录。

如果当前登录用户是普通用户，那么默认只能修改自己的密码，其他用户的信息只能查看但不能修改，并且窗口右上角会显示一个【解锁】按钮，如图 8-3 所示。

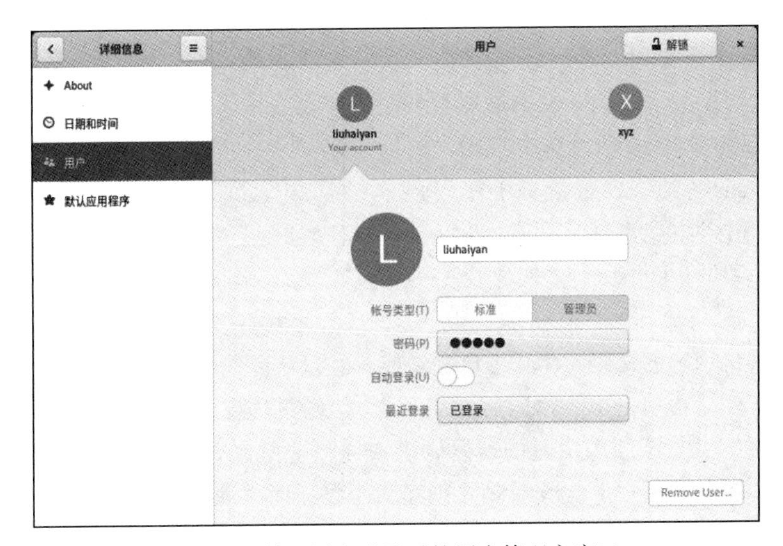

图 8-3　普通用户登录后的用户管理主窗口

如果是普通用户登录后打开管理窗口，那么单击图 8-3 右上角的【解锁】按钮，打开如图 8-4 所示的认证对话框。在这里输入用户的密码，然后单击【认证】按钮进行认证。认证通过之后返回主窗口，此时原来的【解锁】按钮已经变成了【添加用户】按钮。经过认证后的普通用户可以对所有用户进行管理。

若要修改自己的密码，则单击下方密码后面显示为黑点的按钮，打开“更改密码”对话框，如图 8-5 所示。必须先输入当前的密码，然后再输入新密码。

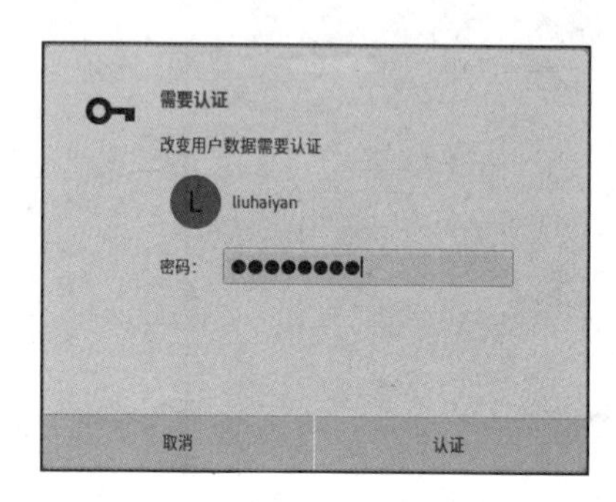

图 8-4 认证用户对话框

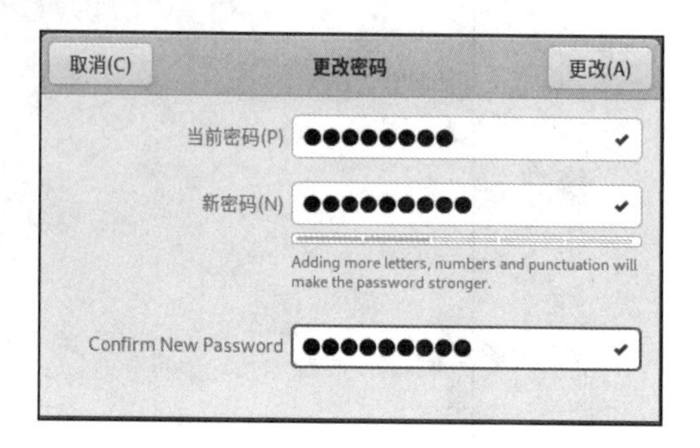

图 8-5 “更改”密码对话框

若要添加用户，则单击右上角的【添加用户】按钮，打开如图 8-6 所示的“添加用户”对话框。首先选择账号类型。其中，“管理员”类型表示该用户可以通过 sudo 执行需要 root 权限才能执行的命令。然后输入用户的全名和用户名。

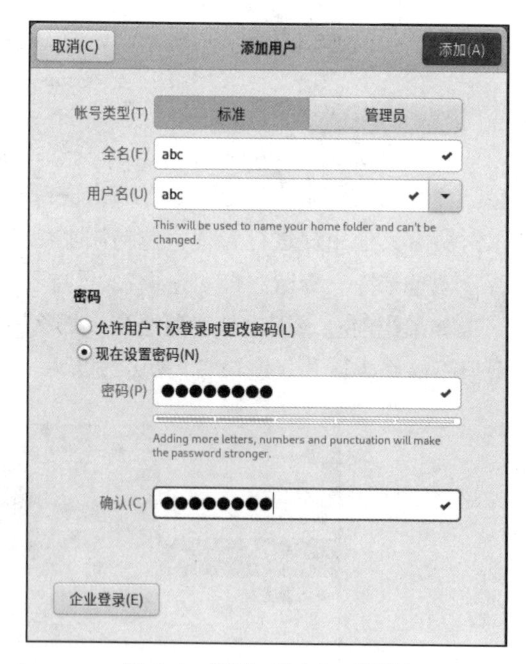

图 8-6 “添加用户”对话框

密码设置提供两个选项，如果选择第 1 个选项“允许用户下次登录时更改密码”，那么该用户当前的密码被清空，下次使用该用户登录时必须输入新密码，如图 8-7 所示。

如果选择第 2 个选项“现在设置密码”，那么下方的“密码”和“确认”文本框变为可编辑状态，可以为该用户输入新的密码。注意，只有当输入的密码符合系统关于密码强度（即密码的安全性）的要求，并且“密码”和“(确认)”一致时，【更改】按钮才会变为可用状态。

若要修改其他用户的密码（root 用户登录或者经过认证的普通用户），那么首先在用户列表中选中用户，然后再单击下方密码后面显示为黑点的按钮，打开如图 8-8 所示的修改其他用户密码的对话框。与添加用户时的密码处理一样，这里也有两个选项：“允许用户下次登录时更改密码”表示该用户下次登录时要创建新密码，而“现在设置密码”则表示直接输入该用户的新密码。

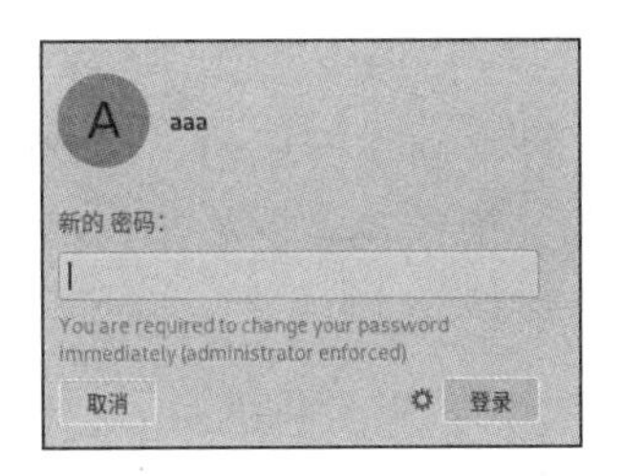

图 8-7　登录时需要输入新密码

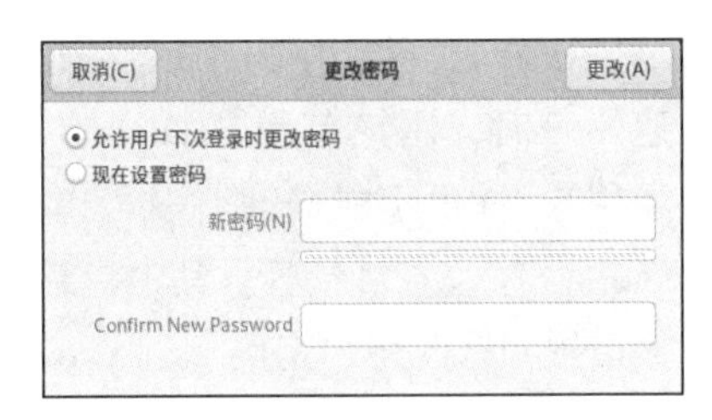

图 8-8　“更改密码”对话框

2. 使用终端命令管理用户

用户管理可以通过终端命令直接完成。

（1）增加用户

useradd 命令由 root 执行来创建新用户，该命令的一般格式为：

```
useradd [选项] <用户名>
```

其中，<用户名>表示要创建用户的用户名。

例如，下述命令将新建一个用户名为 user1 的用户：

```
useradd  user1
```

useradd 命令中的选项用于设置新添用户的属性。主要选项如下。

- -d <dirName>：默认情况下，useradd 命令将会在 /home 目录下新建一个与用户名相同的用户主目录。如果需要另外指定用户主目录，那么可以使用 -d 选项，例如命令

  ```
  useradd  -d  /home/xf   user1
  ```

  使得新用户 user1 的主目录为 /home/xf 而不是默认的 /home/user1。

- -s <ShellName>：每个用户登录时都将获得一个 Shell 程序，默认的 Shell 为 /bin/bash，选项 -s 为用户指定一个 Shell。如果不想让这个用户正常登录，可以指定该用户的 Shell 程序为“/bin/false”，这样该用户即使登录，也不能够执行 Linux 下的命令。

- -g <gName>：Fedora Linux 使用用户私人组（user private group，UPG）方案。UPG 方案并不添加或改变 UNIX 处理组的标准方法，它只不过提供了一个新约定，默认地，每当创建一个新用户的时候，一个与用户名相同的组就会被创建，而这个用户就是该组的成员。如果想让新的用户归属于一个已经存在的组，则可以使用选项 -g。例如命令

  ```
  useradd  -g  xxx  user
  ```

  创建的新用户 user 是组 xxx 中的一员。

  在 Linux 系统中，一个用户可以属于一个组，也可以属于多个组，其中用户在初始化时属于的组称为主组。如果要让用户属于其他的组，应该使用选项“-G <组列表>”，例如命令

  ```
  useradd  -G  ogrp  xxx
  ```

  使得已经建立的用户 xxx 再属于组 ogrp。

- -u <uid>：指定新用户的 UID。默认情况下，新建的第一个用户的 UID 为 1000，以

后依次递增。指定的 UID 在系统中必须是唯一的。

创建用户时，用户名和 UID 不能与其他用户冲突，否则创建不成功。用户创建之后，用户名和用户 ID 也不能修改，但可以放心地修改用户的其他信息，例如用户的附加信息、密码、Shell 程序、主目录等。其中，最常用的是修改用户密码。

（2）设置和修改用户密码

添加用户后，这个用户还不能够登录，因为还没给它设置密码。Linux 系统中的每一个用户除了有用户名以外，还有其对应的密码，没有密码的用户是不能够登录系统的。可以使用 passwd 命令为用户设置或者修改密码。该命令的一般格式为：

```
passwd  [用户名]
```

其中，用户名为需要修改密码的用户名。只有超级用户可以使用“passwd 用户名”修改其他用户的密码，普通用户只能用不带参数的 passwd 命令修改自己的密码。用户 lhy 修改自己密码的过程如图 8-9 所示。超级用户修改其他用户（xyz）的密码的过程如图 8-10 所示。

```
[lhy@localhost ~]$ passwd
更改用户 lhy 的密码 。
Current password:
新的 密码:
重新输入新的 密码:
passwd: 所有的身份验证令牌已经成功更新。
```

图 8-9　普通用户修改自己密码

```
[root@localhost lhy]# passwd xyz
更改用户 xyz 的密码 。
新的 密码:
重新输入新的 密码:
passwd: 所有的身份验证令牌已经成功更新。
```

图 8-10　root 修改其他用户的密码

输入新密码，并且重新输入正确后，这个新密码被加密并放入 /etc/shadow 文件。默认情况下，在修改用户密码之前，Fedora 系统首先对密码的强度进行检查，如果密码强度不够，则不对密码进行修改。选取一个不易被破译的密码是很重要的，选取密码应遵循如下规则：

- 密码应该至少有 8 个字符。
- 密码应该是大小写字母、特殊符号和数字混合的。
- 密码最好不要是某些容易被猜出的单词。

（3）删除用户

删除用户的命令为 userdel，该命令的格式为：

```
userdel  <用户名>
```

但这个命令仅删除用户账号，而该账号创建的文件还会保留在系统中。如果系统不想保存这些文件，可以使用带选项的命令：

```
userdel  -r  <用户名>
```

（4）修改用户属性

除了在添加用户时指定它的主目录、Shell 和所属的组外，还可以使用 usermod 命令修改一个用户的属性，usermod 命令格式为：

```
usermod  -g<主组名>  -G <组名>  -d <用户主目录>  -s <用户 Shell>
```

（5）增加用户组

命令 groupadd 用于创建新的用户组，命令格式为：

```
groupadd <新组名>
```

（6）删除用户组

命令 groupdel 用于删除指定的用户组，命令格式为：

```
groupdel <组名>
```

（7）修改组成员

如果需要将一个用户加入一个组，除了使用上面介绍的 useradd 或者 usermod 命令以外，还可以直接编辑 /etc/group 文件，将用户名写到对应的组名的后面。

例如，将 newuser 用户加入到 softdevelop 组，只需找到 softdevelop 这一行：

```
softdevelop:x:1006:user1,user2
```

在后面加上“, newuser”即可。

8.1.3 用户间切换

用户在使用 Linux 系统过程中，可能临时需要以其他用户的身份进行操作。例如，要创建一个新用户，需要以 root 用户的身份操作。可以注销当前用户，以新的用户身份登录。但如果只是临时操作的需要，那么可以临时切换用户的身份，操作完成后返回原来身份。

1. 图形界面切换用户

单击桌面右上角的系统菜单区，在弹出的管理面板中单击当前登录用户右侧的箭头，则登录用户下面出现 3 个用户相关菜单项：【切换用户】【注销】【账号设置】。单击【切换用户】命令，则弹出系统登录界面。单击要切换的用户名，输入用户密码后，登录成功。

切换用户后，在桌面环境进行的所有操作都是以新切换的用户的身份进行的。注销该用户时，回到切换前用户的登录界面，输入密码后返回到切换前的用户。

2. 命令行中切换用户

在命令行环境下，或者在桌面系统的终端中，可以使用 su 命令切换用户身份。使用 su 命令，可以让一个普通用户拥有超级用户或其他用户的权限，也可以让超级用户以普通用户的身份做一些事情。当普通用户使用这个命令时必须有超级用户或其他用户的密码。

该命令的一般形式为：

```
su [选项] [-] [切换目标用户名]
```

说明：若没有指定切换目标用户名，则系统默认为用户 root。

该命令中主要选项的含义如下。

- -c <command>：表示在执行完命令“command”后就切换用户。
- -：表示在切换用户的同时也改变环境变量。
- -m：表示在切换用户时保留环境变量不变。

例如，如果要切换成 root 用户，则执行命令：

```
$ su
password: [输入 root 的密码]
```

如果切换到用户 xyz，并且删除 xyz 主目录下的目录 mydir 就结束，可以执行下述命令：

```
$ su  -  -c "rmdir mydir"  xyz
```

使用 su 命令切换用户身份后，如果要离开当前的用户身份，可以使用 exit 命令。

8.1.4　用户配置文件

在 Linux 系统中所做的一切配置都反映到相应的配置文件中，用户管理也不例外。用户和组的配置信息保存在系统“/etc/”目录下的 4 个文件“passwd”“shadow”“group”“gshadow”中，可以通过直接编辑这 4 个文件来实现用户管理。

1. 用户账号文件 /etc/passwd

Linux 的所有用户账号数据全部记录在 /etc/passwd 文件中，每一行存储一个用户的账号信息。每一行的信息包含如下几个域。

- 用户名：用户的用户名。
- 密码：通常是一个“x”，表示密码已被加密，加密后的密码存储在 /etc/shadow 文件中。
- UID：每个用户账号都有一个唯一的 ID 号，即 UID，它是一个整数。系统自动建立的用户 UID 小于 1000，而新建的第一个用户的 UID 为 1000，以后依次递增。其中 root 账号的 UID 为 0，具有超级用户权限。
- GID：用户所属的组的 ID。每个组也都具有不同的 GID，关于组的信息存储在 /etc/group 文件中。
- 用户全名：这是用户的全名，可以为空。
- 主目录：在默认状态下，每个用户都有一个主目录，root 用户的主目录是 /root，新建用户的主目录默认为 /home/< 用户名 >，例如，用户 jack 的主目录为 /home/jack。
- 登录 Shell：设置用户在登录时使用的 Shell，系统默认使用 /bin/bash。用户也可以在登录后使用 chsh 命令更改当前使用的 Shell。

上述各域之间以冒号分隔，例如：root：x：0：0：root：/root：/bin/bash。注意：/etc/passwd 文件的访问权限为 644，除了该文件的拥有者 root 用户具有读和写的权限以外，其他用户仅有读权限。

出于安全性的考虑，Linux 系统建议为不同类型的应用建立不同的账号，并详细设置各用户的权限，这样某个用户的操作不至于破坏其他用户和整个系统。系统默认已经建立了一些用户，默认建立的用户个数及用户名与系统安装的软件有关。下面是 /etc/passwd 文件的一个示例：

```
root:x:0:0:root:/root:/bin/bash
bin:x:1:1:bin:/bin:/sbin/nologin
daemon:x:2:2:daemon:/sbin:/sbin/nologin
......
lhy:x:1000:1000:liuhaiyan:/home/lhy:/bin/bash
xyz:x:1001:1001::/home/xyz:/bin/bash
abc:x:1002:1002::/home/abc:/bin/bash
```

其中，root 是必有的用户；lhy 是首次启动时创建的普通用户。他们之间的其他用户都是系统默认创建的，从其用户名大致可以看出各自的用途。

2. 用户密码文件 /etc/shadow

老版本的 Linux 把用户密码以加密的形式存储在文件 /etc/passwd 中。由于该文件对任何人都可读，因而存在安全隐患。后来发布的 Linux 系统都使用了隐藏（Shadow）套件来加强密码文件的安全性。使用密码隐藏技术后，/etc/passwd 文件仍保持可读性，但不再包含密码信息，密码字段以“x”代替，用户的密码被加密后保存在 /etc/shadow 文件中。

/etc/shadow 文件除了包含加密后的密码信息外，还可以包含其他一些与用户相关的可选信息。默认安装的 Fedora 30 应用 Shadow 机制，并使用 SHA- 512 对密码进行加密。

/etc/shadow 文件是根据 /etc/passwd 文件产生的，其格式也相近，一行存储一个用户的信息。

- 用户名
- 加密后的用户密码
- 从 1970 年 1 月 1 日到密码最后修改之日的天数
- 在多少天内密码不能被修改
- 在多少天后密码必须被修改，为 0 表示没有时间限制
- 提前多少天发出修改密码的警告
- 账号过期之后，多长时间内仍保留账号，在此之后账号将失效
- 从 1970 年 1 月 1 日开始算起到账号失效之日的天数
- 保留域，以备将来使用

各域之间以冒号分隔，例如：

```
    root:$6$NrRkidX5S2RkvMRY$0ZJpPVHCEpD4yHgqIK54NWd2LgDa36i5kJxG6M1vy2XMG7YhUiuWuIvKiR
Xa2.s5Iz.5hMU.Kwq9XbIAP2Jza.:18100:0:99999:7:::
```

注意：/etc/shadow 文件的访问权限为 400，除了该文件的拥有者 root 用户可以读取该文件，其他用户无任何访问权限。下面是 /etc/shadow 的一个示例文件：

```
    root:$6$NrRkidX5S2RkvMRY$0ZJpPVHCEpD4yHgqIK54NWd2LgDa36i5kJxG6M1vy2XMG7YhUiuWuIvKiR
Xa2.s5Iz.5hMU.Kwq9XbIAP2Jza.:18100:0:99999:7:::
    bin:*:17995:0:99999:7:::
    daemon:*:17995:0:99999:7:::
    ......
    lhy:$6$EeH6OL/E$cQ06920Z2wUaRuEQZahwzRNsNjD8xAMuM8XhcOJgb3w7v060Nni2eY4o24z1BPKMcca
yBzw8DXRnd5WDThI/L1:18100:0:99999:7:::
    xyz:$6$AtPx0aVjxlNyt2C3$ReSndBp2xbl1OaeMpd0Y8NDPsGvvjVazJjUoc6z0e1w5dAurca1DXsdwSTn
trB0vyO6jNconifcEW7vrh1lpk/:18107:0:99999:7:::
    abc:$6$TjfR1.VRTSCuu3cu$w5Wn/IwoPtxmtb00n9/MtHlK53uqnQL8rzYnaop1U9ckZrSGK6oeh56u.sc
V5QPU3NKvaa0pHIagk2KriFj1e1:18107:0:99999:7:::
```

在该文件中，root、lhy、xyz、abc 用户的密码域都是以“ $”开始的字符串，表示这是加密后的密码。而其他用户的密码域都是“ *”。如果密码域是以“ *”或者“ !”等为起始字符的字符串，则表示这些用户无法正常登录系统。

3. 组账号文件 /etc/group

在 Linux 系统中，所有组账号数据都记录在 /etc/group 文件中，一行表示一个组的信息。

- 组名。
- x 表示加密的组密码，密码的相关信息存储在 /etc/gshadow 文件中，其形式与 /etc/shadow 相似。
- 组 ID（GID），系统生成的组 ID 小于 1000，管理员新建的第一个组 ID 为 1000，以后依次递增。
- 该组包含的用户账号列表，以逗号分隔。

各域之间以冒号分隔，例如：

```
bin: x: 1: root, bin, daemon
```

下面是 /etc/group 的一个示例：

```
root:x:0:
bin:x:1:
daemon:x:2:
……
lhy:x:1000:
xyz:x:1001:
abc:x:1002:
```

4. 组密码文件 /etc/gshadow

组账号的密码加密后保存在文件 /etc/gshadow 中。文件的每一行为组账号的密码信息。

- 组账号名
- 加密后的密码
- 组管理员列表，以“,”分隔
- 组成员列表，以“,”分隔

下面是 /etc/gshadow 文件的一个示例：

```
root:::
bin:::
daemon:::
……
lhy:!::
xyz:!::
abc:!::
```

组密码加密的方法与用户密码加密的方法相同。在上面的示例文件中，所有组的密码都没有加密。

8.1.5　账号管理和查看命令

在 Linux 系统中还有几个与账号管理和查看有关的命令，这些命令方便了管理员的日常维护工作。

1. whoami

whoami 命令的功能是显示用户自身的用户名。系统管理员通常需要使用多种身份操作系统，例如一般以普通用户身份登录，再以 root 身份对系统进行管理。这时就可以使用 whoami 查看当前用户的身份。

命令格式：

```
whoami
```

2. who

who 命令用于查询当前系统中都有哪些用户。who 命令的常用语法格式如下：

```
who[ 选项 ]
```

who 命令输出的各个域及其含义如表 8-1 所示。

表 8-1　who 命令输出各个域

USER	LINE	LOGIN-TIME	IDLE	PID	FROM
用户名	用户登录使用的终端	用户登录时间	用户空闲时间	用户登录 Shell 的进程 ID	用户网络地址

不使用任何选项时，who 命令将显示 USER、LINE、LOGIN-TIME 三项内容。

如果只给出选项 “am I”，那么 who 命令将只显示运行 who 程序的用户名、登录终端和登录时间。

选项如下。

- -m：和 “who am I” 的作用一样。
- -q 或者 --count：只显示用户的登录账号和登录用户的数量。
- -u：在登录时间后面显示该用户最后一次对系统进行操作至今的时间。
- -H 或者 --heading：显示列标题。

例如：

如果需要查看在系统上究竟有哪些用户，可以直接使用 who 命令。

```
[root@localhost lhy]# who
lhy      tty3         2019-07-15 21:03 (tty3)
xyz      tty4         2019-07-15 21:51 (tty4)
root     tty5         2019-07-15 21:57 (tty5)
[root@localhost lhy]#
```

可以看到，当前系统共有 3 个用户登录，分别是 root、lhy 和 xyz。

要查看登录用户的详细情况，可以使用命令 “who –uH”。

```
[root@localhost lhy]# who -uH
名称    线路        时间              空闲   进程号  备注
lhy      tty3         2019-07-15 21:03 11:08       6101 (tty3)
xyz      tty4         2019-07-15 21:51 11:08       7973 (tty4)
root     tty5         2019-07-15 21:57 11:08       9957 (tty5)
[root@localhost lhy]#
```

其中，-u 选项指定显示用户空闲时间。可见，该命令的执行结果中多了一项 “空闲”，即用户的空闲时间。

3. w 命令

该命令也用于显示登录到系统的用户情况，与 who 相比，w 命令功能更加强大，它不但可以显示有谁登录到系统，还可以显示出这些用户当前正在进行的工作，并且给出更加详细和科学的统计数据。可以认为 w 命令就是 who 命令的一个增强版。

语法格式如下：

```
w -[husfV] [<user>]
```

参数的含义如下。

- -h：不显示标题。
- -u：列出当前进程和 CPU 时间时忽略用户名。这主要是用于执行 su 命令后的情况。
- -s：使用短模式，即不显示登录时间、JCPU 和 PCPU 时间。
- <user>：只显示指定用户的相关情况，w 命令默认显示所有用户的情况。

例如：

要显示当前登录到系统的用户的详细情况，可以使用 w 命令。

```
[root@localhost lhy]# w
 23:03:26 up  4:42,  3 users,  load average: 0.14, 0.07, 0.08
USER     TTY        LOGIN@   IDLE   JCPU   PCPU WHAT
lhy      tty3      21:03   11:09m  1:39  15.85s /usr/bin/vmtoolsd -n vmusr
xyz      tty4      21:51   11:09m 30.61s  0.00s /usr/libexec/gsd-disk-utility-n
root     tty5      21:57   11:09m 43.42s  0.85s /usr/libexec/tracker-miner-fs
[root@localhost lhy]#
```

其中，WHAT 为当前进程。JCPU 指的是和该终端连接的所有进程占用的时间，这个时间里并不包括过去的后台作业时间，但包括当前正在运行的后台作业所占用的时间。PCPU 则是指当前进程所占用的时间。

8.2　文件访问权限管理

Linux 是多用户操作系统，多用户的本质就是让不同的用户能够访问不同的文件。root 用户可以访问任何文件，因此拥有最高权限。一个用户是否可以访问一个文件是由文件的属性决定的。

8.2.1　文件权限表示

文件或目录的访问权限分为可读、可写和可执行 3 种。以文件为例，读权限表示允许读文件的内容，写权限表示可以更改文件的内容，可执行权限表示允许将该文件作为一个程序执行。文件被创建时，文件拥有者自动拥有对该文件的读、写权限，以便于文件的阅读和修改。

不同用户可以对相同的文件具有不同的访问权限，Linux 文件系统将用户分为 3 个层次，即拥有者、所属群组、其他，分别授予不同的权限。

- 拥有者（owner）权限：拥有文件的用户（通常是文件的建立者）具有的访问权限。
- 与拥有者同组用户的权限：文件拥有者所在组的其他用户对该文件的访问权限。
- 其他用户（other）权限：与文件拥有者不在同一组的用户对该文件的访问权限。

使用命令 ls -l 可以列出文件的拥有者及授权。例如：

```
[lhy@localhost ~]$ ls -al /etc/passwd
-rw-r--r--. 1 root root 2697  7月  15 22:26 /etc/passwd
```

各输出字段的含义如下：

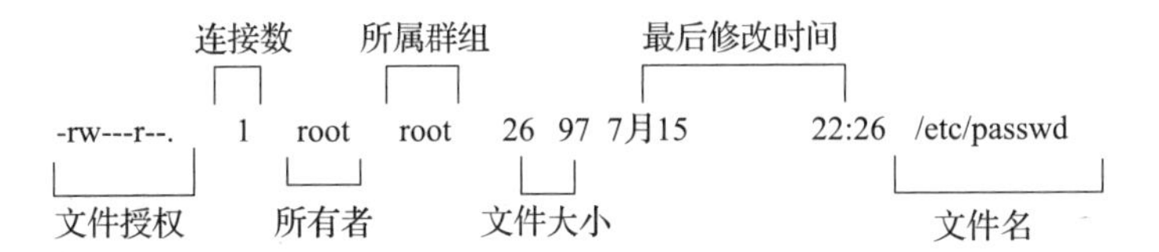

其中，输出的第 1 个字符用于描述文件类型，可能的取值有：-、d、l、b、c、s、p。“-”代表这是一个普通文件；“d”代表这是一个目录；“l”代表这是一个软连接；“c”代表这是字符设备；“b”代表这是一个块设备；“s”代表 socket 文件；“p”代表这是一个命名管道。

从第 2 个字符开始的连续 9 个字符是文件的授权，3 位一组，分别授予拥有者、所属群组和其他用户。3 位中，第 1 位代表是否可读，“r”表示可读，“-”表示不可读；第 2 位代表是否可写，“w”代表可写，“-”代表不可写；第 3 位代表是否可执行，“-”代表不可执行，一般用“x”代表可执行。

在 Linux 系统中，当一个用户要访问一个文件时，系统就读取这个文件的属性和权限信息，与当前用户的 UID 和 GID 进行比对，来确定当前用户是文件的拥有者，还是与其属同组用户，还是毫无关系。然后根据这些比对结果和用户所执行的动作来判读是否满足权限要求，只有满足权限要求的操作才允许进行。

除了上面说到的可读、可写、可执行权限外，文件的授权中还有两个特殊权限，分别是“s”和“t”。“s”可以出现在文件拥有者的 x 权限位和文件所属组的 x 权限位上，前者称为 SetUID，即 SUID，后者称为 SetGID，即 SGID。“t”可以出现在文件其他用户的 x 权限位上，称为 Sticky Bit，简称 SBIT。

SUID 和 SGID 仅用于可执行程序，SUID 表示执行程序时执行者对于该程序具有文件拥有者的权限，SGID 表示执行程序时执行者对该程序具有文件所属用户组的权限。这两种权限对于某类程序具有重要意义。例如，修改用户口令的程序 passwd，它允许普通用户执行该命令修改自己的口令。但是，修改的口令要写入 /etc/shadow 文件，而该文件只有 root 才能读写，为此程序 passwd 程序必须是所有用户都可执行，并且拥有 SUID 权限。

```
[root@localhost lhy]# ls -al /bin/passwd
-rwsr-xr-x. 1 root root 43296  2月  2 01:23 /bin/passwd
```

SBIT 仅对目录有效，表示当用户在此目录下创建了文件或者目录时，仅自己和 root 才有权删除文件。SBIT 的典型应用是临时文件夹“/tmp”，这个目录允许任何用户在里面创建文件。但是为了避免创建的文件被其他人误删，因而设置了 SBIT，使得自己创建的文件仅能由自己或者 root 删除。

```
[root@localhost lhy]# ls -al /tmp
总用量 24
drwxrwxrwt. 25 root                root              600  7月  15 23:07 .
dr-xr-xr-x. 18 root                root             4096  4月  25 22:24 ..
drwx------.  2 root                root               60  7月  15 21:57 .esd-0
drwx------.  2 lhy                 lhy                60  7月  15 21:03 .esd-1
000
```

8.2.2　文件权限管理

1. 图形界面的文件权限管理

在 X Window 下，使用文件管理器打开文件所在目录。右键单击文件，在快捷菜单中选择【属性】菜单项，打开文件的“属性”对话框，如图 8-11 所示。单击“权限”选项卡，显示文件当前的访问权限，如图 8-12 所示。可以通过“访问”右侧的下拉箭头来更改文件的访问权限为“只读”还是“读写”。在图 8-12 窗口的下部有个“允许文件作为程序执行”选择框，选中该框，则可以将该文件置为“可执行”。

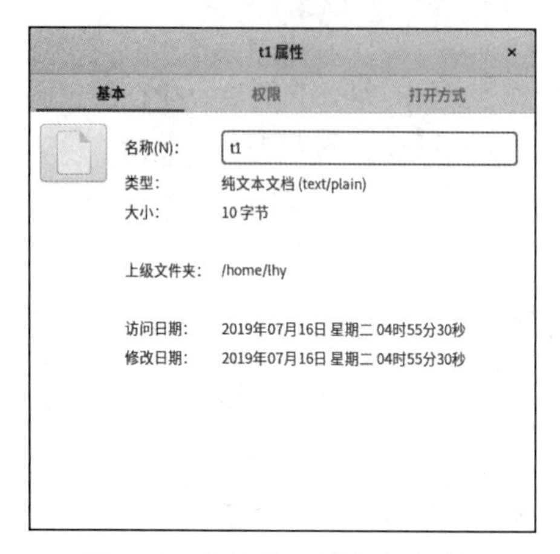

图 8-11　文件的“属性”对话框

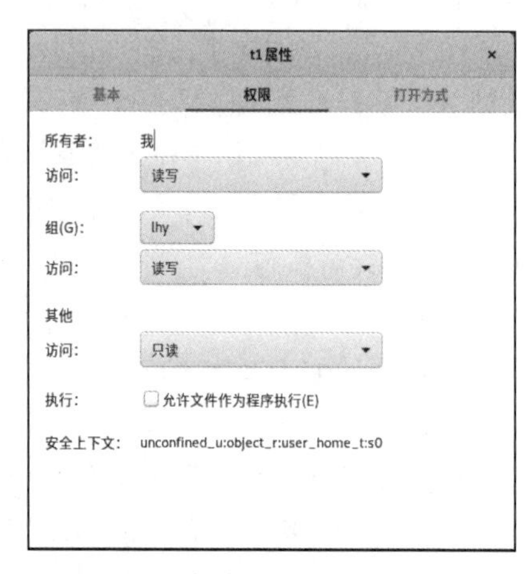

图 8-12　文件权限设置窗口

2. 通过命令管理文件权限

可以通过执行终端命令来修改文件的访问权限。

（1）更改文件拥有者

更改文件拥有者命令 chown 的命令格式为：

```
chown [选项] <user>[:<group>] <file>...
```

说明：一般来说，chown 命令只能由 root 使用，一般用户没有权限改变别人的文件的拥有者，也没有权限将自己的文件的拥有者设置为别人。

命令参数的含义如下。

- <user>：新的文件拥有者的用户名。
- <group>：新的文件拥有者的组。
- -c：只有该文件的拥有者确实已经更改了才显示其更改动作。
- -f：即使该文件拥有者无法被更改也不显示错误信息。
- -h：只对链接进行变更，而非该链接真正指向的文件。
- -v：显示变更的详细信息。
- -R：对当前目录下的所有文件及子目录进行相同的拥有者变更操作，即递归变更。

例如：

要将文件 file1.txt 的拥有者设为 users 组的用户 xyz，可执行命令：

```
chown xyz:users file1.txt
```

要将当前目录下的所有文件及子目录的拥有者皆设置为 users 组的用户 xyz。

```
chown  -R  xyz:users  *
```

（2）更改文件访问权限

更改文件访问权限命令 chmod 的命令格式为：

```
chmod [选项] <mode> <file>...
```

说明：该命令根据 mode 给定的模式来设置文件 file 的访问权限。

命令参数的含义如下：

<mode> 为权限设定字串，格式为 [ugoa][[+-=][rwxX]...][…]，其中，

- u 表示该文件的拥有者，g 表示与该文件的拥有者属于同一个组的用户，o 表示其他用户，a 表示以上三者。如果没有指定这几个符号，则默认是 a。
- + 表示增加指定权限，- 表示取消指定权限，= 表示设定权限等于指定权限。
- r 表示可读取，w 表示可写入，x 表示文件可执行或者目录可访问，X 表示只有当该文件是目录或者该文件已经对某个用户设定过可执行时才可执行。
- 选项 -c、-f、-v、-R 的含义与命令 chown 的选项含义相同。

例如：

将文件 file1.txt 设置为所有人皆可读取。

```
chmod ugo+r file1.txt
```

或者：

```
chmod a+r file1.txt
```

将文件 file1.txt 与 file2.txt 设置为该文件拥有者以及其所属组可写入、其他以外的人不可写入。

```
chmod ug+w,o-w file1.txt file2.txt
```

将当前目录下的所有文件与子目录皆设置为任何人可读取。

```
chmod -R a+r *
```

chmod 也可以用数字来表示权限，语法为：

```
chmod  abc file
```

其中，a、b、c 各为一个数字，分别表示拥有者、所属组及其他人的权限。权限是关于可读（r）、可写（w）、可执行（r）3 个属性设置值的和，其中 r=4，w=2，x=1。

- 若要 rwx 属性，则 4+2+1=7；
- 若要 rw- 属性，则 4+2=6；
- 若要 r-x 属性，则 4+1=7。

例如：

chmod a=rwx file 和 chmod 777 file 的效果相同。

chmod ug=rwx, o=x file 和 chmod 771 file 的效果相同。

（3）st 位设置

要设置程序的 SUID、SGID 或者 SBIT，可以通过 chmod 命令实现。命令“ chmod u+s file”为 file 设置 SUID 位，命令“chmod g+s file”为文件 file 设置 SGID 位，命令“chmod o+t file”为文件设置 SBIT 位。

也可以通过数字法设置文件的“ s”和“ t”权限，只需将原来的 3 位数字扩展成 4 位即可。后 3 位还是上面的拥有者、所属组及其他人的权限，最前面一位则表示 SUID、SGID、SBIT。其中，SUID 用 4 代表，SGID 用 2 代表，SBIT 用 1 代表。例如，文件 file 要设置 rwx 权限为 777，如果要增加设置 SUID，则执行“chmod 4777 file”命令即可。

8.3 进程管理

8.3.1 进程的概念

Linux 是一个多任务的操作系统。多任务是指 Linux 可以同时执行几个任务，由操作系统管理多个用户的请求和多个任务。大多数系统都只有一个 CPU 和一个主存，但一个系统可能有多个二级存储磁盘和多个输入 / 输出设备，操作系统管理这些资源，并在多个用户间共享资源。

Linux 用分时管理方法使所有的任务共同分享系统资源。当执行一个任务时，用户觉得系统只被自己独自占用，而实际上，操作系统监控着一个等待执行的任务队列，这些任务包括用户作业、操作系统任务、邮件和打印作业等。操作系统将 CPU 的时间分成一个一个片断，称为时间片，操作系统根据每个任务的优先级为每个任务分配合适的时间片，每个时间片大约有零点几秒，虽然看起来很短，但实际上已经足够计算机完成成千上万条的指令。一个任务被系统运行一段时间后挂起，系统转而处理其他任务，过一段时间以后再回来处理这个任务，直到该任务完成，从任务队列中去除。

程序在被 CPU 执行时，可被称为进程，进程与程序是有区别的，虽然它由程序产生。程序是一组静态的指令和数据的集合，不占系统的运行资源（如 CPU 和内存）；而进程是一个动态的、占用着系统资源的指令和数据集合。一个程序可以启动多个进程。Linux 操作系统包括 3 种不同类型的进程，每种进程都有自己的特点和属性。

- 交互进程——由 Shell 启动的进程。
- 批处理进程——这种进程和终端没有联系，是一个进程序列。
- 守护进程——在后台持续运行的进程。

上述 3 种进程各有各的作用，使用场合也有所不同。

8.3.2 启动进程

执行一个程序，其实也就是启动了一个进程。在 Linux 系统中每个进程都有一个进程号（pid)，用于系统识别和调度进程。启动一个进程有两个主要途径：手工启动和调度启动，后者事先根据用户的要求进行设置，在满足条件时自行启动。

1. 手工启动进程

由用户输入命令，直接启动一个进程便是手工启动进程。手工启动进程又可以分为前台进程和后台进程。所谓前台，是指一个进程控制着标准输入和输出。在程序执行时，Shell 暂时挂起，程序执行完毕后回到 Shell。前台进程运行时，在同一个控制台上用户不能再执行其他的程序。本书前面介绍的内容，凡是在控制台启动的都是前台进程。所谓后台进程，是指一个程序不从标准输入设备接受输入，一般也不将结果显示到标准输出上。一些运行时间较长、运行时不需要用户干预的程序适合运行在后台。

（1）启动前台进程

这是手工启动一个进程的最常用的方式。一般地，用户键入一个命令，例如“ls -l”，就已经启动了一个进程，而且是一个前台进程。实际上这时系统已经处于一个多进程状态，因为有许多运行在后台的、系统启动时就已经自动启动的进程正在悄悄地运行着。

（2）启动后台进程

如果用户要启动一个需要长时间运行的进程，并且不急于需要结果，那么可以手工启动一个从后台运行的进程。例如，要启动一个网络监控服务器程序 myserver，由于该程序可能长时间运行，且不需要与用户交互，因此可以放在后台运行。

```
# myserver&
```

可见，启动后台进程其实就是在命令结尾加上一个“&”符号。键入命令以后，出现一个数字，这个数字就是该进程的编号，然后就出现了 Shell 提示符。用户可以继续其他工作。

手工启动前台进程和启动后台进程有个共同的特点，就是新进程都是由当前的 Shell 进程产生的。也就是说，是 Shell 创建了新进程，这种关系称为进程间的父子关系。这里 Shell 是父进程，而新进程是子进程。一个父进程可以有多个子进程，一般地，子进程结束后才能继续父进程；但如果子进程是后台进程，父进程就不等待子进程结束了。

除了手工启动进程外，有些任务可以预先安排好了让其自动运行，这就是调度启动进程。

2. 调度启动进程

Linux 系统提供了几个调度启动命令。

（1）at 命令

at 命令用于在指定时刻执行指定的命令序列。通过 at 执行命令有以下两种方法。

- 在 Shell 提示符下输入“at <时间>”，然后按 Enter 键。这时在下一行 Shell 会等待用户继续输入要执行的命令。每一行输入一个命令，所有命令都输入完毕后按 Ctrl+D 组合键结束。
- 将各个命令写入 Shell 脚本中，然后使用下面格式设置在指定时间执行 Shell 脚本中的命令：

```
at 时间 -f <脚本文件>
```

at 允许使用一套相当复杂的指定时间的方法，实际上是将 POSIX.2 标准扩展了。它可以接受 hh:mm（小时 : 分钟）格式的时间，指定在某个时间运行程序，如果该时间已经过去，那么就放在第 2 天执行。也可以使用 midnight（深夜）、noon（中午）、teatime（饮茶时间，一般是下午 4 点）等比较模糊的词语来指定时间。还可以采用 12 小时计时制，在时间后面加上 AM 或者 PM 来说明是上午还是下午。

也可以指定命令执行的具体日期，日期格式为 month day（月日）或者 mm/dd/yy（月 / 日 / 年）或者 dd.mm.yy（日 . 月 . 年）。指定的日期必须跟在指定的时间的后面。

用户还可以使用相对计时法，格式为：now + 数字 + 时间单位，now 就是当前时间，时间单位可以是 minutes（分钟）、hours（小时）、days（天）或者 weeks（星期）。

还可以直接使用 today（今天）、tomorrow（明天）来指定完成命令的时间。例如：指定在今天下午 5:30 执行某命令。假设现在时间是中午 12:30，2019 年 2 月 12 日，其命令格式可以是如下命令之一：

```
at 5:30pm
at 17:30
at 17:30 today
at now + 5 hours
at now + 300 minutes
at 17:30 12.2.19
at 17:30 2/12/19
at 17:30 Feb 12
```

以上这些命令表达的意义是完全一样的，所以在安排时间的时候完全可以根据个人喜好和具体情况自由选择。建议采用绝对时间的 24 小时计时法，这样可以避免由于自己的疏忽造成发生计时错误的情况。

例如，要在 3 天后下午 4 点执行文件 work 中的作业。

```
at -f work 16:00+3days
```

（2）atq 命令

该命令用于查看安排的作业序列，它将列出用户排在队列中的作业，如果是超级用户，则列出队列中的所有工作。用命令 at -l 也能列出这些任务。

```
[lhy@localhost ~]$ atq
5       Fri Jul 19 16:00:00 2019 a lhy
6       Fri Jul 19 16:00:00 2019 a lhy
4       Fri Jul 19 05:17:00 2019 a lhy
3       Tue Jul 16 17:00:00 2019 a lhy
1       Tue Jul 16 17:12:00 2019 a lhy
```

（3）atrm 命令

该命令用于删除指定的作业，语法格式如下：

```
atrm <作业> [<作业>...]
[lhy@localhost ~]$ at -l
5       Fri Jul 19 16:00:00 2019 a lhy
6       Fri Jul 19 16:00:00 2019 a lhy
4       Fri Jul 19 05:17:00 2019 a lhy
3       Tue Jul 16 17:00:00 2019 a lhy
1       Tue Jul 16 17:12:00 2019 a lhy
[lhy@localhost ~]$ atrm 1
[lhy@localhost ~]$ at -l
5       Fri Jul 19 16:00:00 2019 a lhy
6       Fri Jul 19 16:00:00 2019 a lhy
4       Fri Jul 19 05:17:00 2019 a lhy
3       Tue Jul 16 17:00:00 2019 a lhy
[lhy@localhost ~]$
```

其中，“at -d < 作业 >” 与该命令的作用相同。

（4）batch 命令

batch 命令用于低优先级运行作业，该命令和 at 命令的功能几乎完全相同，唯一的区别在于，at 命令是在指定时间执行指定命令。而 batch 却是在系统负载较低、资源比较空闲的时候执行指定命令。该命令适合于执行占用资源较多的命令。

batch 命令的语法格式也和 at 命令十分相似，具体的参数解释请参考 at 命令。一般来说，不用为 batch 命令指定时间参数，因为 batch 本身的特点就是由系统决定执行任务的时间，如果用户指定一个时间，就失去了本来的意义。而且 batch 和 at 命令都将自动转入后台，所以启动的时候也不需要加上“&”符号。

3. systemd 定时启动进程

第 7 章介绍了 systemd 管理系统和服务的功能，除此之外，systemd 还具有定时执行进程的功能。在 /usr/lib/systemd/system 目录下，有多个 .timer 文件。这些文件与 .service 和 .target 文件有着相似的结构，区别在于它们的 [Timer] 字段。例如：

```
[Timer]
OnBootSec=1h
OnUnitActiveSec=1w
```

OnBootSec 选项告诉 systemd 在系统启动 1 小时后启动这个单元。第 2 个选项告诉 systemd：自那以后每周启动这个单元一次。可以通过命令 man systemd.time 查看在线文档，了解该字段可以设置的所有选项。

systemd 的时间精度默认为 1 分钟。也就是说，它会在设定时刻的 1 分钟内运行指定单元，但不一定会精确到哪 1 秒。如果需要精确到毫秒的定时器，则可以添加下面这行：

```
AccuracySec=1us
```

此外，WakeSystem 选项（可以被设置为 true 或 false）决定了定时器是否可以唤醒处于休眠状态的系统。

4. crond 定时启动进程

前面介绍的命令都会在一定时间内完成一定任务，但是它们都只能执行一次。也就是说，系统在指定的时间完成任务之后，一切就结束了。但是在很多时候需要不断重复一些命令，这时候就需要使用 crond 来完成任务了。

crond 在系统启动时自动启动，进入后台。crond 启动后搜索 /var/spool/cron 目录，寻找以 /etc/passwd 文件中的用户名命名的 crontab 文件，将找到的这种文件载入内存。例如，一个用户名为 test 的用户，他所对应的 crontab 文件就应该是 /var/spool/cron/test。

crond 启动后，如果没有找到 crontab 文件，就转入“休眠”状态，释放系统资源。crond 每分钟“醒”过来一次，查看当前是否有需要运行的命令。如果发现某个用户设置了 crontab 文件，它将以该用户的身份去运行文件中指定的命令。命令执行结束后，任何输出都将作为邮件发送给 crontab 的所有者，或者发送给 /etc/crontab 文件中 MAILTO 环境变量中指定的用户。crond 的执行不需要用户干涉，需要用户修改的是 crontab 文件中要执行的命令序列，该命令序列由命令 crontab 形成。

（1）crontab 文件

每个用户都可以有自己的 crontab 文件。在 /var/spool/cron 下的 crontab 文件不可以直接创建或者直接修改，必须通过 crontab 命令安装。crontab 文件的每一行都有 5 个时间日期域和一个命令域。

下面列出了用户 lhy 的 crontab 文件：

```
59 23 * * * tar czvf lhy.tar.gz /home/lhy
```

表示每天 23 点 59 分备份用户 lhy 主目录下的文件到 lhy.tar.gz。

（2）crontab 命令

crontab 命令用于安装、删除或者显示用于驱动 crond 进程的 crontab 文件。crontab 命令的语法格式如下：

```
crontab [-u <user>] <file>
crontab [-u <user>]{-l|-r|-e}
```

第 1 种格式用于根据指定的文件生成一个新的 crontab 文件，如果文件名参数为“-”，则使用标准输入作为文件来源。

主要选项的含义如下。

- -u <user>：指定创建用户 <user> 的 crontab 文件。如果不指定该选项，crontab 默认修改执行本命令的用户自己的 crontab 文件。
- -l：在标准输出上显示用户的 crontab 文件。
- -r：删除用户的 crontab 文件。
- -e：使用 VISUAL 或者 EDITOR 环境变量所指定的编辑器编辑当前的 crontab 文件。当结束编辑时，编辑后的文件将自动安装。

例如，假设当前的用户名为 lhy，需要创建自己的 crontab 文件。首先使用任何文本编辑器建立一个新文件，向其中写入需要运行的命令和要定期执行的时间，然后存盘退出。假设该文件为 /tmp/lhy.cron，内容只包含如下一行文本：

```
59 23 * * * tar czvf lhy.tar.gz /home/lhy
```

表示用户 lhy 希望每天 23 点 59 分备份自己主目录下的文件到 lhy.tar.gz。

接着，使用 crontab 命令来安装这个文件。执行命令：

```
crontab  /tmp/lhy.cron
```

这样，在目录 /var/spool/cron 下就为用户 lhy 创建了一个 crontab 文件，文件名为 lhy。文件的内容如下：

```
59 23 * * * tar czvf lhy.tar.gz /home/lhy
```

不要手工编辑该文件，如果需要改变其中的命令内容，则需要重新编辑原来的文件，然后再使用 crontab 命令重新安装。

（3）crontab 源文件

要使用 crond 定期执行任务，用户必须建立自己的 crontab 源文件。可以使用任何文本编辑器建立、编辑 crontab 源文件。在 crontab 源文件中，前 5 个域指定命令被执行的时间，最后一个域是要被执行的命令。每个域之间使用空格或 Tab 键分隔。格式如下：

```
<minute> <hour> <day-of-month> <month-of-year> <day-of-week> <commands>
```

每项的含义如下：

minute	hour	day-of-month	month-of-year	day-of-week	commands
分钟	小时	一个月的第几天	一年的第几个月	一周的星期几	要执行的命令

这 6 个域的每个域都必须填入。如果不需要指定其中的某项，则可以使用符号“*”代替，“*”代表任何时间。每个时间域的合法范围如下：

时　间	合法值
minute	00 ～ 59
hour	00 ～ 23
day-of-month	01 ～ 31
month-of-year	01 ～ 12
day-of-week	0 ～ 6

用户可以在 crontab 文件中写入无限多的行以完成无限多的命令。命令域中可以写入所有可以在命令行上输入的命令和符号。所有的时间域都支持枚举，也就是说，域中可以写入多个时间值，每两个时间值中间使用逗号分隔，只要满足这些时间值中的任何一个都会执行指定命令。

例如，文本“5, 15, 25, 35, 45, 55 16, 17, 18 * * * command”表示每天下午的 4 点、5 点、6 点的 5 分、15 分、25 分、35 分、45 分、55 分时刻都执行命令 command。

要想在每周一、三、五的下午 3：00 系统进入维护状态，重新启动系统，那么在 crontab 源文件中就应该写入如下文本：

```
0 15 * * 1,3,5 shutdown -r now
```

8.3.3　进程管理命令

1. 进程查看命令 ps

要对进程进行监测和控制，首先必须了解当前进程的情况，也就是需要查看当前进程。ps 命令就是最基本也是非常强大的进程查看命令。使用该命令可以确定有哪些进程正在运行和运行的状态、进程是否结束、进程有没有僵死、哪些进程占用了过多的资源等。

ps 命令的格式如下：

```
ps [选项]
```

主要选项的含义如下。

- -e：显示所有进程。
- -h：不显示标题。
- -l：采用详细的格式来显示进程。
- -a：显示所有终端上的进程，包括其他用户的进程。
- -r：只显示当前终端上正在运行的进程。

- -x：显示所有进程，不以终端来区分。
- -u：以用户为主的格式来显示进程。

例如：

查看目前进程状况。

```
ps
```

选项组合 aux 可以显示最详细的进程情况。

```
ps -aux
```

2. 删除进程命令 kill

当需要中断一个前台进程的时候，通常使用 Ctrl+C 组合键即可。但是对于一个后台进程而言，使用该组合键无效，这时就必须使用 kill 命令。至于终止后台进程的原因很多，或者是该进程占用的 CPU 时间过多，或者是该进程已经被挂起。总之，需要主动中断进程的情况经常发生。

kill 命令是通过向进程或者进程组发送指定的信号来结束进程。如果不指定发送的信号，那么默认为 TERM 信号。TERM 信号将终止所有不能捕获该信号的进程。至于那些可以捕获该信号的进程，则必须使用信号 9，该信号是不能被捕捉的。kill 命令的语法格式如下：

```
kill [-s <信号> | -p ] [ -a ] <进程号> ...
kill -l [<信号>]
```

选项的含义如下。

- -s：指定需要送出的信号，既可以是信号名也可以是信号名对应的数字。
- -p：只显示指定进程的 pid，并不真正送出任何信号。
- -l：显示信号名称列表，该列表也可以在 /usr/include/linux/signal.h 文件中找到。

例如，在执行一条 find 指令时由于时间过长，决定终止该进程。

首先应该使用 ps 命令来查看该进程对应的 pid。假如该进程的 pid 为 345，现在使用 kill 命令来终止该进程。输入命令：

```
kill 345
```

再用 ps 命令查看，就可以看到，find 进程已经被杀掉了。

有时候可能会遇到这样的情况，某个进程已经挂起或闲置，但是使用 kill 命令却杀不掉。这时候就必须发送信号 9，强行关闭此进程。但这种“强制”方法很可能会导致打开的文件出现错误或者数据丢失之类的错误，所以不到万不得已不要使用强制结束的办法。如果连信号 9 都不响应，就只能重新启动计算机了。

8.4　系统监视

8.4.1　系统监控命令 top

ps 命令只能显示执行 ps 命令时系统中运行的进程，它是一个静态列表，如果需要查看即时更新的进程列表，则可以使用 top 命令。此外，top 命令还能实时监视系统的资源，包括内存、交换分区和 CPU 的使用率等。某系统执行 top 命令的信息如图 8-13 所示。

```
top - 05:44:02 up  9:02,  3 users,  load average: 0.20, 0.05, 0.01
Tasks: 402 total,   1 running, 401 sleeping,   0 stopped,   0 zombie
%Cpu(s):  2.2 us,  1.2 sy,  0.0 ni, 95.7 id,  0.0 wa,  0.5 hi,  0.5 si,  0.0 st
MiB Mem :   1989.7 total,    113.5 free,   1323.1 used,    553.1 buff/cache
MiB Swap:   2048.0 total,   1183.7 free,    864.2 used.    485.9 avail Mem

  PID USER      PR  NI    VIRT    RES    SHR S  %CPU  %MEM     TIME+ COMMAND
 6214 lhy       20   0 3649020 194124  57312 S   7.6   9.5   2:14.89 gnome-shell
13976 lhy       20   0  612536  60888  44912 S   4.3   3.0   0:09.49 gnome-term+
13794 root      20   0  262660  39824   8020 S   0.7   2.0   2:57.56 sssd_kcm
14903 root      20   0  227360   4852   3844 R   0.7   0.2   0:00.71 top
   10 root      20   0       0      0      0 I   0.3   0.0   0:07.97 rcu_sched
  475 root     -51   0       0      0      0 S   0.3   0.0   0:04.57 irq/16-vmw+
  567 root      20   0       0      0      0 S   0.3   0.0   0:00.87 jbd2/dm-0-8
 6279 lhy       20   0  532612  11388   6340 S   0.3   0.6   0:10.89 ibus-daemon
 6624 lhy       20   0  539628  32828  15424 S   0.3   1.6   0:37.59 vmtoolsd
    1 root      20   0  171620   9472   6124 S   0.0   0.5   0:10.77 systemd
    2 root      20   0       0      0      0 S   0.0   0.0   0:00.06 kthreadd
    3 root       0 -20       0      0      0 I   0.0   0.0   0:00.00 rcu_gp
    4 root       0 -20       0      0      0 I   0.0   0.0   0:00.00 rcu_par_gp
    6 root       0 -20       0      0      0 I   0.0   0.0   0:00.00 kworker/0:+
    8 root       0 -20       0      0      0 I   0.0   0.0   0:00.00 mm_percpu_+
    9 root      20   0       0      0      0 S   0.0   0.0   0:00.37 ksoftirqd/0
```

图 8-13 系统执行 top 命令显示的信息

该命令显示了当前正在运行的进程以及关于它们的重要信息，包括内存和 CPU 用量。该列表是实时更新的。要退出 top，按 Q 键即可。

top 下一些常用的键盘命令及其含义如表 8-2 所示。

表 8-2 top 下的常用键盘命令及其含义

命令	描 述
<space>	立即刷新显示
<h>	显示帮助屏幕
<k>	杀死某进程，会提示输入进程 ID 及要发送的信号
<n>	改变显示的进程数量，会被提示输入数量，0 表示不限制
<u>	显示指定用户，会提示输入用户名
<m>	显示 / 取消内存信息
<P>	按 CPU 用量排序

8.4.2 内存查看命令 free

free 命令可以显示系统的物理内存和交换区的总量，以及已经使用的、空闲的、共享的、在内核缓冲区的和被缓存的内存数量。

某系统执行 free 命令的显示如下：

```
[root@localhost lhy]# free
              total        used        free      shared  buff/cache   available
Mem:        2037408     1345280      125784       10972      566344      507112
Swap:       2097148      884992     1212156
[root@localhost lhy]#
```

如果使用 -m 选项，则显示以 MB 为单位，更便于阅读。

```
[root@localhost lhy]# free -m
              total        used        free      shared  buff/cache   available
Mem:           1989        1321         114          10         553         487
Swap:          2047         864        1183
```

8.4.3 磁盘空间用量查看命令 df

df 命令可以报告系统的磁盘空间用量。某系统执行 df 命令的显示输出如下：

```
[root@localhost lhy]# df
文件系统                    1K-块     已用      可用 已用% 挂载点
devtmpfs                  1003036        0  1003036    0% /dev
tmpfs                     1018704        0  1018704    0% /dev/shm
tmpfs                     1018704     3068  1015636    1% /run
tmpfs                     1018704        0  1018704    0% /sys/fs/cgroup
/dev/mapper/fedora-root 17410832 5807072 10696292   36% /
tmpfs                     1018704      296  1018408    1% /tmp
/dev/sda1                  999320   152804   777704   17% /boot
tmpfs                      203740     3520   200220    2% /run/user/980
/dev/sr0                  1889408 1889408        0  100% /run/media/lhy/Fedora-WS-
Live-30-1-2
tmpfs                      203740     5832   197908    3% /run/user/1000
tmpfs                      203740     4688   199052    3% /run/user/1001
tmpfs                      203740     4692   199048    3% /run/user/0
```

分别列出了各个分区的磁盘总量、已用的空间、可用的空间、已用的百分比、挂载点。

按照默认设置，该工具以 KB 为单位显示，如果要以 MB 和 GB 为单位，则需要使用“df –h”命令。

```
[root@localhost lhy]# df -h
文件系统                  容量  已用  可用 已用% 挂载点
devtmpfs                  980M     0  980M    0% /dev
tmpfs                     995M     0  995M    0% /dev/shm
tmpfs                     995M  3.0M  992M    1% /run
tmpfs                     995M     0  995M    0% /sys/fs/cgroup
/dev/mapper/fedora-root    17G  5.6G   11G   36% /
tmpfs                     995M  296K  995M    1% /tmp
/dev/sda1                 976M  150M  760M   17% /boot
tmpfs                     199M  3.5M  196M    2% /run/user/980
/dev/sr0                  1.9G  1.9G     0  100% /run/media/lhy/Fedora-WS-Live-30-
1-2
tmpfs                     199M  5.7M  194M    3% /run/user/1000
tmpfs                     199M  4.6M  195M    3% /run/user/1001
tmpfs                     199M  4.6M  195M    3% /run/user/0
```

在输出显示中，挂载点下面有一行是“dev/shm”，该条目表示系统的虚拟内存文件系统。

8.4.4 系统监视器

Fedora 提供了 GNOME 系统监视器，可实时查看系统使用情况。通过【活动】按钮打开应用程序中的“工具”组，单击“系统监视器”图标，打开 GNOME 的系统监视器。也可以通过在终端窗口中执行命令 gnome-system-monitor，打开系统监视器。该监视器有进程监视、资源监视、文件系统监视 3 项功能。如图 8-14 所示为进程监视选项卡，显示了系统中进程的详细信息，包括进程名、运行进程的用户、进程 ID、占用的内存、进程优先级等。

进程名	用户	% CPU	ID	内存	磁盘读取总计	磁盘写入总计	磁盘读取	磁盘写入	优先级
abrt-applet	lhy	0	6626	1.3 MiB	1.2 MiB	不适用	不适用	不适用	普通
at-spi2-registryd	lhy	0	6274	156.0 KiB	380.0 KiB	不适用	不适用	不适用	普通
at-spi-bus-launcher	lhy	0	6263	不适用	不适用	不适用	不适用	不适用	普通
bash	lhy	0	13981	2.0 MiB	5.2 MiB	76.0 KiB	不适用	不适用	普通
dbus-broker	lhy	0	6092	1.4 MiB	948.0 KiB	不适用	不适用	不适用	普通
dbus-broker	lhy	0	6269	204.0 KiB	152.0 KiB	不适用	不适用	不适用	普通
dbus-broker-launch	lhy	0	6090	24.0 KiB	152.0 KiB	不适用	不适用	不适用	普通
dbus-broker-launch	lhy	0	6268	不适用	不适用	不适用	不适用	不适用	普通
dconf-service	lhy	0	6321	372.0 KiB	520.0 KiB	256.0 KiB	不适用	不适用	普通
evolution-addressbook-factory	lhy	0	6486	952.0 KiB	1.8 MiB	36.0 KiB	不适用	不适用	普通
evolution-alarm-notify	lhy	0	6608	10.4 MiB	140.0 KiB	不适用	不适用	不适用	普通
evolution-calendar-factory	lhy	0	6451	1.1 MiB	1.8 MiB	4.0 KiB	不适用	不适用	普通
evolution-source-registry	lhy	0	6310	1.2 MiB	2.0 MiB	不适用	不适用	不适用	普通
gdm-wayland-session	lhy	0	6101	不适用	8.0 KiB	不适用	不适用	不适用	普通
gnome-keyring-daemon	lhy	0	6081	652.0 KiB	不适用	不适用	不适用	不适用	普通
gnome-session-binary	lhy	0	6108	1.1 MiB	4.1 MiB	8.0 KiB	不适用	不适用	普通

图 8-14　系统的进程监视

单击资源选项卡，则显示系统的 CPU、内存、网络资源的使用情况，如图 8-15 所示。

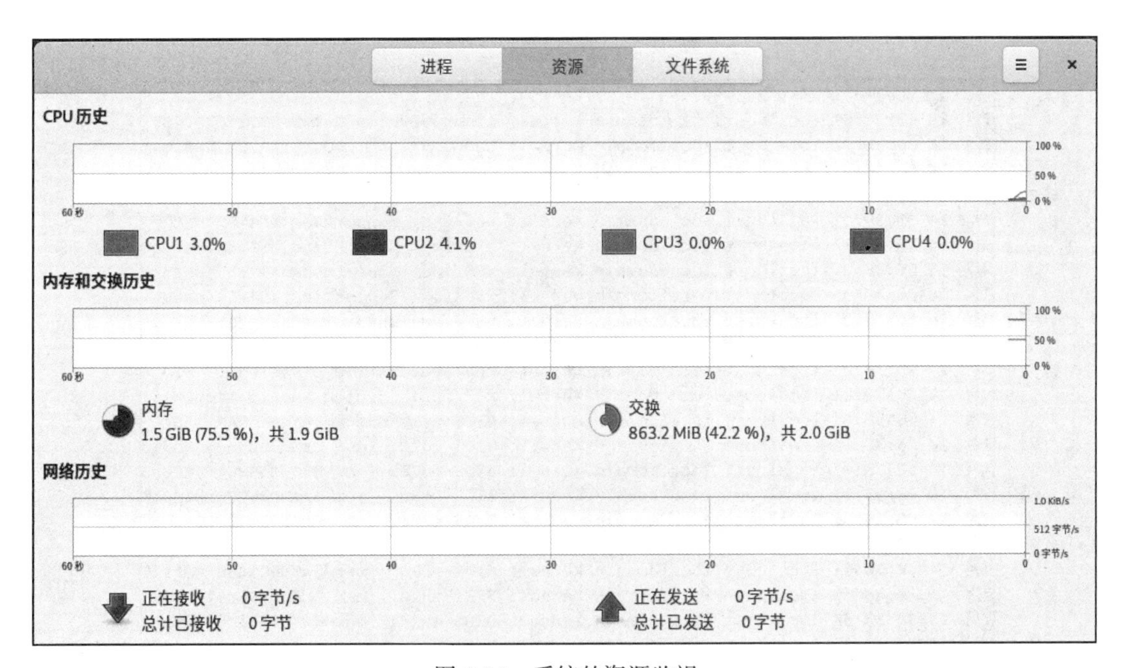

图 8-15　系统的资源监视

单击文件选项卡，则列出文件系统的使用情况，包括系统的设备、分区、每个分区的类型、总存储空间、已用和未用空间的大小等，如图 8-16 所示。

设备	目录	类型	总计	可用	已用	
/dev/mapp	/	ext4	17.8 GB	11.0 GB	5.9 GB	35%
/dev/sda1	/boot	ext4	1.0 GB	796.4 MB	156.5 MB	16%
/dev/sr0	/run/media/lhy	iso966	1.9 GB	0 字节	1.9 GB	100%

图 8-16　文件系统使用情况监视

用户可以调整系统监视器的显示方式。在系统监视器窗口上，单击右上角的菜单按钮，在弹出的下拉菜单中选择【首选项】菜单项，将打开“系统监视器首选项”对话框，在这里可以分别对进程、资源和文件系统监视的各项功能进行调整。

8.5 日志查看

日志文件（log）是关于系统消息的文件。内核、服务及在系统上运行的应用程序都可以将各种消息写入日志。日志不仅可以让管理员了解系统的状态，而且在系统出现问题时可用于分析原因。

早期的 Linux 使用 UNIX 的日志管理模式，将日志信息以文本形式记录在系统 /var/log 目录下的多个文件中。现在的 Fedora 系统用 systemd-journald 日志服务收集来自内核、系统早期启动阶段的日志、系统守护进程在启动和运行中的标准输出和错误信息，以及 syslog 的日志，并集中保存在单一结构的日志文件 /run/log 中。由于该日志文件是经过压缩和格式化的二进制数据，因此不能使用文本处理工具来解析它。系统提供了 journalctl 命令用于查看和定位日志记录。命令格式为：

```
journalctl  [选项]  [匹配]
```

其中，选项用来控制显示方式，匹配是过滤条件，即显示满足过滤条件的日志条目。没有选项和匹配条件时显示的系统日志如图 8-17 所示。

```
-- Logs begin at Sat 2019-07-13 16:37:40 CST, end at Tue 2019-07-16 21:27:12 CS
7月 14 00:38:01 localhost.localdomain kernel: Linux version 5.0.9-301.fc30.x86_
7月 14 00:38:01 localhost.localdomain kernel: Command line: BOOT_IMAGE=(hd0,msd
7月 14 00:38:01 localhost.localdomain kernel: Disabled fast string operations
7月 14 00:38:01 localhost.localdomain kernel: x86/fpu: Supporting XSAVE feature
7月 14 00:38:01 localhost.localdomain kernel: x86/fpu: Supporting XSAVE feature
7月 14 00:38:01 localhost.localdomain kernel: x86/fpu: Supporting XSAVE feature
7月 14 00:38:01 localhost.localdomain kernel: x86/fpu: Supporting XSAVE feature
7月 14 00:38:01 localhost.localdomain kernel: x86/fpu: Supporting XSAVE feature
7月 14 00:38:01 localhost.localdomain kernel: x86/fpu: xstate_offset[2]:  576,
7月 14 00:38:01 localhost.localdomain kernel: x86/fpu: xstate_offset[3]:  832,
7月 14 00:38:01 localhost.localdomain kernel: x86/fpu: xstate_offset[4]:  896,
7月 14 00:38:01 localhost.localdomain kernel: x86/fpu: Enabled xstate features
7月 14 00:38:01 localhost.localdomain kernel: BIOS-provided physical RAM map:
7月 14 00:38:01 localhost.localdomain kernel: BIOS-e820: [mem 0x0000000000000000
7月 14 00:38:01 localhost.localdomain kernel: BIOS-e820: [mem 0x000000000009ec0
7月 14 00:38:01 localhost.localdomain kernel: BIOS-e820: [mem 0x00000000000dc00
7月 14 00:38:01 localhost.localdomain kernel: BIOS-e820: [mem 0x0000000000100000
7月 14 00:38:01 localhost.localdomain kernel: BIOS-e820: [mem 0x000000007fee000
7月 14 00:38:01 localhost.localdomain kernel: BIOS-e820: [mem 0x000000007feff00
7月 14 00:38:01 localhost.localdomain kernel: BIOS-e820: [mem 0x000000007ff0000
7月 14 00:38:01 localhost.localdomain kernel: BIOS-e820: [mem 0x00000000f000000
7月 14 00:38:01 localhost.localdomain kernel: BIOS-e820: [mem 0x00000000fec0000
```

图 8-17　journalctl 命令显示的系统日志

在该界面上，用户可以使用空格键向下滚动，键入“/< 文本 >”查找匹配条目，还可以使用其他快捷键。

可以运行指令“man journalctl”或“journalctl -h”来查看 journalctl 的在线文档，了解该命令中选项和匹配的详细格式和规则。

8.6 本章小结

对于多用户、多任务的操作系统而言，用户管理、进程管理、系统监视、日志查看等都是系统管理的重要任务。Linux 系统的账号分为用户账号和组账号两类，用户和组的信息存储在几个相关的文件中。本章首先详细介绍了用户管理的相关文件、管理方法和相关命令。接着介绍了进程管理及如何查看系统信息，包括进程的创建、进程的查看和管理以及 CPU、内存和磁盘空间等资源的监视、日志文件的查看等，掌握这些命令和工具，对系统的维护和管理非常重要。

习题

1. 什么是用户账号？
2. Linux 系统的账号如何分类？
3. 什么是 UID 与 GID ？
4. Linux 系统中如何保存用户密码信息？
5. 在终端中练习增加一个用户并为其设置密码，然后分析相关文件的变化情况。
6. Linux 系统创建用户的 UID 有什么特点？
7. 在创建用户时，如何不指定其主目录？
8. 如何查看当前系统登录的所有用户？
9. 如何由超级用户变更为普通用户？
10. 设置一个安全的用户密码有哪些要求？
11. 如何设置一个属于用户组 usrg，且用户 ID 为 1012 的新账号？
12. 如何删除一个用户及其所建立的文件？
13. 什么是进程？进程与程序有何区别？
14. 分析交互式进程与守护进程的区别。
15. 分析前台进程与后台进程的区别。
16. 如何手工启动一个进程？
17. 如何中止一个后台进程？
18. 如何调度系统在指定时间执行指定命令？
19. 说明 cron 程序的工作原理。
20. 如何查看系统当前运行的进程？
21. 有哪些方法可以停止一个进程？
22. top 命令与 ps 命令有什么区别？
23. 如何显示当前内存用量？
24. 使用什么命令可以查看系统磁盘空间用量？
25. 如何查看 Fedora 系统的日志信息？

第 9 章　Linux 系统的安全管理

大多数操作系统都使用访问控制机制来判断一个主体（用户或者应用程序）能否访问给定的资源。但是，如果没有底层操作系统更好的支持，不论采用什么安全措施，要想实现真正的安全都是不可能的。SELinux（Security-Enhanced Linux）是美国国家安全局（NSA）在 Linux 社区的帮助下开发的一种访问控制体系，被认为是目前最杰出的安全子系统，比标准的 Linux 系统提供更强的访问控制能力。从内核 2.6 版开始，它就被加入 Linux 内核中。Fedora 默认已经安装并且启用了 SELinux。本章首先介绍标准的 Linux 系统的安全设置方法，然后介绍 Linux 内置的 iptables 防火墙，最后简要介绍 SELinux 的概念、原理和使用方法。

9.1　Linux 系统的安全设置

由于 Linux 操作系统是一个庞大的软件体系，系统自身难免存在安全漏洞，黑客可能会利用这些漏洞对系统进行入侵攻击。如果用户在使用过程中能够采取一些措施，避免一些不当操作，就可以减少系统出现的安全漏洞。下面就系统的安全设置、账号的安全设置、网络服务的安全设置等介绍一些基本的管理方法。

9.1.1　系统的安全设置

1. BIOS 的安全设置

如果黑客能够接触到计算机，就可以利用特制的软盘、光盘或者 U 盘直接启动机器，从而获取磁盘中信息。为了防止这一点，除了管理员要对计算机进行安全保管外，还应该设置 BIOS 密码，并且禁止从软盘、光盘或者 U 盘启动机器。

2. 安全分区

一个潜在的黑客如果要攻击你的 Linux 主机，他首先会尝试缓冲区溢出攻击（Buffer overflow）。在过去的几年中，缓冲区溢出是最常见的一类安全漏洞。更为严重的是，利用缓冲区溢出漏洞进行的攻击占据了远程网络攻击的绝大多数，这种攻击可以轻易使得一个匿名的 Internet 用户有机会获得一台主机的部分或全部的控制权。

安全分区可以避免部分针对 Linux 分区溢出的恶意攻击。在 1.3.3 节 Linux 系统安装时曾介绍过，Linux 系统至少需要 3 个分区，分别为“/”分区、“/boot”分区和“/swap”分区，但这种分区方案不够安全。如果用“/”分区记录可变大小的数据，如日志（log）文件和邮件（email）等，就可能因为大量的日志或垃圾邮件而导致系统崩溃。所以应该单独建立“/var”分区，用来存放日志和邮件等，以避免“/”分区被溢出。建议为“/home”目录单独建立一个分区，这样攻击者就不能通过溢出某个用户的存储空间而填满整个“/”分区。

3. 系统文件的权限

对于系统中的某些关键文件，如 /etc/passwd、/etc/shadow 等，可修改其属性，防止被意外修改和被普通用户查看。例如将 passwd 文件属性改为 600。

```
chmod 600 /etc/passwd
```

这样就保证只有 root 可以读、写该文件。也可以将其设置为不能改变（immutable）。

```
chattr +i /etc/passwd
```

这样，所有用户对该文件的任何改变都将被禁止。

如果系统需要对其进行修改，那么只有在 root 用户取消该标志后才能进行修改。

```
chattr -i /etc/passwd
```

文件修改完毕，再按上述步骤重新设置其安全权限。

4. 限制用户资源

当一台主机受到拒绝服务攻击（DoS）时，网络服务器会接收到大量服务请求，系统可能因为资源耗尽而导致系统崩溃。如果对系统中所有的用户都设置资源限制，如最大进程数、内存数量等，则可以防止这类攻击。

要对所有用户进行限制，可以编辑文件 /etc/security/limits.conf，该文件的每一行定义了一项资源限制，每行由 4 个域组成，格式为：

```
<domain>  <type>  <item>  <value>
```

其中，<domain> 可以是一个账号的登录名或者“@< 组名 >”，* 表示所有用户。<type> 为“soft”表示软限制，为“hard”表示硬限制。<item> 可以是下列项之一。

- core：限制 core 文件的大小（单位 KB）
- data：最大数据大小（单位 KB）
- fsize：最大文件大小（单位 KB）
- memlock：最大内存锁定（locked-in-memory）地址空间（单位 KB）
- nofile：最大打开文件个数
- rss：最大驻留集大小（单位 KB）
- stack：最大栈大小（单位 KB）
- cpu：最大 CPU 时间（单位 MIN）
- nproc ：最大进程数
- as：地址空间限制
- maxlogins：指定用户的最大登录数
- priority：运行用户进程的优先级
- locks：用户可拥有的文件锁的最大数

例如，加入以下几行，就可以限制磁盘、内存和进程数了。

```
* hard core 0       #禁止 core files
* hard rss 5000     #限制内存使用为 5M
* hard nproc 20     #限制进程数为 20
```

5. 系统及时升级

用户应该定期检查 Linux 系统及安装的软件是否有新版本或补丁，及时升级。使用 dnf

命令或者 GNOME 的应用程序管理器，都能够自动检测哪些软件需要升级，然后自动从 Fedora 的资源池下载并完成升级。

9.1.2 账号的安全设置

1. 账号的安全管理

Linux 默认安装了各种账号，其中很多是无用的，账号越多，就越容易受到攻击。系统管理员应该禁止所有默认被操作系统启动但实际上不需要的账号，并且删除系统上不需要的用户和用户组。

一般的无用的特权账号包括：adm、lp、sync、shutdown、halt、mail。

如果不使用 sendmail 服务器，就删除这几个账号：news、uucp、operator、games。

如果不使用 X Window 服务器，就删掉账号 gopher。

如果不允许匿名 FTP，就删掉账号 ftp。

2. suid 程序

系统中存在一些 suid 程序。当某一用户运行 suid 程序时，其有效的用户 ID 将改变为该程序的拥有者 ID，当进程结束时，又回到自己的用户 ID。运行 suid 程序的进程在很大程度上拥有该程序的拥有者的特权。如果程序被设置为 suid root，那么这个进程将拥有超级用户的特权。

由于 suid 程序在运行过程中可以拥有 root 用户的权限，对系统本身具有危险性，因此应该尽可能减少 suid 程序。系统中只有少量程序必须被设置为 suid。系统管理员可以通过下述命令搜索出系统内所有的 suid 可执行程序：

```
find / -perm -4000
```

再使用 chmod -s 命令去掉那些不需要 suid 标志的程序。例如，/home/lhy/mygram 是一个具有 suid 位的程序，管理员可以使用以下命令：

```
chmod -s /home/lhy/mygram
```

去掉 suid 标志。这样，它在执行时就不再有文件拥有者的权限了。

3. 密码的安全管理

密码是系统中认证用户的主要手段，系统安装时默认的密码最小长度通常为 5，为保证密码不易被猜测攻击，可增加密码的最小长度，至少为 8。同时应限制密码使用时间，保证定期更换密码。为此，编辑系统的登录配置文件 /etc/login.defs，在该文件中可以设置密码最小长度以及密码使用时间，下面是系统默认的设置：

```
PASS_MAX_DAYS  99999        # 密码使用的最长时间
PASS_MIN_DAYS  0            # 密码使用的最短时间
PASS_MIN_LEN  5             # 最小密码长度
PASS_WARN_AGE  7            # 在密码过期前多少天给出警告
```

此外，在选择密码时尽量不要选择单词、用户名、生日等常用词，最好同时包含字母、数字、大小写、非字母数字符号，以防备攻击者通过猜测密码攻破系统。

4. 自动注销账号

如果系统管理员在离开系统时忘了从 root 注销，或者普通用户离开机器时忘记了注销自己的账号，则可能给系统安全带来隐患。Linux 可以设置让系统在空闲时自动从 Shell 中注销。编辑 /etc/profile 文件，设置变量“tmout”超时时间：

```
tmout=600
```

那么所有用户将在 600 秒无操作后自动注销。注意，修改了该参数后，必须重新登录，更改才能生效。

5. 自动锁屏

Fedora 在图形界面登录时，如果长时间无操作可以锁屏。锁屏的设置可通过“设置”中的“power（电源）”管理程序实现。

9.1.3　网络的安全设置

1. 关闭不必要的服务

网络服务的开放性与系统的安全性是一对矛盾，一方面人们需要系统开放更多的服务，以满足网络需求，另一方面网络服务的脆弱性可能会威胁系统安全。默认安装配置的 Linux 服务器是一个强大的网络系统，运行了很多的服务，但有许多服务是不需要的，很容易引入安全风险。用户可以使用网络服务管理工具关闭所有不必要的服务，以减小被攻击的可能性。

2. 禁止响应 ping 命令

ping 命令通常用于测试主机和网络，黑客可以利用这一点进行网络扫描，伺机攻击网络主机。为了增强主机的安全性，建议禁止主机系统对该命令做出响应。可以执行下述命令：

```
echo 1 > /proc/sys/net/ipv4/icmp_echo_ignore_all
```

其含义是不处理所有接收到的 ICMP ECHO 数据包，这样可以阻止系统响应任何从外部或内部来的 ping 请求。

3. 屏蔽系统信息

/etc/issue 和 /etc/issue.net 是两个文本文件，二者格式相同，前者用于本地用户登录，后者用于网络登录。文件包含了 Linux 的发行版本、内核版本、系统信息。这些信息将在本地用户登录或者网络用户登录之前显示出来，因而会泄漏系统信息。可以清除这两个文件的内容以隐藏有关信息。

9.2　iptables 防火墙

从内核 1.1 开始，Linux 就已经具有 IP 数据包过滤功能了。在 2.0 内核中使用 ipfwadm 来操作内核包过滤规则。在 2.2 内核中，ipchains 替代了 ipfwadm。ipchains 是第一个广泛使用的 Linux 防火墙，它本质上是一个过滤网络数据包的规则链，并因此而得名。从 2.4 内核开始，iptables 替代了 ipchains。这个全新的内核包过滤工具具有工作原理更清晰、功能更强大、更容易使用的特点。

实际上，iptables 只是一个管理内核包过滤的工具，iptables 可以加入、插入或删除核心包过滤表中的规则。而真正来执行这些过滤规则的是 netfilter 及其相关模块。netfilter 是内核中的一个包过滤框架，框架中的软件执行数据包的过滤、网络地址（端口）转换及数据包修改等功能。下面首先介绍 netfilter 的工作原理，然后介绍如何使用 iptables 工具实现包过滤防火墙。

9.2.1　netfilter 的工作原理

netfilter 是 Linux 内核中的数据包过滤框架，它在内核的网络协议栈中设置多个检查点，每个检查点都有一个处理规则（rule）队列。内核对流经的每个数据包按照队列中的规则逐一进行检查处理。数据包在网络协议栈的流动及处理过程如图 9-1 所示。

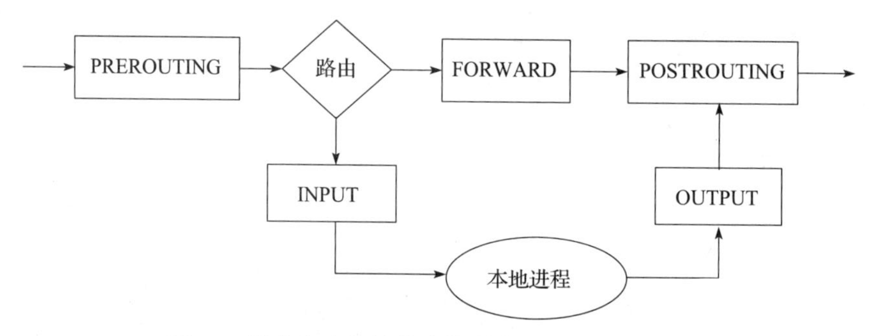

图 9-1　数据包在协议栈中的流动及处理过程示意图

图中 5 个方框表示 netfilter 内置的检查点。从网络接口进来的每个数据包，在进行路由选择之前，首先要经过 PREROUTING 规则队列的处理。然后根据路由选择结果，决定将数据包发给哪一条队列。有以下 3 种可能情况。

1）如果数据包的目的地址是本机，则系统将数据包送往 INPUT 队列。如果在 INPUT 队列的检查中数据包被接受（accept），则该包被发给相应的本地进程处理，否则系统将丢弃这个包。

2）如果数据包的目的地址不是本机，也就是说，这个包需要被转发，则系统将数据包送往 FORWARD 队列。如果在 FORWARD 队列的检查中数据包被接受，则该包被发给 POSTROUTING 进一步检查处理；如果没通过规则检查，则将这个包丢弃。

3）如果数据包是由本地进程产生的，则系统将其送往 OUTPUT 队列。如果在 OUTPUT 队列的检查中数据包被接受，则该包被发给 POSTROUTING 进一步处理；如果没通过规则检查，则将这个包丢弃。

iptables 把不同功能的规则放在不同的“表”（tables）中进行管理。iptables 定义了 5 个缺省的表 filter、nat、mangle、raw、security，各表的功能如下。

- filter 表：负责过滤功能。
- nat 表：负责网络地址转换（Network Address Translation）功能。
- mangle 表：负责修改报文功能。
- raw 表：关闭 nat 表上启用的连接追踪机制。
- security：用于强制访问控制（MAC）。

每个表中规则按照规则所处的队列划分，形成链。例如，filter 表分为 INPUT 链、FORWARD 链、OUTPUT 链等。因此可以认为，iptables 由若干表（tables）构成，每个表由若干链（chain）组成，而每条链中可以有 0 到多条规则（rule），从而形成 iptables 的“表 – 链 – 规则”结构，如图 9-2 所示。

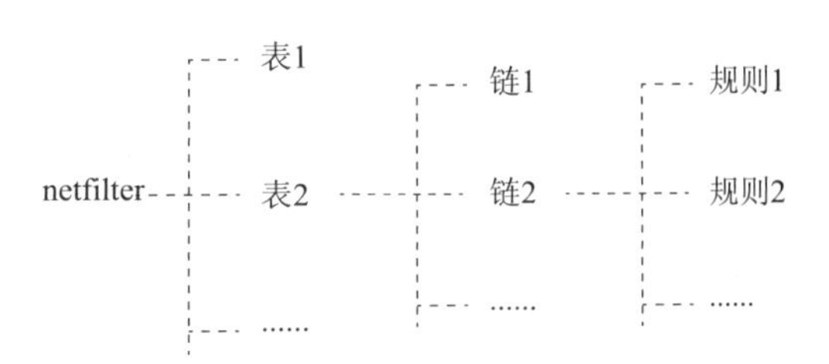

图 9-2 iptables 的表 – 链 – 规则结构

并不是每个表都包含上面提到的用于 5 个检查点的规则链。不同功能的表能够包含的链如表 9-1 所示。

表 9-1 不同表所包含的链

表	表可以包含的链
filter 表	INPUT、FORWARD 、OUTPUT
nat 表	PREROUTING、INPUT、OUTPUT、POSTROUTING
mangle 表	PREROUTING、INPUT、FORWARD、OUTPUT、POSTROUTING
raw 表	PREROUTING、OUTPUT
security 表	INPUT、FORWARD 、OUTPUT

由表 9-1 可知，一个检查点的规则可能属于不同的功能表，例如，INPUT 检查点的规则中既有来自 filter 表的 INPUT 链，又有来自 nat 表的 INPUT 链，还有来自 mangle 表的 INPUT 链。而 INPUT 检查点必须按顺序匹配这些规则，那么它们之间的先后关系如何确定呢?

iptables 规定了当不同表的链在同一个检查点时，它们的执行顺序是：raw → mangle → nat → filter → security。因此，对于 INPUT 检查点，来自 mangle 表中的 INPUT 链排在最前面，其次是 nat 表中的 INPUT 链，最后是 filter 表的 INPUT 链。不同检查点的规则所属表及其前后顺序如表 9-2 所示。

表 9-2 规则所属表及其链间的前后顺序

规则队列	涉及的表及链的前后关系
PREROUTING	raw 表→ mangle 表→ nat 表
INPUT	mangle 表→ nat 表→ filer 表→ security 表
FORWARD	mangle 表→ filter 表→ security 表
OUTPUT	raw 表→ nat 表→ filter 表→ security 表
POSTROUTING	mangle 表→ nat 表

iptables 命令对链中的规则进行管理。规则就是定义对满足什么条件的数据包执行什么动作的文本。iptables 的规则由两部分组成：匹配条件 + 处理动作。匹配条件对应于数据包的标准，而处理动作则规定对数据包如何处理。

除了系统默认定义的 5 种链，iptables 还允许用户自定义链。例如，可以将针对某个应用程序所设置的规则放置在一个自定义的链中。但是，自定义链不能直接使用，只能被某个默认的链当作动作去调用才能起作用。也就是说，要在默认链中增加一条规则，规定满足什么条件就跳转到自定义的链。

9.2.2　iptables 命令

iptables 是 netfilter 提供的用户接口，用于设置、删除、检查 Linux 内核中的包过滤规则。由于使用 iptables 可以控制 Linux 主机对网络数据包的过滤和处理，因此称之为 iptables 防火墙。

iptables 命令功能强大，选项和参数较多，可以参照 iptables 的在线文档了解其详细使用方法。下面简单介绍其基本的使用方法。

1. 基本定义

（1）目标（TARGETS）

iptables 中将处理动作称为目标。数据包被送到 netfilter 的链之后，逐个规则进行检查。如果条件不匹配，则送往该链中的下一条规则继续检查；如果匹配，那么对该数据包的处理将由该规则的目标确定。目标可以是系统预定义的值，如 ACCEPT（通过）、DROP（删除）、RETURN（返回）、SNAT（源地址转换）、DNAT（目标地址转换）、AUDIT（审计）、LOG（日志）、REJECT（拒绝）等，也可以是用户自定义的链名。其中，常用的 ACCEPT 表示允许这个包通过，DROP 表示将这个包丢弃，SNAT 表示修改源 IP 地址，DNAT 表示修改目标 IP 地址。RETURN 只用在自定义链中。自定义的链类似于程序中的自定义函数，可以在某条规则匹配时转去匹配自定义链。自定义链中的目标 RETURN 则表示停止这条链的匹配，返回到调用该链的前一个链。

（2）策略

策略相当于一个链的默认目标。只能为预定义的链定义策略。策略的取值只能是 ACCEPT、DROP 二者之一。当一个数据包与链中的所有规则都不匹配时，对它的处理将由策略决定。

2. iptables 命令的语法

iptables 命令的语法可以有如下几种：

```
iptables [-t <表名>] {-A|-C|-D} <链名>  <规则描述>
iptables [-t <表名>] -I <链名>  [<规则号>] <规则描述>
iptables [-t <表名>] -R <链名>  <规则号>  <规则描述>
iptables [-t <表名>] -D <链名>  <规则号>
iptables [-t <表名>] -S [<链名> [<规则号>]]
iptables [-t <表名>] {-F|-L|-Z} [链名 [规则号]] [选项...]
iptables [-t <表名>] -N <链名>
iptables [-t <表名>] -X [<链名>]
iptables [-t <表名>] -P <链名> <目标>
iptables [-t <表名>] -E <原链名>  <新链名>
```

在上述命令中，<表名>可以是 raw、mangle、nat、filter、security 之一，默认为 filter；<链名>可以是 PREROUTING、FORWARD、INPUT、OUTPUT、POSTROUTING 这些系统预定义的链，也可以是用户自定义的链。

各操作命令的含义如下。

- -A 或 --append：在指定链的最后增加规则。
- -C 或 --check：检查描述的规则在指定链中是否存在。
- -D 或 --delete：从链中删除满足描述的规则。

- -I 或 --insert：在指定的位置插入规则，若不指定位置，则插入到首部，即规则号为 1。
- -R 或 --replace：替换规则列表中的指定规则。
- -L 或 --list：查看指定链中的所有规则，若不指定链，则查看所有链的所有规则。
- -Z 或 --zero：将表中数据包计数器和流量计数器归零。
- -S 或 --list-rules：打印所有规则。
- -F 或 --flush：清除所有链的规则。
- -N 或 --new-chain：新建一个用户自定义的链，且不能与预定义的链同名。
- -X 或 --delete-chain：删除指定链中用户定义的规则。
- -P 或 --policy：定义默认策略。
- -E 或 --rename：自定义链的重命名，将 < 原链名 > 更改为 < 新链名 >。

3. 规则参数

在 iptables 命令中，< 规则描述 > 由 [< 匹配条件 >] 和 [< 操作目标 >] 组成。其中，< 匹配条件 > 和 < 操作目标 > 都是通过一些列参数指定的。下面列出一些常用的参数及其含义，其中符号“|”表示几种表达方式是可选的。

（1）指定源地址和目的地址

通过 --source|--src|-s 来指定源地址，通过 --destination|--dst|-d 指定目的地址。可以使用以下 4 种方法来指定地址：

- 使用完整的域名，如“www.sohu.com”。
- 使用 IP 地址，如“192.168.1.1”。
- 用 x.x.x.x/x.x.x.x 形式指定网络地址，如“192.168.1.0/255.255.255.0”。
- 用 x.x.x.x/x 形式指定网络地址，如“192.168.1.0/24”，这里的 24 指子网掩码的位数。

（2）指定网络协议

可以用 --protocol|-p 来指定协议，比如：

```
-p tcp
```

（3）指定网络接口

使用 --in-interface|-i 或 --out-interface|-o 来指定进入或离开时的网络接口。需要注意，对于 INPUT 链来说，只能用 -i；而对于 OUTPUT 链来说，只能用 -o。只有 FORWARD 链既可以有 -i，也可以有 -o。

（4）参数取反

可以在某些参数前加上 ! 来表示指定值“取反”，比如“ !-s 192.168.1.1/32”表示除了 192.168.1.1 以外的 IP 地址，“!-p tcp”表示除了 tcp 以外的协议。

（5）指定 IP 分片

在 TCP/IP 通信过程中，如果一个 IP 包过大（例如，大于最大传输单元 MTU），系统会将其划分成小的分片，接收方则会对这些分片进行重组以还原整个 IP 包。在包过滤的时候，IP 分片可能导致一些问题：由于后续的分片可能只有包头的部分信息，因而可能会影响数据包的匹配条件。假设有下述规则：

```
iptables -A FORWARD -p tcp -s 192.168.3.0/24 -d 192.168.4.100 --dport 80 -j ACCEPT
```

```
iptables -P FORWARD DROP
```

那么，对于从 192.168.3.0/24 到 192.168.4.100 的被分片的数据包，系统会让第 1 个分片通过，而丢掉其余的 IP 分片。因为只有第 1 个分片含有完整的包头信息，满足该规则的条件，而余下的分片因为包头信息不完整而不满足规则定义的条件，因而被丢掉。

可以通 -f 或 --fragment 选项来指定对 IP 分片的处理。以上面的例子为例，使用含 -f 参数就可以解决分片的过滤问题。

```
iptables -A FORWARD -f -s 192.168.3.0/24 -d 192.168.4.100 -j ACCEPT
```

（6）指定目标

-j 或 --jump 指定规则的操作目标，即如果数据包匹配了指定的条件，那么应该对数据包如何处理。指定的目标可以是系统预定义的目标，如 ACCEPT、DROP 等，也可以是用户自定义的链。如果规则不指定目标，那么该规则不影响数据包的处理，但规则匹配计数会增加。

（7）跳转目标

-g 或 --goto 指定跳转的自定义链，但与 --jump 有所不同，--goto 指定的链不会返回当前链，而是返回调用当前链的链。

（8）匹配扩展

除了上面介绍的匹配参数，iptables 还提供相当多的匹配扩展，比如，协议匹配扩展可以指定具体协议的匹配条件，mac 匹配扩展可以指定 MAC 地址的匹配条件，limit 匹配扩展可以指定数据包速率的匹配条件，state 匹配扩展可指定数据包连接状态的匹配条件。其中，state 匹配扩展可以使 iptables 防火墙具有状态包过滤能力。

state 匹配扩展的格式为：

```
--state <s>
```

参数 <s> 是一个以逗号分隔的连接状态列表。可能的状态有：INVALID 表示包属于未知的连接，ESTABLISHED 表示包属于一个已经建立的连接，NEW 表示包为新的连接。而 RELATED 表示包属于新连接，但和一个已存在的连接相关，比如 FTP 应用中的数据连接中的数据包就是控制连接的相关数据包，由某个包引起的 ICMP 错误数据包也属于相关数据包。

9.2.3　iptables 使用示例

假设某单位内建局域网，使用一个公共接口连入 Internet。管理员想通过 Linux 主机安装两个以太网卡（eth0、eth1），利用 iptables 构建包过滤防火墙，来控制局域网和 Internet 间的网络访问。网络连接的拓扑结构如图 9-3 所示。其中，局域网 IP 地址为 199.11.22.0/24，eth1 的地址为 199.11.22.254，eth0 的地址为 219.123.14.254。

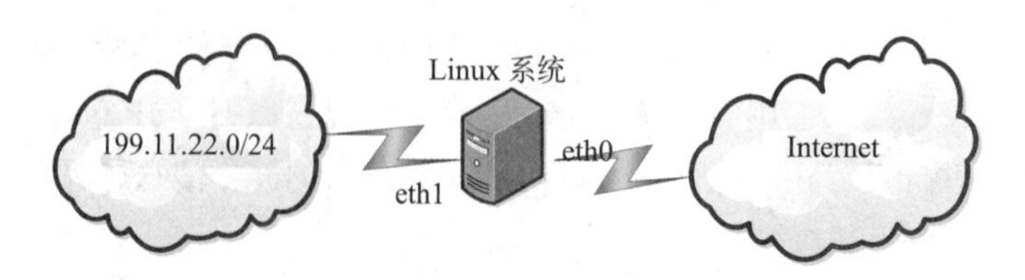

图 9-3　使用 Linux 构建包过滤防火墙

假设在内部网中存在以下服务器。

- www 服务器：IP 地址为 199.11.22.10。
- ftp 服务器：IP 地址为 199.11.22.20。

防火墙作为局域网联入 Internet 的唯一通道，要允许内部用户访问 Internet，并且允许外部用户访问局域网内上述服务，同时要禁止其他所有访问。那么如何设置 iptables 规则呢？

根据 iptables 的功能可知，要对两个网络之间的访问进行过滤，只需对 filter 表的 FORWARD 链进行配置即可。

1. 开启内核的转发功能

要想将 Linux 主机作为网络防火墙，必须开启内核的转发功能，以便能够转发收到的数据包。使用命令“cat /proc/sys/net/ipv4/ip_forward”查看主机当前是否已经开启转发功能，0 表示未开启，1 表示已开启（系统默认不开启）。使用如下两个方法可临时开启转发功能：

```
echo 1> /proc/sys/net/ipv4/ip_forward
sysctl -w net.ipv4.ip_forward=1
```

或者编辑 /etc/sysctl.conf 文件，在文件中将 net.ipv4.ip_forward 设置为 1，这样在重启网络服务后可以永久开启转发功能。

2. 设置策略

策略是规则链的默认目标。为了保证安全应该使用“白名单机制”，即，默认情况下禁止防火墙转发所有数据包，除非明确指定允许的访问。定义如下策略：

```
iptables -P FORWARD DROP
```

如果用户不准备直接访问防火墙，那么也应该将 INPUT、OUTPUT 链的策略设置成 DROP。

3. 允许 Internet 客户访问内网的服务器

允许来自 Internet 的 WWW 访问。

```
iptables -A FORWARD -p tcp -d 199.11.22.10 --dport www -i eth0 -j ACCEPT
```

允许来自 Internet 的 FTP 访问。

```
iptables -A FORWARD -p tcp -d 199.11.22.20 --dport ftp -i eth0 -j ACCEPT
```

4. 允许内网的客户访问 Internet

```
iptables -A FORWARD -s 199.11.22.0/24 -i eth1 -j ACCEPT
```

5. 允许应答数据包

由于 TCP 访问都是双向的，所以在设置规则的时候，不仅要允许单向的数据包通过，应该保证相关的数据包都能通过，这样才能允许正常的网络访问。iptables 提供了 state 匹配扩展，它跟踪访问的连接状态，从而能判断一个数据包是否属于一个已经建立的连接，或者与一个连接相关。因此增加如下规则：

```
iptables -A FORWARD -m state --state RELATED,ESTABLISHED -j ACCEPT
```

6. 处理 IP 分片

为使分片数据包能通过防火墙，需要设置防火墙允许 IP 分片。但应该利用 limit 匹配扩展对单位时间可以通过的 IP 分片的数量进行限制，以防止通过 IP 分片进行的攻击。为此，增加如下规则：

```
iptables -A FORWARD -f -m limit --limit 100/s --limit-burst 100 -j ACCEPT
```

该规则限制每秒通过的 IP 分片为 100，而该限制触发的条件是 100 个 IP 分片。

通过上述几条简单的命令，我们就建立了一个简单的状态包过滤防火墙。不仅能够保证内网对外网开放指定服务，以及内部客户对 Internet 的无障碍访问，而且阻止了其他的网络访问，从而为内部网络提供了一个可靠的安全屏障。需要注意的，iptables 命令需要具有 root 权限才能执行。

9.3　SELinux

9.3.1　SELinux 简介

现代操作系统大多使用自主访问控制（Discretionary Access Control，DAC）模型。在 DAC 中，对某个客体具有所有权（或控制权）的主体能够将对该客体的一种访问权或多种访问权自主地授予其他主体，并可在随后的任何时刻将这些权限收回。在 Linux 中，基于“拥有者—所在群组—其他”的许可模式就是一种以用户 ID 为依据的 DAC 模型。DAC 是一种方便但不太安全的文件系统访问控制方法。由于系统存在特权用户、对文件访问权限的划分不够细致及程序对资源的完全控制等问题，这种安全模型存在一定的安全隐患，因而引发了对强制访问控制模型的研究。

强制访问控制模型（Mandatory Access Control Model，MAC）设计的目的是实现比 DAC 更为严格的访问控制策略。在 MAC 中，系统根据主体被信任的程度和客体所包含的信息的机密性或敏感程度来决定主体对客体的访问权。系统事先给访问主体和受控对象分配不同的安全级别，用户不能改变自身和客体的安全级别。在实施访问控制时，系统先对访问主体和受控对象的安全级别进行比较，只有在主体和客体的安全级别满足一定规则时，才允许访问。

标准 Linux 系统采用 DAC 保护文件系统安全，而 SELinux 为 Linux 增加了一个灵活、可配置的 MAC 模型。SELinux 的全称是 Security-Enhanced Linux，即安全增强的 Linux。它在 Linux 内核中包含了必要的访问控制，在传统的强制访问控制的基础上加入了灵活性支持，同时引入了基于角色的访问控制中的角色等概念，来克服传统强制访问控制的局限性。受 SELinux 保护的程序只允许访问它们正确工作所需的文件系统部分，也就是说如果程序有意或无意地访问或修改它的功能所不需要的文件或者不在程序所控制的目录中的文件，则访问会被拒绝，动作会被记录到日志中。

1. SELinux 的发展

SELinux 是由美国国家安全局 NSA 开发的访问控制体制。NSA 发现，大部分操作系统的安全机制，包括 Windows 和大部分 UNIX 及 Linux 系统，都是以 DAC 机制为安全认证基础的。由于 DAC 机制的设计很不利于系统安全，NSA 便一直致力于开发出一套好的 MAC 安全认证机制。SELinux 起源于 1980 年开始的微内核和操作系统安全的研究，最终形成了一个叫分布式信任计算机（Distribute Trusted Mach，DTMach）的项目，NSA 的研究组织参加了这个项目，并付出了巨大的努力，且继续参与了大量的后续安全微内核项目。最终，这些工作和努力导致一个新的项目“ Flask”的产生，它支持更丰富的动态类型的强制机制。

1999 年夏天，NSA 开始在 Linux 内核中实现 Flask 安全架构，在 2000 年 12 月，NSA 发布了这项研究的第一个公共版本，叫作安全增强的 Linux，SELinux 开始受到 Linux 社区的注意。2001 年，Linux 内核高级会议在加拿大渥太华召开，Linux 安全模型（Linux Security Module，LSM）为 Linux 内核定义了一个灵活的框架，允许不同的安全扩展添加到 Linux 中。LSM 在 Linux 内核中插入了一组钩子（hooks），包括通知机制。当进程试图访问一个对象时内核主动通知处理软件，如果希望拒绝某个操作，那么软件能够直接禁止该操作。NSA 和 SELinux 社区是 SELinux 的主要贡献者，他们帮助 LSM 实现了大量的需求，为了与 LSM 一起工作，NSA 开始修改 SELinux，使其使用 LSM 框架。2002 年 8 月，LSM 核心特性被集成到 Linux 内核主线，同时被合并到 Linux 2.6 内核。2003 年 8 月，NSA 在开源社区的帮助下，完成了 SELinux 到 LSM 框架的迁移，至此，SELinux 已经成为一种全功能的 LSM 模块，被包括在核心 Linux 代码中。

尽管多个 Linux 发行版本开始不同程度地使用 SELinux 特性，但最主要是靠 Fedora Core 项目才使 SELinux 具备企业级应用能力，NSA 和 Red Hat 联合集成 SELinux，将其作为 Fedora Linux 发行版的一部分。从 2005 年 Red Hat 发布的 Enterprise Linux 4 开始，SELinux 默认完全开启。这标志着 SELinux 和强制访问控制已经进入了主流操作系统和市场。

2. SELinux 的特点

虽然标准 Linux 的可靠性和稳定性较好，但是仅仅依靠 DAC 的 Linux 依然存在以下不足之处：

1）存在特权用户 root。任何人只要得到了 root 权限，就可以为所欲为。

2）对于文件的访问权的划分不细。在 Linux 系统中，对文件的操作只划分为：拥有者、所属群组和其他这 3 类，没有办法进行再细的划分，所以不能更好地对访问进行控制。

3）suid 程序的权限升级。如果设置了 suid 权限的程序有漏洞，那么它很容易被攻击者利用。

4）DAC 问题。文件的拥有者可以对文件进行所有的操作，这给系统整体的管理带来了不便。

对于上述这些不足，防火墙、入侵检测系统等都无能为力，而访问权限大幅度强化的 SELinux 比标准 Linux 的安全性能高得多，可以最大限度地保证 Linux 系统的安全。没有 SELinux 保护的 Linux 的安全级别和 Windows 一样，是 C2 级，但经过 SELinux 保护的 Linux 安全级别可以达到 B1 级。SELinux 的特点如下。

（1）强制访问控制 MAC

对于所有的文件、目录、端口等资源的访问，都是基于策略控制的，而这些策略是由管理员制定，一般用户没有权限更改。

（2）类型加强 TE（Type Enforcement）：对进程只赋予最小权限

对所有的文件都赋予一个叫“类型（type）”的标签，对于所有的进程也赋予一个标签。进程能否执行操作由安全策略定义。

比如，用户熟悉的 Apache 服务器，httpd 进程只能在 httpd_t 里运行，这个 httpd_t 就是进程的标签。进程能访问的资源，包括网页内容文件、密码文件、TCP 的 80 端口，也分别被赋予不同的标签，如 httpd_sys_content_t、shadow_t、http_port_t。再在安全策略里定义 http_t 允许操作这些文件。如果在安全策略里不允许 http_t 对 http_port_t 进行操作的话，那么 Apache 连启动都启动不了。另一方面，如果安全策略规定只允许监听 80 端口，只允许读取被标为 httpd_sys_content_t 的文件，那么 httpd_t 就不能用别的端口，也不能更改那些被标为 httpd_sys_content_t 的文件。

（3）类型的迁移：防止权限升级

假设用户希望运行 P2P 下载软件 azureus，当前的类型为 fu_t，如果用户是在终端里用命令启动 azureus 的，那么它的进程的类型就会默认继承 fu_t。但考虑到安全问题，用户打算让该软件在 azureus_t 里运行，有了 domain 迁移，就可以让 azureus 在用户指定的 azureus_t 里运行，而不影响当前的 fu_t。

下面是使用 domain 迁移的一个例子：

```
domain_auto_trans(fu_t, azureus_exec_t, azureus_t)
```

意思就是，当在 fu_t 类型里，执行了被标记为 azureus_exec_t 的文件时，类型将从 fu_t 迁移到 azureus_t。

（4）基于角色的访问控制 RBAC：对用户只赋予最小权限

赋予用户不同的角色，系统根据角色设置访问权限。这样，即使是 root 用户，如果不在 sysadm_r 里，也不能执行 sysadm_t 被赋予的管理权限。哪些角色可以执行哪些操作在安全策略里设定。同进程的类型一样，角色也是可以迁移的，但是只能按策略的规定进行迁移。

（5）SELinux 策略：决定保护类别和方式

SELinux 是在内核中实现的，具体保护哪些文件和目录，以及如何保护由 SELinux 策略定义。安全策略通过用户、角色、类型详细地定义不同主体对不同对象的访问权限。

9.3.2　SELinux 的基本概念

在使用 SELinux 之前，首先介绍一些与之相关的术语及概念。

1. 用户身份

在 SELinux 中，用户身份（user identity）是指与一个主体或一个对象关联的用户账号。对于主体而言，用户身份是进程运行时所使用的 SELinux 账号。对于对象而言，用户身份给出了对象拥有者的用户账号。因此，SELinux 中的用户身份不同于标准 Linux 系统的用户 ID（uid）。二者可以共存于一个系统中，并且可以使用相似甚至相同的文本，但使用了不同的用户数据库。用户身份是 SELinux 安全上下文的一部分，它影响哪个域可以进入，也就是本质上可以执行哪些操作。

2. 类型

类型（type）有时也被称为域[注]（domain），类型把主体或者客体分成相关的组，以类型符号来标识。类型是基本的安全属性，SELinux 根据类型做授权决策，控制进程访问，并阻止越权企图。所以，可以认为类型就是一组允许执行的操作的列表。例如，sysadm_t 是系统管理类型，user_t 是无特权操作类型。系统主进程 init 的类型为 init_t，域名服务器进程 named 的类型为 named_t 等。

3. 角色

SELinux 中每个用户被授予一种或者多种角色（role），在任何时刻一个用户只能处于一种角色。每个角色与不同的域关联，角色决定了用户可以访问哪些域，即通过角色管理用户的权限。有关哪些域可以被哪些角色使用的问题可以预先定义在策略的配置文件里。大部分主流操作系统的安全特性都是将访问权授予用户，或者通过用户组或角色机制进行授权。但 SELinux 不同，它将访问权限授予域，因而角色是强制访问控制的一个支持特性。基于角色进行授权可以简化系统管理，一个系统可能只有 3 个或 4 个角色，但用户和域却有成千上万，直接将域与用户关联将会导致管理非常困难。

4. 安全上下文

SELinux 的 3 个安全属性：用户身份、角色、类型，结合在一起构成了安全上下文（context）。系统中的任何主体和对象都有自己的安全上下文，SELinux 根据安全上下文制定安全决策。在 SELinux 系统中，可以用 id 命令来查看当前用户的安全上下文。

```
[root@localhost ~]# id
用户 id=0(root) 组 id=0(root) 组 =0(root) 上下文=unconfined_u:unconfined_r:unconfin
ed_t:s0-s0:c0.c1023
```

“上下文”后面列出的由“：”分隔的字符串就是当前登录用户 root 的安全上下文。其中，第 1 项代表用户身份，第 2 项代表角色，第 3 项代表类型。

执行命令“ps -Z”则列出了当前运行进程的安全上下文。

```
[root@localhost ~]# ps -Z
LABEL                                        PID TTY          TIME CMD
unconfined_u:unconfined_r:unconfined_t:s0-s0:c0.c1023 16056 pts/0 00:00:00 su
unconfined_u:unconfined_r:unconfined_t:s0-s0:c0.c1023 16061 pts/0 00:00:00 bash
unconfined_u:unconfined_r:unconfined_t:s0-s0:c0.c1023 16098 pts/0 00:00:00 ps
```

执行命令“ ls –Z”可以列出文件对应的安全上下文。下面分别列出了用户文件“ /etc/passwd”和密码文件“/etc/shadow”对应的安全上下文。

```
[root@localhost ~]# ls -Z /etc/passwd
system_u:object_r:passwd_file_t:s0 /etc/passwd
[root@localhost ~]# ls -Z /etc/shadow
system_u:object_r:shadow_t:s0 /etc/shadow
```

[注] 在 SELinux 的白皮书及 NSA 网站等一些资料中，类型和域是两个不同的概念，域对应于主体，如进程，而类型对应于客体，如文件、目录、设备等。在最初的 Flask 模型中，二者也是严格区分的。然而，在 SELinux 中这两个术语含义相同，使用相同的标识符，不再进行区分。

5. 策略

SELinux 的策略是一组访问控制规则的集合。策略决定了一个角色的主体可以访问什么，哪个角色可以进入什么类型进程，以及什么类型的进程可以访问哪个类型的对象等。例如，策略规定 http_t 类型的主体可以读取 httpd_sys_content_t 类型的文件。

可以根据目标系统的安全需求设置安全策略。SELinux 的策略制定相当复杂，一般先下载安装一个缺省策略，然后在此基础上进行细微调整。

6. 规则

规则规定什么类型的主体可以访问什么类型的对象。例如，targeted 策略中关于 Apache Web 服务器的访问规则有：

```
allow httpd_t httpd_sys_content_t : file { ioctl read getattr lock };
allow httpd_t httpd_sys_content_t : dir { ioctl read getattr lock search };
allow httpd_t httpd_sys_content_t : lnk_file { ioctl read getattr lock };
……
```

Apache Web 服务器的运行进程 httpd 的类型是 httpd_t，服务器主目录、文件、文件链接等类型缺省为 httpd_sys_content_t。上述规则允许 http_t 类型的进程访问 httpd_sys_content_t 类型的文件、目录、文件链接等，允许的访问操作包括 ioctl、read、getattr、lock 等。

7. 布尔值

SELinux 的安全策略中有些规则是条件性规则，它根据一些布尔（bool）变量的当前值启用或禁用规则。这种机制允许在运行过程中调整安全策略，而不是每个调整都需要重新载入策略。

例如，布尔变量 httpd_enable_cgi 启用（值为 on）时允许 httpd 守护进程执行 cgi 脚本，而当管理员不想允许执行 cgi 脚本时，只需禁用这个布尔值（设置为 off）即可。因此，可以通过调整布尔值控制 SELinux 的访问控制。

8. 多层安全

多层安全（MLS）是一种强制访问控制机制，在 MLS 模型中，所有主体和客体都标记有安全级别，可以根据不同的安全属性确定安全级别。主体总是可以读写同级的客体，除此之外，主体还可以读取低层客体（向下读取），写入高层客体（向上写入）。而主体可能不允许读取高层客体（无向上读取），也不允许写入低层客体（无向下写入），意思就是信息可以从低层流向高层，但不能反过来，因此 MLS 特别适合于针对数据的机密性的安全保护。SELinux 提供了一个可选的 MLS 访问控制机制。为了支持 MLS，安全上下文被扩展成 4 项，增加了由敏感度确定的安全级。安全上下文的组成可以表示为：

```
<user>:<role>:<type>:<sensitivity>[:<category>,...][-<sensitivity>[:<category>,...]]
```

安全上下文至少必须有一个安全级，它由单个敏感度（sensitivity）和 0 个或多个范畴（category）组成。也可以包括两个安全级，这两个安全级分别被叫作低安全级和高安全级。如果没写出高安全级，则认为高安全级与低安全级的值相同。

9.3.3　SELinux 的安全控制原理

在 SELinux 系统中，每个主体和对象都有安全上下文，一个主体是否能对一个对象进行访问，是由 SELinux 的策略决定的。策略中的规则决定了具有什么安全上下文的主体可以访问什么安全上下文的对象，以及允许何种访问。

在 8.2 节我们还介绍过，Linux 的文件系统有自己的安全机制，即基于“拥有者—所属群组—其他”的访问控制机制。一个主体能否访问一个文件，由文件关于该主体用户的 rwx（可读、可写、可执行）授权决定。

在启动 SELinux 的系统中，Linux 系统的原有安全机制仍然有效，一个主体是否能够访问一个对象，最终由这两种访问控制机制共同决定。首先根据 SELinux 的策略比对安全上下文，只有 SELinux 策略允许的访问才会使用 rwx 授权进一步判定。访问控制的判定过程如图 9-4 所示。

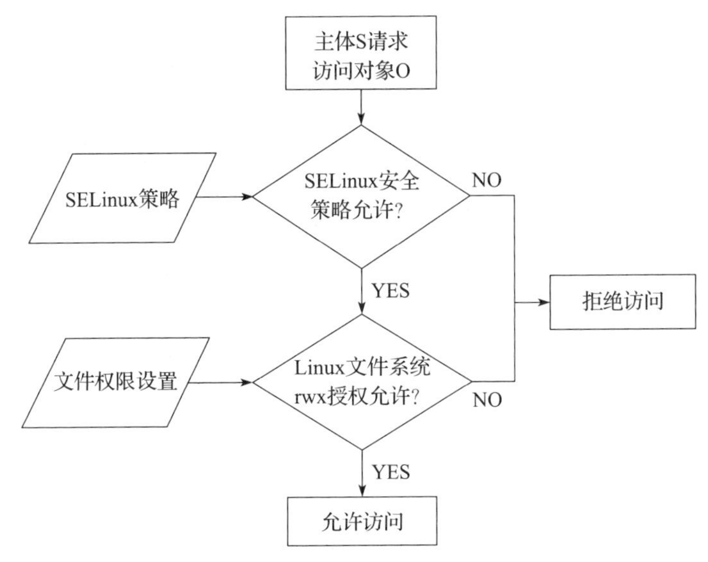

图 9-4　Linux 的访问控制判断流程示意图

9.3.4　SELinux 的基本操作

1. SELinux 的模式

SELinux 可以设置为以下 3 种模式。

- enforcing：强制模式，启用并强制执行系统上的 SELinux 安全机制，记录它拒绝的任何动作。
- permissive：宽容模式，启用 SELinux，但是不强制执行安全策略。在该模式下，SELinux 不阻止任何操作，即使该操作违反了安全策略也不阻止，但它会把违反策略的操作记录下来。
- disabled：关闭 SELinux。

在 Fedora 系统中，可以使用 sestatus 命令来查看当前的 SELinux 模式及运行情况，如图 9-5 所示。命令的执行结果显示当前 SELinux 是否启动、SELinux 的文件挂载点、根目录、当前策略、当前模式、MLS 策略是否已启用等信息。

```
[root@localhost ~]# sestatus
SELinux status:                 enabled
SELinuxfs mount:                /sys/fs/selinux
SELinux root directory:         /etc/selinux
Loaded policy name:             targeted
Current mode:                   enforcing
Mode from config file:          enforcing
Policy MLS status:              enabled
Policy deny_unknown status:     allowed
Memory protection checking:     actual (secure)
Max kernel policy version:      31
```

图 9-5　系统当前的 SELinux 运行情况

执行 sestatus –v 命令可以得到更详细的 SELinux 运行状态信息。

可以使用 setenforce 命令来修改当前运行的 SELinux 模式，命令格式为：

```
setenforce  [enforcing | permissive | 1 | 0 ]
```

参数 enforcing 或者 1 表示设置 SELinux 为 enforcing 模式。参数 permissive 或者 0 表示设置 SELinux 为 permissive 模式。注意，使用 setenforce 命令只能设置 enforcing 模式或 permissive 模式，如果要关闭 SELinux，必须通过修改配置文件实现。

可以使用 getenforce 命令来显示当前的 SELinux 模式，如图 9-6 所示。

```
[root@localhost ~]# getenforce
Enforcing
[root@localhost ~]#
```

图 9-6　执行 getenforce 命令的显示

使用 setenforce 命令修改 SELinux 模式仅在当前系统中有效。如果要使新设置在系统重新引导后仍然有效，就必须修改配置文件 /etc/selinux/config 中的模式值。如图 9-7 所示显示了该配置文件的内容，其中语句 SELINUX=enforcing 设定了 SELinux 的模式。

```
[root@localhost ~]# cat /etc/selinux/config

# This file controls the state of SELinux on the system.
# SELINUX= can take one of these three values:
#     enforcing - SELinux security policy is enforced.
#     permissive - SELinux prints warnings instead of enforcing.
#     disabled - No SELinux policy is loaded.
SELINUX=enforcing
# SELINUXTYPE= can take one of these three values:
#     targeted - Targeted processes are protected,
#     minimum - Modification of targeted policy. Only selected processes are pro
tected.
#     mls - Multi Level Security protection.
SELINUXTYPE=targeted
```

图 9-7　SELinux 的配置文件

注意，要从 enforcing 或 premissive 模式切换至 disabled，或者从 disabled 切换至 enforcing 或 premissive，必须重新启动系统才能生效。

2. 安全上下文操作

在 SELinux 中，文件必须标记有安全属性，指明文件的安全上下文。当安装 SELinux

时，本地文件系统已经被标记。在使用系统过程中，一般不需要再重新标记。但当挂载新的未标记过的文件系统或者有特定应用需求时，可能需要手工标记文件系统。

SELinux 提供了几个命令来报告或者操作文件的安全上下文。

（1）显示文件上下文

在命令 ls 后加选项“-Z”或者“--context”，可显示文件或目录的安全上下文。

```
[root@localhost ~]# ls -Z
unconfined_u:object_r:admin_home_t:s0 公共
unconfined_u:object_r:admin_home_t:s0 模板
unconfined_u:object_r:admin_home_t:s0 视频
unconfined_u:object_r:admin_home_t:s0 图片
unconfined_u:object_r:admin_home_t:s0 文档
unconfined_u:object_r:admin_home_t:s0 下载
unconfined_u:object_r:admin_home_t:s0 音乐
unconfined_u:object_r:admin_home_t:s0 桌面
    system_u:object_r:admin_home_t:s0 anaconda-ks.cfg
```

（2）显示进程的上下文

在命令 ps 后加选项“-Z”，不仅可以显示进程的 id、运行时间等信息，还可以显示进程的安全上下文。

```
[root@localhost ~]# ps -Z
LABEL                                             PID TTY          TIME CMD
unconfined_u:unconfined_r:unconfined_t:s0-s0:c0.c1023 16056 pts/0 00:00:00 su
unconfined_u:unconfined_r:unconfined_t:s0-s0:c0.c1023 16061 pts/0 00:00:00 bash
unconfined_u:unconfined_r:unconfined_t:s0-s0:c0.c1023 16098 pts/0 00:00:00 ps
```

（3）改变安全上下文

chcon 命令可以设置或者更改一个或多个文件的安全上下文。若文件原来没有安全上下文则设置新的安全上下文，否则修改为指定值。chcon 有两种使用方式，第 1 种方式的语法格式为：

```
chcon [-R] [-t <type>] [-u <user>] [-r <role>] [<context>] <path>...
```

其中，<path> 指定一个或多个文件，参数 <context> 指定新的安全上下文，主要选项的含义如下。

- -R：递归地对子目录也执行相同的操作。
- -t：设置文件的类型。
- -u：设置文件的用户身份。
- -r：设置文件的角色。

例如，执行以下命令：

```
[root@localhost ~]# ls -Z t1
unconfined_u:object_r:admin_home_t:s0 t1
[root@localhost ~]# chcon -t etc_t t1
[root@localhost ~]# ls -Z t1
unconfined_u:object_r:etc_t:s0 t1
```

可见，执行 chcon 命令后，文件 t1 的安全上下文中的类型由原来的 admin_home_t 变成了 etc_t。

chcon 的第 2 种使用方式是，根据指定文件的安全上下文来标记新的文件。使用格式为：

```
chcon [options] --reference=<rfile> <path>...
```

参数 <rfile> 是一个已经具有安全上下文的文件，chcon 命令根据 rfile 的安全上下文设置 <path> 指定的文件。例如，要想使文件 /etc/hosts.allow 和 /etc/hosts.deny 具有与 /etc/hosts 文件一样的安全上下文，执行下述命令即可：

```
chcon --reference=/etc/hosts /etc/hosts.allow /etc/hosts.deny
```

（4）初始化上下文

setfiles 命令用于初始化 SELinux 的安全上下文数据库。该程序通常是 SELinux 初始化过程中要执行的一部分，也可用于标记文件或文件系统。该命令的使用格式为：

```
setfiles [options] <spec_file> <path>...
```

参数 spec_file 是一个文件，其中包含了一些规则，用于确定文件的安全上下文；参数 <path> 指出需要标记的文件，例如，要使用文件 file_contexts 来标记文件 /etc/hosts，则执行命令：

```
setfiles file_contexts  /etc/hosts
```

命令选项如下。

- -d：显示与每个文件匹配的规则。
- -n：不改变任何文件的上下文。
- -q：略过非关键信息。
- -s：从标准输入获取文件而不是使用 path 参数。
- -v：当类型或者角色发生变化时显示文件的变化。
- -W：显示不匹配任何文件的规则条目。

（5）恢复上下文

命令 restorecon 用于恢复 SELinux 的默认安全上下文。例如，一个目录具有默认的安全上下文，若目录中的某个文件经多次改动，希望恢复到其默认状态，则可执行该命令。命令格式为：

```
restorecon [-n] [-v] <path>...
```

选项 -n 表示不改变文件的安全上下文，只打印可能进行的改变。而选项 -v 表示显示文件安全上下文发生的变化。

（6）标记文件系统

fixfiles 命令根据策略标记所有可用的文件系统，通常用于修复 SELinux 的安全上下文数据库，或者应用新策略。命令格式为：

```
fixfiles [check | restore | relabel]
```

参数 check 表示显示任何不正确的文件上下文，但不真正改变；参数 restore 表示更改那些不正确的文件安全上下文；参数 relabel 表示重新标记所有可用的文件系统。

3. SELinux 策略的操作

（1）显示策略信息

命令 seinfo 可以显示系统当前应用的 SELinux 策略情况。命令格式为：

```
seinfo [-Atrub]
```

其中主要选项的含义如下：

- -A：列出 SELinux 的状态、规则布尔值、身份识别、角色、类别等所有信息。
- -t：列出 SELinux 的所有类别（type）。
- -r：列出 SELinux 的所有角色（role）。
- -u：列出 SELinux 的所有身份识别（user）。
- -b：列出所有规则的种类（布尔值）。

下面是某主机执行 seinfo 命令的结果显示：

```
[root@localhost ~]# seinfo
Statistics for policy file: /sys/fs/selinux/policy
Policy Version:             31 (MLS enabled)
Target Policy:              selinux
Handle unknown classes:     allow
  Classes:              131    Permissions:          457
  Sensitivities:          1    Categories:          1024
  Types:               4916    Attributes:           249
  Users:                  8    Roles:                 14
  Booleans:             326    Cond. Expr.:          372
  Allow:             111656    Neverallow:             0
  Auditallow:           159    Dontaudit:          10246
  Type_trans:        238392    Type_change:           87
  Type_member:           35    Range_trans:         6015
  Role allow:            39    Role_trans:           424
  Constraints:           72    Validatetrans:          0
  MLS Constrain:         72    MLS Val. Tran:          0
  Permissives:            0    Polcap:                 5
  Defaults:               7    Typebounds:             0
  Allowxperm:             0    Neverallowxperm:        0
  Auditallowxperm:        0    Dontauditxperm:         0
  Initial SIDs:          27    Fs_use:                33
  Genfscon:             106    Portcon:              627
  Netifcon:               0    Nodecon:                0
```

（2）规则查询

命令 sesearch 用于查询规则的详细信息。命令格式为：

```
sesearch [选项] [规则类型] [表达式] [策略]
```

sesearch 命令的参数很多。其中 [策略] 指要查询哪个策略，缺省是查询当前应用的策略；[规则类型] 是指允许规则、不允许规则、审计、不审计、类型转换规则等；[表达式] 用于指定满足什么查询条件，例如 -b httpd_enable_homedirs 用于查询该布尔值对应的规则；[选项] 用于控制查询方式和显示方式。例如，查询布尔值 httpd_enable_homedirs 对应的允许规则：

```
[root@localhost ~]# sesearch -A -b httpd_enable_homedirs
allow httpd_suexec_t autofs_t:dir { getattr ioctl lock open read search }; [ us
e_nfs_home_dirs && httpd_enable_homedirs ]:True
allow httpd_suexec_t autofs_t:dir { getattr open search }; [ use_nfs_home_dirs
&& httpd_enable_homedirs ]:True
allow httpd_suexec_t cifs_t:dir { getattr ioctl lock open read search }; [ use_
samba_home_dirs && httpd_enable_homedirs ]:True
allow httpd_suexec_t cifs_t:dir { getattr ioctl lock open read search }; [ use_
samba_home_dirs && httpd_enable_homedirs ]:True
allow httpd_suexec_t cifs_t:dir { getattr ioctl lock open read search }; [ use_
samba_home_dirs && httpd_enable_homedirs ]:True
allow httpd_suexec_t cifs_t:dir { getattr open search }; [ use_samba_home_dirs
```

```
&& httpd_enable_homedirs ]:True
allow httpd_suexec_t cifs_t:dir { getattr open search }; [ use_samba_home_dirs
&& httpd_enable_homedirs ]:True
allow httpd_suexec_t cifs_t:dir { getattr open search }; [ use_samba_home_dirs
&& httpd_enable_homedirs ]:True
allow httpd_suexec_t cifs_t:file { execute execute_no_trans getattr ioctl map o
pen read }; [ use_samba_home_dirs && httpd_enable_homedirs ]:True
```

（3）策略导入

如果已经把系统配置成在系统启动时进入 enforcing 模式，那么启动时将自动导入 SELinux 的安全策略。但有时会需要手工导入 SELinux 安全策略，比如修改完安全策略之后希望使更新立即生效，就可以通过手工导入实现。

load_policy 命令读取二进制的策略文件，将策略导入运行的内核中。

（4）布尔值查询

命令 getsebool 显示系统中布尔值的启动与关闭状态。命令格式为：

```
getsebool  [-a]  [布尔值]
```

其中，选项 -a 表示列出目前系统中的所有布尔值的状态，[布尔值] 表示显示指定布尔值的状态。

例如，下列命令执行结果表示布尔值 httpd_enable_homedirs 目前为关闭状态：

```
[lhy@lhyhost ~]$ getsebool httpd_enable_homedirs
httpd_enable_homedirs --> off
```

下列命令给出所有与 ftp 服务器相关的布尔值状态：

```
[lhy@lhyhost ~]$ getsebool -a | grep ftpd
ftpd_anon_write --> off
ftpd_connect_all_unreserved --> off
ftpd_connect_db --> off
ftpd_full_access --> off
ftpd_use_cifs --> off
ftpd_use_fusefs --> off
ftpd_use_nfs --> off
ftpd_use_passive_mode --> off
```

（5）布尔值设置

命令 setsebool 用于设置布尔值的状态。命令格式为：

```
setsebool [-P] <布尔值>=[0|1]
```

其中，选项 -P 表示将设定的值写入配置文件，这样的设定结果会一直有效，否则命令仅修改内存中的布尔值，而重新启动系统时会从配置文件中读取原来的布尔值。状态值 0 和 1 分别对应 off 和 on。

9.3.5　SELinux 的策略管理

SELinux 的策略制定非常复杂，Linux 的发行方已经编制好了一些策略套件，用户可以直接使用或者进行小幅修改后使用。在图 9-7 所示的 SELinux 配置文件中，最下面一行的“SELINUXTYPE=targeted”代码用于控制系统使用的策略。Fedora 提供了 3 个预定义策略套件，分别是：targeted、mls 和 minimum。

1）targeted 策略：targeted 是最常用的策略，它侧重于对网络服务进行严格限制，其目标是在不严重影响用户体验的情况下尽可能多地保护关键进程。targeted 策略可以提供对 httpd、named、dhcpd、mysqld、ftpd 等数百种网络服务进程的保护，同时也可以限制其他进程和用户。在此策略中，由于服务进程被严格限制，因而通过此类进程所引发的恶意攻击不会影响其他服务或 Linux 系统。

2）minimum 策略：minimum 是 targeted 的缩小版本，它只包含 targeted 的基础内容。该策略最初是针对低内存计算机或者设备（如智能手机）而创建的。对于低内存设备来说，minumun 策略允许 SELinux 在不消耗过多资源的情况下运行。

3）mls 策略：mls 是多层安全策略（Multi-Level Security），该策略会对系统中的所有进程进行控制。启用 MLS 之后，用户即便执行最简单的指令（如 ls 命令），都可能会报错。

除了使用默认策略外，对于那些自定义应用，用户必须自己定义相应的策略模块，再添加到系统策略中。

9.3.6 SELinux 的日志与诊断

当程序执行了一个被 SELinux 安全引擎检查的操作时，SELinux 可能会向日志中写下一条记录。在使用内核审核（auditd）框架的系统上，SELinux 的审核消息同时存储在系统日志文件和审核守护进程的日志文件中。默认情况下，审核守护进程 auditd 的日志存储在 /var/log/audit/audit.log 文件中。审核守护进程日志包括所有的审核消息，包括访问向量缓存（AVC）消息，AVC 消息是由 SELinux 因访问拒绝或者因制定的审计规则而产生的审核消息，系统日志包括的是更普通的审核消息。

audit2why 是 SELinux 的一个诊断工具。该工具扫描系统拒绝访问的日志信息，并提出规则修改建议以允许该访问。

audit2why 命令的使用格式为：

```
audit2why  < [日志文件]
```

例如：audit2why < /var/log/audit/audit.log 命令可以对审计日志中记录的信息进行诊断。

```
[root@localhost ~]# audit2why < /var/log/audit/audit.log
type=USER_AVC msg=audit(1563894680.735:218): pid=812 uid=81 auid=4294967295 ses=4294967295
subj=system_u:system_r:system_dbusd_t:s0-s0:c0.c1023 msg='avc:  denied  { send_msg } for  s
context=system_u:system_r:xdm_t:s0-s0:c0.c1023 tcontext=system_u:system_r:avahi_t:s0 tclass
=dbus permissive=0  exe="/usr/bin/dbus-broker" sauid=81 hostname=? addr=? terminal=?'UID="d
bus" AUID="unset" SAUID="dbus"

        Was caused by:
                Missing type enforcement (TE) allow rule.

                You can use audit2allow to generate a loadable module to allow this access.

type=AVC msg=audit(1563867723.811:349): avc:  denied  { getattr } for  pid=1124 comm="gmain
" path="/run/dhclient-ens33.pid" dev="tmpfs" ino=73836 scontext=system_u:system_r:xdm_t:s0-
s0:c0.c1023 tcontext=system_u:object_r:dhcpc_var_run_t:s0 tclass=file permissive=1

        Was caused by:
                Missing type enforcement (TE) allow rule.

                You can use audit2allow to generate a loadable module to allow this access.
```

9.3.7 SELinux 访问控制示例

第 7 章介绍的 vsftpd 配置，主要基于 vsftpd 服务自身的访问控制及 Linux 文件系统 rwx 授权机制。本节将在上述机制的基础上，分析 SELinux 的相关配置和操作。

在 SELinux 环境中，vsftpd 服务器进程在 ftpd_t 类型下运行。下述命令指出 vsftpd 进程的安全上下文为 system_u:system_r:ftpd_t。

```
[root@localhost ~]# ps -eZf | grep vsftpd
system_u:system_r:ftpd_t:s0-s0:c0.c1023 root 3144    1  0 09:34 ?        00:00:00 /usr/sbin
/vsftpd /etc/vsftpd/vsftpd.conf
```

新建两个测试用文件，分别是 tpub.txt 和 troot.txt。文件 tpub.txt 创建在 vsftpd 的匿名访问目录 /var/ftp/pub 下，文件 troot.txt 由 root 用户在自己的主目录 /root 下创建。这两个文件的内容自定，通过命令“chmod 755”设置读写权限，然后执行 mv 命令将 troot.txt 从 /root 目录移动到 /var/ftp/pub 目录下。执行命令“ls -Z”查看它们的上下文如下：

```
[root@localhost pub]# ls -Z
unconfined_u:object_r:public_content_t:s0 tpub.txt
    unconfined_u:object_r:admin_home_t:s0 troot.txt
```

可见，文件 tpub.txt 继承了 /var/ftp/pub 目录的安全上下文，而文件 troot.txt 继承了用户 root 的主目录的安全上下文。

在另一个窗口中匿名登录该 ftp 服务器，使用 dir 命令（或者 ls 命令）列表 pub 目录，过程如下：

```
[root@localhost ~]# ftp localhost
Trying ::1...
Connected to localhost (::1).
220 (vsFTPd 3.0.3)
Name (localhost:root): anonymous
331 Please specify the password.
Password:
230 Login successful.
Remote system type is UNIX.
Using binary mode to transfer files.
ftp> cd pub
250 Directory successfully changed.
ftp> dir
229 Entering Extended Passive Mode (|||49199|)
150 Here comes the directory listing.
-rwxr-xr-x    1 0        0              47 Aug 03 01:44 tpub.txt
226 Directory send OK.
```

发现在登录用户执行列表命令时，仅显示了一个文件 tpub.txt，看不到文件 troot.txt。

根据上节介绍，登录 FTP 服务器时会记录审计日志，可以使用工具 audit2why 来诊断审计日志的内容。执行命令“audit2why < /var/log/audit/audit.log”，在给出的诊断信息中发现如下内容：

```
type=AVC msg=audit(1564796818.285:293): avc:  denied  { getattr } for  pid=3376 comm="vsftp
d" path="/pub/troot.txt" dev="dm-0" ino=937436 scontext=system_u:system_r:ftpd_t:s0-s0:c0.c
1023 tcontext=unconfined_u:object_r:admin_home_t:s0 tclass=file permissive=0

        Was caused by:
        The boolean ftpd_full_access was set incorrectly.
        Description:
```

```
        Determine whether ftpd can login to local users and can read and write all files on
    the system, governed by DAC.

        Allow access by executing:
        # setsebool -P ftpd_full_access 1
```

大致内容是说，对文件 troot.txt 的访问被 denied，进程的 vsftpd 的上下文为“system_u:system_r:ftpd_t”，文件的上下文为“unconfined_u:object_r:admin_home_t”，SELinux 的模式不是 Permisive。原因是“布尔值 ftpd_full_access”设置不正确。建议将其设置为 1。

用命令 getsebool 查询当前的 bool 值，发现该布尔值是关闭状态。

```
[root@localhost pub]# getsebool ftpd_full_access
ftpd_full_access --> off
```

使用 setsebool 命令来设置布尔值。执行如下命令：

```
setsebool  -P  ftpd_full_access 1
```

可以再次查询布尔值，查看其值是否已经修改。再次登录 ftp 服务器，过程如下：

```
[root@localhost ~]# setsebool -P ftpd_full_access 1
[root@localhost ~]# ftp localhost
Trying ::1...
Connected to localhost (::1).
220 (vsFTPd 3.0.3)
Name (localhost:root): anonymous
331 Please specify the password.
Password:
230 Login successful.
Remote system type is UNIX.
Using binary mode to transfer files.
ftp> cd pub
250 Directory successfully changed.
ftp> dir
229 Entering Extended Passive Mode (|||45012|)
150 Here comes the directory listing.
-rwxr-xr-x    1 0        0              47 Aug 03 01:44 tpub.txt
-rwxr-xr-x    1 0        0              40 Aug 03 01:43 troot.txt
226 Directory send OK.
ftp>
```

可见，已经可以查看到文件 troot.txt 了。

9.4 本章小结

本章首先介绍了标准 Linux 系统的安全管理方法，这些方法对提高 Linux 系统的安全性非常有效。然后介绍了 Linux 内置的防火墙 iptables。最后较为详细地介绍了 SELinux 的有关概念和使用。SELinux 基于 LSM 架构，执行强制访问控制，能从根本上提高系统的安全性。SELinux 安全策略的制定较为复杂，建议从 NSA 等网站上下载一些现成的安全策略，然后在此基础上进行适当调整。

习题

1. 标准 Linux 是通过哪些方式来提高系统安全性的？
2. 系统怎样分区才能更安全？

3. 如何防止别人使用 ping 命令探测本机？
4. iptables 中表—链—规则之间是什么关系？
5. 如何设置 iptables 规则才能禁止对本机的 telnet 访问？
6. 如何设置 iptables 规则才能仅仅允许其他主机访问本机的 telnet 服务？
7. DAC 与 MAC 有哪些异同？
8. 什么是 SELinux？它的主要作用是什么？
9. SELinux 有哪些特性？
10. 如何启动和禁止 SELinux？可用哪些办法了解 SELinux 当前的运行状态呢？
11. 什么是类型、角色、安全上下文？
12. 安全增强的内涵都有哪些？
13. 如何修改一个目录中默认文件的安全上下文？
14. 如何选择 SELinux 的策略？
15. SELinux AVC 消息有什么作用？如何查看 AVC 消息？

第 10 章　Linux 系统的定制

一些 Linux 用户在深入了解 Linux 之后，会希望根据实际使用的主机配置和工作需求对原 Linux 系统进行一定的修改，去掉不经常使用的系统组件或无用的设备驱动，构成为特定硬件环境或特定工作任务精心打造的专属 Linux 系统，从而获得更快的启动速度，更有效的内存管理，以及更稳定的系统性能。我们把这一过程称为 Linux 系统的定制。

从操作角度来看，Linux 系统定制可以分为 Linux 内核定制和 Linux 发行版本定制两种类型。内核定制是通过改动组成系统内核各模块的源代码或配置文件，经过重新编译内核源代码实现的底层定制，这有利于将 Linux 迁移到特定的硬件平台或支持新型硬件设备。Linux 发行版本定制与内核定制不同，通常不对内核源代码进行改动和重新编译，而是在已有 Linux 发行版本的基础上，根据用户需求对应用程序进行补充完善，使其更加适合开展某一方面的工作，并把当前系统制作成可安装介质，形成 Linux 用户定制版本。

本章将介绍 Linux 系统定制的基本知识，使大家了解 Linux 内核定制、编译和运行的基本方法，并以 Linux 内核 5.2 版本为例对系统内核的定制过程进行介绍。

10.1　Linux 内核概述

Linux 内核定制是深入学习和使用 Linux 的必由之路。在介绍内核定制步骤前，需要先了解 Linux 内核的系统架构、内核组成和配置文件的有关知识。

10.1.1　Linux 系统架构

Linux 作为一种开源的操作系统，其核心部分最早由芬兰人 Linus Torvalds 为尝试在英特尔 x86 架构上提供自由免费的类 UNIX 操作系统而设计开发。Linux 的核心部分（Linux Kernel）简称“内核”或“内核模块”，指的是一个提供硬件抽象层、磁盘及文件系统控制、多任务等功能的系统软件。

目前，从最大的超级计算机到最小的嵌入式设备都可以使用 Linux 操作系统，而使 Linux 变得如此强大的原因就在于其内部采用了灵活的模块化内核。对 Linux 内核进行定制使其能够支持多种应用模型，也正是利用了 Linux 内核模块可配置的灵活性。为了弄清内核定制的过程，有必要先了解 Linux 的基本架构和一些基本原则。

Linux 作为操作系统，由一个负责管理软、硬件资源的内核和一组由公共函数库、窗口管理器和应用程序构成的用户程序构成，如图 10-1 所

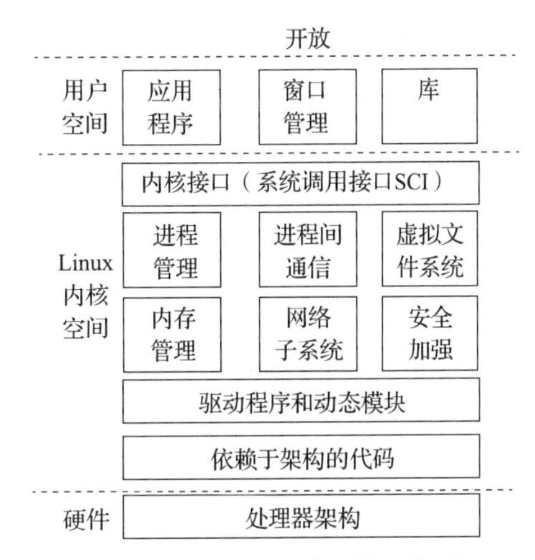

图 10-1　Linux 系统架构示意图

示。从整体上来看，Linux 操作系统的体系结构可以分为上、下两个层次。

上层是用户或应用程序空间，是执行用户操作和应用程序的地方。如 GNU C Library（glibc）就属于用户空间层，它提供了连接内核的系统调用接口，以及应用程序和内核之间进行转换的机制。

下层是内核空间，Linux 的核心程序位于这里，并向上层提供服务，支持应用程序或用户操作。内核空间可以细分为 3 个子层。第 1 子层为系统调用接口 SCI，它实现了通用的抽象方法（如 read() 和 write() 方法），大大简化了应用程序调用底层功能的难度，使应用程序不需要了解底层实现细节，只需要掌握形式统一、参数化的通用函数，就能驱动硬件或内核。第 2 子层为内核模块层，它位于系统调用接口之下。该层的内核模块独立于处理器架构，对于 Linux 支持的所有处理器架构均是通用的。第 3 子层是面向处理器的内核代码，这部分程序依赖于处理器架构，通常称为 BSP（Board Support Package）。

Linux 系统架构为 Linux 的定制提供了从底至上的各种便利。从图中可以看到，Linux 内核的底部是一组依赖于 CPU 架构的底层代码，不同的底层实现能够使 Linux 运行于多种硬件平台，例如 x86 系列 PC、ARM、PowerPC 等。这个由 GNU 工具链实现的功能支持了 Linux 的可定制性；功能多样的驱动程序子系统支持在系统运行时动态加载模块，且不影响系统性能，可以通过用户命令或配置文件实现随需而变；含有多个方案的内核安全模块，可以根据用户定制需求来配置安全策略；在进程调度方面不仅实现了经典进程调度任务，而且实现了进程的实时调度；在外部文件系统方面，Linux 可最大限度地支持所有操作系统的文件系统；在面向终端用户的最上层，Linux 也是开放、开源的，任何人都可以阅读或参与改进 Linux。

这些有利于移植、定制和动态变化的特性，使 Linux 成为了支持多种使用模型的通用平台，而且无论在何种应用模型中，Linux 都采用了同样的系统架构设计和内核代码，它们是一致的。这是 Linux 区别于其他操作系统的一大特点，例如微软公司的 Windows 系统，其桌面版、服务器版和嵌入式版本之间的差异是很大的，而苹果公司的 Mac OS 与 iPhone 上的 iOS 之间也有很大不同。

10.1.2　Linux内核的组成

与 Windows 操作系统完全由 Microsoft 公司开发不同，Linux 内核是由世界范围内的众多贡献者分散开发而成的，它是免费、开源软件的典型代表。随着技术的演进，Linux 内核的功能日益完善，支持的设备类型不断增多，尤其表现在非常稳定和高效的 CPU 与内存管理上。

目前，常用的 Linux 内核集成了计算机底层管理所需的各种基础服务，如图 10-1 所示。内核空间中包括：系统调用接口 SCI、处理器进程管理、存储管理、文件系统、网络通信、设备管理和驱动等主要模块。

系统调用接口 SCI 层为上层应用程序提供了从用户空间到内核函数调用的抽象访问接口。SCI 实际上是一个非常有用的函数调用多路复用和多路分解服务，在 Linux 内核源代码的 kernel 目录下可以找到 SCI 的实现代码。由于 SCI 接口在一定程度上要依赖于处理器的体系结构，甚至在相同的处理器家族内也是如此，所以在内核源代码的 arch 目录下可以找到

SCI 中依赖于体系结构的部分。

内核中最重要的功能是处理器进程管理。内核通过 SCI 提供给应用程序创建新进程（例如使用 fork 或 exec 函数）和停止进程（例如使用 kill 或 exit 函数），并在它们之间进行通信和同步（例如使用 signal 函数）。进程管理还包括处理活动进程之间共享处理器的需求。Linux 内核实现了多进程竞争使用 CPU 的调度机制，支持多处理器（SMP）。可以在源代码 kernel 目录下找到进程管理的代码，在源代码 arch 目录下找到依赖于体系结构的进程管理代码。

内核管理的另一项重要资源是内存。Linux 的内存管理建立在基本的分页机制基础上。物理内存 RAM 中的一部分永久分配给内核，用来存放内核代码及静态内核数据结构。RAM 的其余部分作为动态内存，整个系统的性能取决于如何有效地管理动态内存。Linux 内核采用了多种有效的动态内存管理方法，包括页表管理、高端内存管理（临时映射区、固定映射区、永久映射区、非连续内存区）、外部碎片减小系统、内部碎片减小 slab 机制、伙伴系统未建立之前的页面分配机制及紧急内存管理等。

虚拟文件系统 VFS 在 Linux 内核中也是一个重要的模块。如图 10-2 所示，VFS 在供用户使用的 SCI 与内核文件系统之间提供了一个交换层，衔接了 SCI 与内核文件系统，为复杂的内核文件系统提供了一个通用的抽象接口，极大地方便了用户利用 SCI 中的 open、close、read 或 write 等抽象方法管理内核文件系统。在 VFS 模块下层工作的内核文件系统定义了上层函数的实现方式，是对 Linux 所支持的各类文件系统操作的详细定义，这部分的源代码可以在源代码 fs 目录下中找到。文件系统层之下是缓冲区，它为文件系统层提供了与具体文件系统无关的通用函数集。这个缓存区将数据保留一段时间，或者预先读取数据，以便 CPU 需要这部分数据时可立即调入内存使用。缓存区优化了对物理设备的访问。缓冲区的下层是设备驱动程序，它实现了特定物理设备的接口。

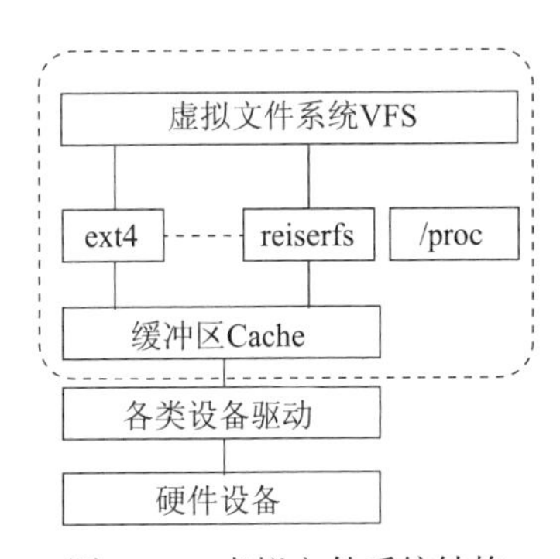

图 10-2　虚拟文件系统结构

网络通信模块在设计上遵循计算机网络 TCP/IP 分层体系结构。网络通信模块为内核上层 Socket 服务，它通过 SCI 向用户程序提供服务。Socket 层是网络子系统的标准 API，它为各种网络协议提供了用户接口，从原始帧访问到 IP 协议数据单元，再到 TCP 或 UDP 数据包，Socket 层提供了一种标准化的方法来管理连接。有关网络通信的内核源代码可以在源代码 net 目录中找到。

设备驱动模块在整个内核代码中占很大比重，它们负责驱动各种硬件设备。Linux 源代码提供了一个驱动程序子目录，这个目录又进一步划分为各种支持设备，例如 Bluetooth、I2C、serial 等。设备驱动程序的代码可以在源代码 drivers 中找到。

在内核最底层是与处理器架构密切相关的内核代码。尽管 Linux 在很大程度上独立于所运行的处理器架构，但是有些元素必须考虑体系结构才能正常操作并实现更高效率。在源代码 arch 子目录中定义了内核源代码中依赖于体系结构的部分，其中包含了各种特定于体系结构的子目录，它们共同组成了 BSP。每个体系结构子目录都包含了很多其他子目录，每个子目录都关注内核中的一个特定方面，如引导、内核、内存管理等。

如果用户认为当前 Linux 内核的可移植性和效率还不够好，那么 Linux 还提供了一些无法划分到上面模块分类中的其他特性。Linux 是测试新协议及其增强效果的良好平台，它支持大量网络协议，除了典型的 TCP/IP 协议栈外，还支持 G 比特 /10G 比特网络协议、流控制传输协议 SCTP 等。

Linux 内核还支持动态添加或删除软件组件，可以在系统启动的引导阶段或系统运行时的任何阶段，根据用户需要，动态改变内核组成。

Linux 最新的一个功能是可以用作其他操作系统的操作系统，称为系统管理程序，也称为基于内核的虚拟机 KVM。只要处理器支持虚拟化指令，它就可以为用户空间启用一个新的接口，允许其他操作系统在启用了 KVM 的内核之上运行。除了运行 Linux 的其他实例之外，微软公司的 Windows 系统也可以作为 KVM 虚拟机运行在 Linux 上。

综上所述，模块化的设计使基于 Linux 内核的 Linux 操作系统具有独特优势，可以根据具体需要进行定制，使得 Linux 系统不仅适用于通用计算机，也适用于各类嵌入式系统，如路由器、平板电脑、智能手机和智能家电。

10.1.3　Linux 内核配置文件

Linux 内核虽然由分散在全球的爱好者共同开发和不断更新，但其组成并不混乱，而是呈现出良好的一致性、简洁性和可扩展性。这不仅在于 Linux 内核采用了模块化的设计，而且在于这些模块及其子模块均采用了基于 Makefile 文件的配置方式。

Makefile 文件定义了内核的编译规则。组成内核的各个模块及其子模块的源代码都根据 Makefile 进行编译，位于内核源代码目录最外层的 Makefile 文件称为内核源代码的顶层配置文件，负责内核源代码编译过程的总体控制。由于 Linux 内核源代码是以树形目录存放的，所以在每个子目录下都有一个 Makefile 文件，负责控制该目录下的源代码编译过程。需要特别注意位于内核源代码 arch 目录下的各种 CPU 架构系列子目录内的 Makefile，这些文件为使 Linux 能应用于不同 CPU 架构，对内核编译进行了特定设置。

在编译过程中，顶层的 Makefile 文件会有选择地递归调用各子目录中的 Makefile 文件，选择的依据是用户配置文件 .config。.config 文件记录了用户选择和配置内核模块的结果，是用户根据自身需求对内核进行定制的配置选项记录文件。为了便于生成用户自定义的 .config 文件，有 3 种配置工具可供选用。

1）基于字符界面的命令行交互式配置工具，可通过命令 make config 调用，如图 10-3 所示。

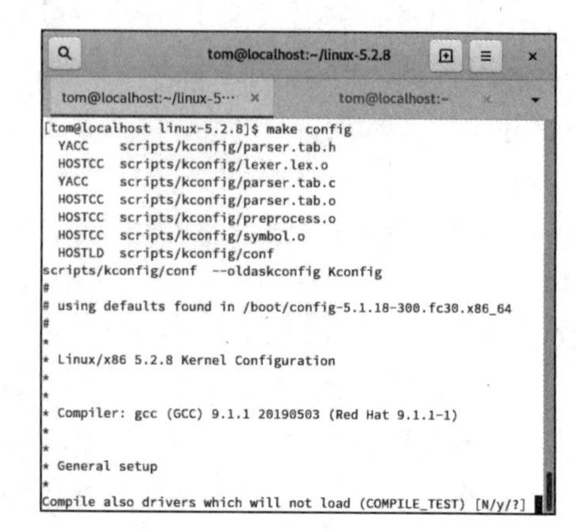

图 10-3　基于字符界面的交互式内核配置工具

2）基于 Ncurse 图形界面的配置工具，可在内核源代码目录下，通过命令“make menuconfig”调用该工具。运行“make menuconfig”之前需要先安装 ncurses，这需要以超级用户身份安装 ncurses 及其开发包，安装和运行图形工具的命令如下：

```
$sudo dnf install ncurses ncurses-devel
$make menuconfig
```

之后会进入如图 10-4 所示的“Linux Kernel Configuration”界面。

3）基于 X Window 图形界面的配置工具，可在内核源代码目录下通过命令“make xconfig”调用。运行“make xconfig”之前需要先安装 qt 及其开发包，安装和调用命令可参考第 14 章。运行“ make xconfig”之后会进入如图 10-5 所示的内核配置界面。

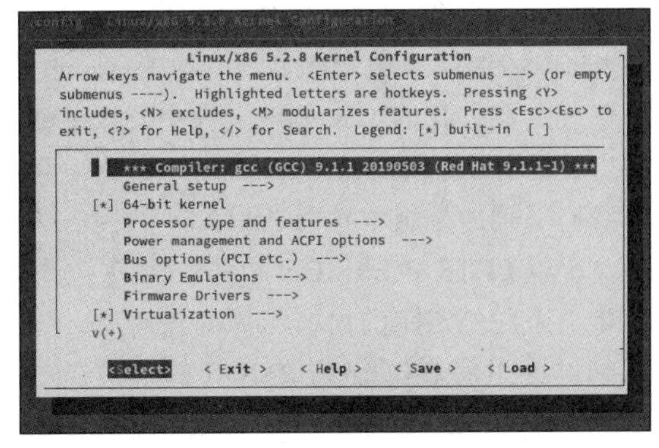

图 10-4 基于 Ncurse 图形界面的内核配置界面

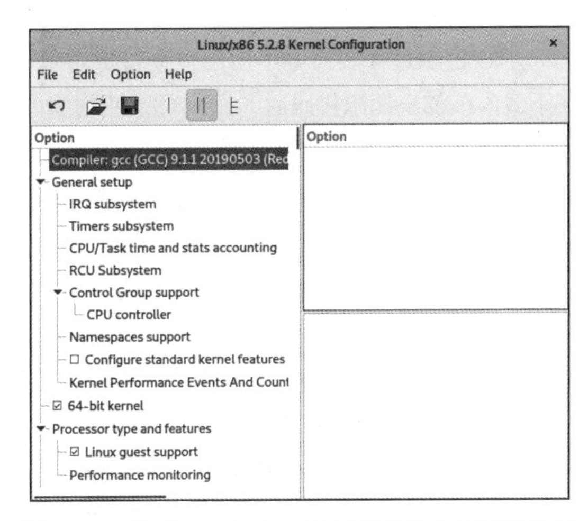

图 10-5 基于 X Window 图形界面的内核配置界面

用户通过配置工具选定自己所需的内核模块后，就可以将配置结果保存为 .config 文件。为实现内核定制，需要重新编译内核源代码，顶层 Makefile 文件会读取用户配置文件 .config，根据用户配置对选定的源代码模块进行编译。在执行编译过程时，Makefile 文件还会参照编译规则文件 Rules.make，它定义了各级 Makefile 共同使用的编译规则。

10.2 Linux 内核的定制

对 Linux 系统内核的裁剪、定制并不像人们想象得那么复杂。Linux 系统与 Windows 系统的内核不同，如前文所述，其系统内核由彼此独立的模块构成，模块功能和模块之间的联系大多通过配置文件定义，一些简单的定制甚至仅仅改变配置文件就能够实现。

定制 Linux 内核之前首先需要安装 Linux 系统作为新内核的编译环境和测试环境。Linux 内核定制的主要工作有：根据用户所需功能和目标系统配置，对内核源代码进行配置，精简掉不需要的内核组件和模块，然后重新编译内核并建立引导机制，最后使用新内核重启系统。在对内核模块进行配置时，要特别注意模块之间的依赖关系，将有依赖关系的模块一起编译进内核。一般情况下，应该遵循最少功能的原则，尽量不选择那些没有必要的内核模块，例如某些硬件的驱动程序。下面具体介绍内核定制过程。

10.2.1 获取内核源代码

Linux 系统内核的源代码是可以免费获取的，只要你同意遵守 GNU GPL version 2 协议，就可以从网站 https://www.kernel.org 下载最新版本的 Linux 内核源代码。例如，我们想以 Linux 5.2.8 版本为基础进行系统定制，下载了名为 Linux-5.2.8.tar.xz 的内核源代码，保存到当前用户的主目录中，可以使用如下的 tar 命令将压缩的源代码包解压到当前目录的 linux-5.2.8 子目录下。

```
$tar  -xvJf  linux-5.2.8.tar.xz
```

解压后，可以利用文本编辑软件 gedit 对 linux-5.2.8 目录中的 Makefile 文件进行修改。在打开的 Makefile 文件中，找到扩展版本号选项 EXTRAVERSION，由于我们下载的是版本号为 2.6.32.65 的内核，所以 EXTRAVERSION 为 .65。为了使接下来我们定制的内核与原内核有所区别，这里将 EXTRAVERSION 的值改为“.1-myLinux”，如图 10-6 所示。之后将 Makefile 文件保存并关闭。

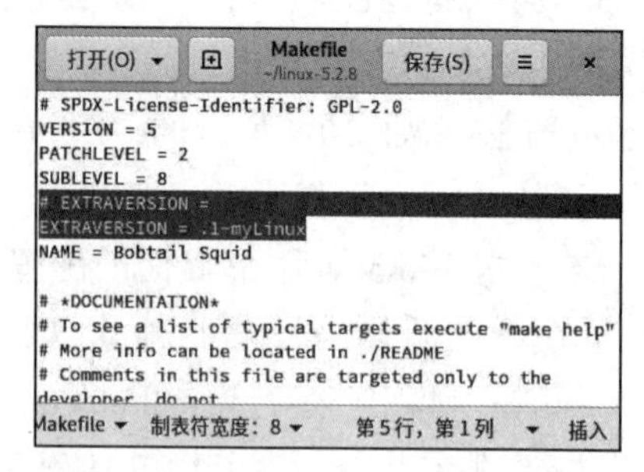

图 10-6　设置用户定制内核的扩展版本号

10.2.2　生成内核配置文件

内核定制过程实质上是用户根据特定需求，选取部分或全部内核源代码并重新编译的过程。在下载内核的全部源代码后，用户可以使用编译配置工具对自己所需要的内核模块进行选取，并将选择结果保存为 .config 文件。如前文所述，有 3 种配置工具可以帮助用户生成 .config 文件，其中基于 X Window 的图形配置工具的操作界面最为友好，所以我们以该工具为例介绍配置过程。

在进行内核配置之前，需要先清除之前生成的配置文件和错误依赖。通过在 Shell 下执行命令“make mrproper”，可以查找并删除不正确的中间文件或依赖描述文件（常以 .o 结尾），如图 10-7 所示。

```
$make mrproper
  CLEAN  scripts/basic
  CLEAN  scripts/kconfig
```

图 10-7　清除之前的配置文件和错误依赖

“make mrproper”命令会依次清除 scripts/basic/ 目录、scripts/kconfig/ 目录和 include/ config/ 目录下的中间文件。事实上，对于刚下载的完整源程序包，其中不含中间文件，所以是没必要执行“make mrproper”命令的，但如果在当前环境下已经对内核源程序执行了编译过程，那么最好先运行该命令，清除无用的中间文件。

然后，运行“make xconfig”命令，出现如图 10-5 所示配置界面。图中，界面左侧的列表显示了用户可配置选项，其中一些选项还包括内容丰富的子选项。在左侧列表单击父选项后，其子项会在右侧列表框中显示，而在右侧下方的文本框中会出现当前选项的说明。例如，单击左侧列表中的“Processor type and features”，在右侧会显示多个子项，其中一项为“Processor family”可用于选择本次内核定制所适用 CPU 家族，图 10-8 表示选中通用的 x86 体系结构。

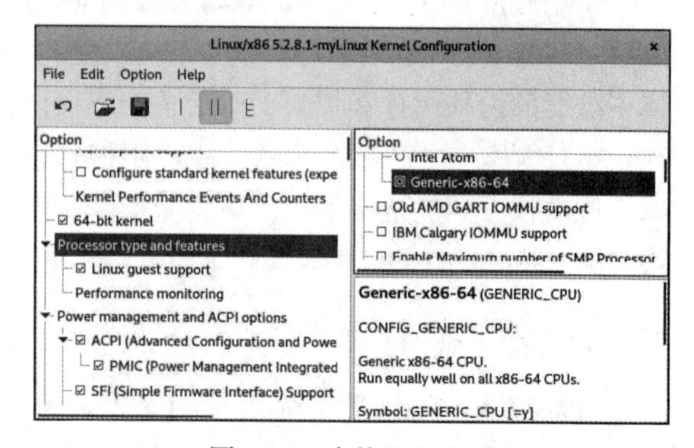

图 10-8　内核配置选项

需要重点考虑的内核配置选项有以下几类。

（1）全局设置选项“General setup”

该类选项将对定制内核产生全局性的影响。例如：设置代码成熟度，提示用户是否选择那些还在开发或者还没有完成的代码或驱动，默认情况下不选择。一般情况下，请接受默认的全局设置。

（2）处理器类型和特性选项“Processor type and features”

该类选项用于设置定制内核所适用的处理架构类型及其相关属性。例如：处理器家族、CPU 的最大数量、超线程调度支持、多核处理器调度支持、计时器频率等 CPU 硬件相关选项。默认情况是面向通用的 x86 或 64 位处理器而设置的，如果你的目标系统不使用通用型 CPU，那么请详细了解 CPU 硬件特性后再进行选项配置。

（3）电源管理和 ACPI 选项“Power management and ACPI options”

该类选项用于设置电源管理功能与特性，包括高级配置和电源接口 ACPI 的相关设置、简单固件接口支持性设置、CPU 频率测量设置和内存节能设置等。

（4）总线选项“Bus options”

该类选项用于设置目标系统的总线类型和工作特性。由于目前 PC 机的总线均为 PCI 总线，所以通常要选择 PCI 支持选项。

（5）网络配置选项“Networking options”

该类选项用于配置定制内核所能提供的网络支持，如图 10-9 所示。其中包括有线网络选项、蓝牙子系统选项、WLAN 无线网络选项、WiMAX 无线广播支持和 RF 交换子系统支持等。

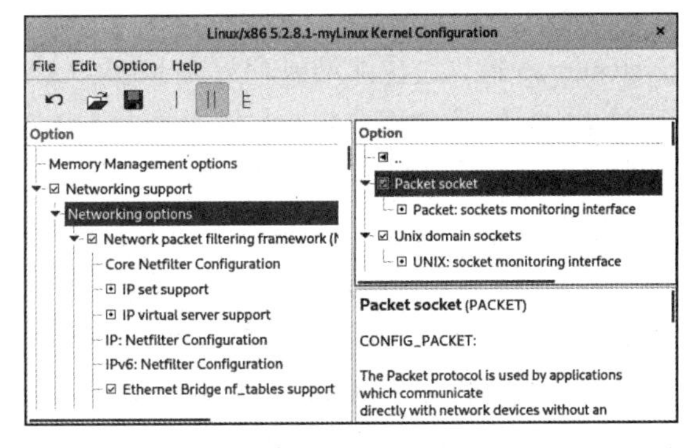

图 10-9　网络配置选项

（6）设备驱动选项“Device Drivers”

该类选项用于设置用户定制内核将包含的各种硬件设备的驱动程序。例如：通用驱动设置、内存技术设备（RAM/ROM/FLASH 等）支持、并行端口支持、Misc 设备支持、SCSI 设备支持、SATA 设备支持、RAID 支持、IEEE1394 设备支持、网络设备支持、输入设备支持、字符设备支持、多媒体支持、图形设备支持、USB 设备支持等选项。

（7）文件系统选项“File systems”

该类选项用于设置用户定制内核适用的文件系统。包括缓存系统支持、Ext4 系统支持、CD-ROM/DVD 文件系统支持、伪文件系统支持、网络文件系统支持、分区类型等选项。

此外，还有诸如安全选项“Security options”、加密选项“Cryptographic API”、虚拟化选项“Virtualization”等，这里就不赘述了。

完成对内核配置选项的选取后，单击菜单【File/Save】，保存配置文件并退出配置工具，用户对内核的配置结果被保存在内核源代码根目录下的 .config 文件中。用户可以利用 gedit .config 命令查看 .config 文件内容，如图 10-10 所示。

10.2.3　编译并安装内核

在生成用户配置文件 .config 之后，就可以根据配置情况对内核进行重新编译，生成定制内核系统了。具体步骤如下：

图 10-10　用户配置文件 .config 的内容

1）键入命令“make dep”，建立模块之间的相互依赖关系。

2）键入命令“make clean”，清除以前编译过程产生的文件。

3）键入命令“ make bzlmage”，开始编译内核，这个过程将持续较长时间，期间由于配置的功能不同，可能会出现由于某些依赖项没有安装导致的错误，可以使用 dnf 命令联网安装相应软件后，重新运行命令，完成编译过程。编译后的新内核存放在 linux-5.2.8/arch/x86/boot/compressed/ 目录下，这是根据用户配置文件而编译和压缩后的 Linux 内核。

4）键入命令“make modules”编译可加载模块，这个过程也将持续较长时间。

5）键入“sudo make modules_install”与“sudo make install”两个命令。前者将安装内核模块到 /lib/modules/5.2.8.1-myLinux 下；而后者将完成 mkinitrd 过程及内核（bzImage）和 System.map 拷贝，生成结果存放在 linux-5.2.8/arch/x86/boot/ 目录下。之后需要将生成的可引导内核加入 Boot Loader 中，并且 sudo make install 命令会自动修改引导选项。

以上步骤完成后，就可以试着用新内核启动系统，检测是否符合要求。如果新的系统不能启动或者不能实现所需功能，则需要重新配置和编译。内核编译成功并重启后，打开命令行键入命令“ uname -a”，显示包含 5.2.8.1-myLinux 版本号的信息，这说明新的内核已经在运行了，如图 10-11 所示。

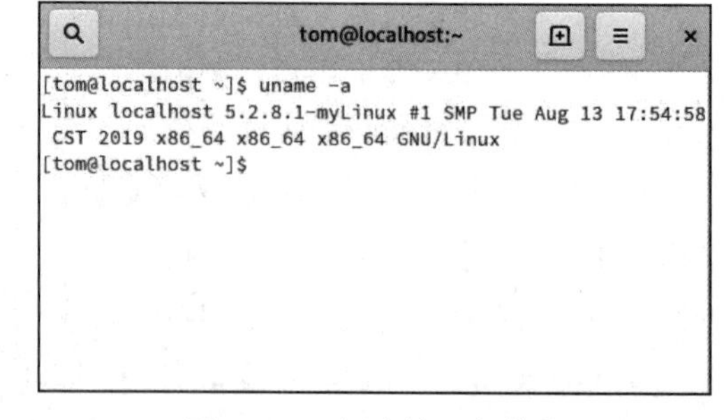

图 10-11　新内核运行信息

10.3　Linux 发行版本的定制

如今，面向桌面、服务器、集群、大型机、嵌入式设备或虚拟化的各种 Linux 发行版本被众多的组织或商业机构编写并发布，例如，颇受用户欢迎的 Ubuntu、Mint、OpenSUSE、Fedora、Debian GNU/Linux、CentOS 等。这些 Linux 发行版本通常包括 Linux 内核、GNU 程序库和工具、命令行 Shell、图形界面的 X Window 系统和相应的桌面环境（如 KDE 或 GNOME），以及各种办公套件、编译器、文本编辑器和其他应用软件。

如前文所述，Fedora 作为 Red Hat Linux 的免费发行版，集成了最新的 Linux 和开源软件的发展成果，代表着 Linux 发行版未来发展的方向。最新版本的 Fedora 有两类版本来发布。一类是官方版本，包括 Workstation 和 Server 版本；另一类是面向新兴应用领域的版本，包括 CoreOS、SilverBlue 和 IOT 三个版本。除此之外，凭借 Linux 开放与自由特性，以 Fedora 为基础还衍生出大量的 Fedora 的定制版本。定制版本是基于 Fedora 最新桌面版本的定制版本，是通过精选各类软件集及其他自定义个性配置，来给不同的用户量身定制的版本。例如，Fedora 游戏定制版旨在为游戏玩家提供丰富的自由开源游戏。Fedora 电子实验室挑选自由开源的工具和应用程序用于高端的硬件设计和仿真。在 2007 年 5 月，Fedora 定制版伴随 Fedora 7 一起发布。Fedora 项目下的 SIGs(Special Interest Groups) 对定制版进行管理，负责定制版的整理、测试和批准发布等工作。用户可以从 Fedora 官网（https://getfedora.org）下载符合自己需求的定制版本，当然也可以制作自己的 Fedora 定制版。

本节将介绍 Fedora Spins 提供的一些定制版的特点和使用方法，以及如何制作自己的 Fedora 定制版。

10.3.1 Fedora 的定制版本

如果你想使用 Fedora 并且有以下需求：

- 希望预先安装一系列软件，有助于迅速开始特定的工作；
- 使用预安装的桌面环境；
- 修复和复原系统；
- 无风险地尝试些新东西或者演示作品。

那么，Fedora 的定制版是你的最佳选择。目前 Fedora 定制版网站上提供多个不同的 Fedora 定制版，其中典型的定制版本如下。

- Fedora KDE Plasma 定制版：拥有完整的、现代的 KDE 桌面环境和许多预选安装的优秀软件，包括网页浏览、即时通信、电子邮件、多媒体和娱乐、Office 应用和企业个人信息管理系统等。
- Fedora Xfce 定制版：拥有完整的、统一的 Xfce 桌面环境。Xfce 桌面追求快速和轻巧，同时用户界面友好、绚丽，有精彩的视觉效果。
- Fedora LXQt 定制版：提供了轻便、快速、占用资源极低、以 Qt 为基础的桌面环境。
- Security Lab 定制版：提供了很多信息安全分析工具，可以作为安全的测试环境完成信息安全审计、法证调查、系统修复和安全测试技术的教学。
- MATE Compiz 定制版：拥有 Compiz Fusion 3D 窗口效果的经典 Fedora 桌面。
- Scientific 定制版：提供了开源科学计算所需的大量数值处理工具和数学工具库，例如 GNU 科学库、SciPy 库、Octave 和 xfig 等，以及 C、C++、Python、Java 等语言的集成编程环境和函数库，甚至还包括进行并行计算的 OpenMPI 库和 OpenMP 库，以及撰写科学论文的一些工具软件。
- SoaS 定制版：是一个适合青少年和学生的 Fedora 定制版，提供了许多有趣的程序，可以激发孩子学习的积极性，形成发现、反应、分享和学习的良好习惯。
- Design Suite 定制版：配备了各种自由且开源的多媒体制作和出版工具，包括矢量制作、位图编辑、3D 建模、照片管理、图形设计套件等，是为设计师创作的 Fedora 定制版。
- Games 定制版：提供了多种游戏所需软硬件环境的支持，使用户在 Fedora 下有完美的游戏体验，预装了一些第一人称设计、实时策略和卡牌游戏。

对于感兴趣的定制版，可以访问 Fedora 官方网站，下载对应的安装文件，并制作一张可引导的 CD 或者 DVD。然后将光盘插入计算机光驱，开机或者重启计算机，就可以引导进入定制版了。还可以使用相同的安装文件制作一个可引导的 USB 启动盘，把它插到计算机上，开机或者重启计算机后也可以引导进入定制版系统。

使用 USB 启动盘来引导进入定制版时，可以通过选项来使用 USB 启动盘上的一些空间做永久存储。如果选择这种方式，那么在系统运行过程中用户所进行的设置和安装的应用软件都会被保存在 USB 盘上，不会因重启系统而丢失，但请确保当前 U 盘上有足够的剩余空间以存放新安装的程序或文件。具体操作十分简单，可以在 Windows 或 Linux 系统下用已下载的定制版安装文件创建 USB 引导盘。下面介绍 USB 启动盘的具体制作方法。

1）下载 Fedora 定制版安装映像文件，并准备一个空的 USB 盘，不需要对该盘重新分区或格式化，但要确认有足够的可用空间，至少需要 1GB，不同的定制版的空间要求有所不同。

2）在 Windows 系统中，下载安装制作 USB 引导盘的工具软件 Fedora Media Writer，该软件可以从下载 Fedora 安装文件的官网（https://getfedora.org）下载。

3）安装并运行 Fedora Media Writer，其程序界面如图 10-12 所示。界面中共有 3 个选项，如果安装 Fedora 的 Workstation 或者 Server 的版本，选择前两个选项。要进行 Fedora 定制版本的安装，则选择第 3 个选项【Custom image】。选择第 3 个选项后，软件向导会依次让用户指明下载的定制版安装文件的路径和 USB 引导盘的路径。指明这两个必要信息后，单击【Write to Disk】等待向 USB 存储器写完数据即可。

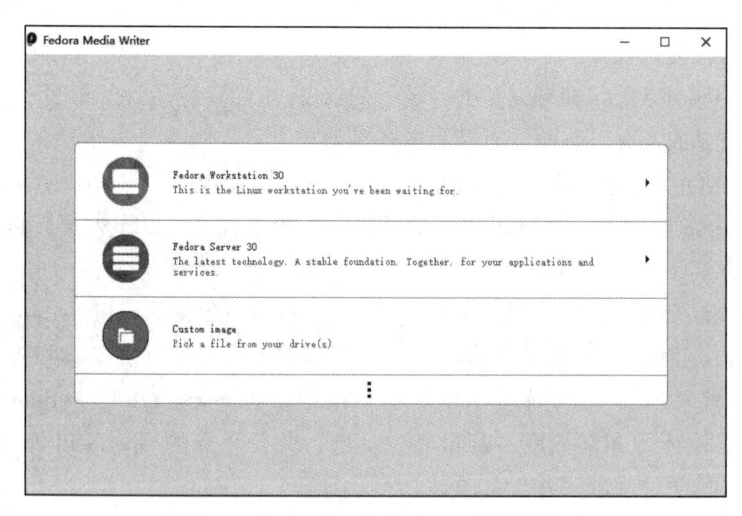

图 10-12　Fedora Media Writer 程序界面

10.3.2　创建自己的 Fedora 定制版

虽然 Fedora 提供了很多预设的定制版，但是每个人还是可以根据自己的习惯和偏好，创建和配置自己的 Fedora 定制版。Fedora 定制版可以使用 Fedora remixing、Pungi 或 livecd-creator 等工具来制作。其中常用的方法是使用 livecd-creator，将用户磁盘上已安装并优化过的 Fedora Linux 系统制作为可引导、可安装的 Live CD。

1. 准备制作工具

livecd-creator 是 livecd-tools 包的一部分。如果当前系统里还没有安装这个工具，可以运行下列命令来进行安装，期间会提示输入密码，进行身份验证。

```
$sudo dnf install livecd-tools spin-kickstarts
```

spin-kickstarts 是生成 Fedora 定制版的一个第三方工具。如果想对 Fedora 增加本地化特性，使其能够支持多种语言，可以追加安装工具 l10n-kickstarts，即执行下列命令：

```
$sudo dnf install l10n-kickstarts
```

2. 编写配置文件

准备好制作工具之后，需要对即将生成的定制系统安装介质进行配置，即配置 kickstart 配置文件，kickstart 配置文件的后缀名为 .ks。安装 spin-kickstarts 插件后，可以在 /usr/share/spin-kickstarts/ 目录下找到一些已有 Fedora 定制版的 kickstart 文件，例如，对应 Fedora Xfce 定制版的配置文件 fedora-live-xfce.ks，参考这些样例有助于用户编写自定义的配置文件。此类文件包含了基本系统配置项、软件包清单文件和用于构建 livecd 的脚本。针对 Fedora，最重要的一些 live 介质配置文件如下。

- fedora-live-base.ks：基本 live 介质系统，包含在 livecd-tools 包中。
- fedora-live-workstation.ks：用于支持产品配置桌面应用程序和输入 / 输出支持。

kickstart 配置文件（.ks 文件）是一种文本文件，它包含了一系列由关键字识别的配置项目。可以通过 gedit、scratch 或任何一种文本编辑器来编写它。编写 kickstart 配置文件的具体要求、注意事项及文件中各个配置项关键字的详细说明，可以参考 https://docs.fedoraproject.org。下面步骤假设以 /usr/share/spin-kickstarts/ 中的 fedora-live-lxqt.ks 为基础进行 kickstart 配置文件的编写，编写的配置文件命名为 Fedora-LiveCD.ks。

3. 制作安装介质

在制作安装介质时，请在终端上运行下列命令：

```
$livecd-creator  --verbose  --config=/path/to/kickstart/file.ks  --fslabel=Image-Label  \
--cache =/var/cache/live
```

其中，/path/to/kickstart/file.ks 为自定义的 kickstart 配置文件所在的目录路径，file.ks 为自定义 kickstart 配置文件的具体名称。假设自定义配置文件 Fedora-LiveCD.ks 保存在 /home/tom/live/ 目录下，则命令参数可以写为：

```
--config=/home/tom/live/Fedora-LiveCD.ks
```

由于配置文件会调用 fedora-live-base.ks 等其他的配置文件，所以这些被调用的相关文件也应该一起复制到和自定义的配置文件相同的目录中，否则会出现找不到特定文件的错误。选项 --fs-label 后的名字将作为 ext4 和 ISO9660 的文件系统标签，也用于标识 isoLinux

的启动引导程序。例如，令 --fslabel= Fedora-LiveCD，则执行以上命令后，会根据 kickstart 配置文件生成标签名如“Fedora-LiveCD”的 live CD（.iso 文件）。

4. 测试新生成的 Live CD

新生成的 Live CD 是和官方发行的 Fedora 定制版用法一样的定制版光盘映像文件，可以先借助 KVM 虚拟机对光盘映像进行测试运行和安装。运行 KVM 虚拟机需要以 root 身份安装 qemu，然后运行下列命令：

```
$qemu-kvm -m 2048 -vga qxl -cdrom filename.iso
```

在没有 KVM 支持时，也可以用下列命令进行测试：

```
$qemu-system-x86_64 -m 2048 -vga qxl -cdrom filename.iso
```

如果安装和运行测试顺利，那么新的 Fedora 定制版就制作成功了。之后，用户可以将它刻录成光盘或制作成 USB 启动盘在实体计算机中运行体验，若满意即可以进行系统的安装，也可以发布到网上，与他人共享自己制作的 Fedora 定制版系统。

10.4　本章小结

为了满足一些深入学习 Linux 系统的用户的需要，本章介绍了 Linux 内核的一些基础知识和 Linux 系统定制的两种基本类型。

由于 Linux 内核的系统架构采用了模块化设计，使得用户可以通过配置文件对组成内核的各个模块进行选配，之后经过重新编译内核源代码就可以实现 Linux 内核定制，这种底层定制方式有利于将 Linux 迁移到特定的硬件平台，使 Linux 支持新型硬件设备。

Linux 发行版本定制与内核定制不同，一般不修改 Linux 内核，而是基于某个 Linux 发行版本，根据用户需求而增删应用程序或优化人机交互环境，使当前系统更加适合开展某一方面的工作，并将当前的设置以可重复安装的形式保存下来，形成了 Linux 用户定制版本。

习题

1. Linux 系统定制的含义是什么？
2. Linux 系统定制大体上可分为哪两种类型？各有什么特点？
3. Linux 内核的基本组成模块有哪些？
4. 简述 Linux 内核的体系架构。
5. Linux 内核的配置文件通常有哪几个？各有什么作用？
6. 可用于配置 Linux 内核的常用工具有哪几个？各有什么特点？
7. 简述 Linux 内核定制的基本过程。
8. Fedora 发行版定制时可将系统制作成可启动的光盘或 USB 启动盘，可以借助哪些工具实现？
9. 访问 Fedora 官方网站，浏览 Fedora 不同定制版本的信息，选择一个版本下载并制作成 USB 启动盘进行体验。
10. 尝试制作一个属于自己的 Fedora 定制版。

第三部分

Linux平台上的程序设计

本部分包含6章内容，面向那些已经具有一定的程序设计（C/C++、Java）基础并且希望在Linux平台上进行软件开发的读者。本部分介绍几种Linux下常用的开发工具和开发环境，通过本部分的学习，读者可以迅速从原来的开发环境转换到Linux下进行软件开发。

Linux不仅仅是一个免费的操作系统软件，还是一个自由、开放的平台。在这个平台上，集合着很多方便、高效的开发工具，为用户对平台进行功能扩充与完善提供了丰富的手段。本部分将介绍6个开发环境和工具。

第11章介绍Shell程序设计。一般来说，把多个Shell命令组织到一个文件中，就形成一个Shell程序。此外，和其他程序设计语言一样，在Shell程序中也可以使用变量、控制结构及函数。

第12章介绍如何利用GCC工具在Linux平台上进行C/C++程序的开发，包括GCC命令的使用、程序调试及简单的程序项目文件管理等。

第13章介绍使用GTK开发工具包开发图形界面应用程序的方法，通过示例详细地说明如何利用GTK创建界面、布局界面和关联界面事件，以及如何利用GCC编译GTK程序。

第14章介绍使用Qt工具包开发图形界面应用程序的方法，包括：Qt程序的基本结构；利用信号/槽机制实现对象之间的通信；通过继承生成自定义的Widget控件；使用Qt提供的Qt Creator集成开发工具进行Qt程序项目开发、调试和管理。

第15章介绍在Linux中设计、运行Python程序的知识，通过示例说明如何基于终端控制台的Python解释器设计和运行程序，以及如何在图形化界面的集成开发环境Spyder中进行Python程序的设计、运行与调试。

第16章介绍集成化开发环境Eclipse的安装和使用，通过示例介绍简单的Java程序及Eclipse RCP应用开发的一般过程。

第 11 章　Shell 程序设计

在各种操作系统中，用户都要通过特定的界面和系统内核交互，以达到运用计算机解决问题的目的。在这些界面中，图形用户界面（GUI）的采用率最高。与图形界面类似，字符界面的 Shell 也是用户和系统内核之间的交互媒介。无论是 Windows 操作系统还是 Linux 操作系统，都有自己的 Shell。

用户在终端键入 Shell 命令后，经过 Shell 命令解释器解释，调用其他应用程序或系统调用完成某个操作。为了完成某个任务，用户通常需要调用多个命令。把所有相关的命令按照规范的格式组织到一起，形成一个文件，就构成了 Shell 脚本程序。合理运用 Shell 程序可以提高计算机的工作效率，为用户管理和使用计算机提供便利。

11.1　使用 Shell

Shell 命令解释器是 Linux 的必备组件之一，在第 2 章中我们曾经介绍过，Linux 提供了多种 Shell 解释器可供用户选择。用户可以根据自己的习惯或者实际需求选择合适的 Shell。下面介绍两种选择 Shell 的方法。

1. 修改用户的默认 Shell

假设系统中存在两个管理员用户 tom 和 jerry，首先用户 tom 以管理员 root 身份使用 gedit 文本编辑软件打开 /etc/passwd 文件。找到用户 jerry 的信息记录，修改行末尾的默认 Shell 程序为 /bin/sh。

【例 11-1】 将用户 jerry 的 Shell 修改为 /bin/sh。

1）以 root 身份利用 gedit 打开 /etc/passwd 配置文件。

```
[tom@localhost ~]$gedit admin:/etc/passwd
```

说明：为了验证 tom 身份，执行上面的命令后，系统会提示输入 tom 的登录密码。

2）修改用户 jerry 的 Shell。

```
……
root:x:0:0:root:/root:/bin/bash
tom:x:1000:1000:tom:/home/tom:/bin/bash
jerry:x:1001:1001:jerry:/home/jerry:/bin/sh
```

说明：以上内容可能会因为系统设置不同而有所不同，例子中只需要将 jerry 所在行最后一个字段 /bin/bash 改为 /bin/sh 即可。

3）存盘退出。

4）由当前用户 tom 切换到用户 jerry。

```
[tom@localhost ~]$ su jerry
密码:
```

```
sh-5.0$
```

5）查看 Shell 版本。

```
sh-5.0$ echo $BASH_VERSION
5.0.7(1)-release
```

最后一条命令（echo $BASH_VERSION）用于输出当前 Shell 的版本信息，命令提示串（sh-5.0$）的变更说明了用户 jerry 的 Shell 已经改为 /bin/sh。可见，通过修改 /etc/passwd 配置文件，改变了指定用户登录后进入的 Shell 解释器。

另外一种方法是通过 chsh 命令改变当前用户的默认 Shell。

【例 11-2】 使用 chsh 修改当前用户的默认 Shell。

执行 chsh 命令修改当前用户的 Shell（示例中，当前用户为 jerry）。

```
[jerry@localhost ~]$ chsh
正在更改 jerry 的 Shell。
新 Shell [/bin/bash]
/bin/sh
密码:
Shell 已更改。
[jerry@localhost ~]$
```

说明：在 Fedora 30 中，默认不安装 chsh 命令。第一次使用该命令时，系统会提示安装该命令，需要在联网条件下进行安装。通过 chsh 命令改变 Shell 后，需要重新登录，才会使用新的 Shell。

2. 临时改变正在使用的 Shell

用户也可以临时性地改变当前使用的 Shell，使用完毕还可以退回到原来的 Shell 程序中。

【例 11-3】 临时改变 Shell。

```
[tom@ localhost ~]$/bin/sh  （直接键入希望使用的 Shell 解释器路径）
sh-5.0$          （进入相应的 Shell，这里为 sh）
...
sh-5.0$exit      （或者使用 Ctrl+D 组合键）
[tom@ localhost ~]$     （返回登录时的 Shell，这里为 bash）
```

11.2 bash 程序设计

现在，已有越来越多的图形界面加入 Linux 中，利用 Linux 自带的图形界面就完全可以完成基本的应用。那么，为什么还要学习 Linux 的 Shell 呢？因为图形界面的功能是有限的，只能完成一些可以预见的通用功能。例如，要进行一次日常文件的备份工作，如果没有安装专门的备份软件，备份只能逐个文件（目录）进行，整个备份工作要在不停地切换目录中完成。如果掌握了基本的 Shell 编程，类似的工作利用简单的 Shell 程序就可以轻松完成。Shell 程序是一个非常容易掌握的工具，可以帮助用户完成特定的任务，提高维护系统的效率。另外，Linux 下的图形界面应用程序也是经过 Shell 解释启动的，很多应用程序本身就是 Shell 程序，在配置这些应用程序时也必须具备基本的 Shell 编程知识。

Shell 程序就是把用户键入的 Shell 命令按照控制结构组织到一个文本文件中，批量地交给 Shell 去执行。与 C 语言等高级语言程序需要最终形成二进制可执行文件不同，Shell 程序是通过 Shell 命令解释器解释执行的，不生成二进制的可执行代码，这一点与 DOS 下批处理程序（.bat 文件）的特性类似。

11.2.1　bash 程序的一般格式

Shell 程序又称为 Shell 脚本程序，为不同的 Shell 解释器编制脚本程序的语法不完全相同。由于 bash 是 Linux 默认提供的 Shell 解释器，并且也是使用最广泛、与其他 Shell 兼容最好的解释器，因此下面介绍的 Shell 脚本程序的知识都假设 bash 为 Shell 解释器。

Shell 脚本程序和其他高级语言程序类似，涉及变量、函数、循环等概念。下面给出一个简单的实例，以便读者对 Shell 脚本程序有一个初步了解。为了方便描述，程序的每行行首都增加了行号，在实际程序源代码中不包含行号部分。

【例 11-4】 一个简单的 Shell 程序示例。

```
 1 #!/bin/bash
 2 #a Simple Shell Script Example
 3 #a Function
 4 function say_hello()
 5 {
 6 echo -n "Enter Your Name,Please.  :"
 7 read name
 8 echo "Hello $name"
 9 }
10 echo "Program Starts ....."
11 say_hello
12 echo "Program Ends."
```

本程序的功能是在命令行状态下接收用户的输入，并将输入的字符进行简单处理后在命令行状态下打印出来。程序分为两部分：函数 say_hello() 的定义及大括号后面的程序主体部分。函数 say_hello() 的作用是接收用户输入，并将输入的内容简单处理后输出；大括号后面的程序主体部分用来输出一些简单提示，并完成对函数 say_hello() 的调用。

程序的第 1 行指定了 Shell 脚本解释器。它由“#!”开始，其后是解释器的路径。本例中采用的是 /bin/bash 解释器，如果采用其他解释器，可以用相应的路径替换 /bin/bash。程序第 2 ～ 3 行是 Shell 脚本的注释语句，与 C 语言注释符号（/**/）或 C++ 注释符号（//）不同，Shell 脚本中采用“#”作为注释符号。以“#”开始的注释只在本行起作用，多行注释需要在每行之前都加上“#”。本例中的注释说明例子程序的作用是“一个简单的脚本程序”。程序的第 4 ～ 9 行定义了 say_hello() 函数。函数首先输出一个提示，然后从键盘读入用户的输入，最后利用用户的输入构成一个问候句子，在屏幕上输出。其中用到的输入、输出语句将在后面详细介绍。程序的第 10 ～ 12 行是脚本的执行主线。第 10 行输出一条信息，提示程序运行开始；第 11 行调用已经定义的函数 say_hello；第 12 行输出一条信息，提示程序运行结束。

在 Linux 下编辑完成上述源程序并保存，本例中将文件保存为 greeting.sh（文件名要符合 Linux 下文件名命名规范）。但这时的文件还不能执行，需要给文件赋予可执行的权限。

假设文件保存在当前的目录下，可以使用命令 chmod 给文件赋予可执行的权限。

```
[tom@ localhost ~]$  chmod +x greeting.sh
```

当程序具备了可执行权限后，就可以通过文件名执行了。程序的执行及运行结果如下：

```
[tom@ localhost ~]$./greeting.sh
Program Starts .....
Enter Your Name,Please.  :Tom
Hello Tom
Program Ends.
```

程序中的“./greeting.sh”和“Tom”为运行过程中用户的输入。

11.2.2　变量的声明和使用

变量是程序设计中使用最频繁的要素之一。与 C 语言不同，bash 是一种弱类型的脚本语言。所谓弱类型脚本语言，是指这种语言对类型的要求不严格，同一个变量随着使用场合的不同，可以存储不同类型的数据，可能刚才存的是一个字符串，现在又存储一个整数。很多脚本语言都是弱类型的，bash 脚本就是其中之一。弱类型的变量使用灵活，但是对变量的类型检查任务只能由程序设计者承担。在 bash 中，变量不需要显式声明就可以直接使用。给一个变量赋值采用如下的格式：

```
变量=值
```

注意：等号两侧不能有空格。

例如：

```
a="hello"
b=9
```

引用一个变量可以采取在变量名前加一个 $ 的方法，例如，可以如下引用上面定义的两个变量：

```
echo "a is $a"
echo "b is $b"
```

引用变量还可以采取“${ 变量名 }”的方法，这种方法可以用来解决变量名发生混淆的问题。例如，现在需要输出“hello Linux”字符串，如果写成 echo "$aLinux" 就得不到期待的结果，屏幕上没有输出，这是因为 bash 将 aLinux 作为一个变量，而这个变量还没有被赋值，因此，打印语句没有任何输出。这时可以采用第 2 种引用变量的方式：echo "${a}Linux"，屏幕上将得到预期的输出：“hello Linux”。

第 2 种引用方式虽然略显烦琐，但更加安全通用。以第 2 种引用方式为基础，还有以下几种常用的扩展用法。

- ${variable:-value}：variable 是变量名，value 代表一个具体的值（后面含义相同，不再赘述）。如果变量 variable 存在，则返回 variable 的值，否则返回值 value。
- ${variable:=value}：如果变量 variable 存在，则返回 variable 的值，否则，先将值 value 赋给变量 variable，然后返回值 value。
- ${variable:+value}：如果变量 variable 存在，则返回值 value，否则返回空值。
- ${variable:?value}：如果变量 variable 存在，则返回 variable 的值，否则将 value 送到标准错误输出显示并退出 Shell 程序。这里 value 通常为一个错误提示消息。
- ${variable:offset[:length]}：其中 offset 和 length 为整数数字，中括号代表可选部分。此应用方式表示返回从变量 variable 的第 (offset+1) 个字符开始的、长度为 length 的子串。如果中括号内的部分省略，则返回其后所有子串。

【例 11-5】 下面的例子示意了变量的定义和使用。

```
 1 [tom@ localhost ~]$ var="hello"
 2 [tom@ localhost ~]$ echo $var ${title:-"somebody"}!
 3 hello somebody!
 4 [tom@ localhost ~]$ echo $var ${title:+"somebody"}!
 5 hello !
 6 [tom@ localhost ~]$ echo $var ${title:?"title is null or empty"}!
 7 bash: title: title is null or empty
 8 [tom@ localhost ~]$ echo $var ${title:="tom and jerry"}!
 9 hello tom and jerry!
10 [tom@ localhost ~]$ echo $var ${title:+"somebody"}!
11 hello somebody!
12 [tom@ localhost ~]$ echo $var ${title:8:5}!
13  hello jerry!
```

其中，第 3 行由于变量 var 已经被第 1 行语句赋值（字符串 "hello"），而变量 title 在第 3 行前没有被赋值，所以第 3 行的输出为变量 var 的值（"hello"）、字符串“somebody”和一个“!”。直到第 8 行变量 title 才被赋值，其后所有关于 title 的判断也都发生了变化。在第 8 行 title 被赋值为字符串“tom and jerry”。

除了对单个变量进行赋值和引用外，将多个变量通过运算符组合成表达式，也是 Shell 脚本编程中常用到的方式。bash 中提供了很多运算符，它们的功能和语法与 C 语言中的运算符类似。下面是一些常见的运算符。

- 算术运算符：+、–、*、/、%。
- 赋值运算符：+=、–=、*=、/=、%=。
- 位运算符：<<、>>、&、|、～、^。
- 位运算赋值运算符：<<=、>>=、&=、|=、～=、^=。
- 逻辑运算符：&&、||、!、>、>=、<、<=、!=、==。

利用运算符将变量或者常量连接起来就形成了表达式。但是，由于变量和常量没有特定的数据类型，所以在 bash 中单纯写一个表达式作为一条命令或者语句是错误的，必须通过命令指明所写的表达式是一个运算式，才能按照表达式的含义进行求解。要指明表达式是一个运算式可以使用 expr 和 let 命令。

expr 命令用于计算一个表达式的值，并将结果写在标准输出设备上，其使用格式是：

```
expr arg
```

其中 arg 代表一个表达式。表达式是一个由运算符和操作数连接起来的字符串，运算符是上面介绍的运算符，操作数可以是变量，也可以是常量。

expr 命令根据操作符的类型来判断操作数的类型，例如，当运算符是字符运算符时操作数被认为是字符类型。操作数和运算符之间要用空白字符隔开，否则，expr 计算错误。

例如，要计算 3 和 2 的和，可能有下面两种写法：

```
1 expr 3+2
2 expr 3 + 2
```

第 1 种写法中，加号“+”两侧和操作数 3、2 之间没有空格分开，expr 命令并不认为是书写错误，而是将“3 + 2”作为一个字符串，使表达式的计算结果为字符串“3 + 2”，这显然与程序的初衷不同。第 2 种表达式中，操作数和运算符之间以空格分开，表达式正确求解，返回结果 5。

在表达式中有通配符（如“ * ”）时，要采用转义字符“ \ ”或者引号（单引号或者双引号）。例如，要计算 3 和 2 的积，有下面 4 种候选表达式：

```
1 expr 3 * 2
2 expr 3 \* 2
3 expr 3 '*' 2
4 expr 3 "*" 2
```

其中，第 1 种书写方法是语法错误的（syntax error)，其余 3 种书写方法都是正确的（注意，操作数和运算符之间有空格隔开）。

当表达式比较复杂，含有不同优先级的运算符时，最好采用把复杂的表达式拆成几个简单的表达式的方法。例如，求（2 + 3）*4 的值，可以这样写：

```
s=`expr 2 + 3`
expr $s \* 4
```

其中，第 1 行中的抑音符“ ` ”为键盘中数字键 1 左侧的、与波浪线（～）对应的符号。也可以将上述两个命令合写为一个命令：

```
expr  `expr 2 + 3` \* 4
```

除了 expr 命令外，还可以采用 let 命令，let 命令的格式是：

```
let arg1 [arg2 ......]
```

其中，中括号表示可以有多个参数，argn（n=1，2，…）为表达式。每个表达式内的运算符与操作数之间不必用空格分开。由于每一个 argn 参数就是一个表达式，因此，let 命令可以一次对多个表达式进行计算。与 expr 命令相比，let 命令在对表达式进行计算时，书写更接近人的习惯，命令更加简洁。例如，对上面的表达式 s=(2+3)*4 求解，可以这样写：

```
let s=(2+3)*4
```

当 let 命令的表达式中含有 <、>、&、| 等特殊符号时，需要用双引号（" "）或单引号（' '）将特殊的符号引起来，或者将反斜杠（\）放在特殊符号的前面。例如，设变量 s1 值为 3，变量 s2 值为 5，比较 s1 和 s2 的大小，并利用变量 s 保存比较的结果（0 为 false，1 为 true)，有下面 4 种候选方式。

行号	方式 1	方式 2	方式 3	方式 4
1	s1=3	s1=3	s1=3	s1=3
2	s2=5	s2=5	s2=5	s2=5
3	let s=s1<s2	let s=s1 "<" s2	let s=s1 '<' s2	let s=s1\<s2
4	echo $s	echo $s	echo $s	echo $s
5	s 原值	1	1	1

比较上述 let 命令对含有特殊符号（<）的表达式进行计算的 4 种方式。这 4 种方式中，

差异体现在第 3 行，由于方式 1 没有采用引号或者反斜杠来对特殊运算符进行处理，使变量 s 中没有获得正确的比较结果，其余 3 种方式 s 都存储了正确的比较结果。

当表达式含有赋值语句时，可以采用括号来简化命令，括号的作用和 let 命令相似。例如，对上面的表达式 s = (2+3)*4，求解并打印表达式的值，使用 let 命令的格式是：

```
[tom@localhost ~]$ let s=(2+3)*4
[tom@localhost ~]$ echo $s
```

如果利用括号就可以简化为一条命令：

```
[tom@localhost ~]$ echo $(((2+3)*4))
```

11.2.3 条件判断

在编写程序解决问题时，经常会遇到对某个条件进行判断的情况。条件可能是一个变量的值，可能是文件的执行权限，可能是某段代码执行的结果，也可能是多个判断结果按照逻辑运算（与、或、非等）的组合。无论是什么样的条件，判断的最终结果只有两种可能：真和假。

在 Shell 程序中，判断条件的真或者假是逻辑上的真假。在程序中，判断的条件也可以看作一条 Shell 命令，这条命令执行后的返回值决定了逻辑判断的真或者假。判断命令的退出值以 0 表示成功退出，非 0 表示有问题的退出。返回值为 0，Shell 将理解为逻辑真；返回值不为 0，表示在进行条件判断时出现问题，可能是判断逻辑错误，也可能是程序存在问题。有多种原因会导致返回值不为 0，判断命令根据问题的类型返回不同的非 0 的值，这种情况下，Shell 将理解为逻辑假。

在 bash 中，对条件进行判断的命令是 test 和中括号 [ ]，两者是等价的，可以把 [ ] 看作 test 的一种简化、直观的变形。它们的使用格式是：

```
test condition
```

或者

```
[ condition ]
```

注意：利用中括号 [ ] 判断时，左、右中括号和判断条件之间要用空格分隔开。

condition 为需要进行判断的条件，可以是：

- 文件属性的测试，包括文件类型、文件访问权限等。
- 字符串属性的测试，包括字符串长度、内容等。
- 整数关系的测试，包括比较大小、相等判断等。
- 上述 3 种关系通过逻辑运算符（与、或、非）的组合。

1. 测试文件属性

可以判断的文件属性很多，常用的如表 11-1 所示。

表 11-1 常用的文件属性条件判断

属性	含 义
-f fn	如果 fn 存在且 fn 为普通文件则返回真，否则返回假
-b fn	如果 fn 存在且 fn 为块设备则返回真，否则返回假

（续）

属性	含　义
-e fn	如果 fn 存在则返回真，否则返回假
-d fn	如果 fn 存在且 fn 为目录则返回真，否则返回假
-r fn	如果 fn 存在且 fn 可读则返回真，否则返回假
-w fn	如果 fn 存在且 fn 可写则返回真，否则返回假
-x fn	如果 fn 存在且 fn 可执行则返回真，否则返回假
-O fn	如果 fn 存在且被当前用户拥有则返回真，否则返回假
-L fn	如果 fn 存在且 fn 为符号链接则返回真，否则返回假

【例 11-6】 分别使用两种格式对当前目录下的目录和文件进行测试，并将测试的结果打印到屏幕上。

首先，查看当前目录下的文件信息。

```
1 [tom@localhost ~]$  ls -l
2 总用量 8
3 drwxr-xr-x  2 tom   users  4096  05-18  22:27   a_dir
4 -r--r--r--   1 tom   users     0  05-18  22:27   a_file_2.sh
5 -rw-r--r--   1 tom   users     0  05-18  22:27   a_file.sh
6 -rwxr-xr-x  1 tom   users   241  05-18  22:27  example.sh
```

利用 test 命令测试文件 a_file.sh 是否可写。

```
7 [tom@localhost ~]$  test -w a_file.sh
8 [tom@localhost ~]$  echo $?
9 0
```

利用 [ ] 命令测试文件 a_file.sh 是否可写。

```
10 [tom@localhost ~]$  [ -w a_file.sh ]
11 [tom@localhost ~]$  echo $?
12 0
```

正像前面介绍的那样，两种格式实际上是等价的。结合上面的例子，文件 a_file.sh 访问属性可写，分别采用 test 和 [ ] 的方式判断都得到相同的正确结果。

第 8 行和第 11 行都用到了“ echo $?”命令，这个命令是一个输出命令，作用是输出变量“ ? ”的值。“ ? ”是一个特殊的变量，存储紧邻的前驱命令的返回值，在本例中存储的是第 7 行和第 10 行命令的返回值。“ $?”是检查前驱命令返回值的常用方法。以 test 命令为例，可以理解为第 7 行的命令“ test -w a_file.sh”运行后的返回值为 0（第 9 行），表示 test 顺利运行，对于这种情况 Shell 将理解为判断取得逻辑真值。

结合逻辑运算符，可以对多个文件的属性或一个文件的多重属性进行判断。在判断语句中可以使用的逻辑运算符有以下几个。

- 逻辑与 -a：condition1 -a condition2，两个条件都为真，则结果为真。
- 逻辑或 -o：condition1 -o condition2，两个条件有一个为真，则结果为真。
- 逻辑非 !：! condition，当 condition 为真时结果为假，当 condition 为假时结果为真。

这 3 个逻辑运算符不仅可以连接对文件属性进行判断的条件，还可以连接后面介绍的字符串属性判断条件和整数属性判断条件。无论连接哪种判断条件，格式都是一致的。下面的例子说明了组合判断文件属性的基本方式。

【例 11-7】 假设当前的工作目录还是例 11-6 的工作目录，利用逻辑运算符对目录中的文件进行多个条件的判断。为了简化命令，这里采用 [ ] 的命令格式。

首先，判断 a_dir 是否为目录且是否可写。

```
1 [ tom@localhost ~]$  [ -d a_dir  a  -w  a_dir ]
2 [ tom@localhost ~]$  echo $?
3 0
```

接着，判断文件 a_file.sh 是否可以执行或者文件 a_file_2.sh 是否可写。

```
4 [ tom@localhost ~]$  [ -x  a_file.sh  -o  -w  a_file_2.sh ]
5 [ tom@localhost ~]$  echo $?
6 1
```

第 1 行的命令判断当前工作目录下的 a_dir 是否为目录且是否可写。通过例 11-6 可以知道，a_dir 为一个目录且当前用户 tom 对其具有写权限，因此，利用与运算符（-a）连接的两个条件都为真，最终，第 3 行对判断结果的输出为 0，即判断条件为真。

第 4 行的命令判断当前工作目录下的 a_file.sh 是否可以执行，或者文件 a_file_2.sh 是否可写。结合例 11-6 的显示可知，a_file.sh 没有可执行的权限，而文件 a_file_2.sh 虽然可执行但没有可写的权限。因此，利用或运算符（-o）连接的两个条件都为假，最终，第 4 行命令的综合判断结果为 1，即判断条件为假。

2. 测试字符串属性

对字符串属性进行判断是 bash 条件判断的重要应用领域。常用的字符串判断属性如表 11-2 所示。

表 11-2　常用的字符串属性条件判断

属性	含　义
string_1 = string_2	如果 string_1 和 string_2 两个字符串相等则返回真，否则返回假
string_1 != string_2	如果 string_1 和 string_2 两个字符串不相等则返回真，否则返回假
-z string	如果字符串 string 的长度为 0 则返回真，否则返回假
-n string	如果字符串 string 的长度不为 0 则返回真，否则返回假
string	同 -n string，如果字符串 string 的长度不为 0 则返回真，否则返回假

【例 11-8】 判断两个字符串变量存储的字符串是否相同。

```
1 [tom@localhost ~]$  root_home="/root"
2 [tom@localhost ~]$  tom_home="/home/tom"
3 [tom@localhost ~]$  [  $root_home  =  $tom_home  ]
4 [tom@localhost ~]$  echo $?
5 1
```

root_home 和 tom_home 为两个字符串变量，分别存储根用户和普通用户 tom 的主目录。两个字符串不同，因此，对其进行相同条件判断的返回值为 1，即判断条件为假。

3. 测试整数关系

整数测试是针对两个整数数值的比较，常用的条件判断属性如表 11-3 所示。

表 11-3　常用的整数关系条件判断

属性	含　义
mum_1 -eq num_2	如果 num_1 和 num_2 相等则返回真，否则返回假
mum_1 -ne num_2	如果 num_1 不等于 num_2 则返回真，否则返回假
mum_1 -gt num_2	如果 num_1 大于 num_2 则返回真，否则返回假
mum_1 -lt num_2	如果 num_1 小于 num_2 则返回真，否则返回假
mum_1 -le num_2	如果 num_1 小于等于 num_2 则返回真，否则返回假
mum_1 -ge num_2	如果 num_1 大于等于 num_2 则返回真，否则返回假

【例 11-9】 对两个整数变量进行比较。

```
1 [tom@localhost ~]$  int_var_1=250
2 [tom@localhost ~]$  int_var_2=300
3 [tom@localhost ~]$  [ $int_var_1  -eq  $int_var_2 ]
4 [tom@localhost ~]$  echo $?
5 1
6 [tom@localhost ~]$  [ $int_var_1  -ne  $int_var_2 ]
7 [tom@localhost ~]$  echo $?
8 0
```

11.2.4　控制结构

程序的控制结构就是在程序执行过程中，根据某个条件的判断结果，改变程序执行的路径。可以简单地将控制结构分为分支和循环两种。bash 支持的分支结构有 if 分支和 case 分支，支持的循环语句有 for 循环、while 循环和 until 循环。它们的使用方法和其他编程语言中对应的控制结构类似。

1. if 分支语句

if 分支语句是最常见的分支语句，它的使用格式是：

```
if 条件1
then
    命令
[elif 条件2
    then
    命令 ]
[else
    命令 ]
fi
```

其中，中括号内的部分是可以省略的部分。当条件为真时，执行 then 后面的命令，否则执行 else 后面的命令。以 fi 表示 if 分支命令的结束。其中的条件一般为前面介绍的用 test 或者 [ ] 定义的条件。下面给出通过 if 语句判断文件属性的例子。

【例 11-10】 使用 if 语句判断并显示输入文件的属性。

```
1 #!/bin/bash
2 #an example script of if
3 clear
4 echo "input a file or directory name, please"
5 read path_name
6 if [ -d $path_name ]
```

```
 7 then
 8     echo "$path_name is a directory"
 9 elif [ -f $path_name ]
10 then
11     echo "$path_name is a regular file"
12     if [ -r $path_name ]
13     then
14         echo "$path_name is a readable file"
15     fi
16     if [ -w $path_name ]
17     then
18         echo "$path_name is a writeable file"
19     fi
20     if [ -x $path_name ]
21     then
22         echo "$path_name is a executable file"
23     fi
24 else
25     echo "this script cannot get the file/directory($path_name) infomation!"
26 fi
```

本段程序首先提示用户输入一个文件或者目录名，然后对文件（目录）的属性进行简单的判断，并将判断的结果打印到标准输出设备上。程序的总体结构是一个嵌套的if分支语句。最外层是一个if-then-elif-then-else-fi分支语句，对应程序的第6、7、9、10、24、26行，主要用来区分用户的输入是目录还是文件。在第11～23行嵌套了3个并列的if分支语句，用来判断用户对文件拥有哪些访问权限。第1个内嵌if分支（第12～15行）判断用户对文件是否有读的权限；第2个内嵌if分支（第16～19行）判断用户对文件是否具有写的权限；第3个内嵌if分支（第20～23行）用来判断用户对文件是否具有执行的权限。

由于bash中很多命令都有返回值，为了简化程序结构，也可以直接以某个Shell命令作为判断条件。其含义是：当命令返回0时，判断条件为真，执行then后面的语句；如果命令返回非0值，则命令执行出现问题，判断条件为假，执行else后面的命令。下面的程序片段演示了以Shell命令作为判断条件的情况。

【例11-11】 以Shell命令的返回值作为判断条件的if分支程序。

```
1 #!/bin/bash
2 #another example script of if
3 echo "Input a directory, please!"
4 read dir_name
5 if cd $dir_name > /dev/null 2>&1 ;then
6     echo "enter directory:$dir_name succeed"
7 else
8     echo "enter directory:$dir_name failded"
9 fi
```

程序提示用户输入一个目录名，并尝试进入该目录，如果进入该目录成功就打印成功提示，否则打印出错提示。第5行的if命令以一条完整的cd命令作为判断条件，当cd命令成功改变当前工作目录，即执行成功时，返回值为0，否则为非0。不同命令的返回值含义虽然各不相同，但基本上遵循命令执行成功则返回0、出错则返回非0的规律。每个命令返回值的具体含义可以通过bash的联机文档查看。第5行的cd命令是一个复合的命令，大于号

(>) 前面的部分为一个普通的 cd 命令，尝试进入变量 dir_name 中存储的目录。大于号是一个重定向命令，大于号后面至分号（;）前面的命令的作用是：将 cd 命令可能产生的标准输出和标准错误输出重定向到 /dev/null 设备中，/dev/null 是一个不产生任何输出的特殊设备。大于号前后的命令组合在一起，就是隐藏了 cd 命令的错误输出。由于程序可以通过 cd 命令的返回值判断执行情况，因此，减少了不必要的提示信息。

另外，在 then 命令的前面有一个分号（;），这是因为当 if 的判断条件和 then 同在一行时，bash 要求在判断条件和 then 命令之间增加一个分号作为分隔符。

2. case 分支语句

与 if 分支语句类似，case 语句也同样可以完成程序分支控制的功能。if 分支可以提供两种情况进行选择，如果需要根据多种情况进行分支控制，则需要多个 elif 来辅助，在这种情况下，利用 case 分支语句更加直观、简洁。case 分支语句的使用格式如下：

```
case 条件 in
模式 1)
     命令 1
     ;;
[ 模式 2 )
     命令 2
     ;;
...
模式 n)
     命令 n
     ;;]
esac
```

其中，“条件”可以是变量、表达式、Shell 命令等。“模式”为条件的值，并且一个“模式”可以匹配多种值，不同值之间用竖线（|）联结。模式还可以使用通配符，星号（*）匹配任意字符，问号（?）匹配任意单个字符，[…] 匹配某个范围内的字符等。程序运行到 case 语句时，首先计算“条件”的值，根据值寻找匹配的模式，然后执行匹配的模式内的命令。注意，一个模式要用双分号（;;）作为结束（这类似于 C 语言中的 break），以逆序的 case 命令（esac）表示 case 分支语句的结束。

下面是一个 case 分支的简单示例。

【例 11-12】 case 分支语句示例。

```
 1 #!/bin/bash
 2 #an example script of case
 3 clear
 4 echo "Are you like Linux?"
 5 read like_it
 6 case $like_it in
 7 y|Y|yes|Yes)echo "Linux is a good friend of us."
 8      ;;
 9 n|N|no|No)echo "Try it, and you will like it."
10      ;;
11 *)echo "you answer is: $like_it"
12      ;;
13 esac
```

程序向用户提出一个简单的问题，期望用户给出肯定（yes）或者否定（no）的回答，根据用户的回答输出不同的问候词。程序中用到了 3 种模式：第 1 种和第 2 种都分别匹配 4 种字符串，每种字符串以竖线联结。第 3 个模式是“*”，因此，如果没有和前两种模式匹配的答案，则无论用户的回答是什么，都会匹配“*”模式。

3. for 循环语句

for 循环是最常用的循环控制语句之一，通常用在已经预先知道循环次数的程序段中。for 循环的一般格式为：

```
for 变量 [in 列表]
do
    命令（通常用到循环变量）
done
```

其中，“列表”为存储了一系列值的列表，随着循环的进行，变量从列表中的第一个值依次取到最后一个值。do 和 done 之间通常是对变量进行处理的一系列命令，这些命令每次循环都执行一次。如果省略中括号中的部分，bash 则认为是“in $@”，即执行该程序时通过命令行传给程序的所有参数的列表。

【例 11-13】 for 循环语句示例。

```
1 #!/bin/bash
2 #an example script of for
3 clear
4 for os in Linux Windows UNIX
5 do
6     echo "Operation System is:$os"
7 done
```

for 循环变量 os 随着每次循环分别被赋值为列表中的 Linux、Windows 和 UNIX 三个字符串，do 和 done 之间的语句将 os 的当前值经简单变化后显示给用户。

4. while 和 until 循环语句

在格式和使用环境上，while 语句和 until 语句都十分相似。与 for 循环不同，while 和 until 适用于循环次数不确定的情况。这两个循环语句的基本格式是：

```
while/until 条件
do
    命令
done
```

在格式上二者的差别仅仅是循环结构开始的命令不同，在含义上二者却截然相反：在 while 循环中，只要条件为真，就执行 do 和 done 之间的循环命令；而在 until 循环中，只要条件不为真，就执行 do 和 done 之间的循环命令，或者说，在 until 循环中，一直执行 do 和 done 之间的循环命令，直到条件为真为止。

无论是 while 循环还是 until 循环，条件都是结束循环的关键。通常在 do 和 done 之间的命令都会对影响条件的因素进行修改，以便能在有限的循环次数中达到循环结束的条件。如果程序设计不慎，就有可能造成不会中止的循环，即死循环。

while 循环和 until 循环在解决问题时的能力是一样的，同一个问题既可以使用 while 循环实现，也可以使用 until 循环实现。下面的示例说明了两者如何解决同一个问题。

【例 11-14】 while 循环和 until 循环示例。

	while 循环	until 循环
1	`#!/bin/bash`	`#!/bin/bash`
2	`#an example script of  while`	`#an example script of  until`
3	`clear`	`clear`
4	`loop=0`	`loop=0`
5	`while [ $loop -ne 10 ]`	`until [ $loop -eq 10 ]`
6	`do`	`do`
7	`    let loop=$loop+1`	`    let loop=$loop+1`
8	`    echo "current value of loop is:$loop"`	`    echo "current value of loop is:$loop"`
9	`done`	`done`

两个循环都完成了对循环变量 loop 加 1 的工作，两个程序的输出结果也是完全一样的。对比程序脚本，二者只是在程序的第 5 行的循环判断条件上不同。

11.2.5　函数

和其他程序设计语言一样，在 bash 中可以定义函数。函数是一个语句块，完成相对独立的功能。如果没有函数，Shell 脚本程序从头到尾都是连续的命令，相同功能的代码块可能会重复出现多次。利用函数将相同功能的代码块提取出来，可以实现代码的模块化。同时，在修改程序时，可以方便地找到相应的代码，减少重复修改相同功能代码的次数，降低程序维护的强度。将函数与注释结合起来，能够使程序思路更为清晰。在 bash 中定义函数的方法很简单，其格式是：

```
[function] 函数名 ( )
{
    命令
}
```

其中，“function”可以省略。通常在程序执行语句之前定义函数，一旦定义完毕，在程序中调用函数与使用一般的 Shell 命令的格式和方法完全一样。调用函数的格式是：

```
函数名 [ 参数 1 参数 2 ... 参数 n ]
```

其中，是否需要参数由函数的定义和功能决定，参数与参数之间用空格分隔。如果在函数内部需要使用传递给函数的参数，一般用 $0，$1，…，$n，以及 $#、$*、$@ 这些特殊变量。$0 为执行脚本的函数名，$1 是传递给函数的第 1 个参数，以此类推，$n 为传递给函数的第 n 个参数；$# 为传递给函数的参数个数；$* 和 $@ 为传递给函数的所有参数，两者的区别在于 $* 把所有参数作为一个整体，而 $@ 把所有参数看作拥有多个参数的集合，可以单独访问每个参数。

当向一个完整的 Shell 脚本程序传递参数时，Shell 程序同样可以通过这些特殊变量来访问传递的参数。这时，这些参数来自终端的命令行，把脚本文件名看作函数名，所有特殊变量的含义和向函数传递时的含义完全一样。

例 11-15 说明了函数如何定义及如何利用特殊变量来访问传递给它的参数。

【例 11-15】 向函数传递参数示例。

```
 1 #!/bin/bash
 2 #an example script of function
 3 function demo_fun()  #函数定义开始
 4 {
 5     echo "Your command is:$0 $*"
 6     echo "Number of Parameters(\$#) is:$#"
 7     echo "Script file name(\$0) is: $0"
 8     echo "Parameters(\$*) is:$*"
 9     echo "Parameters(\$@) is:$@"
10     count=1
11     for param in $@
12     do
13         echo "Parameters(\$$count) is:$param"
14         let count=$count+1
15     done
16 }      #函数定义结束
17 clear
18 demo_fun $@
```

示例程序由一个函数定义和一个函数调用组成。程序第 3 ～ 16 行定义了一个名为 demo_fun 的函数，程序第 18 行为函数的调用，调用时传递给函数的参数为用户通过命令行传递给程序的参数。例如，假设该 Shell 脚本程序存储在当前工作目录下，文件名为 fun.sh，通过终端命令“$ ./fun.sh param1 param2 param3”执行脚本程序，则在程序中特殊变量 $@ 按顺序存储了参数 param1、param2、param3，通过函数调用（第 18 行）又将这些参数传递给了函数 demo_fun。

函数 demo_fun 的作用是访问传递的各个参数，并利用直观的格式输出给用户。其中，利用 for 循环语句依次访问参数表中的变量。在函数定义中用到了很多反斜杠（\），反斜杠是转义符，防止对一些特殊符号进行不必要的替换。

另外，在访问传递的参数时，采用 shift 命令也是一种常用的方式。shift 命令用于将存储在位置变量（$1，$2，…，$n）中的变量左移一个位置。将上面例子中的函数利用 shift 命令改写，可以达到同样的效果（只对 for 循环中的部分进行改写），请参看下面的代码段。

```
...
function demo_fun()  #函数定义开始
{
...
    while [ -n "$1" ]
    do
        echo "Parameters(\$$count) is:$1"
        let count=$count+1
        shift
    done
}
...
```

其中 while 和 done 之间的代码是用 shift 进行改写的部分，利用 while 循环代替了 for 循环。当位置变量 $1 为空串的时候循环中止。循环开始时，$1 为第 1 个参数的值。每经过一次循环都要执行一下 shift 命令，使参数左移一次，$1 的值就变成了其相邻的下一个参数的值。直到 $1 变为最后一个参数值后，参数表再次左移，使 $1 值为空，达到循环中止条件，使程序退出循环，从而完成了对各个参数的访问。

函数的返回值用来通知调用者函数的执行状态。Shell 程序中的函数也可以有返回值，使用 return 命令带回函数的返回值。一般来说，当函数正常结束时返回真（0），否则返回假（非 0）。return 的使用格式如下。

- return 整数值：0 表示正常结束；1 或其他非 0 值表示错误结束。
- return：以函数中最后一个命令的执行状态作为返回值。

测试函数的返回值的方式和测试 Shell 命令的返回值的方式相同，可以采用“$?”命令，也可以采用直接测试命令执行的方法。

【例 11-16】 return 语句的使用。

return 值的返回方式	return 的返回方式
1 #!/bin/bash 2 #an example script of return 3 function fun_return() 4 { 5 dir_name=$1	......
6 rtn_value=0 7 if ! cd $dir_name > /dev/null 2>&1 ;then 8 rtn_value=1 9 fi 10 return $rtn_value	cd $dir_name > /dev/null 2>&1 return
11 } 12 clear 13 if fun_return $@ ;then 14 echo "function executes successfuly!" 15 else 16 echo "function executes failed!" 17 fi	......

左右两个程序脚本功能完全等价，程序由函数定义和函数使用两部分组成。函数部分的功能是尝试进入由用户传递参数所指定的目录中，并将尝试的结果返回给函数的调用者。左侧采用“return 值”的方式返回值。函数中定义了一个变量 rtn_value，该变量存储函数尝试进入目录的结果，默认情况下为 0，表示尝试成功。如果尝试失败（第 7 ～ 9 行），就将 rtn_value 的值更改为 1，表示失败。函数退出前，将结果利用 return 命令返回给函数的调用者。右侧脚本程序采用 return 的方式返回值。在采用 return 方式时，其后没有显式的返回值，程序的返回值为与 return 命令相邻的前驱命令的执行结果，即“cd $dir_name > /dev/null 2>&1”的执行结果。因此，当 cd 命令执行成功时，返回 0，反之则返回非 0，达到和左侧利用“return 值”的方式相同的功能。对于这两种方式，左侧的方式更加直观，用户可以设计自己的返回值，而右侧的方式代码简洁。用户可以根据需要选择适合的方式。

11.3 Shell 程序示例

每一种语言都或多或少地侧重于某个应用领域。与其他程序相比，Shell 程序的应用领域更侧重于对计算机的管理与维护。本节通过两个 Shell 程序的示例，来分析 Shell 程序的作用和开发 Shell 程序的方法。

11.3.1 Linux 程序示例

在 Linux 中，很多工具本身就是脚本程序，它们在系统的管理与维护中发挥着重要作用。例 11-17 所示的程序清单就是 Fedora 系统自带的一个程序。文件名为～/.bashrc 文件。～代表用户的主目录，当用户名为 tom 时，该文件就为 /home/tom/.bashrc，文件名以点(.) 开始表示该文件是隐藏文件。

【例 11-17】 ～/.bashrc 文件。

```
1 # .bashrc
2 # Source global definitions
3 if [ -f /etc/bashrc ]; then
4    . /etc/bashrc
5 fi
6 echo "Health is better than Wealth!"
7 export PS1="[\t]\u@\h/\w>"
```

这个文件是用户每次进入 bash 命令解释器时都要执行的一段脚本，原始程序的动作很简单，就是检查 /etc/bashrc 文件是否存在，如果存在就执行它（代码第 3 ～ 5 行）。/etc/bashrc 脚本负责进行一些全局变量的设置工作。我们对～ /.bashrc 文件进行了扩充，增加了第 6、7 两行代码。第 6 行打印一条问候语，第 7 行对全局变量 PS1 重新赋值。变量 PS1 代表终端命令行的提示符，重新赋值后的命令行提示符为“ [\t]\u@\h/\w>”，其中 \t 代表当前时间，\u 代表当前用户，\h 代表主机名，\w 代表当前的工作目录。还有很多其他的转义字符可以使用，可以通过 bash 的联机手册页来查看。

当某个用户的主目录下的 .bashrc 文件被上面的代码替换后，该用户打开一个新的终端，就会先看到打印的一段问候语，而且命令行的提示符也会相应地发生变化。

11.3.2 文件备份脚本示例

下面介绍一个相对复杂、综合性更强的 Shell 脚本程序。这段脚本主要用来帮助用户对文件进行备份。

【例 11-18】 文件备份 Shell 脚本示例。

```
1 #!/bin/bash
2 #an example script of backup files
3 LOG_START_TIME=`date +"%Y%m%d%H%M%S"`
4 BACKUP_DIR=~/backup
5 BACKUP_LOG="$BACKUP_DIR/${LOG_START_TIME}.log"
6 function write_log()
7 {
8 log_time=`date +"%Y-%m-%d-%H-%M-%S"`
9 backup_file_name=$2
```

```
10 err_msg="$log_time ERROR in backup file/directory($backup_file_name)"
11 suc_msg="$log_time SUCCESS in backup file/directory($backup_file_name)"
12 if [ $1 -eq 0 ] ;then
13     echo $suc_msg
14     echo $suc_msg >> $BACKUP_LOG
15 else
16     echo $err_msg
17     echo $err_msg >> $BACKUP_LOG
18     fi
19 }
20 function backup_file()
21 {
22     cp -fr $1 $BACKUP_DIR > /dev/null 2>&1
23     write_log $? $1
24 }
25 function create_log_file()
26 {
27     if [ ! -e $BACKUP_DIR ] ;then
28         mkdir $BACKUP_DIR
29     fi
30     if [ -e $BACKUP_LOG ];then
31         rm -f $BACKUP_LOG
32     fi
33     touch $BACKUP_LOG
34 }
35 clear
36 echo "Backup Process Begins"
37 create_log_file
38 for file in $@
39 do
40     backup_file $file
41 done
42 echo "Backup Process Ends"
```

程序主要由 3 个函数（create_log_file、backup_file 和 write_log）和一个代码段（第 35 ～ 42 行）组成。函数 create_log_file 用来建立存储备份文件的目录和文件，如果文件已经存在，则删除原来的文件。函数 backup_file 用来对从命令行传入的一个文件进行备份，同时，通过调用第 3 个函数 write_log 来向日志文件中写入备份相关信息。代码段是备份程序的执行主线，完成接收用户输入、调用函数并向函数传递适当参数的功能。

代码第 3 ～ 5 行声明了以下 3 个变量。

- LOG_START_TIME：存储备份开始的时间，格式为“年月日时分秒”。
- BACKUP_DIR：存储备份文件的目录。
- BACKUP_LOG：存储备份日志的文件名和路径。

这 3 个变量在整个脚本程序中实际上是作为常量来使用的，因此，在命名上使用了大写字符。虽然这不是必需的，但却是一个很好的习惯。

接下来的第 6 ～ 19 行定义了 write_log 函数。该函数接收两个参数，第 1 个参数存储备份文件是否成功的信息，第 2 个参数记录备份的文件名和路径。通过对第 1 个参数进行判断，形成不同的日志条目，在标准输出设备和日志文件中分别写入一个日志条目。条目中包括以下信息。

- 备份时间：存储在变量 $log_time 中。
- 是否成功：ERROR 或者 SUCCESS。
- 备份文件：存储在 $backup_file_name 中。

第 20 ～ 24 行定义了 backup_file 函数，该函数完成单个文件备份的任务。函数接收一个参数，即需要备份的文件名及路径。函数采用 cp 命令将需要备份的文件复制到存储备份文件的目录下，并调用 write_log 函数向日志文件和标准输出设备中写入一个日志条目。

第 25 ～ 34 行定义了 create_log_file 函数，它在开始备份文件前做一些初始化的工作。例如，检查存储备份文件的目录是否存在，不存在则建立目录；检查日志文件是否存在，存在则删掉已有文件，并建立一个新的空日志文件。

第 35 ～ 42 行将定义的函数组合起来，完成整个备份工作。

假设上面这段 Shell 脚本保存在当前目录下，命名为 mcp.sh，并且当前工作目录下存在一个名为 a_dir 的目录和两个文件（file1.sh、file2.sh），那么可以采用下面的命令来备份这 3 个目录或者文件：

```
[tom@localhost ~]$ ./mcp.sh  a_dir  file1.sh  file2.sh
```

程序输出为：

```
Backup Process Begins
2015-03-09-21-56-51 SUCCESS in backup file/directory(a_dir)
2015-03-09-21-56-51 SUCCESS in backup file/directory(file1.sh)
2015-03-09-21-56-51 SUCCESS in backup file/directory(file2.sh)
Backup Process Ends
```

11.4 本章小结

本章主要介绍了 Linux 中 Shell 的基本知识，包括 Shell 的功能、种类，重点介绍了基于 bash 的 Shell 程序设计。按照从简单到复杂的顺序依次介绍了变量的声明和使用、条件判断、程序的控制结构和函数。最后通过两个实用的综合示例巩固对 Shell 程序的理解。

习题

1. 什么是 Shell 程序？
2. Fedora 30 有哪些 Shell？
3. 比较 Shell 程序和其他程序的异同。
4. 说明 Shell 程序的一般格式。
5. 在 bash 中如何声明变量？在 bash 中声明变量和在 C/C++ 程序中声明变量有什么不同？
6. 简述 $n（n = 0，1，2，…）、$#、$*、$@ 特殊变量的含义和用法。
7. bash 中有哪些常用的运算符？
8. bash 中有哪些常用的控制结构？
9. 在 bash 中如何获取并使用传递给函数的参数？
10. 分析文件 /etc/bashrc 的内容，简述它主要完成哪些功能。
11. 编写一个 Shell 程序，控制可执行文件 /usr/local/bin/myserver 的启动、停止、重新启动。

第 12 章　GCC 的使用与开发

Linux 不仅是一个免费的操作系统，还是一个自由、开放的平台。在这个平台上，除了提供大量用于各种用途的应用软件，还提供了很多方便、高效的开发工具，为用户扩充与完善平台的功能提供了丰富的手段。GCC 就是这个大工具箱中的一款利器。

本章假设读者已经掌握了 C/C++ 语言的语法，因此对有关语言方面的知识不做深入介绍，主要介绍如何利用 GCC 工具在 Linux 平台上开发 C/C++ 语言程序，讨论 GCC 命令的使用、程序设计、程序调试，以及简单的程序项目文件管理等内容。

12.1　GCC 简介

GCC（GNU project C and C++ compiler）是 GNU 项目的一部分，其目标是不断提高和扩充 Linux 下编译器的性能，使更多的开发人员乐于使用 GCC。在不同的 CPU 体系结构和不同的操作系统上都有 GCC 的应用。顾名思义，GCC 最初是一个 C/C++ 语言的编译器，现在它已经可以支持 C/C++、objective-C、Fortran、Ada 和 Go 等多种语言的开发，GCC 名称也随之改变为 GNU Compiler Collection。虽然如此，其最重要的目标仍然是 C/C++ 程序的开发。

GCC 可以对 C/C++ 程序开发进行灵活的控制。一个 C/C++ 程序从开始编码到生成可执行的二进制文件至少要经过以下 4 个步骤：

- 预处理（Preprocessing）
- 编译（Compilation）
- 汇编（Assembly）
- 连接（Linking）

通过设置不同的命令参数，GCC 可以指导程序生成上述的任意一个步骤。对每个细节精细控制，有利于代码优化、代码重用和错误定位。如果开发者不关心这些控制细节，也可以通过设置参数一次性地完成从源代码到二进制可执行代码的生成，简化程序生成过程。

和大多数 GNU 软件项目一样，GCC 仍在不断地完善与更新，每隔几个月就有新的稳定发行版本产生。Fedora 30 中默认安装了 GCC 编译工具，版本是 9.2，利用命令 gcc --version 或者命令 gcc -v 可以查询系统上安装的 GCC 版本。通过访问 GCC 项目的网站 https://www.gnu.org/software/gcc/ 或 https://gcc.gnu.org，可以了解 GCC 最近的开发情况，下载最新的软件套件。

12.2　GCC 的使用

可能是为了追求软件的灵活，也可能是为了提高软件的可移植性，GCC 被开发为一个基于命令行的工具。它没有直观的图形界面，对于习惯使用鼠标的用户来说不太方便，这也许是 GCC 唯一的缺陷。没有图形化的集成开发环境，意味着所有的操作都要经过一条条命令来完成，这似乎显得有些烦琐。但是，如果把它当作一种自由的风格，适应之后这唯一的缺陷会变成 GCC 众多优点中的一个。事实上，很多程序仅仅需要几条命令就可以运行，即使很庞大的程序项目，借助类似 Shell 脚本这样的辅助工具，实现起来也不会像想象中那么烦琐。

和大多数 Shell 命令一样，GCC 的基本使用格式是：

```
$ gcc  [ 选项 ]   <文件名>
```

由于 GCC 可以对程序的生成进行全面的控制，因而需要数量庞大的命令选项来实现这些功能。每个选项可以有多种取值，不同选项之间还可以相互组合，有的还会相互制约。要详细说明这些选项的使用可以单独写成一本书，因此，在本章中，我们只对其中最常用的部分进行介绍，其余的参数可以参考 GCC 手册或其他资料。GCC 的常用选项如表 12-1 所示。

表 12-1　GCC 常用选项

选　项	含　义
-o *file*	将经过 GCC 处理过的结果存为文件 file，这个结果文件可能是预处理文件、汇编文件、目标文件或者最终的可执行文件。假设被处理的源文件为 source.suffix，如果这个选项被省略了，那么生成的可执行文件默认名称为 a.out；目标文件默认名称为 source.o；汇编文件默认名称为 source.s；生成的预处理文件则发送到标准输出设备
-c	仅对源文件进行编译，不连接生成可执行文件。在对源文件进行查错时，或者只需产生目标文件时可以使用该选项
-g[gdb]	在可执行文件中加入调试信息，方便进行程序的调试。如果使用中括号中的选项，则表示加入 gdb 扩展的调试信息，方便使用 gdb 来进行调试
-O[0、1、2、3]	对生成的代码使用优化，中括号中的部分为优化级别，默认情况下为 2 级优化，0 为不进行优化。注意，采用更高级的优化并不一定得到效率更高的代码
-D*name[=definition]*	将名为 name 的宏定义为 definition，如果中括号中的部分缺省，则宏被定义为 1
-I*dir*	在编译源程序时增加一个搜索头文件的额外目录 dir，即为 include 增加一个搜索的额外目录
-L*dir*	在编译源文件时增加一个搜索库文件的额外目录 dir
-l*library*	在编译连接文件时增加一个额外的库，库名为 library.a
-w	禁止所有警告
-W*warning*	允许产生 warning 类型的警告，warning 可以是 main、unused 等很多取值，最常用是 all，表示产生所有警告。如果 warning 取值为 error，其含义是将所有警告作为错误（error），即出现警告就停止编译

在使用 Shell 命令时，为了简化命令格式，可以将多个选项合并在一起，例如 ls -al。但是，在 GCC 中，不能采用这种简化的写法，每个命令选项都要有一个自己的连字符“-”，如果采用了简写的方式，很可能使命令的含义完全不同。

在 Windows 下，可执行的文件一般都有固定的扩展名，如 exe、com、bat 等，而在 Linux 下，生成的可执行文件没有固定的扩展名。任何符合 Linux 要求的文件名，只要文件的访问属性中有可以执行的属性，该文件就是可以执行的。因此，在使用上面介绍的 -o file 参数时，如果是生成链接后的可执行文件，file 变量可以取任意一个符合 Linux 要求的文件名。

GCC 命令基本格式中的第 2 部分是一个输入给 GCC 命令的文件。GCC 按照命令选项的要求对输入文件进行处理（预处理、编译、汇编、连接等），形成结果输出文件。输入的文件不一定是 C/C++ 的源代码文件，还可能是预处理文件、目标文件等，即使是源代码文件，也有可能是 C 的源代码文件或是 C++ 的源代码文件。如何确定输入文件的类型？ GCC 是通过输入文件的扩展名来确定的。表 12-2 列出了 GCC 与 C/C++ 相关的输入文件扩展名的命名规范。

表 12-2 GCC 文件扩展名规范

扩展名	类 型	可进行的操作方式
.c	C 语言源程序	预处理、编译、汇编、连接
.C，.cc，.cp，.cpp，.c++，.cxx	C++ 语言源程序	预处理、编译、汇编、连接
.i	预处理后的 C 语言源程序	编译、汇编、连接
.ii	预处理后的 C++ 语言源程序	编译、汇编、连接
.s	预处理后的汇编程序	汇编、连接
.S	未预处理的汇编程序	预处理、汇编、连接
.h	头文件	不进行任何操作
.o	目标文件	连接

C/C++ 的源代码文件是开发者直接书写的文本文件，其他类型的文件都是哪里来的呢？在第 12.1 节我们已经介绍过，从一个源代码文件到可执行的二进制文件，至少要经过预处理、编译、汇编、连接 4 个步骤，其他类型的文件就是这 4 个步骤产生的结果文件。如果从 C/C++ 源代码文件直接生成可执行文件，那么产生的中间文件会被 GCC 删除掉。可以通过命令选项控制 GCC 命令，生成特定阶段的文件。下面以程序清单 12-1 中的源代码为例介绍。

程序清单 12-1 文件 hello.c 代码

```
#include <stdio.h>
int main(void)
{
    printf("hello gcc!\r\n");
    return 0;
}
```

预处理主要对程序中的预处理指令进行处理，预处理指令是那些在源程序中以“#”开始的指令，常用的预处理指令有 include、define 宏等。对于 include 指令，编译器将指定的头文件包括进来，对于宏调用将用相应的宏定义替代。经过这样的处理便形成了预处理后文件，在 GCC 中可以通过 -E 选项使 GCC 在生成预处理文件后停止。以源程序 hello.c 为例：

```
$gcc -E hello.c -o hello.i
```

-o 选项指定生成的预处理文件为 hello.i，“ -o hello.i”可以省略。省略该选项后，生成的预处理文件将被定向到标准输出设备上。源程序经过预处理后生成的预处理文件随着系统的不同而有所变化。由于预处理文件一般都很长，程序清单 12-2 仅列出了 hello.c 的预处理文件的部分代码。

程序清单 12-2 预处理文件 hello.i 的部分代码

```
...
extern void funlockfile (FILE *__stream) __attribute__ ((__nothrow__ , __leaf__));
# 873 "/usr/include/stdio.h" 3 4
```

```
# 2 "hello.c" 2

int main(void)
{
    printf("hello gcc!\r\n");
    return 0;
}
```

-S 选项指定 GCC 在生成汇编文件后停止。以源程序 hello.c 为例：

```
$gcc -S hello.c -o hello.s
```

-o 选项指定生成的汇编文件为 hello.s，“ -o hello.s”可以省略。若省略该选项，GCC 将源文件的扩展名替换为 s，成为汇编文件的文件名。对于本例来说，省略 -o 选项和不省略 -o 选项的结果是相同的。程序清单 12-3 仅列出汇编文件的部分代码。

程序清单 12-3　汇编文件 hello.s 的部分代码

```
......
main:
.LFB0:
    .cfi_startproc
    pushq  %rbp
    .cfi_def_cfa_offset 16
    movq  %rsp, %rbp
    .cfi_def_cfa_register 6
    movl  $.LC0, %edi
    call  puts
    movl  $0, %eax
    popq  %rbp
    .cfi_def_cfa 7, 8
    ret
  .cfi_endproc
......
```

利用 -c 选项可使 GCC 在生成目标文件后停止。以源程序 hello.c 为例：

```
$gcc -c hello.c -o hello.o
```

-o 选项指定生成的目标文件为 hello.o，“ -o hello.o”可以省略。若省略该选项，GCC 将源文件扩展名替换为 o，成为生成的目标文件的文件名。对本例来说，省略 -o 选项和不省略 -o 选项结果是相同的。

如果 GCC 不使用 -E、-S、-c 中的任何一个选项，仅使用 -o 选项，则直接生成可执行的文件。以源程序 hello.c 为例：

```
$gcc hello.c -o hello
$./hello
hello gcc!
```

-o 选项指定生成的目标文件为 hello，“ -o hello”可以省略。若省略该选项，GCC 将生成的可执行文件命名为 a.out。如果程序没有错误，就可以在 Shell 中通过可执行文件的文件名来执行生成的文件了。

12.3　利用 GCC 开发 C 语言程序

熟悉了 GCC 的基本命令，再借助其他一些文本编辑工具，就可以进行 C/C++ 程序设计了。开发 C/C++ 程序的基本步骤是：首先利用文本编辑工具编写源代码，然后将源代码作为输入文件，通过使用不同参数控制 GCC 实现代码的预处理、编译、汇编、连接等步骤，生成最终的可执行文件。

12.3.1　简单的 C 语言程序

从使用 GCC 的角度来看，最简单的程序是只有单个文件组成的程序。程序清单 12-4 是一个简单的示例程序。

程序清单 12-4　单个文件的程序示例

```
#include <stdio.h>
#define N 10
void greeting (char * name);
int main(void)
{
    char name[ N ];
    printf("Your Name, Please:");
    scanf("%s", name);
    greeting(name);
    return 0;
}
void greeting (char * name)
{
    printf("Hello %s!\r\n", name);
}
```

上面的程序很简单，由一个函数（greeting）和主程序组成。主程序提示用户并得到一个用户的输入，存储到字符串变量中，然后将字符串作为参数传递给 greeting 函数。greeting 函数将得到的参数简单处理后打印到屏幕，程序顺利结束。

构建上述文件，并保存在当前的工作目录下，假设文件名为：my_app.c。对这样由一个文件组成的程序，GCC 使用一条命令就可以生成可执行程序：

```
$ gcc my_app.c -o my_app
```

-o 后面为生成的可执行文件名，若省略该选项，则生成的文件为 a.out。

12.3.2　多个文件的 C 程序

在实际开发中，很少会像程序清单 12-4 那样只有一个源文件。为了使代码结构更合理，更方便进行代码的重用，通常采用将主函数和其他函数放在不同文件中的方法。除了主程序外，每个函数由函数声明（函数头）和函数实现（函数体）两部分组成。函数的声明一般放在头文件（*.h）中，而函数的定义放在实现文件（*.c、*.cpp）中。

按照上面的原则，将代码做相应变化后，重新组织为程序清单 12-5 所示的形式。

程序清单 12-5　多个文件程序示例

<table>
<tr><th>代码</th><th>文件名</th></tr>
<tr><td><pre>#ifndef _GREETING_H
#define _GREETING_H
void greeting (char * name);
#endif</pre></td><td>greeting.h</td></tr>
<tr><td><pre>#include <stdio.h>
#include "greeting.h"
void greeting (char * name)
{
    printf("Hello %s!\r\n", name);
}</pre></td><td>greeting.c</td></tr>
<tr><td><pre>#include <stdio.h>
#include "greeting.h"
#define N 10
int main(void)
{
    char name[N];
    printf("Your Name, Please:");
    scanf("%s", name);
    greeting(name);
    return 0;
}</pre></td><td>my_app.c</td></tr>
</table>

在主程序文件（my_app.c）中，增加了一条预处理语句（#include“greeting.h”），而函数 greeting 的实现部分放到了文件 greeting.c 中，并且文件中包含一条 include 语句。假设 3 个文件都保存在当前的目录下，如果还是使用前面介绍的命令：

```
$ gcc my_app.c -o my_app
```

来生成可执行文件，GCC 就会出现如下错误：

```
/usr/bin/ld: /tmp/ccyzMOCo.o: in function 'main':
my_app.c:(.text+0x35): undefined reference to 'greeting'
collect2: 错误: ld 返回
```

错误信息可能会因为系统的不同而稍有差异。产生错误的原因是 GCC 没有找到 greeting 函数的定义，因此无法形成最终代码。要解决这个问题，需要指明编译 my_app.c 文件时涉及的所有源代码文件。在本例中只需增加一个参数即可：

```
$ gcc  my_app.c  greeting.c  -o  my_app
```

所有的文件不区分具体功能，都放在同一个目录下，显然不是一种好的编程风格。为此，需要将代码进一步重构。由于头文件 greeting.h 和源文件 greeting.c 都是用于定义 greeting 函数的，因此在当前的工作目录下建立一个新目录，本例中设新目录为 functions，将这两个文件放到 functions 目录中。一旦以后要增加类似的被调用的函数，将相关文件都放到这个目录中。除此之外，程序的代码不需要进行改变。重构后，当前工作目录的结构如下：

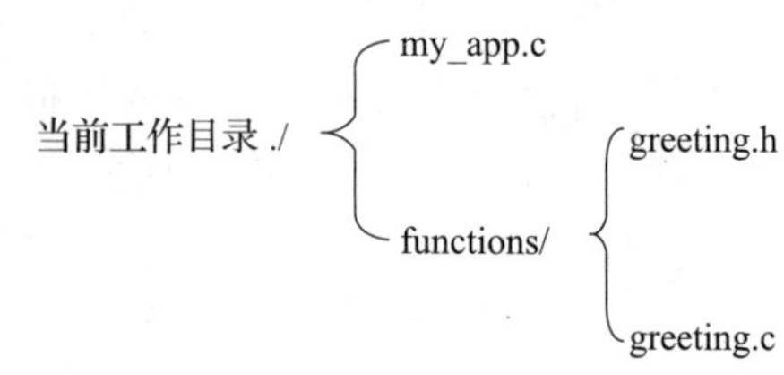

为了适应目录结构的变化，需要对 GCC 命令进行相应的改动，才能正确生成可执行代码。针对当前的示例，可以使用 -I 命令选项来调用 GCC 生成代码。由于目录结构变化后，文件 my_app.c 引用的头文件既不在当前目录中，也不在 GCC 默认的头文件搜索路径（/usr/include）中，因此 -I 选项之后要加一个目录路径作为参数，以便 GCC 搜索头文件，命令如下。

```
$ gcc  my_app.c  functions/greeting.c  -o my_app  -I functions
```

命令中，“functions/greeting.c”和“-I functions”部分为做出修改的主要部分。greeting.c 的前面增加了一条路径，因为 greeting.c 的路径发生了变化。另一个变化是增加了 -I 参数，GCC 将在新的 functions 目录下搜索到头文件（greeting.h）。程序生成的可执行文件为当前工作目录下的 my_app 文件。

还可以将上面的命令调用方式分解为几个步骤进行。与一次性调用相比，这种方式虽然没有本质性的改变，但也是经常采用的方式之一，它可以简化每条命令，从而更好地组织代码。命令如下：

```
1 $  gcc  -c  my_app.c  -Ifunctions
2 $  gcc  -c  functions/greeting.c
3 $  gcc  my_app.o  greeting.o  -o my_app
```

第 1 条命令和第 2 条命令功能类似，利用 -c 选项调用 GCC 将输入文件（my_app.c、functions/greeting.c）编译为目标文件。由于省略了 -o 参数，所以生成的目标文件分别为 my_app.o 和 greeting.o。经过第 1、第 2 两条命令的处理，当前工作目录中增加了两个文件：my_app.o 和 greeting.o。第 3 条命令将生成的两个目标文件连接起来，成为可执行文件，并用文件名 my_app 存储起来，从而完成编译过程。通过分块进行编译，将一个大的项目转化为多个小的部分，提高了软件调试和维护的效率。

12.3.3　使用 makefile 生成程序

前面说过，将一个大的项目转化为多个小的部分，可以提高软件调试和维护的效率。但同时也使得编译的命令增多，上面介绍的例子就需要 3 条 GCC 命令。每次对程序源代码进行改进之后，都要执行多条命令来重新编译程序，这对程序开发人员无疑是很大的负担。为了简化生成代码的步骤，GNU 提供了 make 工具。

make 工具读入一个文本文件，该文本文件中主要记录一些规则。说明生成最终的二进制代码依赖哪些模块，以及这些模块如何生成。为了简单起见，这个文件通常命名为 makefile。

makefile 文件的一般格式是：

```
目标：依赖项列表
（Tab 缩进）命令
...
```

其中，“依赖项”一般为生成目标所需的其他目标或者文件名。例如，在上例中，生成最终可执行文件需要 greeting.o 和 my_app.o。“命令”为生成目标所需执行的 GCC 命令。make 工具根据读入的文本文件判断每个目标中的依赖项是否是最新的，若不是最新的就根据其后的命令生成最新的依赖项，从而保证目标为最新的。与手工编译和连接相比，make 命令的优点在于只更新修改过的文件。在 Linux 中，创建或更新文件后，系统会记录最后的修改时间，make 命令就是通过这个最后修改时间来判断此文件是否被修改，因此不会漏掉任何需要更新的文件。

以前面介绍的多个文件的 my_app 程序为例，可以使用程序清单 12-6 所示的 makefile。

程序清单 12-6 makefile 文件

```
1 my_app:greeting.o my_app.o
2     gcc my_app.o greeting.o -o my_app
3 greeting.o:functions\greeting.c functions\greeting.h
4     gcc -c functions\greeting.c
5 my_app.o:my_app.c functions\greeting.h
6     gcc -c my_app.c -Ifunctions
```

第 1 行说明 my_app 的依赖项有两个：greeting.o 和 my_app.o。生成目标 my_app 的命令是 gcc my_app.o greeting.o -o my_app。同样，后面的语句说明了 greeting.o 和 my_app.o 各自的依赖项，以及如何生成最新的目标。假设 greeting.c 发生了更改，则 greeting.o 的时间戳比 greeting.c 的早，这说明目标比依赖项旧，需要生成新的目标，系统会执行第 4 行的命令生成新的 greeting.o。之后，根据第 1 行的依赖关系又会生成新的 my_app 目标。

一旦 makefile 文件编辑完毕，使用 make 工具来生成目标代码的方法就很简便了。假设 makefile 文件保存在当前的目录中，只需要在终端中键入 make 命令即可，不需要任何参数。

为了使 makefile 便于修改，通常在 makefile 中引入变量，其格式和 Shell 脚本中的变量一样。程序清单 12-7 是将清单 12-6 的 makefile 文件进行修改后的效果。

程序清单 12-7 更实用的 makefile 文件

```
1 OBJS = greeting.o my_app.o
2 CC = gcc
3 CFLAGS = -Wall -O -g
4 my_app:${OBJS}
5     ${CC} ${OBJS} -o my_app
6 greeting.o:functions\greeting.c functions\greeting.h
7     ${CC} ${CFLAGS} -c functions\greeting.c
8 my_app.o:my_app.c functions\greeting.h
9     ${CC} ${CFLAGS} -c my_app.c -Ifunctions
```

其中声明了 3 个变量：OBJS、CC 和 CFLAGS，这 3 个变量分别存储 my_app 的依赖项、编译器命令和编译参数。在后面的规则和命令中用这些变量来代替实际的参数。

第 3 行定义的 CFLAGS 可用于程序调试，当调试完毕要发行程序时，可以修改第 3 行相应的参数，达到变更生成命令的目的。

12.4 调试

中国有句古话："人非圣贤，孰能无过"，国外也有一句名言："错误是不可避免的，就如同死亡和缴税不可避免一样"。有趣的共识，衬托出调试在程序开发中的重要作用。在程序开发中，所有的寻找错误、改正错误的过程都可以称为调试。

根据产生的时间不同，错误可以分为编译时的错误和运行时的错误两大类。编译时的错误主要是源程序中的语法错误，对编译时错误的调试称为静态调试；运行时的错误多是由于程序算法或者流程设计的缺陷造成的，对运行时错误的调试称为动态调试。相比起来，静态调试更容易。下面就针对这两类调试方法分别介绍。

12.4.1 静态调试

在开始介绍之前，首先要有一个调试的对象，即一段拥有这两类错误的程序。这里，将程序清单 12-5 中的程序进行一下改造，增加一些错误，如程序清单 12-8 所示。

程序清单 12-8 调试示例程序

代码	文件名
1 #ifndef _GREETING_H 2 #define _GREETING_H 3 void greeting (char * name); 4 #endif 5 #include <stdio.h>	./functions/greeting.h
6 #include "greeting.h" 7 void greeting (char * name) 8 { 9 ***printf("Hello !\r\n");*** 10 }	./functions/greeting.C
11 #include <stdio.h> 12 #include "greeting.h" 13 #define N 10 14 int main(void) 15 { 16 ***char name[n];*** 17 printf("Your Name, Please:"); 18 ***scanf("%s", name)*** 19 greeting(name); 20 return 0; 21 }	./my_app.c

与程序清单 12-5 对比，程序清单 12-8 中第 9 行、第 16 行和第 18 行存在着错误。第 9 行丢失了一个参数，第 16 行将大写的 N 错写为了小写的 n，第 18 行漏写了一个分号。实际运行时，这几个地方都会出现错误，其中只有第 9 行的错误是运行时错误。

现在，假设我们对这些错误毫不知情，开始程序的调试。因为程序只有通过编译，形成可执行文件，才能对运行时错误进行调试，因此，我们首先调试程序的编译时错误。这时可以采用前面介绍的分块编译的方法，首先编译 greeting.c。

```
$ gcc  -g  -Wall  -c  functions/greeting.c
```

与前面的介绍相比，这里增加了 -g 和 -Wall 命令选项。因为编译通过之后还要进行运行时的调试，使用 -g 选项的作用是将调试信息加入编译的目标文件中，以便运行时可以进行调试。-Wall 选项设置 GCC 将编译过程中的所有级别的警告都打印出来。虽然警告不一定都是错误，但是，在调试阶段掌握更多的警告信息可以帮助开发者尽早发现潜在的错误。-W 选项之后除了可以跟 all 之外，还可以加许多其他的选项，从而对显示的错误进行更细致的筛选。通常情况下，使用 all 就可以了。在本例中，没有任何警告和错误报告，命令顺利执行完毕。

接下来，用同样格式的命令对 my_app.c 进行编译。

```
$ gcc  -g  -Wall  -c  my_app.c  -Ifunctions
```

这时 GCC 会在屏幕上打印出下面的错误和警告信息：

```
 1 my_app.c: 在函数 ‘main’ 中：
 2 my_app.c:6:12: 错误：‘n’ 未声明 ( 在此函数内第一次使用 )
 3     6 |  char name[n];
 4       |    ^
 5 my_app.c:6:12: 附注：每个未声明的标识符在其出现的函数内只报告一次
 6 my_app.c:8:18: 错误：expected ‘;’ before ‘greeting’
 7     8 |  scanf("%s",name)
 8       |      ^
 9       |      ;
10     9 |  greeting(name);
11       |  ~~~~~~~~
12 my_app.c:6:7: 警告：未使用的变量 ‘name’ [-Wunused-variable]
13     6 |  char name[n];
14       |   ^~~~
```

为了方便阅读，错误和警告信息左侧增加了行号标识，错误信息的基本格式是：“文件名：行号：列号：错误或警告描述”。这些调试信息只为定位和改正错误提供了大概的信息，造成错误或警告的具体位置还要经过调试者对提示信息进行综合判断才能确定。在本例中，前 4 行信息反映的是一处错误，位置在文件 my_app.c 的第 6 行，错误描述是使用了没有声明的变量 n。第 6 ～ 11 行错误信息指明了第 2 处错误，位置在文件 my_app.c 中第 8 行，在 greeting 函数调用前面，在 scanf 函数调用后面缺少了一个分号。第 12 ～ 14 行错误信息指明了一处警告，其含义为变量 name 从来没有使用过。

根据这些基本信息，回到源程序中对应的位置。经过对错误信息的综合分析，可以找到错误（警告）的真实原因。第 1 个错误源于将宏 N 错误地写成了小写的 n。在 C 语言中，变量是严格区分大小写的，因此编译器将 n 认为是一个新的变量，而这个变量从来没有声明过，因此导致了“使用没声明变量”的错误。将 n 改为 N 就可以解决这个问题。第 2 个错误指出 greeting 之前缺少一个分号，实际上就是在 scanf 结束时出错。C 语言要求每条语句都要加一个分号表示结束，而在输入语句 scanf 之后漏写了分号。在 scanf 语句后增加分号即可。第 12 行的警告可能不好找到原因。很多情况下，错误（警告）是可以传递的。前面的错误（警告）造成了后面的错误（警告），改正了前面的错误（警告），后面的错误（警告）也就相应的解决了，这里可以先不对警告进行修改。重新编译，GCC 的输出中就没有错误（警告）信息产生了。

当前的工作目录下有两个目标文件（greeting.o 和 my_app.o）。细心的人会发现，这两个文件与先前生成的那两个文件占用的磁盘空间不一样，这是因为我们使用 -g 参数将调试信息写入了文件中。

使用前面介绍的命令，将两个目标文件连接为可执行的文件 my_app。

```
$gcc  greeting.o  my_app.o  -o  my_app
```

由于在生成 greeting.o 和 my_app.o 时都已经将调试信息写入目标文件中，所以这里使用 -g 选项与否，效果是一样的。本例中我们没有使用 -g 选项。

执行后，命令正常结束没有产生任何错误信息，当前工作目录中生成了可执行的 my_app 文件。至此，对编译时错误的调试就结束了。由此可见，编译时的调试，即静态调试，主要就是借助编译器产生的错误（警告）信息，对这些信息进行综合判断，最终定位并改正错误（警告）。编译器发现错误（警告）的能力和开发人员根据信息定位、改正错误（警告）的能力是制约静态调试的两大因素。

静态调试结束后，就可以利用生成的包含调试信息的可执行文件进行运行时的动态调试了。

12.4.2　动态调试

对程序进行动态调试可以利用很多种方法，如增加调试语句、记录程序的执行状况、观察内存变化等。当然，最方便高效的手段还是利用专门的调试工具。一个典型的调试工具应该具备启动程序、结束程序、跟踪程序运行状态、在特定条件下暂停或继续程序的基本功能。

GNU DeBugger（GDB）就是一个满足这些条件的、专门对程序进行调试的工具。它主要提供了下述 4 个方面的功能：

- 启动程序，设置程序执行的上下文环境。
- 在指定的条件下停止程序。
- 程序停止时，检查程序的状态。
- 在程序运行时，改变程序状态，使其按照改变后的状态继续执行。

GDB 支持的语言很多，不仅可以对 C/C++ 的程序进行调试，还支持 Fortran、汇编、Go、Modula-2 等语言的程序。和 GCC 一样，GDB 也是一个基于 Shell 命令行的调试工具。进行调试时，在 Shell 命令提示符下键入命令 gdb，就进入了调试状态。在调试状态下，提示符变成了（gdb），在该提示符下键入相应的命令就可以对程序进行调试了。表 12-3 列出了一些在调试状态下常用的调试命令，详细的命令解释可以参考 GDB 手册。

表 12-3　GDB 常用的调试命令

命令	含　义
file	指定需要进行调试的程序
step	单步（行）执行，如果遇到函数会进入函数内部
next	单步（行）执行，如果遇到函数不会进入函数内部
run	启动被执行的程序
quit	退出 gdb 调试环境
print	查看变量或者表达式的值
break	设置断点，程序执行到断点就会暂停
Shell	执行其后的 Shell 命令
list	查看指定文件或者函数的源代码，并标出行号

下面例示了利用 GDB 对前面生成的程序（my_app）进行动态调试的过程。首先启动 GDB，可以看到出现一大段提示信息后，系统进入了 gdb 的提示符下，说明 GDB 已经启动。为了简化阅读，省略了部分 GDB 启动信息，如下所示。

```
GNU gdb (GDB) Fedora 8.3-6.fc30
Copyright (C) 2019 Free Software Foundation, Inc.
License GPLv3+: GNU GPL version 3 or later <http://gnu.org/licenses/gpl.html>
.......
```

```
Find the GDB manual and other documentation resources online at:
    <http://www.gnu.org/software/gdb/documentation/>
For help, type "help".
Type "apropos word" to search for commands related to "word".
(gdb)
```

首先利用 file 命令指定需要进行调试的文件。成功读入文件后，利用 run 命令执行程序。调试环境在显示出一些调试信息后，被调试的程序就在 gdb 的环境中被启动。按照程序的提示进行适当的输入，程序继续运行直到结束，又回到 (gdb) 的提示符下。

```
(gdb) file ./my_app
Reading symbols from ./my_app....
(gdb) run
Starting program: /home/tom/GCC/12-8/my_app
Missing separate debuginfos, use: dnf debuginfo-install glibc-2.29-15.fc30.x86_64
Your Name,Please:tom
Hello !
[Inferior 1 (process 4887) exited normally]
(gdb)
```

严格地说，这次程序运行并没有进行程序的调试，我们只是让程序运行了一次。分析程序的结果，在输入用户姓名后，按照程序设计的期望是打印一个“ Hello tom ! ”之类的问候语。但程序的实际输出却和期望的不同。确定程序存在着错误，这就是程序这次运行的唯一成果。下面需要重新进行一次调试，确定错误存在的位置。

在 (gdb) 提示符下先利用 list 命令查看一下 my_app.c 的源代码。结合第 1 次调试的结果，可以确定错误不会发生在文件的前 6 行，因此，在第 7 行设置一个断点，计划当程序遇到断点暂停时，通过单步执行来定位错误的位置。这段操作的信息如下：

```
(gdb) list my_app.c:1,20
 1 #include <stdio.h>
 2 #include "greeting.h"
 3 #define N 10
 4 int main(void)
 5 {
 6     char name[N];
 7     printf("Your Name,Please:");
 8     scanf("%s",name);
 9     greeting(name);
10     return 0;
(gdb) break 7
Breakpoint 1 at 0x40114e: file my_app_1.c, line 7..
```

其中，list 命令的作用是查看 my_app.c 的第 1 ～ 20 行的代码。由于 my_app.c 只有 11 行，因此，该命令的作用相当于显示文件的所有代码。break 命令的功能是在 my_app.c 文件的第 7 行建立一个断点。

断点设置完毕后，就可以再次启动程序，当程序遇到断点时，程序暂停执行，这时控制权回到 (gdb) 提示符下，可以通过命令步进、查看变量等方式来定位错误。

```
1 (gdb)  run
2 Starting program: /home/tom/GCC/12-8/my_app
3 Breakpoint 1, main () at my_app_1.c:7
```

```
 4 7         printf("Your Name,Please:");
 5 (gdb)  next
 6 8         scanf("%s",name);
 7 (gdb)  next
 8 Your Name,Please:tom
 9 9         greeting(name);
10 (gdb)  print name
11 $1 = "tom\000\000\000\000\000\000"
12 (gdb)  step
13 greeting (name=0x7fffffffd686 "tom") at functions/greeting.c:5
14 5         printf("Hello !\r\n");
15 (gdb)  step
16 Hello !
17 6         }
18 (gdb)  kill
19 Kill the programe being debugged?(y or n)y
20 [Inferior 1 (process 4954) killed]
21 (gdb)  quit
```

其中，编号为 1 的命令重新启动程序的调试。第 2 行提示启动成功，第 3、4 行提示断点发挥作用，程序暂停在了源代码的第 7 行。第 5 和第 7 两行各单步执行一次，此时，程序执行完一行就暂停下来等候用户命令。第 10 行利用 print 命令打印了变量 name 的值，在第 11 行证明 name 变量被正确赋值。第 12 行利用 step 步进到了 greeting 函数内部。第 15 行又进行一次 step 步进，程序执行结果在第 16 行被显示出来，但输出结果显然不是我们期望的。结合第 14 行显示的源代码，可以确定错误就发生在 greeting.c 的第 5 行代码上。至此，已经找到错误的位置，可以退出调试了。第 18 行中止对 my_app 的调试，第 21 行退出 gdb 调试环境。

接下来，回到程序源代码中，改正已经定位的错误，重新运行程序。如果没有进一步的错误，程序的动态调试就可以结束了。这时，就完成了整个程序的调试。程序经过重新编译，去掉不必要的调试信息，就可以发布这个简单的 C/C++ 的程序了。

12.5　本章小结

本章以一个简单的程序示例作为线索，介绍了在 Linux 中利用 GCC 进行 C/C++ 程序开发、调试的基本方法。主要内容包括：使用 GCC 对文件进行编译、连接形成可执行文件的方法，编写编译多文件程序的方法，利用 GCC 错误信息排除错误的方法，以及利用 GDB 调试可执行文件的方法等。编程是一个涉及很多知识的工作，本章力图使读者具备 Linux 下开发的基本技能，学习本章后，读者就可以开始尝试基于 GCC 进行程序的设计与开发了。

习题

1. 从源代码到可执行文件，GCC 可以对哪些步骤进行控制？
2. 编写一个简单的 hello world 程序，利用 GCC 控制程序生成的 4 个步骤。
3. 简述 GCC 的用法和常用参数的含义。
4. 上机查找 GCC 的库文件和头文件默认都放在什么路径下。
5. 简述 make 工具的作用和 makefile 的基本格式。
6. 简述 GDB 的用法和常用命令的含义。

第 13 章　GTK 图形界面程序设计

近几年来，Linux 的应用领域迅速扩大。从服务器到个人计算机，甚至手机、PDA 等手持设备都开始应用 Linux。除了因为 Linux 是开源、免费软件外，拥有出色、易用的图形界面也是一个非常重要的原因。良好的图形界面系统既方便普通用户的使用，又能拉近用户和系统之间的距离。本章首先简单介绍 X Window 下图形界面程序的运行机制，然后详细介绍图形开发工具包 GTK 的使用。

13.1　X Window 编程简介

在 Linux 下进行图形界面程序的开发要使用 X Window 系统。与微软的 Windows 系统不同，X Window 可以看作系统中的一个应用，不是系统内核的必要组成部分，可以根据用户的需要灵活定制。基于 X Window 的图形界面程序与微软的 Windows 桌面系统相比，最重要的差异体现在系统的体系结构上。在 X Window 系统中，显示的需求（希望显示什么）和显示的实现（如何硬件实现）是区分开的，这样的设计简化了系统实现，提高了程序的适应能力。

如图 13-1 所示，在 X Window 中，应用程序和界面显示之间定义了一个两层的客户 / 服务器（C/S）关系。客户端是应用程序的主要部分，它执行应用程序的所有相关计算任务。对于与程序界面相关的操作，它只是向服务器发送请求并接收服务器的回应。回应可以是请求的执行结果、用户产生的界面事件（鼠标、键盘等）和错误信息等。至于界面如何显示、如何与底层硬件驱动协作，处在客户端的应用程序都不关心。这样，应用程序的任务更加单一，在增强程序可移植性的同时，又增加了一个额外的优势，即可以集中更多的资源来进行和计算直接相关的工作，不必浪费精力处理生成界面的琐碎细节。由于和硬件驱动分隔开来，因此无论是开发基于本地计算机的还是基于网络计算的应用程序，对开发人员来说都是一个统一的视图，因此降低了开发的复杂性。

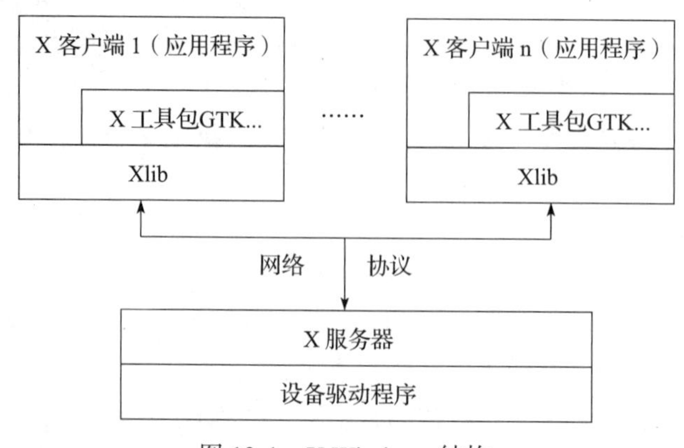

图 13-1　X Windows 结构

由于应用程序和服务器之间要通过规范的协议来通信，所以要开发 X Window 的应用程序必须在 X Window 提供的接口之上进行。在图 13-1 中，接口中最基础的部分就是 Xlib，它是一个建立并显示图形界面的完备的 API（应用程序接口）集合。Xlib 是开发 X Window 程序的基础，直接调用 Xlib 的 API 可以完成所有的界面功能。但是，和汇编语言一样，使用 Xlib 编程需要开发人员进行大量的工作，因而会影响软件开发的效率与质量。因此，正如图 13-1 所示，在 Xlib 之上出现了很多更高层的开发工具包。它们将底层的 Xlib 的 API 进行封装，提供更高级的接口，达到降低开发难度、提高开发效率的目标。此外，这些工具包大多并非完全专注于界面的开发，在常用数据结构（树、链表等）甚至数据库操作等方面都提供了接口。下面将介绍的 GTK 就是这样的一个开发工具包。

13.2 GTK 程序设计简介

GTK 是 Linux 下常用的图形开发工具包之一。GTK 是 Gimp Tool Kit 的缩写，顾名思义，它最初是为 GIMP（GUN Image Manipulation Program）而开发出来的。GIMP 是一个用来进行图像处理的软件，它的开发过程中涉及用户界面、图形图像处理等多方面的内容。为了更快、更方便地开发，产生了 GTK。用户可以通过 gtk 官网 https://www.gtk.org 获取 GTK 最新的进展与消息。

现在，GTK 已经发展成了一个功能完善的图形界面库，许多软件项目都采用 GTK 作为核心的用户界面库。除了 GIMP 外，大量使用 GTK 的软件还有图形桌面系统 GNOME、字处理软件 Abiword、图表软件 Dia 以及辅助开发 GTK 程序的 Glade 等。GTK 支持多种平台、多种语言。不仅在 Linux、UNIX 上可以使用，在 Windows 中也有 GTK 的版本。在 C/C++ 中可以调用 GTK，Perl 和 Python 也同样可以实现对 GTK 的调用。

GTK 由以下 4 个库组成。

- GLib：GTK 和 GNOME 的底层核心库，提供可以供 C 语言处理的数据结构、可移植的封装接口和用来处理事件循环、线程、动态加载的接口，构成了一个类似对象的体系结构。
- Pango：处理界面布局和国际化的库，构成 GTK 处理字符和字体的核心。
- Cairo：支持多输出设备的 2D 图形库。
- Atk：提供一些其他功能的接口。支持 Atk 接口的应用软件，可以实现屏幕阅读、放大、使用其他输入设备等功能。

在 GTK 中，所有的图形界面元素（窗口、按钮、列表等）都是通过类型为 GtkWidget 的变量来使用的。如果把 GtkWidget 看作所有图形界面元素的基类，那么就和面向对象中的多态的概念有些类似。但是，在 GTK 中，图形界面元素并不是按照面向对象的方式组织的，是一种利用 C 实现的、对面向对象的模拟。

GTK 是自由软件，并且是 GNU 计划的一部分。和 Linux 等项目不同，GTK 使用的许可证不是 GUN 通用公共许可证 GPL，而是 LGPL（Lesser GPL）。与 GPL 相比，这个许可证对使用 GTK 的软件约束更宽松，允许免费使用 GTK 来开发商业私有化的软件。

Fedora 30 默认没有安装 GTK 的开发程序库。以进行 C 语言开发为例，最基本的 GTK 开发环境可以通过联网运行下述命令进行安装。

```
$sudo dnf install gtk3-devel gstreamer-devel clutter-devel webkit2gtk3-devel libgda-devel gobject-introspection-devel
```

以上命令参数比较多，它们属于同一条命令，输入时不要错误输入为两条命令。如果想安装相关的技术说明文档，则可以通过联网运行下面的命令进行安装。

```
$sudo dnf install devhelp gtk3-devel-docs gstreamer-devel-docs clutter-doc
```

运行以上命令时应具备管理员权限，会提示输入当前的用户名、密码进行身份验证。通过访问 GTK 主页（https://www.gtk.org）可以了解 GTK 的最新动态，并下载最新的软件版本。

13.3　GTK 开发图形界面程序

从 C/C++ 到 Java、C#，通过封装，GTK 可以支持多种语言的开发。本章只介绍利用 C 进行 GTK 的开发。进行 GTK 开发的前提是需要具备基本的 C 语言知识，最好具备在 Linux 下进行 C 语言开发的经验。

进行图形界面的开发需要解决的基本问题就是如何使用图形界面元素和如何将界面元素与事件对应起来。GTK 中的界面元素可以分为两大类。

- 可见的界面元素：包括窗口、按钮、菜单等。
- 不可见的布局元素：包括 box、grid 等，它们用来以特定的布局放置可见元素或者布局元素。

无论那种界面元素，都可以用 GtkWidget 的变量来引用。GTK 中的事件处理程序是通过回调函数（Callback Function）实现的，可以把回调函数理解为指向函数的指针，在程序中，函数的函数名就是一个回调函数的实例。

13.3.1　基本的 GTK 程序

下面我们从一个简单的 GTK 程序开始，逐步介绍 GTK 程序的开发。假设我们要设计一个如图 13-2 所示的程序。该程序是一个图形界面程序，仅由一个窗口和一个按钮组成。单击该按钮时，终端会打印出“Hello World !”字符串；单击窗口的关闭按钮时，终端会打印“Window Closed.”字符串然后退出。由于程序运行时的外观与桌面系统所采用的外观主题相关，所以程序运行时的界面和本书中给出的图可能存在差异。

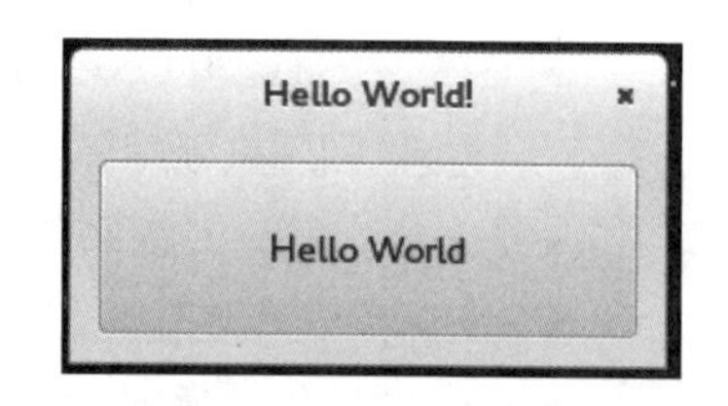

图 13-2　程序效果图

由于程序功能简单，因此将所有代码都写在一个 C 文件中。假设代码文件为 helloworld.c，存放在当前的工作目录下，如程序清单 13-1 所示。下面结合代码对 GTK 程序的基本结构进行介绍。

程序清单 13-1　helloworld.c

```
1 #include <gtk/gtk.h>
2 void on_btn_clicked(GtkWidget *widget, gpointer data){
3     g_print("Hello World!\n");
4     }
5 void on_delete(GtkWidget *widget, GdkEvent *event, gpointer data){
6     g_print("Window Closed.\n");
7     gtk_main_quit();
8     }
```

```
 9 int main(int argc, char * argv[]){
10     GtkWidget *window;
11     GtkWidget *button;
12     gtk_init(&argc,&argv);
13     window = gtk_window_new(GTK_WINDOW_TOPLEVEL);
14     gtk_window_set_title(GTK_WINDOW(window),"Hello World!");
15     gtk_container_set_border_width (GTK_CONTAINER (window), 10);
16     g_signal_connect (G_OBJECT (window), "delete_event",
17                 G_CALLBACK (on_delete), NULL);
18     button = gtk_button_new_with_label ("Hello World");
19     g_signal_connect (G_OBJECT (button), "clicked",
20                 G_CALLBACK (on_btn_clicked), NULL);
21     gtk_container_add (GTK_CONTAINER (window), button);
22     gtk_widget_show_all(window);
23     gtk_main();
24     return 0;
25     }
```

上述代码可以分为 3 部分：

- 第 1 行，程序预处理语句部分。
- 第 2 ～ 8 行，函数定义部分。
- 第 9 ～ 25 行，主程序部分。

第 1 部分（预处理部分）利用 include 语句将 <gtk/gtk.h> 的头文件包含进来。这个头文件是开发 GTK 程序时必需的头文件。GTK 库中的大部分接口、数据结构都在这个头文件中定义。通常只需包含这一个头文件即可，但在有些情况下还要使用一些额外的头文件。需要其他头文件通常是因为使用了 GTK 中非图形界面功能。

第 2 部分定义了两个函数。这两个函数用来作为界面元素的事件处理函数。同样是作为事件处理函数，为什么函数的入口参数会不同呢？因为事件处理函数的类型是由事件决定的，不同的事件对应事件处理函数的原型也会不同。定义一个事件处理函数，要依照函数要关联的事件来定义。对于本例来说，按钮的“clicked”（单击）事件需要两个参数（GtkWidget* 和 gpointer）并且返回值为 void，而窗口的“delete_event”（关闭）却需要 3 个参数（GtkWidget*、GdkEvent* 和 gpointer）并且返回值为 void。具体每个事件需要什么类型的事件处理函数，可以参考 GTK 的参考手册。

在本例中，第 1 个函数用来处理按钮被单击的事件。利用 g_print 函数在控制台上打印一个字符串，提示用户按钮被单击。第 2 个函数用来处理窗口被关闭的事件，打印一行提示后，退出程序。

第 3 部分的 main 函数是程序的主体。在 main 函数中依次完成初始化 GTK 运行环境、创建界面元素、关联事件处理函数以及启动消息循环的工作，体现了 GTK 程序的基本框架。

1. 初始化运行环境

程序的第 12 行利用函数 gtk_init 接收从启动程序中传递过来的参数信息，对 GTK 进行初始化。采用这种方式可以达到利用启动参数灵活设置 GTK 程序运行状态的效果。

2. 创建界面元素并关联事件处理函数

程序的第 10 行、第 11 行定义了两个界面元素的指针变量，分别对应着界面窗口和窗口中的按钮。由于 GTK 采用了类似面向对象中的继承机制，各种界面元素都可以采用单一的一种类型（GtkWidget）来引用。第 13 行建立了一个顶层的窗口，即应用程序的主窗口，使用 window 变量存储指向主窗口的指针。第 14 行利用字符串设置 window 指向的主窗口的标题。第 15 行设置主窗口的边缘宽度为 10。第 16 行将 window 产生的 delete_event 事件和 on_delete 函数相关联。类似的，第 18 行创建了一个标题为 Hello World 的按钮，第 19 行将按钮的 clicked 事件和 on_btn_clicked 函数关联起来。第 21 行将按钮放置在主窗口上，第 22 行显示主窗口上所有的界面元素。

根据 GTK 的命名约定，如果要创建一个界面元素，通常可以采用以下形式：

- gtk_ 类型名 _new（参数）(见第 13 行)。
- gtk_ 类型名 _new_with_ 属性名（参数）(见第 18 行)。

设置某个元素属性时又可以采用"gtk_ 类型名 _set_ 属性（参数）"的方式。

类似的，如果要查询某个元素的属性时，可以采用"gtk_ 类型名 _get_ 属性（参数）"的方式。

g_signal_connect 方法是用来关联事件和事件处理函数的。严格地说，g_signal_connect 并不是一个函数，而是一个宏，它的定义是对函数 g_signal_connect_data 的调用，如下所示：

```
#define  g_signal_connect(instance, detailed_signal, c_handler, data) \
g_signal_connect_data ((instance), (detailed_signal), (c_handler),\
(data), NULL, (GConnectFlags) 0)
```

其中，反斜杠"\"表示续行。宏是预处理语句，它经过预处理，被展开为一个对函数 g_signal_connect_data 的调用。但在实际使用中，我们完全可以把它看作一个普通函数来使用，这也许是 GTK 项目组有意把这个宏命名得像一个函数的原因（在 C 语言中，宏一般用大写的字符串来命名）。

定义中的参数说明如下：

- instance 是事件的产生者。
- detail_signal 是产生的事件。
- c_handler 是处理事件的函数指针。
- data 是传递给事件处理函数的参数。

这段代码的返回值是系统分配给事件处理函数的一个标识。

函数 g_signal_connect_data 需要 6 个参数，前 4 个参数与宏 g_signal_connect 的参数相同，最后两个参数分别为对数据进行包装处理的函数以及事件关联标志位（GConnectFlags）的组合。宏 g_signal_connect 要求最后两个参数为 NULL（没有对数据进行包装处理的函数）和 0（不设置事件关联标志位）。

另外，由于 GTK 只是模拟了一个界面元素的继承层次结构，因此，为了更安全地完成基类型向派生类型的转化，GTK 广泛地应用宏来解决这个问题。例如，程序清单第 14 行，方法 gtk_window_set_title 需要的第 1 个参数应该是一个 GtkWindow 类型的指针，而变量 window 被定义为一个 GtkWidget 类型的指针，因此使用了宏 GTK_WINDOW 来进行转换。在 GTK 的程序中，大量运用了类似的宏。宏的格式和第 14 行的代码类似。如果需要将一个 GtkWidget 类型指针转化为 GtkType 类型的指针，需要使用的宏就是 GTK_TYPE。

3. 启动消息循环

第 23 行利用函数 gtk_main 启动 GTK 程序的消息循环，这样才能使图形界面程序真正运行起来。消息循环接收各种信号事件，并将这些信号转交给与之相关联的事件处理函数去处理。消息循环的退出通常意味着程序的结束，可以采用函数 gtk_main_quit 来退出消息循环。在本例中，当程序接收到事件 delete_event 时，事件处理函数 on_delete 调用 gtk_main_quit 函数来结束消息循环，进而退出程序。

主程序体现了设计 GTK 程序的基本框架。对于大多数应用来说，main 函数中需要改动的部分主要集中在程序清单第 13 ～ 21 行。根据不同的要求，可以在这段代码中建立并设置不同的界面元素，关联相应的事件处理程序。

不同类型的界面元素可以产生不同类型的事件，表 13-1 列出了一些常用的 GTK 界面元素对应的事件和事件处理函数的原型。

表 13-1　常用的 GTK 事件及处理函数原型

<table>
<tr><th>事件源</th><th>事件名</th><th>处理函数原型</th></tr>
<tr><td rowspan="3">GtkWidget</td><td>show</td><td>void　user_function (GtkWidget *widget, gpointer data);</td></tr>
<tr><td>expose-event</td><td rowspan="2">gboolean user_function(GtkWidget*widget,
GdkEventExpose *event ,
gpointer data);</td></tr>
<tr><td>delete-event</td></tr>
<tr><td rowspan="3">GtkButton</td><td>activate</td><td rowspan="3">void　user_function(GtkButton *widget , gpointer data);</td></tr>
<tr><td>clicked</td></tr>
<tr><td>enter</td></tr>
<tr><td>GtkComboBox</td><td>changed</td><td>void　user_function(GtkComboBox *widget, gpointer data);</td></tr>
<tr><td rowspan="2">GtkList</td><td>select-child</td><td>void　user_function(GtkList *list,
GtkWidget *widget ,
gpointer data);</td></tr>
<tr><td>selection-changed</td><td>void　user_function (GtkList *list , gpointer data);</td></tr>
</table>

13.3.2　编译 GTK 源程序

GTK 程序也可以使用 GCC 命令来进行编译。由于 GTK 用到的一些头文件、函数库没有安装在 GCC 默认的搜索路径内，因此，编译时需要额外增加一些参数向 GCC 指明这些文件的搜索路径。对于本例可以采用下面的命令来编译：

```
$ gcc  helloworld.c  -o  helloworld  `pkg-config  gtk+-3.0  --cflags  --libs`
```

命令的后半部分是一个用一对抑音符（键盘 1 左侧和“～”对应的符号）引用的命令。命令 pkg-config 的作用是查询系统中安装的库的信息。此处该命令的作用是查询已安装的 gtk+-3.0 软件包的配置情况，并输出其中有关预编译和编译（--cflags）的信息及有关函数库（--libs）的信息。一对抑音符（“`”）的作用是将其中的命令的输出作为一个字符串看待，成为 GCC 的部分命令选项。

可以单独运行一下抑音符“`”中的命令，检查它的输出结果，可以得到如下所示的输出：

```
$pkg-config  gtk+-3.0  --cflags  --libs
-I/usr/include/gtk-3.0  -I/usr/include/pango-1.0  -I/usr/include/glib-2.0
-I/usr/lib64/glib-2.0/include  -I/usr/include/fribidi  -I/usr/include/harfbuzz
 -I/usr/include/freetype2  -I/usr/include/libpng16  -I/usr/include/cairo -I/usr/
include/pixman-1
 -I/usr/include/gdk-pixbuf-2.0  -I/usr/include/libmount  -I/usr/include/blkid  -I/
usr/include/uuid
-I/usr/include/gio-UNIX-2.0  -I/usr/include/libdrm  -I/usr/include/atk-1.0 -lcairo-
gobject -lcairo
-lgdk_pixbuf-2.0 -lgio-2.0 -lgobject-2.0 -lglib-2.0
……
```

由于命令输出结果内容很多，为了简洁，以上只显示部分的命令输出结果，可以通过在 Fedora 30 下实际运行来查看完整的输出信息。运行命令后得到的关于 GTK 的配置信息是一个格式化的字符串。字符串中提供了 gcc 命令的 -I、-W、-l、-L 等选项。

编译成功后，当前目录下会增加一个具有可执行权限的 helloworld 文件，通过键入 ./helloworld 可以启动 GTK 程序，看到类似图 13-2 的图形界面。

13.3.3　界面布局

上一节介绍了一个简单 GTK 的程序，说明了 GTK 程序的基本框架。例子程序的界面构成很简单，仅涉及一个窗口和其中的一个按钮。在程序界面上放置多个界面元素（简称界面的布局），实际上就是确定各个元素在界面中的绝对位置和彼此的相对位置。使用 Windows 下成熟的集成图形界面开发工具，用可视化的工具，通过拖曳鼠标就可以完成界面的布局，可能意识不到界面布局的问题。但在开发基于 GTK 的程序界面时，如果不使用辅助的开发工具，就必须考虑界面的布局问题。

GTK 使用容器（container）来解决界面布局的问题。所谓容器，就是可以在其中放置其他界面元素的元素。容器中放置的元素可以是可见的按钮、图标，也可以是一个容器。以继承的观点来理解，GtkWidget 有一个直接的派生类——GtkContainer 作为所有容器类的基类。

按照容器中可以容纳元素的个数，容器又可以分为两类：

- 只能容纳一个元素的容器。
- 可以容纳多个元素的容器。

只能容纳一个元素的容器都继承自 GtkContainer 的一个直接派生类——GtkBin、GtkWindow、GtkButton、GtkFrame 等都是 GtkBin 的子类，它们只能容纳一个元素。可以容纳多个元素的容器从 GtkContainer 直接派生，在涉及多个元素界面的时候，通常使用可以容纳多个元素的容器来进行布局管理。常用的容纳多个元素的容器有盒子容器（GtkBox）、网格容器（GtkGrid）、隔板容器（GtkPanel）等。

实际的程序界面中，很少有容器只放置一个元素。一个 GtkButton 上面可能既要放一个图片，又要放一个文字的标识。对于 GtkWindow 而言，要放的元素可能会更多。如何在只能容纳一个元素的容器中放置多个元素呢？通常的解决方式是：首先在该容器中放入一个可以容纳多个元素的容器，然后再在这个容器中放入需要的多个界面元素，从而间接实现放入多个元素的目的。

1. 程序概述

下面结合猜数程序实例，介绍如何在 GtkWindow 中应用 GtkGrid 容器来布局程序界面。首先看一下程序的基本功能。程序运行界面如图 13-3 所示。但与前面的示例相比，界面元素的数量和种类都有所增加。这个界面由以下这些元素构成。

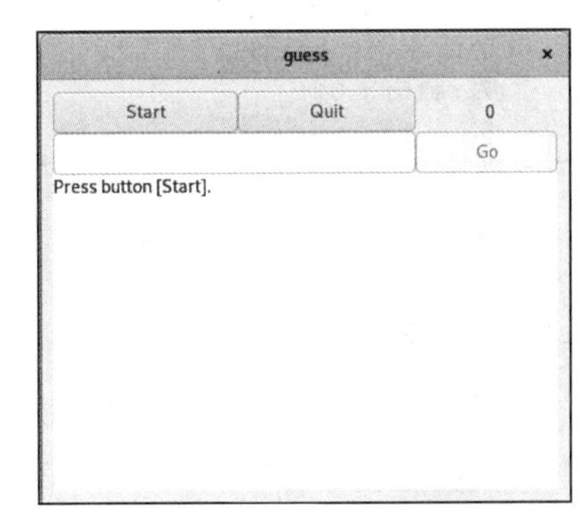

图 13-3　猜数程序界面

1）3 个按钮（GtkButton）：在示例程序中，它们的文字标识分别为 Start、Quit 和 Go；对应的指针变量分别是，btn_start、btn_quit 和 btn_go。

2）一个标签（GtkLabel）：标签位于窗口的右上角，即 btn_quit 右侧，其指针变量是 label。

3）一个单行文本输入框（GtkEntry）：位于 btn_start 和 btn_quit 的下面，其指针变量是 entry。

4）一个可以滚动的多行文本框：它实际上由两个界面元素组合而成。多行文本框是一个文本视图（GtkTextView），其指针变量是 text；使多行文本框可以滚动的是一个滚动窗口（GtkScrolledWindow），其指针变量为 scroll_win；将 text 放在 scroll_win 上面就构成了可以滚动的多行文本框。

5）一个放置所有元素的窗口（GtkWindow）：其指针变量是 window。

以上所说的都是界面中可见的元素。除此之外，还有一个不可见的元素。这个元素就是用来管理界面布局的容器。在本例中，我们采用网格容器（GtkGrid），其指针变量为 grid。除了 window 之外，其他元素放进 grid 中，再把 grid 放进 window，间接实现了 window 上放置多个元素的目的。

程序启动后，用户首先单击 btn_start，然后就可以在提示下进行猜数的游戏了。用户在单行输入框输入一个 1 ～ 100 的数，然后单击 btn_go，检测自己的答案。程序将检测后的反馈信息输出到多行文本框中，提示用户的回答是大于还是小于正确答案。在反复的交互中，引导用户得到正确的答案。一次猜测结束后，用户可以通过单击 btn_start 重新开始，也可以单击 btn_quit 退出程序。右上角的标签显示用户猜测的累计次数。

由于程序的代码较多，我们将程序代码分别放到 3 个源文件中，其目录结构如图 13-4 所示。

guess.c 文件是定义主函数的地方，通过调用 function.c 中定义的函数，完成窗口的布局和事件关联。function.h 是头文件，声明界面元素变量和其他函数。function.c 是程序的主要部分，除主函数之外的其他所有函数都在这个文件中定义实现。

```
当前工作目录./ ─┬─ guess.c
                └─ functions/ ─┬─ function.h
                               └─ function.c
```

图 13-4　源文件目录结构

2. 代码分析

先来看一下主函数（main）实现方法。

程序清单 13-2　文件 guess.c 代码

```
1 /* guesss.c*/
```

```
2 #include "function.h"
3 int main(int argc, char* argv[]){
4     gtk_init(&argc,&argv);
5     layout_ctrls();
6     gtk_main();
7 return 0;
8     }
```

由于程序的大部分功能都放到了 function.c 文件中实现，所以 guess.c 文件很简单，主函数 main 中只有 layout_ctrls() 一条代码是需要添加的，其他代码可以看作编写 GTK 程序的常规步骤，含义与上面例子中语句的含义相同。layout_ctrls() 函数是声明在 function.h 中的一个函数，完成创建界面、关联界面事件处理函数的功能。其实现细节稍后会介绍。

function.h 的功能单一，只提供程序用到的变量和函数的声明。

程序清单 13-3 文件 function.h 代码

```
 1 /* function.h */
 2 #ifndef FUNCTION_H
 3 #define FUNCTION_H
 4 #include <gtk/gtk.h>
 5 int answer;
 6 int guess;
 7 int count;
 8 GtkWidget *window;
 9 GtkWidget *btn_start;
10 GtkWidget *btn_quit;
11 GtkWidget *btn_go;
12 GtkWidget *label;
13 GtkWidget *entry;
14 GtkWidget *grid;
15 GtkWidget *scroll_win;
16 GtkWidget *text;
17 GtkTextBuffer *buf;
18 int judge();
19 void disp_count();
20 void disp_msg(int result);
21 void on_start (GtkWidget *widget,gpointer data);
22 void on_go (GtkWidget *widget,gpointer data);
23 void on_quit (GtkWidget *widget,gpointer data);
24 int layout_ctrls();
25 #endif
```

第 5 ～ 7 行声明了 3 个整型变量，分别是 answer（猜数的正确答案）、guess（用户的猜测）和 count（用户猜测的计数）。这些变量和其他变量都被声明为全局变量，来减少不同函数之间传递参数的数目。

第 8 ～ 17 行声明了 10 个 GTK 的变量，其中前 9 个变量在本节中介绍程序布局时已经详细说明了。注意，它们都是 GtkWidget 类型的指针，并不是对应的界面元素的类型，在使用它们时需要进行类型转换。第 17 行声明的变量 buf 是用来辅助 text 工作的。在设置多行文本框中的文字时，需要利用到文本框中 GtkTextBuffer 的指针，为了方便引用这个指针，引入 buf 变量来存储文本框的 GtkTextBuffer 指针。

头文件中的第 18 ～ 25 行代码声明了 7 个函数的原型。这些函数可以分为 3 类：

- 第 1 类有 judge()、disp_count() 和 disp_msg()3 个函数，它们只被其他函数调用，不会被主函数 main 调用，可以说是私有的函数。函数 judge() 将用户的猜测结果和正确答案比较，将比较的结果以整数的形式返回给调用者。如果猜对则返回 0，小于正确答案返回 -1，否则返回 1。函数 disp_count() 完成在标签 label 上显示计数信息，函数 disp_msg() 在多行文本框中显示系统的提示信息。
- 第 2 类函数有 on_start()、on_go() 和 on_quit()，它们的类型相似。和第 1 类的函数一样，这些函数不需要被主函数 main() 调用，是私有的。但是，通常情况下，它们也不会被其他函数调用，固定的充当事件处理函数。函数 on_start()、on_go() 和 on_quit() 分别是按钮 btn_start、btn_go 和 btn_quit 被单击的事件处理函数。
- 第 3 类是函数 layout_ctrls()，其作用在前面已经介绍过。因为它要被主函数 main() 调用，因此，该函数是公有的函数。

下面来看看这 3 类函数是如何被实现的。

程序清单 13-4　文件 function.c 代码

```
 1 /* function.c */
 2 #include <time.h>
 3 #include <stdlib.h>
 4 #include "function.h"
 5 int judge(){
 6     const char* str=gtk_entry_get_text(GTK_ENTRY(entry));
 7     guess = atoi(str);
 8     if(guess<answer)return -1;
 9     if(guess>answer)return 1;
10     return 0;
11 }
12 void disp_count(){
13     char* lab;
14     lab=(char*)g_strdup_printf("%d",count);
15     gtk_label_set_text(GTK_LABEL(label),lab);
16     g_free(lab);
17     }
18 void disp_msg(int result){
19     gchar* msg;
20     if(result>0) msg=g_strdup_printf("Your answer(%d) is Greater.\n ",guess);
21     else if(result<0) msg=g_strdup_printf("Your answer(%d) is Smaller.\n ",guess);
22     else{
23       msg=g_strdup_printf("Congratulations!You got it(%d) by %d trys\n",answer,
         count);
24       gtk_widget_set_sensitive(btn_go,FALSE);
25       }
26     gtk_text_buffer_insert_at_cursor(buf,msg,-1);
27     g_free(msg);
28     }
29 void on_start(GtkWidget *widget,gpointer data){
30     srand((unsigned int)time((time_t *)NULL));
31 answer=(rand()%100)+1;
32     count=0;
33     gtk_text_buffer_set_text(buf,"Guess a nubmer between 1 and 100.\n",-1);
```

```
34      disp_count();
35      gtk_widget_set_sensitive(btn_go,TRUE);
36      }
37 void on_quit(GtkWidget *widget,gpointer data){
38      gtk_main_quit();
39 }
40 void on_go(GtkWidget *widget,gpointer data){
41      count++;
42      disp_count();
43      int result=judge();
44      disp_msg(result);
45      gtk_entry_set_text(GTK_ENTRY(entry),"");
46      }
47 int layout_ctrls(){
48      window = gtk_window_new (GTK_WINDOW_TOPLEVEL);
49      gtk_window_set_default_size(GTK_WINDOW(window),400,400);
50      gtk_container_set_border_width(GTK_CONTAINER(window),10);
51      g_signal_connect(G_OBJECT(window),"delete_event",G_CALLBACK(gtk_main_quit),
        NULL);
52      grid = gtk_grid_new();
53      gtk_container_add(GTK_CONTAINER(window),grid);
54      btn_start = gtk_button_new_with_label("Start");
55      g_signal_connect(G_OBJECT(btn_start),"clicked",G_CALLBACK(on_start),NULL);
56      gtk_grid_attach(GTK_GRID(grid),btn_start,0,0,1,1);
57      btn_quit = gtk_button_new_with_label("Quit");
58      g_signal_connect(G_OBJECT(btn_quit),"clicked",G_CALLBACK(on_quit),NULL);
59      gtk_grid_attach(GTK_GRID(grid),btn_quit,1,0,1,1);
60      label = gtk_label_new ("   0");
61      gtk_grid_attach(GTK_GRID(grid),label,2,0,1,1);
62      entry = gtk_entry_new();
63      gtk_grid_attach(GTK_GRID(grid),entry,0,1,2,1);
64      btn_go = gtk_button_new_with_label("Go");
65      gtk_widget_set_sensitive(btn_go,FALSE);
66      g_signal_connect(G_OBJECT(btn_go),"clicked",G_CALLBACK(on_go),NULL);
67      gtk_grid_attach(GTK_GRID(grid),btn_go,2,1,1,1);
68      scroll_win = gtk_scrolled_window_new (NULL, NULL);
69      text = gtk_text_view_new ();
70      gtk_text_view_set_editable(GTK_TEXT_VIEW(text),FALSE);
71      gtk_container_add (GTK_CONTAINER (scroll_win), text);
72      gtk_widget_set_hexpand (scroll_win, TRUE);
73      gtk_widget_set_halign (scroll_win, GTK_ALIGN_FILL);
74      gtk_widget_set_vexpand (scroll_win, TRUE);
75      gtk_widget_set_valign (scroll_win, GTK_ALIGN_FILL);
76      gtk_grid_attach(GTK_GRID(grid), scroll_win, 0, 2, 3, 2);
77      buf=gtk_text_view_get_buffer(GTK_TEXT_VIEW(text));
78      gtk_text_buffer_set_text(buf,"Press button [Start].\n",-1);
79      gtk_widget_show_all(window);
80      return 0;
81      }
```

第 6 行利用 gtk_entry_get_text() 函数查询单行输入文本框的 text 属性，转化为整数后赋值给变量 guess 保存。其后将用户的输入和答案比较，返回相应的比较结果，有如下 3 种。

- 0：用户猜到正确答案。
- 1：用户的输入大于正确答案。

- -1：用户的输入小于正确答案。

第 14 行 g_strdup_printf() 函数利用整型的计数变量 count 得到一个计数的字符串。g_strdup_printf 的使用方法和 C 中的 printf 类似，返回的字符串就是经过格式化的字符串。第 15 行利用得到的格式化字符串设置标签 label 的文字信息。g_free() 函数类似于 C 中的 free 函数，释放用于格式化字符串而申请的空间。

程序中的界面元素虽然也是指针变量，它们通过类似“gtk_ 类型 _new()”的函数来创建，但是这些指针并不需要开发者在代码中显式地释放，GTK 会在程序退出消息循环时完成它们的清理工作。

函数 disp_msg() 根据入口参数 result 的值，形成不同的提示信息，放到多行文本框中显示给用户。入口参数 result 的值和函数 judge() 的返回值是一致的。

第 24 行用到函数 gtk_widget_set_sensitive()，它的作用是设置界面元素的敏感性。如果元素是敏感的，元素可以和用户交互；否则就不能使用该元素，在视觉效果上，元素就会变灰。这种敏感性（Sensitve）的属性在其他的一些工具包中也被称为不活动性（Inactive）、不可用性（Disable）或者虚幻性（Ghosted）。

第 26 行的函数 gtk_text_buffer_insert_at_cursor() 是在 GtkTextBuffer 的当前光标位置增加一行文字信息。函数的第 1 个参数是需要添加文字的 GtkTextBuffer 指针，第 2 个参数是要添加的字符串，第 3 个参数是字符串的长度。如果长度值是 -1，GTK 根据字符串的格式加以判断。在后面会看到，buf 是和多行文本框相关联的 GtkTextBuffer，向这个 GtkTextBuffer 中增加字符串就是向多行文本框中增加字符串。

从代码第 29 行开始是事件处理函数。on_start() 产生一个 1 ～ 100 的随机整数，保存到变量 answer 中，同时将计数变量 count 设置为 0。

第 33 行的函数 gtk_text_buffer_set_text() 和第 26 行的函数 gtk_text_buffer_insert_at_cursor() 的参数的意义一样，在功能上略有差别。函数 gtk_text_buffer_set_text() 是设置 GtkTextBuffer 的文字标识，设置成功后就替代原来的文字标识，而函数 gtk_text_buffer_insert_at_cursor() 的功能是在原来文字标识之后增加一个新的字符串。

第 34 行调用私有函数，显示当时计数器的值，如果此时计数还没开始计数，则计数器为 0。

第 35 行中，由于这时用户可以开始猜数，因此将按钮 btn_go 设置为敏感的，可以同用户交互。

函数 on_quit() 简单调用函数 gtk_main_quit() 退出消息循环，进而结束程序。

函数 on_go() 处理用户单击按钮 btn_go 的事件。首先将计数器增加 1 并将新的计数器值显示到标签上。然后对用户的输入进行判断，并将判断的结果传递给 disp_msg() 函数，形成相应的提示信息。最后，利用函数 gtk_entry_set_text() 将单行文本输入框清空，准备下一次的用户输入。

函数 layout_ctrls() 是唯一的一个需要被主函数调用的接口。前面定义的所有的函数和变量都在这里被直接或者间接地组合在一起，从而协调程序的所有功能。

第 48 ～ 51 行创建了底层的 window 容器，并将容器的“delete_event”和 GTK 函数 gtk_main_quit 关联起来，达到用户单击窗口关闭按钮时退出程序的效果。

第 52 行调用函数函数 gtk_grid_new() 创建了一个网格容器 grid。在 GTK 中，当有一个界面上需要放置多个界面部件的时候，通常需要创建一个容器，来辅助各个界面元素的码放布局，网格容器就是其中的一种常用容器，可以用网格的形式来规范界面元素的布局。

实例程序中，window 上各个界面元素是按照图 13-5 的布局放置的，共计需要 4 行 3 列。其中单行输入框占据 1 行 2 列，而多行文本框占据 2 行 3 列。网格中的行列按照从 0 开始依次递增的规律标识，在向网格容器放置界面元素时需要用到这些索引。

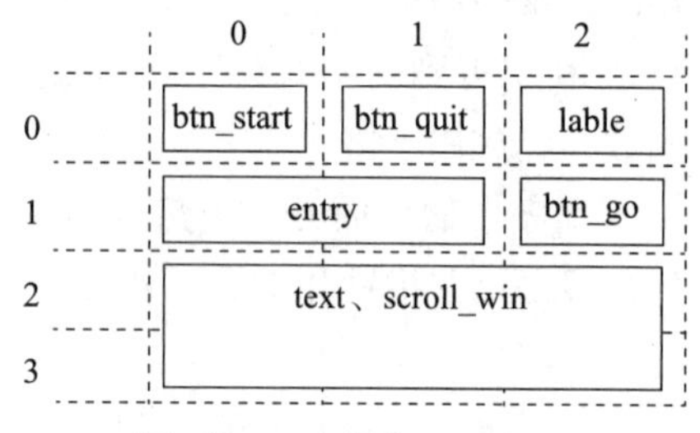

图 13-5　网格布局示意图

第 53 行利用 gtk_container_add() 函数将网格容器放到 window 容器中，这样只能容纳一个元素的 window 就可以通过 grid 放置多个界面元素。

第 54 ～ 67 行创建了按钮 btn_start、按钮 btn_quit、标签 lable、单行输入框 entry 和按钮 btn_go，将它们放到 grid 容器中，并进行了按钮单击事件的关联处理。其中，函数 gtk_grid_attach() 实现将按钮放入 grid 容器。它的函数原型是：

```
void  gtk_grid_attach ( GtkGrid *grid,
                        GtkWidget *child,
                            gint left,
                            gint top,
                            gint width,
                            gint height );
```

其中，第 1 个参数是容器指针，第 2 个参数是放入容器的界面元素。最后 4 个参数指出放入网格容器的位置。确定这 4 个参数时可以参照图 13-5 的布局图。参数 left 是元素所处网格的列索引，top 是元素所处网格行索引。参数 width 是元素在网格中占用的列的数量，height 是元素在所处网格中占用的行的数量。对照布局图，对于 btn_start 的列索引是 0，行索引也是 0，占用列宽为 1，占用行宽也是 1。btn_quit 由于和 btn_start 同处于一行，所以 btn_quit 的列索引为 1，行索引和 btn_start 一样为 0，占用列宽和行宽都是 1。

类似地，其他界面元素的位置也可以用这种方法推导出来。对于 grid 容器来说，并不是一个元素只能占用一个单元格。本例中，单行文本 entry 和多行文本 text 都是占用了多个单元格。对于 entry，它占用了 1 行 2 列，对于 text，它占用了 2 行 3 列，因此它们的第 3 个和第 4 个参数都要进行相应的改变。除此之外，所有元素放入 grid 容器的方法都一样，在后面的代码中就不再重复介绍了。

最后一段代码增加了可以滚动的多行文本框。可以滚动的多行文本框是由一个多行文本框（text）和一个滚动窗口（scroll_win）组合而成的。组合方式是，首先分别创建多行文本（text）和滚动窗口（scroll_win），然后将 scroll_win 作为一个容器，将 text 添加到这个容器中即可。第 71 行代码用于完成将 text 加入 scroll_win 的功能。由于滚动窗口要占用网格容器的多行多列，为了使滚动窗口能够充分利用窗口的空间，代码第 72 ～ 75 行将滚动窗口的布局方式设置为在竖直和水平两个方向进行填充，即充满所用窗口空间。第 77 行得到文本框的 GtkTextBuffer 指针，保存到变量 buf 中。由于 buf 为全局变量，其他函数可以方便地利用 buf 来更改多行文本框中的文字。代码的第 79 行使所有界面元素可见，即让程序界面可见。

3. 编译运行

程序的编译和上一个示例的编译方式基本一致，由于本例涉及 3 个文件，因此为了方便定位错误，采用分块编译的方式。对照图 13-4，假设当前的工作路径为 guess.c 所在的目录，可以采用下面的步骤进行分块编译。

1）编译目录 functions 下面的文件。

```
$ gcc  -c  functions/function.c  `pkg-config  gtk+-3.0  --cflags  --libs`
```

-c 参数使编译到生成目标文件后就停止，编译成功后当前工作目录中增加一个 function.o 文件。

2）编译当前工作目录下的 guess.c。

```
$ gcc  -c  guess.c  -Ifunctions  `pkg-config  gtk+-3.0  --cflags  --libs`
```

由于 guess.c 需要 ./functions/function.h 头文件，所以使用 -I 参数指明额外的头文件搜索路径。编译成功后，当前工作目录下增加一个文件名为 guess.o 的文件。

3）将生成的两个目标文件连接成可执行文件。

```
$ gcc  guess.o  function.o  -o guess  `pkg-config  gtk+-3.0  --cflags  --libs`
```

使用 -o 参数指定生成的可执行文件的文件名为 guess。编译成功后，当前目录下增加一个可执行文件 guess。

4）执行以下命令：

```
$ ./guess
```

如果执行成功，就可以看到程序运行的界面了。

13.4　本章小结

本章介绍了 Linux 下 X Window 的体系结构，分析了 GTK 在 X Window 系统中的位置。重点介绍了如何利用 GTK 设计图形界面的应用程序。通过两个示例详细说明了利用 GTK 创建界面、布局界面和关联界面事件的基本方式。另外，本章还介绍了利用 GCC 编译 GTK 程序的方式。GTK 程序设计涉及的范围很广，本章仅介绍了一些基本原理和基本方法，关于 GTK 程序设计的更详细内容可参考专门的书籍。

习题

1. 简述 GTK 在 X Window 系统中的作用。
2. 简述 GTK 的组成。
3. 现在有哪些比较成熟的应用软件项目是以 GTK 为基础的？
4. GTK 所使用的许可证有什么特点？
5. 利用 GTK 编写一个简单的图形界面程序，至少用到窗口、按钮和一种布局。

第 14 章 Qt 图形界面程序设计

Linux 是一个体现自由精神的体系。用多种方式解决同一个问题，这也是一种自由。和 GTK 相同，Qt 提供了另一种 Linux 下开发图形界面应用程序的解决方案。GTK 是在开发 GIMP 项目中产生，并构成了 Linux 下 GNOME 图形桌面的基础，进而被广泛使用。Qt 能够在 Linux 中广泛使用，与 Linux 下的另外一个桌面系统 KDE 息息相关，Qt 是开发 KDE 的核心。

14.1 Qt 程序设计简介

Qt 是一个功能丰富的 C++ 开发体系框架，包括庞大的类库和相关的实用工具。对平台底层的成功抽象与封装，使得利用 Qt 开发的应用程序实现了源代码可兼容（Source-Compatible），即通过重新编译代码，就可以实现程序在不同平台上的移植。Qt 程序可以在多种平台上运行，这些平台包括：

- X11 系统，即运行 X Window 的系统，包括 Linux、UNIX 等。
- Windows 系统，包括 Windows XP、Windows 7、Windows 10 等。
- Macintosh 系统，Mac OS X。
- 嵌入式系统，包括嵌入式 Linux、WindowsRT、Android 等。

在 Linux 中，Qt 的图形界面库是在 Xlib 基础上的封装与抽象，大多数图形界面元素都从 QWidget 中继承的。与 GTK 利用 C 来模拟继承机制不同，Qt 是一个完全的 C++ 开发框架。但是，经过长期的发展，Qt 的应用早已超出了图形界面库的范围，能够很好地支持 2D、3D 绘图、XML 解析、网络、数据库等方面。在商业应用方面，Qt 对嵌入式设备、物联网等也提供了支持。

简单、易用是 Qt 工具包追求的目标之一。Qt 底层类库的设计采用面向对象的继承方式，庞大的类库组织成清晰的层次结构。在高层次的开发中，经过长时间的发展，Qt 拥有一系列的工具来简化开发过程。小规模程序开发可以使用 gcc、qmake，开发大型程序可以选择功能更加完善的集成开发工具，如 Visual Studio、Eclipse 等比较成熟的集成开发环境都提供了对 Qt 开发的支持，Qt 公司也提供了 Qt Creator 工具以实现 Qt 程序的高效率开发。尽管不借助辅助工具也可以完成项目的开发，但熟练使用这些工具，可提高开发的效率。本章主要介绍使用 qmake 和 Qt Creator 进行 Qt 程序开发的基本方法。

与大多数 Linux 下的软件不同，Qt 不是由某个软件组织或者基金会维护的，而是由软件公司维护开发的。最初维护 Qt 的软件公司是总部在挪威的奥斯陆的 Trolltech 公司，后来该公司并入了诺基亚（Nokia），并改名为 QtSoftware 公司，2012 年，Qt 又被 Digia 收购，成为其子公司。可以通过 https://www.qt.io 查询有关 Qt 的相关信息和下载相关软件。

Qt 软件虽然由商业公司维护，但也为软件的开发提供了多种选择。Qt 的版本分为自由版本和商业版本两类，无论使用哪种版本都可以获得软件的源代码。自由版本可以免费使用，可以采用 GPL、LGPL 软件许可的方式。商业版本需要付费，使用商业版本开发出的软件受到的限制更少，还可以提供及时的客户支持服务。如果想在自由版本中获得质量高的客户支持服务，则可以通过付费的方式按需购买特定的支持服务项目。

在 Fedora 30 中，没有默认安装 Qt 开发的相关工具，需要在联网条件下，运行 sudo dnf install qt5-devel qt-creator 命令安装相关软件工具。运行安装命令过程中会提示输入用户密码进行身份验证。

14.2 开发 Qt 图形界面程序

Qt 工具包是一个功能非常丰富的框架，可以用来开发多种用途的应用程序。本节只对利用 Qt 开发图形界面程序做初步的介绍。Qt 工具包以 C++ 类库的形式向外界提供功能接口，用户基于 Qt 开发图形界面程序需要具备基本的 C++ 语言知识并了解面向对象的基本理论。

进行图形界面的开发需要解决的基本问题就是如何使用图形界面元素和如何将界面元素与事件对应起来。在 Qt 中，所有的界面元素都称为窗口饰件，即 Widget，它们直接或者间接地从 QWidget 继承而来。要定制新的窗口元素，可以从 QWidget 中选择一个功能相近的派生类，通过继承来增加或者重新定义已有的方法，达到定制新窗口元素的目的。如果找不到合适的派生类，也可以直接从 QWidget 派生。QWidget 提供窗口元素的一些基本操作，包括事件处理函数、窗口饰件外观设置函数等。将窗口元素产生的事件和相应的事件处理函数关联起来可以采用两种方法：

- 重载（Overload）其中已有的事件处理函数。
- 利用信号 / 槽的机制关联信号（事件）和信号对应的事件处理函数。

第 1 种方法适合于已经存在的事件处理函数，第 2 种方法更灵活，也是最常使用的方式。信号 / 槽机制是 Qt 工具包最显著的特色，它提供了一种对象之间互相通信的机制。信号是对象（类）向外界发送的任意消息、事件，而不仅仅是界面元素产生的一般消息（鼠标、键盘操作等）。信号有名称，可以带参数。槽是可以接收消息的特殊函数。对于消息来说，定义时不必指明将消息发送给谁，即不需要指定消息的接收方；对于槽来说，定义时也不必指明从谁那里接收消息，即不需要指定消息的发送方。那如何将消息和对应的消息处理函数 / 槽对应起来呢？通过 QObject 的 connect 函数可以完成消息和槽的关联。一个消息可以发送给多个槽，一个槽也可以接收多个消息。如果槽接收的消息来自对象内部，就实现了对象内部的通信；如果槽接收的消息来自对象外部，就实现了对象之间的通信。

信号 / 槽机制不是 QWidget 特有的，任何从 QObject 类（QWidget 的基类）继承的子类都可以使用这种机制。与利用回调函数（Callback Functioin）来处理消息相比，信号 / 槽是类型安全的，更好地体现了对象的封装特性。

下面结合程序示例分析 Qt 图形界面程序的设计方法。

14.2.1 简单 Qt 图形程序

首先介绍一个最简单的 Qt 程序示例，程序仅由一个标签 Widget 组成。程序没有使用额外的信号，因此也没有应用信号 / 槽机制。程序运行效果如图 14-1 所示。界面上除了窗口标题栏的关闭按钮可以用于和用户交互外，没有任

图 14-1 程序效果

何其他额外的交互功能。下面结合程序清单 14-1 的代码，介绍这个基本的 Qt 程序的框架。需要注意，由于 Qt 利用当前桌面环境的外观来显示窗口，所以程序的实际运行效果和图示的效果可能存在差异。

程序清单 14-1　文件 hello.cpp 代码

```
1 #include <QApplication>
2 #include <QLabel>
3 int main(int argc, char *argv[]){
4 QApplication app(argc, argv);
5 QLabel label ("<i><b>Hello Qt!</b><i>", 0);
6 label.show();
7 return app.exec();
8 }
```

假设源文件保存在当前的工作目录中，并命名为 hello.cpp。程序的前两行是 include 预处理指令，将代码中用到的类 QApplication 和类 QLabel 的定义包括进来。和 GTK 程序不同，文件使用 C++ 的文件扩展名，头文件也是使用到哪个类就需要单独地包含那个类的头文件。而在大多数 GTK 程序中，只需包含一个头文件 <gtk/gtk.h>。在 Qt 中，一个复杂的程序开头往往要写入一大段 include 指令。但是，Qt 的命名约定规定了头文件名就是类名，从而简化了对这些头文件名称的记忆。在 C++ 的规范中，头文件的扩展名去掉了，即与 C 语言的头文件（*.h）相比，去掉了（.h）部分。建议读者在建立自己的类文件时，也遵守这种命名约定，从而使整个代码保持统一的风格。

代码第 4 行用程序的启动参数创建了一个 QApplication 类的对象 app。类 QApplication 承担一个应用程序全局范围内的职责，包括初始化程序运行环境、启动和维护消息循环、监视程序运行状态和释放程序资源等。可以把 QApplication 看作整个应用程序都可见的全局对象。一个程序中可以有多个窗口、多个界面，但只能有一个 QApplication 对象。通过启动参数来创建 QApplication 对象提供了一种向程序提供启动信息的方式，QApplication 对象可以根据这些选项设置程序的运行环境。例如，在调试状态下可以使用 -sync 选项，利用 -style 选项可以指定程序界面的外观风格。

代码第 5 行创建了一个标签 label。创建标签时使用两个参数，第 1 个参数是一个字符串，第 2 个参数是数字 0。第 2 个参数的类型应该是 QWidget 的指针，即第 2 个参数是一个界面元素的指针，代表新创建界面元素的父指针。当新创建元素放置在某个控件之上时，需要指明这个参数。第 2 个参数为 0，说明新元素没有父控件，即新元素是程序的顶层窗口元素。对于本例，程序中只有一个标签，标签没有放在其他界面之上，因此第 2 个参数为 0。在 Qt 中，任何 QWidget 的子类都可以单独充当程序的顶层窗口，不仅限于窗口和对话框等特殊界面元素。

创建标签的第 1 个参数说明 Qt 提供了一个很实用的特性。本例中第 1 个字符串参数采用了类似超文本（HTML）的格式。对照程序运行界面，这段字符串确实也是按照类似超文本的解释方式显示的，字符串用粗体（<b>）和斜体（<i>）显示。在 Qt 中，这种格式的字符串称为 Rich Text。与 Rich Text 对应的是没有格式描述的普通字符串，称为 Plain Text。对于 Rich Text，Qt 会根据默认的样式表（style sheet）来格式化字符串的外观，而 Plain Text 则不进行美化。默认情况下，Qt 通过字符串的格式来判断是否需要格式化。本例中的字符串格式符合 Rich Text 的规范，因此 Qt 将对它进行重新格式化，达到美化文字的效果。

代码第 6 行使标签 label 可见。界面元素并非创建完毕就是可见的，只有调用了界面元素的 show 方法，界面元素才变为可见。

代码最后一行调用 QApplication 的 exec 方法启动消息循环，app 对象可以将程序中产生的各种消息发送给相应的消息槽，通过消息机制使整个应用程序运行起来。exec 的返回值是退出消息循环的返回值，如果程序正常退出，即通过调用 quit 方法退出，那么它的返回值为 0。

虽然没有关联任何事件处理程序，但程序清单 14-1 展现了 Qt 程序的基本机构：首先利用启动参数创建全局的 QApplication 对象，然后创建各种界面元素，完成界面元素的放置、事件关联等，并使窗口可见。所有准备工作完成后，调用 QApplication 的 exec 方法启动消息循环开始运行程序。在编程过程中，通常是建一个 QWidget 的派生类，作为所有界面元素的容器，其他的界面元素都放在这个派生类中。在主程序中，创建这个派生类的一个对象，并将它设置为主窗口。这样既可以明确程序结构，又可以简化 main 函数的代码。后面介绍的程序示例就采用了这样的结构。

下面介绍如何编译执行 Qt 程序。

14.2.2　Qt 程序的编译

为了实现程序开发的高效性和灵活性，Qt 在 C++ 基础上增加了信号 / 槽等扩展特性。这些特性的增加，使 Qt 的源代码不能完全合乎 C++ 的规范。为了使 Qt 代码能够被 GCC 等编译器编译，Qt 提供了 MOC（Meta Object Compiler）完成 Qt 代码向规范的 C++ 代码的转化。此外，Qt 附带的 Qt Designer 工具为开发人员提供了一个可视化程序开发界面，极大地提高了开发的效率。但是，Qt Designer 生成的文件也不是 C++ 的标准文件。为了将 Qt Designer 生成的文件转化为规范的 C++ 文件，又需要使用 Qt 提供的另一个工具——UIC（User Interface Compiler）。因此，要利用 Qt 提供的这些特性，提高程序开发效率和灵活性，必须使用多种工具分工合作，这无疑会增加开发 Qt 程序的难度。为此，Qt 提供了一个专门生成编译文件的辅助工具 qmake。

qmake 集成了前面提到的 MOC 和 UIC，可以针对不同平台、不同编译器生成编译文件所需要的编译指导文件 makefile，从而简化 Qt 程序编译过程。qmake 以一个 Qt 的项目文件（*.pro）为输入，输出是一个编译指导文件 makefile。得到 makefile 后，就可以利用 make 命令在 makefile 的指导下自动完成编译过程。项目文件（*.pro）是一个文本文件，用于存储一些编译时的参数。假设项目文件保存在和 hello.cpp 相同的目录下，程序清单 14-2 列出了编译示例程序时所需要的项目文件。

程序清单 14-2　文件 hello.pro 代码

```
1 TEMPLATE = app
2 QT += core gui
3 QT += widgets
4 INCLUDEPATH += .
5 CONFIG += qt warn_on release
6 SOURCES += hello.cpp
```

项目文件是文本文件，基本形式是：

```
变量名 = 值
```

其中“ TEMPLATE = app”说明将要生成的是一个可执行的应用程序。该语句的取值除了可以是 app 以外，还可以取下述值。

- lib：生成库文件。
- subdirs：生成某个目录下的编译指导文件。
- vcapp：生成 VC++ 支持的可执行程序。
- vclib：生成 VC++ 支持的库文件。
- aux：生成 makefile，不进行程序的构建。

QT 变量指明生成的程序需要加载的 QT 功能模块。在本例中增加了 core、gui 和 widgets 三个模块。其中 core 和 gui 是默认添加的模块；widgets 是 Qt widgets 模块，当使用 Qt 窗口控件，在头文件中使用 #include<QtWidgets> 时，QT 需要加入 widgets 的属性值。

“ INCLUDEPATH += .”的含义是将当前目录增加到头文件的搜索路径中去。如果还有其他路径，可以另起一行，用相同的格式添加路径。SOURCES 变量的使用方式和 INCLUDEPATH 变量使用方式一样，表示程序依赖的源文件路径。

“CONFIG += qt warn_on release”表示给 CONFIG 变量的值增加 3 个字符串。CONFIG 变量可以取很多值，常用的取值如下。

- qt：生成的目标是基于 Qt 库的应用程序或者程序库。
- debug：编译时打开调试信息。
- release：编译时进行代码优化。
- warn_on：编译时尽量多地报告警告信息。
- warn_off：编译时仅报告严重的警告信息。

项目文件进行编辑并保存好之后，就可以利用 qmake 命令生成编译指导文件，进而利用 make 工具编译程序了。在 Fedora 30 中，为了方便不同版本的 Qt 程序的编译，将 qmake 命令具体划分为与 Qt4 兼容的 qmake-qt4 和与 Qt5 兼容的 qmake-qt5 两个命令，不再使用单一的 qmake 命令。因为本示例程序非常简单，代码兼容 Qt4 和 Qt5，所以在本例中，既可以使用 qmake-qt4 命令又可以使用 qmake-qt5 命令。在 14.1 节介绍的 Qt 安装命令中，只安装了对 Qt5 的支持，因此，可以依次执行如下以 qmake-qt5 为主的命令：

```
1 $ qmake-qt5  hello.pro
2 $ make
3 $ ./hello
```

当完成了第 1 行的命令后，如果没有错误，当前工作目录中会产生名称为 makefile 的编译指导文件；执行完第 2 行 make 命令后，编译过程完成，当前工作目录中出现了一个和项目文件名（不包括扩展名 *.pro）相同的可执行文件名，这就是编译生成的可执行文件。通过可执行文件的文件名，就可以启动应用程序，看到程序运行的图形界面了。

14.2.3　Qt Creator 程序开发

前面介绍的 Qt 程序示例非常简单，仅介绍了使用 Qt 进行程序开发的基本步骤和程序框架。在实际使用中几乎不会用到如此简单的程序，实用应用程序的代码和用户界面布局要复杂得多。为了提高 Qt 程序开发的效率和质量，Qt 公司提供了 Qt Creator 图形化的集成开发工具。Fedora 30 默认没有安装该开发工具，在 14.1 节介绍的 Qt 安装命令中，已经包含了 Qt Creator 的安装。开发工具安装成功后，可以在【活动】/【显示应用程序】中单击 Qt Creator 图标，也可以在命令行状态下通过命令 “qtcreator” 命令启动 Qt Creator 开发工具。程序启动的初始界面如图 14-2 所示。

图 14-2　Qt Creator 的程序初始界面

软件使用界面的布局是传统的窗口布局，界面最上方为菜单，所有的功能都能找到相应的菜单项目，下面由各种快捷工具按钮和展示界面组成，其中占用面积最大的是右边白色背景的编辑窗口。开发程序时，代码和程序界面的设计都在这个窗口中进行。作为集成的开发工具，Qt Creator 将 Qt、qmake、make、GCC 等工具以直观的图形界面的形式集成起来，并且在集成的基础上，为图形界面的设计提供了可视化的编辑工具，用户可以通过操作鼠标直观地实现程序图形界面的布局与设计。

在 Fedora 30 中进行 Qt 开发之前，先要对 Qt Creator 进行一些初始化的设置，主要目的是将 Qt Creator 和 Qt 开发框架关联起来。首先在 Qt Creator 中单击菜单【Tools】/【Options】，然后，在【Options】对话框中选择【Qt Versions】标签页，如图 14-3 所示。然后单击【Add】按钮，在弹出的文件浏览窗口中将路径导航到 /usr/bin/qmake-qt5 文件，单击【打开】按钮返回图 14-3 所示界面，这时候图 14-3 中【Manual】列表框会多出一个条目。单击【Apply】按钮，切换到图 14-3 中的【Kits】标签页，如图 14-4 所示。单击【Desktop (default)】条目，然后拖动右侧滚动条，将标签页界面下移到【Qt version】配置项，单击右侧组合框，选择包含 Qt5 的信息条目，单击【OK】完成配置。

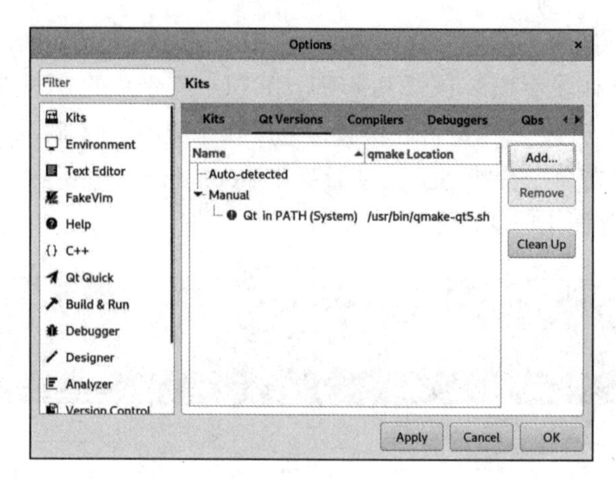

图 14-3　Options 对话框 Qt Version 标签页

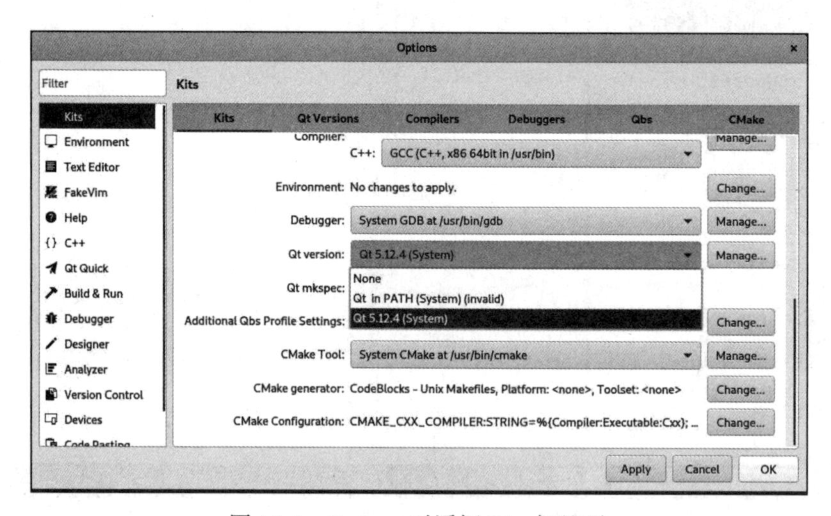

图 14-4　Options 对话框 Kits 标签页

在 Qt Creator 中进行程序开发会涉及不同文件类型的文件。在 Qt 中，将与程序相关的所有文件统一起来称为项目（project）。创建应用程序即从创建新的项目开始。可以通过【File】/【New File or Project】或者单击【New Project】图标按钮启动创建 Qt 项目的向导。向导的第 1 步为模板选择界面，如图 14-5 所示。

根据程序的类型，Qt 提供了不同程序模板。程序模板提供了某种类型程序的基本框架，提高了程序建立的效率，规范了程序的基本结构。本例选择【Qt Widgets Application】模板，单击【Choose】按钮进入选择位置界面，如图 14-6 所示。

在这里对项目的名称和存储位置进行设置。其中项目名称将是最终生成的可执行文件的名称。单击【Next】按钮进入下一步构建套件（Kit）选择界面，如图 14-7 所示。

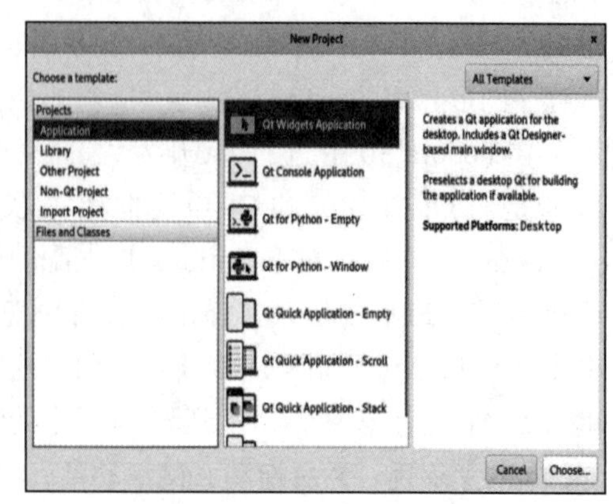

图 14-5　Qt Creator 向导的模板选择界面

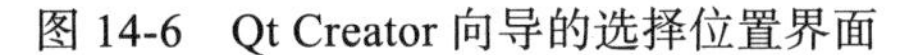

图 14-6　Qt Creator 向导的选择位置界面

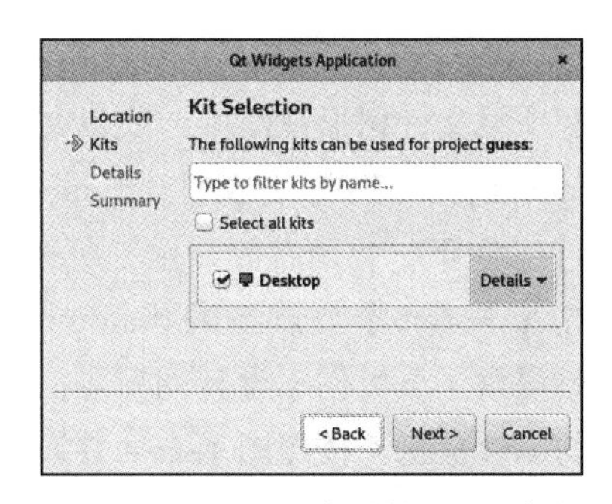

图 14-7　Qt Creator 向导的 Kir 选择界面

构建套件（Kit）规定了生成程序的目标平台和所使用编译器等选项，这里选择默认值。单击【Next】按钮进入类信息界面，如图 14-8 所示。

在该页面中，对项目基本窗口的类型及名称等信息进行了设置。示例中，没有使用向导提供的默认值。【Base class】（基类）一项的默认取值为 QMainWindow，表示默认的程序主界面是一个基于 QMainWindow 的界面，从外观上看，这种窗口界面的界面元素齐全，可以放置菜单、工具条、状态栏等界面元素。由于示例功能简单，所以采用基于对话框的界面形式。通过单击【Base class】右侧的条目菜单，选择 QDialog 设置以 QDialog 作为程序主界面。该选项变更后，页面中的其他信息条目的名称会随之变更，设置后的最终效果如图 14-8 所示。单击【Next】按钮进入最后一个汇总页面，如图 14-9 所示。

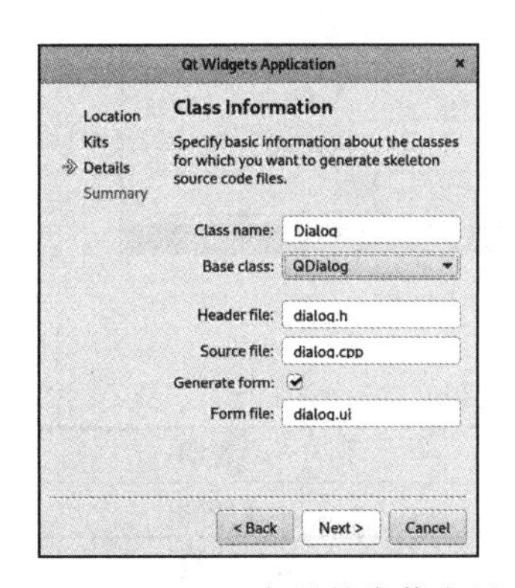

图 14-8　Qt Creator 向导的类信息界面

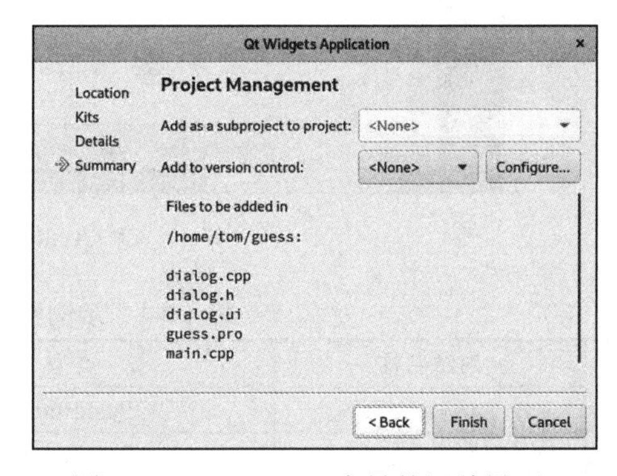

图 14-9　Qt Creator 向导的汇总界面

汇总页面将前面的信息进行概要性的汇总，并可以对程序开发中的源代码的版本控制方法进行设置。本示例中采用默认设置，单击【Finish】按钮完成向导设置，关闭向导界面，Qt Creator 自动打开创建的项目，并将创建的程序框架展现在页面中。Qt Creator 默认创建的基于 QDialog 的程序框架，包括 guess.pro、dialog.h、dialog.cpp、main.cpp 和 dialog.ui 五个文件。其中，guess.pro 为项目文件，其名称就是项目的名称，其内容和上节介绍的项目文件一致；dialog.h 和 dialog.cpp 共同定义了程序的主界面类（Dialog 类），用户的代码主要以这个类进行扩充；main.cpp 为程序执行的基本入口，定义了 C/C++ 标准的 main 函数；dialog.ui 定义了程序的主界面，其格式为标准的 xml 文档。用户通过 Qt Creator 提供的界面设计工具布局程序界面，Qt Creator 后台根据用户的设计自动生成相应的 xml 文档，保存到 dialog.ui 中。编译时，Qt Creator 调用编译器将 xml 文档变为标准的 C/C++ 代码，并进一步生成程序可执行代码，这一系列转换和中间文件对用户来说都是透明的，普通用户不用关心。左侧项目文件树形视图中，项目文件（*.pro）放置在项目根节点下，头文件（*.h）放置在【Headers】节点下，源文件（*.cpp）放置在【Source】节点下，界面文件（*.ui）放置在【Forms】节点下。界面右侧显示了所选择的文件内容，是程序编辑和界面设计的主要场所。

双击【Forms】节点下的 dialog.ui 文件，Qt Creator 打开如图 14-10 所示的设计窗口。窗口左侧提供了可以用于设计图形界面的各种工具，中间为程序的界面布局，右侧为选择界面元素的属性信息。按照图示布局并设定示例的图形界面，图形界面主要涉及 3 个按钮、一个 LCD 显示部件、一个单行文本框和一个多行文本框共 6 个界面元素，各个元素的说明和属性设定取值如表 14-1 所示。

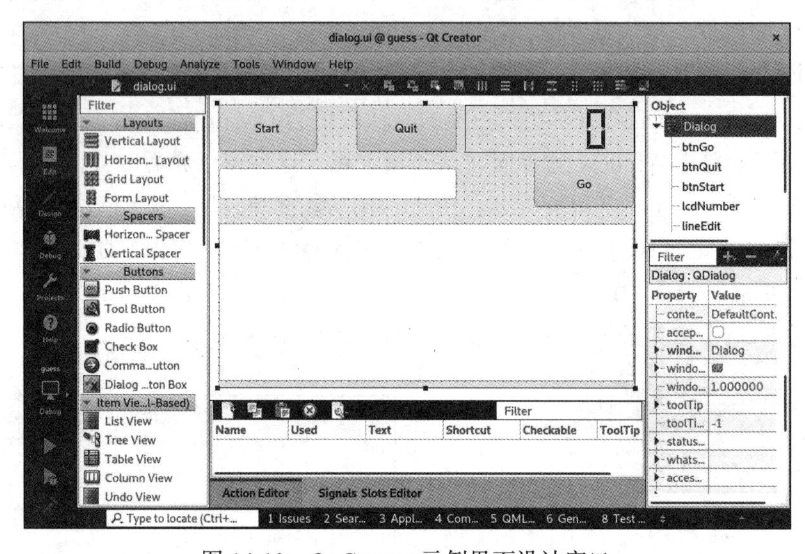

图 14-10 Qt Creator 示例界面设计窗口

表 14-1 示例程序界面元素说明

序号	对象名称	类型	说明
1	btnStart	QPushButton	Start 按钮
2	btnQuit	QPushButton	Quit 按钮
3	btnGo	QPushButton	Go 按钮
4	lineEdit	QLineEdit	单行文本框
5	textEdit	QTextEdit	多行文本框
6	lcdNumber	QLCDNumber	LCD 显示部件

本示例程序是一个使用 Qt 实现的猜数字的例子，和 GTK 程序设计中的猜数字游戏相比，本例利用 Qt 以 C++ 的方式实现，而前面的例子利用 GTK 以 C 的方式实现。虽然两个例子在功能、界面上很相似，但在程序结构和组织上存在着很大的差异。程序的操作和界面布局与 GTK 中的示例几乎完全一致，但增加了一个功能：当用户单击按钮 Quit 或者单击窗口关闭按钮时，在程序退出之前，会弹出一个对话框，显示一句简单的问候语。关闭这个弹出对话框后整个应用程序才最终退出。

为了使程序代码结构更加清晰，示例程序在 Qt 提供的基本程序框架的基础上，增加定义了 Puzzle 类，将产生随机数、判断随机数等功能封装了起来。Puzzle 类的定义涉及 puzzle.h 和 puzzle.cpp 两个文件，两个文件放入 puzzle 目录。引入 Puzzle 类定义的项目文件结构如图 14-11 所示。

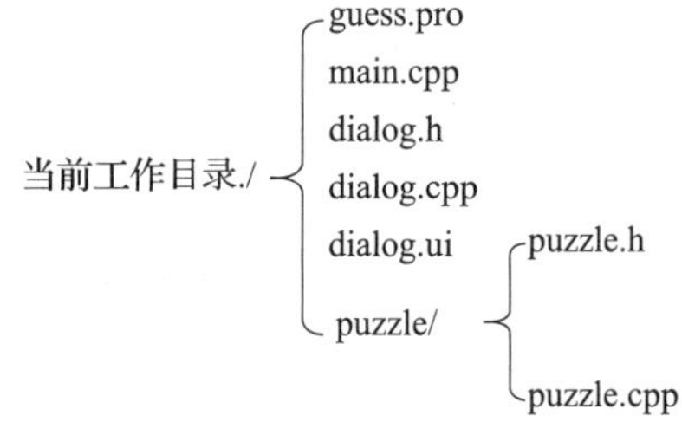

图 14-11　Qt 程序目录结构

定义 Puzzle 类是为了降低 Dialog 类的复杂性，Puzzle 类的功能完全可以放到 Dialog 类中实现。如果没有定义 Puzzle 类，则 Dialog 类承担的工作太多，既要负责界面又要负责逻辑，因此将涉及猜数逻辑的内容提取出来形成 Puzzle 类。Puzzle 类是示例中唯一和 Qt 没有任何关系的类。在这里为了程序的完整性，在程序清单 14-3 和 14-4 中列出 puzzle.h 和 puzzle.cpp 的代码，但不详细介绍。

程序清单 14-3　文件 puzzle.h 代码

```
 1 #ifndef PUZZLE_H
 2 #define PUZZLE_H
 3 class Puzzle{
 4 private:
 5     int answer;
 6     int gen_answer();
 7 public:
 8     int judge(int ans);
 9     int get_answer()
           {return answer;};
10     void start();
11 };
12 #endif
```

程序清单 14-4　文件 puzzle.cpp 代码

```
 1 #include "puzzle.h"
 2 #include <time.h>
 3 #include <stdlib.h>
 4 int Puzzle::gen_answer(){
 5     srand((unsigned int)time((time_t *)NULL));
 6     return (rand()%100)+1;
 7 }
 8 int Puzzle::judge(int ans){
 9     if(answer<ans){  return -1;}
10     if(answer>ans){  return 1;}
11     return 0;
12 }
13 void Puzzle::start(){answer=gen_answer();}
```

在早期的 Qt 程序设计中，需要手工编写代码将窗口饰件触发的消息和相应的消息处理函数关联起来，即实现信号和槽的关联。通过 Qt Creator 可以利用界面设计视图在布局界面的同时，实现关联的功能。以关联按钮（QPushButton）和按钮单击的事件为例，可以在界面设计视图中，右键单击按钮，在弹出的菜单中选择【 Go to slot 】，在弹出的窗口中，选择信号进行关联，如图 4-12 所示。如果要关联按钮按下的事件，则选择 clicked() 信号。选择后单击【 OK 】按钮，Qt Creator 会修改相应的 ui 文件，将关联信息写进去，并在 Dialog 的头文件和源文件增加“on_按钮名称_clicked()”函数的定义。其中，按钮名称是给按钮命名的对象名。例如，对于按钮 Start 按钮的响应函数即为“on_btnStart_click()”。在 Dialog 类的源文件中，完善相应函数的定义就可以实现对按钮事件的响应。

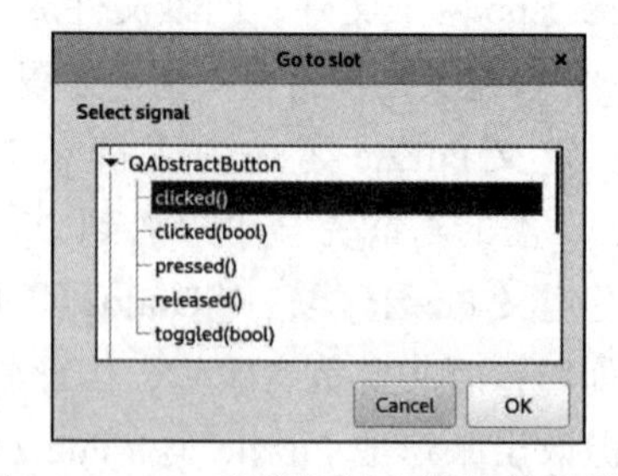

图 14-12　Qt 程序信号和槽的关联界面

Dialog 类是与 Qt 程序设计相关最大的类，实现了应用程序主界面的元素布局及事件关联，是其他元素放置的容器，Dialog 类直接继承 QDialog 类，具有 QDialog 的所有非私有的特性。Dialog 类最终的头文件程序如清单 14-5 所示。

程序清单 14-5　文件 dialog.h 代码

```
 1 #ifndef DIALOG_H
 2 #define DIALOG_H
 3 #include <QDialog>
 4 #include"puzzle/puzzle.h"
 5 namespace Ui {
 6 class Dialog;
 7 }
 8 class Dialog : public QDialog
 9 {
10     Q_OBJECT
11 public:
12     explicit Dialog(QWidget *parent = nullptr);
13     ~Dialog();
14 protected:
15     virtual void closeEvent(QCloseEvent * event);
16 private slots:
17     void on_btnStart_clicked();
18     void on_btnQuit_clicked();
19     void on_btnGo_clicked();
20 private:
21     Ui::Dialog *ui;
22     Puzzle objPuzzle;
23     int guessCount;
24     int guessAnswer;
25 private:
26     void goStart();
27     void goStop();
28     void showMsg(int result);
29     int getAnswer();
30 };
31 #endif // DIALOG_H
```

代码前 4 行都是预处理的头文件，定义成员变量时需要这些头文件来指明类型。代码第 5 ～ 7 行定义了命名空间 Ui 和其中的类 Dialog，由于 Qt 要结合 ui 文件进行处理，所以命名空间 Ui 中的类 Dialog 的详细实现由 Qt Creator 的编译器实现。从代码第 8 行开始，是程序中界面类 Dialog 的定义，这个类和命名空间 Ui 中的类 Dialog 不同。代码第 15 行重载了类 Dialog 的基类 QWidget 中的 closeEvent() 方法。代码第 16 ～ 19 行为 Qt Creator 自动生成信号相应程序。代码第 21 行为系统自动添加的 ui 成员变量，用于对界面元素的构建及访问。代码第 22 行定义类 Puzzle 对象 objPuzzle，用来完成数字的产生和猜测判断逻辑。代码第 23、24 行分别定义了两个整型变量，表示猜测的次数和输入的猜测答案。代码第 25 ～ 29 行定义了 3 个私有函数：goStart 用于初始化猜数字游戏；goStop 用于猜到正确答案后的收尾工作；showMsg 用于根据猜测结果显示相应的提示信息。

类 Dialog 的源代码实现文件 dialog.cpp 如程序清单 14-6 所示。

程序清单 14-6 文件 dialog.cpp 代码

```
 1 #include "dialog.h"
 2 #include "ui_dialog.h"
 3 #include <QCloseEvent>
 4 #include<QMessageBox>
 5 Dialog::Dialog(QWidget *parent) : QDialog(parent), ui(new Ui::Dialog)
 6 {
 7     ui->setupUi(this);
 8 }
 9 Dialog::~Dialog()
10 {
11     delete ui;
12 }
13 void Dialog::on_btnStart_clicked()
14 {
15     goStart();
16 }
17 void Dialog::on_btnQuit_clicked()
18 {
19     close();
20 }
21 void Dialog::on_btnGo_clicked()
22 {
23     guessCount++;
24     ui->lcdNumber->display(guessCount);
25     getAnswer();
26     int result=objPuzzle.judge(guessAnswer);
27     showMsg(result);
28     ui->lineEdit->clear();
29 }
30 void Dialog::closeEvent(QCloseEvent *event)
31 {
32     QMessageBox msg;
33     msg.setText("Good By!");
34     msg.exec();
35     event->accept();
36 }
37 void Dialog::goStart()
38 {
39     guessCount=0;
40     guessAnswer=-1;
41     ui->textEdit->clear();
42     ui->textEdit->insertPlainText("Guess a num between 1 and 100!\n");
43     ui->lcdNumber->display(guessCount);
44     ui->btnGo->setEnabled(true);
45     objPuzzle.start();
```

```
46 }
47 void Dialog::goStop()
48 {
49     ui->btnGo->setEnabled(false);
50     QString str_msg;
51     str_msg.sprintf("Congratulations,You got it(%d) by %d times\n",guessAnswer,
       guessCount);
52     ui->textEdit->insertPlainText(str_msg);
53 }
54 void Dialog::showMsg(int result)
55 {
56     QString msg;
57     if(result<0){
58         msg.sprintf("The Num(%d) is Greater than the answer.\n",guessAnswer);
59     }else if(result>0){
60         msg.sprintf("The Num(%d) is Less than the answer.\n",guessAnswer);
61     }else{
62         goStop();
63     }
64     ui->textEdit->insertPlainText(msg);
65 }
66 int Dialog::getAnswer()
67 {
68     bool ok;
69     QString value=ui->lineEdit->text();
70     guessAnswer = value.toInt(&ok);
71     if(ok)
72         return 0;
73     return 1;
74 }
```

代码第 5 ～ 8 行为类 Dialog 的构造函数，其中，代码第 7 行 setupUi 方法由系统生成，在已有代码文件中没有定义。代码第 9 ～ 12 行为析构函数。代码第 13 ～ 16 行响应按钮 btnStart 被单击的信号，调用 goStart 方法，启动猜数字游戏进程。代码第 17 ～ 20 行响应按钮 btnQuit 被单击的信号，结束游戏，并总结猜数字的成绩。代码第 21 ～ 29 行响应按钮 btnGo 被单击的信号，得到用户的猜测答案并对答案进行判断。代码第 30 ～ 36 行，重载 closeEvent 函数，实现退出前显示问候语的功能。代码第 37 行至代码结束为私有的 3 个辅助函数的实现代码，其功能为初始化游戏、结束游戏和显示提示信息的功能。

借助 Qt Creator 集成开发工具进行开发，系统会自动维护项目文件（*.pro），不需要用户手动修改。对程序的编译和执行也可以通过特定的菜单命令实现。用户可以通过如图 14-13 所示的 Qt Creator 集成环境左下角的工具按钮实现代码的构建、调试与运行。

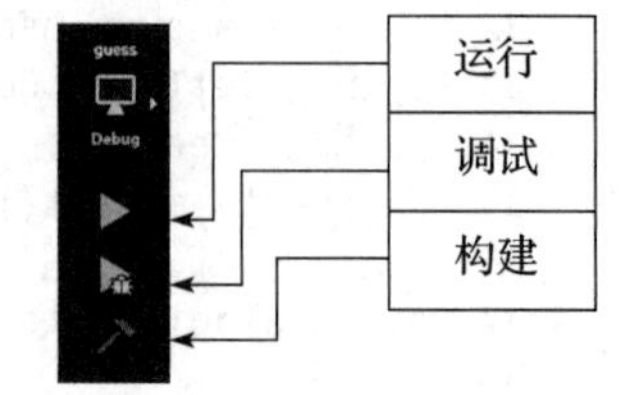

图 14-13 QtCreator 编译工具

14.3 本章小结

本章主要介绍利用 Qt 开发图形界面应用程序的基本方法，重点讨论 Qt 程序的基本结构；利用信号 / 槽机制实现对象之间的通信；通过继承生成自定义的 Widget 控件，以及利用 Qt 提供的 qmake 工具对 Qt 项目文件进行处理生成 makefile 的基本方法。Qt 工具包为 Linux 下图形界面程序的开发提供了丰富的功能，本章只涉及了其中一些最基本的概念和使用，读者可以访问 Qt 公司的官方网站获取 Qt 的完整参考信息。

习题

1. 简述 Qt 在 X Window 中的地位。
2. 比较 Qt 和 GTK 关联消息的方式有何区别。
3. 简述 Qt 在哪些方面为软件开发提供了基础。
4. 简述 Qt 所使用的许可证特点。
5. 下载并安装 Qt Creator 开发工具。
6. 利用 Qt Creator 编写一个图形界面程序，至少用到窗口、按钮和文本框。

第 15 章　Python 程序开发环境

伴随着大数据、人工智能技术的飞速发展，Python 语言得到了前所未有的广泛应用，越来越多的程序模块、系统框架要么提供对 Python 语言的支持，要么以 Python 完成编码。Python 语言功能越来越全面，为用户提供更高效的管理和使用计算机、利用计算机的强大能力来完成特定任务的手段。Fedora 系统对 Python 程序设计与开发提供了完善的支持，本章主要介绍 Python 语言的基本特点，Fedora 30 系统中 Python 开发环境搭建，以及开发工具的使用。

15.1　Python 语言简介

Python 语言虽然在近年来得到了迅猛的发展，在编程语言的排行中名列前茅，和 C、C++、Java 等不相上下，但追溯它的产生历史，最早的版本在 20 世纪 90 年代就已经产生了。经过近 30 年的发展与改进，现在的 Python 语言拥有众多的第三方工具包的支持，在商业、教育、科学研究、政府管理等领域都得到了广泛应用，成为功能完善的程序设计语言。对于初学者来说，它最吸引人的特点就是简单。语法简单，容易学习；源代码风格简单，贴近英语，方便阅读、书写与理解。除去简单和功能完善之外，Python 还有以下突出特点。

1. 开源软件

Python 语言由 PSF（Python Software Foundation）维护和管理，PSF 是一个非营利的组织。Python 语言的使用和发行遵循 PSF 许可证。PSF 许可证虽然与 GPL、LGPL 不同，但它与 GPL 兼容。用户可以免费、自由地使用、发布新软件，甚至可以自由地开发商业化的软件。Python 是开源软件，这意味着用户可以获得 Python 的源代码，通过对源代码的学习，用户可以增进对 Python 的理解，甚至可以改进和扩充 Python 的功能。

2. 跨平台

Python 的运行需要命令解释器，得益于良好的设计和开源的特性，在主流的平台上都有 Python 的解释器，因此用 Python 编写的程序可以实现良好的跨平台特性。Linux 系统中编写的程序，也可以在 Windows 系统中运行。跨平台的特性降低了不同平台移植程序的难度，也使得不同平台的用户都可以使用相同语言进行软件开发，扩展了 Python 语言的潜在用户。在 Python 语言的官网（https://www.python.org）上，提供有 Windows、Linux、UNIX、Mac OSX、iOS 等多种平台的 Python 语言开发软件供下载。

3. 面向对象

面向对象是一种程序设计的思想，它将复杂的问题划分为相对简单的小问题，从而可以更自然地用代码来描述现实世界的问题，简化了程序设计难度，使代码更清晰，便于代码的组织与重用。Python 语言本身以面向对象的思想进行开发，语言的使用也遵循面向对象的原则。使用 Python 语言进行程序开发，代码更易于理解，可以获得更高的程序开发效率。

4. 方便集成，易于扩展

Python 语言本身提供了功能丰富的代码库，可以方便地集成到其他语言编写的程序中。另外，当前实用应用软件的开发通常不会一切从基础开始，而是借助其他功能成熟的代码。一个软件的开发就像组装汽车，把已有的轮子、发动机、方向盘等用自己的思想组装起来就完成了大部分工作，而不必从做轮子、做发动机开始。Python 语言提供了很好的和其他语言交互的机制，可以像胶水一样把 C/C++、.Net、Java 等语言编写的软件产品集成到一起，简化程序的开发，提高软件质量和开发效率，让软件开发人员更专注于特定问题的解决思路。

5. 应用广泛

近年来，大数据、人工智能、计算机视觉等领域的迅猛发展带动了 Python 语言的广泛应用。无论是在实验室科研、计算，还是在公司编写软件，甚至是在工作中的数据分析与管理，Python 都可以提供很好的解决方案，Python 语言已拓展到生活和工作的方方面面。生活离不开计算机，而计算机应用越来越多地使用 Python，Python 语言和传统的 C/C++、Java、C# 等语言一样，成为使用最为普遍的程序设计语言。

15.2　Python 的获取与安装

Python 的官方网站提供了不同平台的 Python 软件包。软件包中包含 Python 语言的解释器和功能完整的开发工具。用户在下载之前，要明确需要下载的 Python 版本。Python 现在提供 2.X 和 3.X 两个版本的软件包。和其他语言不同，3.X 版本的软件在很多方面发生了变化，和低版本 2.X 的软件已经不相互兼容，即按照 2.X 版本规范开发的软件不能在 3.X 版本的环境下运行，反之亦然。但考虑到 2.X 版本还有很多历史遗留的用户和软件，现在官方依然提供对 2.X 的支持，计划到 2020 年，2.X 的 Python 将不再更新，失去官方的支持。因此，对于初学者来说，明智的选择是以 3.X 为起点进行学习。本章所涉及的程序示例，都是在 Python 3.X 版本下开发的。在 Fedora 30 中，系统默认已经安装了 Python 3 的开发环境，因此基础开发无须额外安装软件。

15.3　终端工具使用

Python 是解释执行的语言，语言解释器是程序开发的基础工具。使用解释器进行程序开发是最直接的一种开发方式。与借助功能完备的集成环境进行开发相比，直接使用解释器在便利方面、开发效率方面没有优势，但这种方法对系统相关软件的依赖少，是高级开发工具的功能基础。对初学者来说，一方面入门程序示例都很简单，高级开发工具的优势体现不明显；另一方面，直接使用解释器进行程序开发可以更好地理解和学习 Python 语言的很多基础细节，而这些细节往往会被高级开发工具所屏蔽。Python 命令解释器也称为 Python 的 Shell，在使用形式上是一条终端命令。在解释器下编程，基本思路就是将一条语句或者多条语句批量地交给解释器去执行，解释器执行完毕后返回结果的过程。

15.3.1　交互式运行

在 Fedora 30 中，由于已经默认安装了 Python 软件开发环境，可以在终端输入“python3”，启动 Python Shell，进行程序开发。命令运行效果如图 15-1 所示。

软件界面是和 Linux 终端类似的、交互式的命令终端。在 Linux 终端中，输入的是 Linux 终端命令，而 Python 终端中输入的是 Python 语句。软件界面的最初信息是软件的版本信息和几个常用功能的使用方法提示，例如，使用 help 命令来获取进一步的帮助信息，使用 copyright 来查看软件版权信息等。Python 解释器的运行停留在命令提示符“ >>>”处，等待用户输入后续命令。

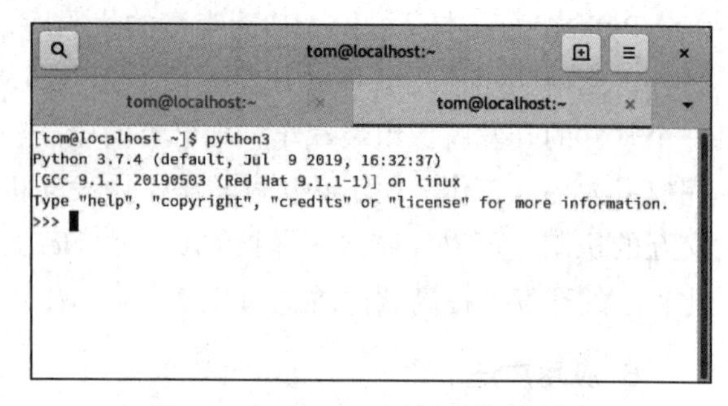

图 15-1　Python3 运行的终端界面

程序清单 15-1 是命令终端中键入一系列 Python 语句的示例。为了描述方便，对每一行都进行了编号，实际运行中没有行首的编号。其中，“ >>>”为 Python 的命令提示符，Python 语句在其后输入，输入完毕后，按 Enter 键提交给 Python 去解释执行。执行结果会返回终端后续的输出行中。

程序清单 15-1　终端下交互运行 Python 语句示例

```
 1 >>> print("Hello Python!")
 2 Hello Python!
 3 >>> 1+2*3
 4 7
 5 >>> 5/0
 6 Traceback (most recent call last):
 7     File "<stdin>", line 1, in <module>
 8 ZeroDivisionError: division by zero
 9 >>> exit()
10 [tom@localhost ~]$
```

其中第 1 行是输入的语句，它调用 print 函数，打印一个字符串。该命令的执行结果输出在第 2 行，同时解释器在第 3 行输出提示符“ >>>”，然后停留下来，等待用户的下一条命令。第 3 行输入的是一个数学算式，其执行结果输出在第 4 行。第 5 行输入的是一个被 0 除的、会导致错误的数学算式，Python 将报错信息输出在第 6 ～ 8 行。第 9 行输入 exit 函数退出 Python 命令终端，也可以使用 Ctrl+D 组合键退出命令终端，回到 Fedora 系统的终端界面。

15.3.2　程序文件的运行

交互式逐条运行 Python 程序便捷、直观，可以及时地看到程序的运行结果，适合功能简单或者学习验证使用。而实用的程序都由若干行代码组成，如果每条语句都交互式地运行显然开发效率太低，代码也不方便保存和修改。因此，可以像 Linux 脚本程序或者 C/C++ 等其他程序设计语言一样，将程序代码组织保存到文件中，以文件的形式来编写、运行和调试代码。Python 语言的程序代码文件是文本文件，通常以 py 为扩展名。代码文件可以看作交互式执行的相关语句的综合。Python 程序的发行不必像 C/C++ 那样必须先编译成二进制代码，而是直接以源程序的形式发布就可以了。

以程序清单 15-1 中交互输入的一系列语句为例，把这些语言编辑到一起，形成单独的源代码文件，假定程序的文件名为 pack_codes.py，就形成了一个简单的 Python 程序示例，其代码内容及运行结果如程序清单 15-2 所示。

程序清单 15-2　pack_codes.py 代码及程序运行结果

pack_codes.py 文件代码	运行结果
1 print("Hello Python!") 2 1+2*3 3 5/0 4 exit()	1 Hello Python! 2 Traceback (most recent call last): 3 　File "./pack_lines.py", line 3, in <module> 4 　　5/0 5 　ZeroDivisionError: division by zero

pack_codes.py 文件的创建可以使用 Fedora 30 自带的 gedit 编辑器，也可以使用任何其他的文本编辑工具实现。文件编辑完成后，可以在命令终端中通过如下命令运行程序：

```
$python3  /file_path/demo.py
```

其中，/file_path/demo.py 要替换为实际的文件路径和文件名。假设 pack_codes.py 在当前的工作目录中，则可以通过下面的命令启动示例程序：

```
$python3  ./pack_codes.py
```

从程序清单 15-2 可以看出，程序文件就是前面交互式运行的各个命令的组合，输出也基本相似，相当于将前面的若干单独执行的语句组合到文件中一次性地批量执行，提高了执行效率，也方便代码的管理。仔细对照前后两个示例的输出，发现还是存在一些差异。例如，代码第 2 行"1+2*3"，在交互执行方式下有相应的结果输出，但在以文件形式运行的方式下，就没有相应的输出。这是因为，如果要在文件运行方式中输出相应的结果，就需要调用输出语句。对于代码第 3 行"5/0"，报错的信息前后总体一致，但文件运行方式中报错信息更详细一些。另外，代码第 4 行"exit()"，在本例中可以省略，因为 Python 执行到文件末尾，会自动退出，不必显式地调用 exit() 函数。

通过将语句组织成 Python 程序文件的形式，简化了执行过程，提高了执行效率。但是直接通过程序文件名运行程序的方法更接近日常运行程序的习惯，也更加简洁一些。Python 程序代码也可以实现这种运行方式。由于程序清单 15-2 所介绍的代码存在错误，为了说明新的启动程序的方式，我们以程序清单 15-3 所示的程序作为示例，假设程序文件名为 say_hello.py。

程序清单 15-3　文件 say_hello.py 代码

```
1 #!/usr/bin/python3
2 name=input("Please Input Your Name:")
3 print("Hello ",name,"!")
```

与程序清单 15-2 比较，程序清单 15-3 在文件的第 1 行增加了以"#!"开始的语句。这行语句指明了命令解释器的路径。在一些其他系统中，由于系统的配置方法不一样，第 1 行代码也可以写为：

```
#!/usr/bin/env python3
```

在 Fedora 30 中，这两种写法都可行。从代码第 2 行开始就是程序的功能代码，具体代码由程序要实现的功能决定。在本例中，第 2 行打印提示信息，提示用户输入用户名，并接受用户的输入，将输入的信息存入变量 name 中。第 3 行调用 print() 函数，以 name 为基础构造一个问候的字符串信息在终端输出，继而程序退出。要实现终端下程序文件的直接运行，除了要在第 1 行指明解释器的路径之外，还需要将代码文件赋予可以执行权限。假设程序文件（say_hello.py）处于当前工作目录中，可以通过命令：

```
$chmod  +x  say_hello.py
```

将程序文件赋予可以执行的权限。然后就可以直接用文件名启动程序了。示例程序的启动及运行效果如下：

```
$./say_hello.py
Please Input Your Name:Tom
Hello Tom!
```

其中，字符串“Tom”是用户输入的，实际显示信息会随用户的输入而不同。

15.4　Spyder 开发环境

在 Linux 平台上，有多种图形化的 Python 语言程序开发工具，如 IDLE、Eric、Mu editor 等都各有特色，可以便捷地辅助 Python 语言的程序开发。其中，Spyder 是一款应用广泛的 Python 语言集成开发环境，其名称来源于“The Scientific Python Development Environment”的名称缩写。从名称可以看出，Spyder 擅长科学计算方面的工作，为开发科学研究、工程计算、数据分析等方面的 Python 应用程序提供了方便的编程环境。安装 Spyder 开发环境时，系统会同时安装 NumPy、SciPy、Matplotlib 等与科研和工程相关的 Python 程序库，为开发相关程序提供丰富的基础性功能。Spyder 开发环境本身支持插件机制，可以依照插件规范，以插件的形式为 Spyder 提供功能扩充。用户可以访问 Spyder 官网（https://www.spyder-ide.org）了解软件的详细信息，下载最新版本的软件。

Spyder 软件是跨平台的软件，既可以在 Linux 上，又可以在 Windows 上安装运行。在 Windows 平台上，Spyder 通常作为 Anaconda 发行套件的组成部分和 Anaconda 一起下载安装。Anaconda 也是一个侧重科学研究应用的开发平台，用户可以访问其官网（https://www.anaconda.com）了解软件的详细信息。在 Fedora 30 中，系统默认没有安装 Spyder，可以在联网条件下通过命令“$sudo dnf install python3-spyder”单独安装 Spyder 软件。安装完毕后可以通过单击【活动】/【显示应用程序】找到 Spyder3 的图标启动软件，或者在命令终端使用“spyder3”命令启动软件。软件启动后的初始界面如图 15-2 所示。

界面由上至下依次是菜单区、快捷工具条和由多个窗口构成的工作区。工作区是程序开发的主要场所，大致可以分为左右两部分。左侧主要是代码的编辑窗口，系统启动后会默认打开一个程序模板文档并命名为 temp.py，用户可以在模板文档的基础上编辑新的程序代码文件，也可以根据自己的设计重新建立文档。当新建项目后，左侧还会增加一些窗口视图，帮助用户在不同代码文件之间导航。工作区右侧主要提供各种信息的展示窗口。可以分为上下两部分，每部分又都以标签页的形式提供了多个重叠的信息视图。上面部分提供了文件导航视图、变量视图和帮助视图；下面提供了 IPython 终端视图（可以认为是 Python 终端视图）

和历史日志视图。其中，在开发过程中常使用的视图有变量视图和终端视图。变量视图可以查看程序运行时的变量状态信息，方便调试程序。终端视图会展示程序的运行效果、接收用户输入，也可以辅助进行程序的调试。

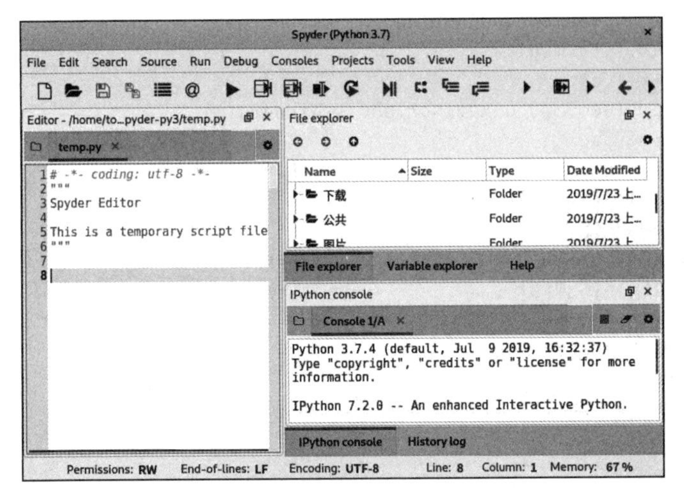

图 15-2 Spyder3 初始界面

15.4.1 示例程序简介

本节及后续几节会基于同一个示例程序，介绍利用 Spyder 进行程序开发、运行和调试的方法。在介绍 Spyder 开发环境具体使用方法之前，本节先对示例程序的功能和代码组织进行简要说明。程序功能是进行一次人机之间的问答。机器首先给出一个提问，用户通过键盘在预设的选项中，输入一个编号作为回答。系统再根据输入的编号，返回一条介绍性的字符串信息，然后程序结束。程序运行在命令行终端下，所有程序代码只需要 Python 内置的基本功能，不需要额外的程序代码库来支撑运行。程序由两个文件构成，两个文件保存在不同的目录层次中，其目录结构如图 15-3 所示。

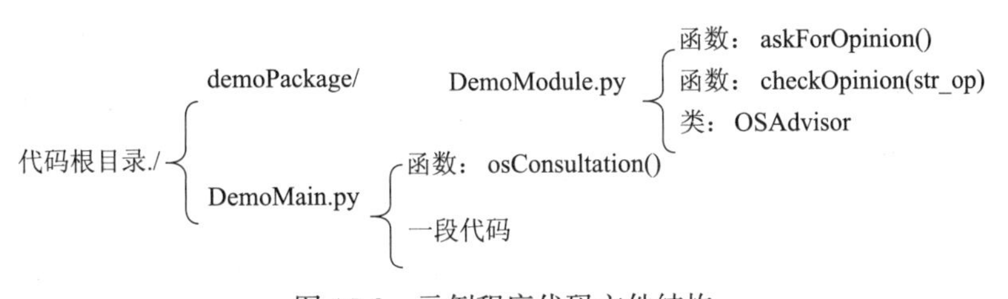

图 15-3 示例程序代码文件结构

DemoMain.py 和 DemoModule.py 的代码分别如程序清单 15-4 和程序清单 15-5 所示。

程序清单 15-4 文件 DemoMain.py 代码

```
1 #!/usr/bin/env python3
2 # -*- coding: utf-8 -*-
3 """
4 @author: tom
5 """
6 import demoPackage.DemoModule as demoMod
```

```
 7 def osConsultation():
 8     str_op=demoMod.askForOpinion()
 9     iv_op=demoMod.checkOpinion(str_op)
10     str_msg=""
11     if 0==iv_op:
12         str_msg=demoMod.OSAdvisor.adviseUnkown()
13         print(str_msg)
14     elif 1==iv_op:
15         print(demoMod.OSAdvisor.adviseWindows())
16     elif 2==iv_op:
17         str_msg=demoMod.OSAdvisor.adviseLinux()
18         print(str_msg)
19     elif 3==iv_op:
20         str_msg=demoMod.OSAdvisor.adviseMacOs()
21         print(str_msg)
22     else:
23         raise ValueError
24 if "__main__"==__name__:
25     osConsultation()
```

其中，代码的第 1 ～ 5 行为 Spyder 自动生成的通用信息，包括：第 1 行，Python 命令解释器的路径；第 2 行，源文件编码方式；第 3 ～ 5 行为程序文件的说明信息，示例中只保留了程序作者的信息。从代码第 6 行开始是需要用户亲自编写的代码。代码第 6 行导入 demoPackage 包下的 DemoModule 模块，为了简化书写，把导入的模块命名为 demoMod。包可以包含多个模块，在文件结构上对应着目录。模块可以包含函数、代码或者类，在文件结构上对应 Python 文件。在执行 import 命令时，系统会在文件的当前目录及一系列预定义的目录中查找相关包和文件。代码第 7 ～ 23 行定义了函数 osConsultation()，程序运行的顶层逻辑由该函数实现。该函数首先调用函数 askForOpinion()，输出提示信息并接收用户反馈的答案索引（代码第 8 行）；然后调用函数 checkOpinion() 对用户反馈的信息进行合法性检查，同时将字符串型的反馈索引转换为整数型的索引。代码第 10 ～ 23 行是一系列的判断语句，根据用户反馈的索引，生成并输出适当的字符串介绍性信息。代码第 24 ～ 25 行实现当 Python 解释器把 DemoMain.py 当作模块运行时，便启动函数 osConsultation() 的功能，即指明函数 osConsultation() 为程序的启动入口。其中，代码第 24 行，“__main__”和“__name__”，前后都是英文半角的连续两个下划线，“__main__”是一个字符串常量，而“__name__”是 Python 的一个内部变量。

程序清单 15-5　文件 DemoModule.py 代码

```
 1 #!/usr/bin/env python3
 2 # -*- coding: utf-8 -*-
 3 """
 4 @author: tom
 5 """
 6 def askForOpinion():
 7     print("Which is your favorite Os of (1)Windows,(2)Linux or (3)iOS(Mac OS)?")
 8     str_op=input("Please put your answer here:")
 9     return str_op
10 def checkOpinion(str_op):
11     v_op=0
```

```
12 try:
13     v_op=int(str_op)
14 except:
15     v_op=0
16 else:
17     if v_op<0 or v_op>3:
18             v_op=0
19     return v_op
20 class OSAdvisor:
21     def adviseWindows():
22         return "Windows is the most popular OS."
23     def adviseLinux():
24         return "Linux is free and interesting."
25     def adviseMacOs():
26         return "Mac OS and iOS are develeped by Apple Inc."
27     def adviseUnkown():
28         return "No Advice."
```

DemoModule.py 的代码和 DemoMain.py 的代码结构一致，代码第 1 ～ 5 行为 Spyder 生成代码，可以不修改。代码第 6 ～ 9 行定义函数 askForOpinion()，实现打印问题，接收反馈意见的功能。代码第 10 ～ 19 行定义函数 checkOpinion()，实现对用户反馈信息进行合法性检查并转换用户反馈信息类型的功能。代码第 20 ～ 28 行定义了类 OSAdvisor，包含 4 个成员函数，实现了对 Windows、Linux、MacOS（iOS）及错误意见等 4 种类型反馈的介绍信息的生成功能。DemoModule.py 中实现的各项功能不直接参与程序的运行，而是被 DemoMain.py 中定义的函数 osConsultation() 调用，间接参与程序运行。

15.4.2 创建项目与代码编写

在 Spyder 集成开发环境中进行程序开发是从新建项目开始的。项目（Project）是程序开发所涉及的相关文件的总称，包括源代码文件、资源文件、配置文件和特定的开发工具所需的辅助文件等。可以单击 Spyder 界面菜单项【Projects】/【New Project…】，实现新建项目的功能。单击后，会出现如图 15-4 所示的新建项目对话框，提示填入项目基本信息。本例中对【Project name】信息项进行了指定，新建的项目被命名为 demoPython，其他信息项采用默认值。确认信息后，单击【Create】按钮完成新建项目，Spyder 会依照【Location】信息项所指定的路径创建一个目录，并在其中创建一些辅助的文件结构。

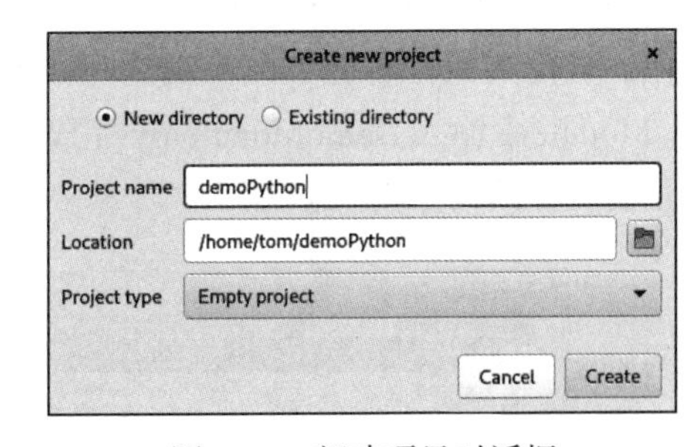

图 15-4 新建项目对话框

新建项目完成后，系统返回 Spyder 主界面，Spyder 主界面与初始界面相比会发生一些变化，在界面的最左侧出现了【Project explorer】视图窗口，如图 15-5 所示。

该视图提供了项目文件目录结构的直观视图，由于是新建项目，还没有添加任何源文件，所以该视图中只有一个根节点 demoPython，根节点的名称和项目名称一致。下一步将根据程序的初始设计，创建两个源代码文件和相应的目录结构。创建方法可以采用在【Project explorer】视图中鼠标右键单击节点图标的方式。首先右键单击项目根节点 demoPython，在出现的菜单中选择【New】菜单项，会展开二级菜单，包括【File】【Folder】【Module】【Package】等 4 个二级菜单项，如图 15-6 所示。依据程序设计的思路，根节点下应该有一个源文件 DemoMain.py 和一个目录 demoPackage，因此，在根节点的右键菜单中，可以先单击【New】/【Package】输入 demoPackage，创建 demoPackage 包，再同样在根节点的右键菜单中，单击【New】【Module】输入 DemoMain.py，创建 demoMain.py 代码文件。在 Python 中，包（Package）对应文件系统中的目录，模块（Module）对应文件系统中的程序代码文件。这里选择创建包和模块，而没有使用创建文件和目录菜单项，是为了和 Python 的程序逻辑结构更贴近，并且采用创建包和模块的方法，Spyder 还可以做一些额外的辅助工作，方便后续开发。

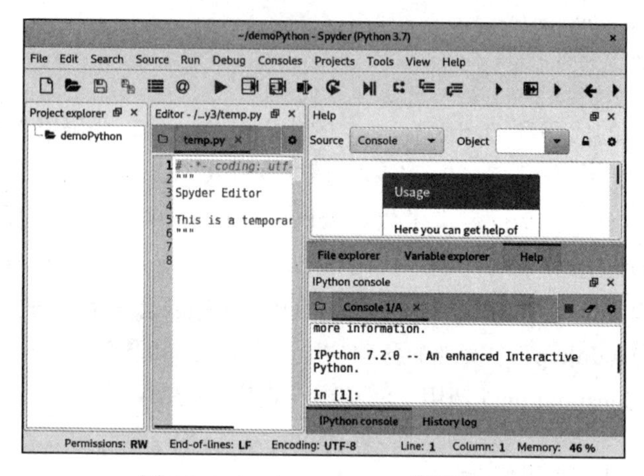

图 15-5　Project explorer 视图窗口

项目根节点的目录（包 demoPackage）和文件（模块 DemoMain.py）创建完成后，就可以创建目录 demoPackage 下面的文件 DemoModule.py 了，创建方法与根节点下的创建方法类似，只需要鼠标右键单击新创建的 demoPackage 节点即可，在出现的菜单中选择【New】/【Module】输入 DemoModule.py 完成第 2 个程序代码文件的创建。完成后，项目视图展现的项目文件结构如图 15-7 所示。

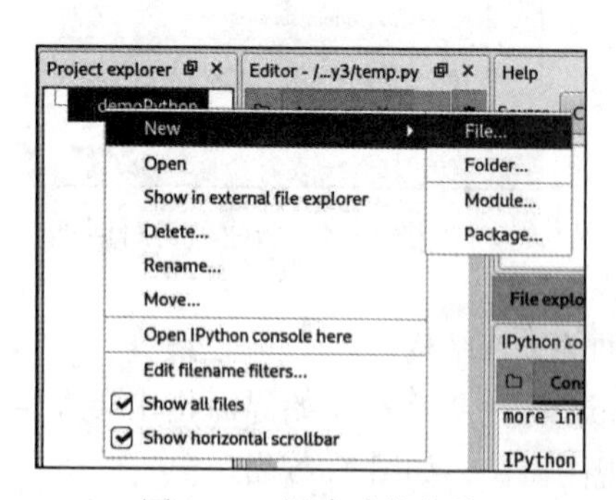

图 15-6　新建功能菜单

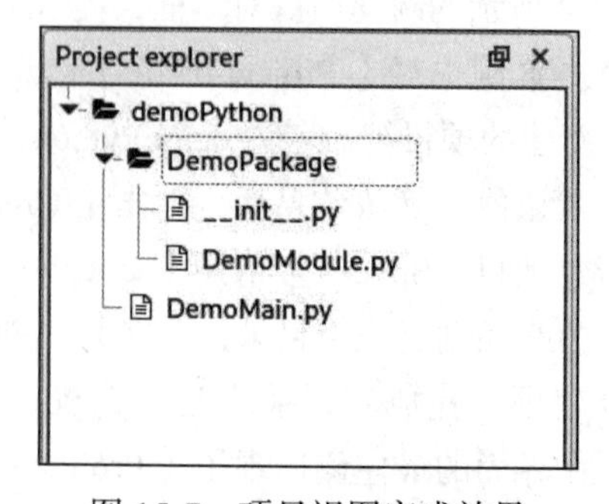

图 15-7　项目视图完成效果

与程序的初始设计相比，在 DemoPackage 节点下多了一个 __init__.py 文件，这个文件是 Spyder 创建的，可以辅助程序开发，更好地处理模块的相关功能。在本例中，此文件不用修改。至此为止，项目所需要的文件框架已经创建完毕，下一步就可以进行代码的编写了。由于本项目是示例程序，用户只需要在项目视图中用鼠标左键双击相应的文件节点，Spyder 会打开相应文件的编辑窗口，用户将清单中的源代码复制、粘贴到编辑窗口，保存文件即可。完成文件代码的编写，就可以进行程序的运行与调试了。

15.4.3　程序运行与调试

示例程序已经进行过调试和修改，因此不存在错误。本节先利用 Spyder 运行程序学习运行程序的方法和查看运行效果，其后，在示例代码中人为地引入几处错误，学习 Spyder 进行程序调试的基本方法。Python 的模块和包都是可以运行的，但是作为一个完整的项目来说，程序起点只有一个。在示例程序中，项目程序的起点在模块 DemoMain 中，即在文件 DemoMain.py 中，文件最后两行语句可以认为是程序的起点。运行项目中其他的模块或者包虽然不会报错，但不会有任何信息输出，就像没有运行一样，但可以用来对代码进行语法检查。要启动一个文件，可以在【Project explorer】中右键单击要启动的文件，单击右键菜单中的【Run】菜单项即可。对于示例程序，启动 DemoMain.py，如图 15-8 所示。

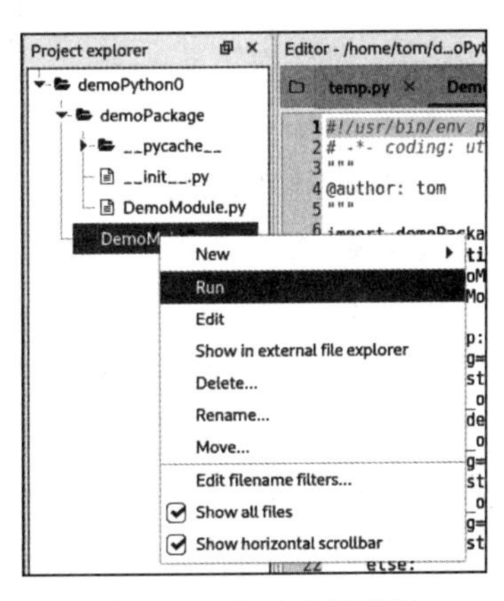

图 15-8　启动示例程序

由于示例程序不存在错误，程序将正常运行。执行效果将在 Spyder 开发环境的右下方的【IPython console】中显示。程序执行的效果示例如图 15-9 所示。

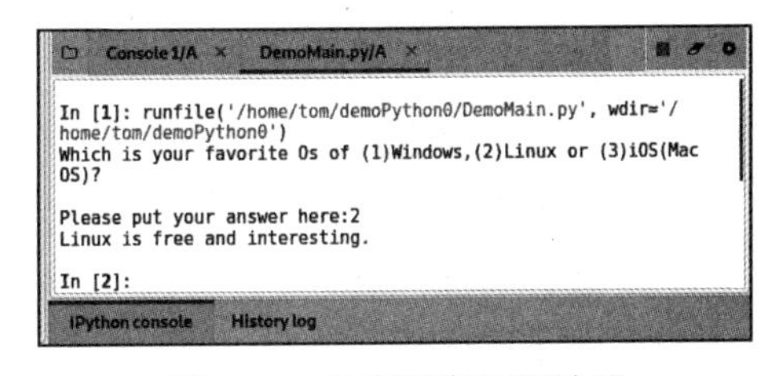

图 15-9　示例程序运行效果

可见，程序运行首先打印一段文字，提出一个问题，并建议用户在 3 个备选答案中进行选择。当用户反馈意见后（示例中用户反馈意见为 2），程序显示一段相应的文字，并退出程序。

实际程序开发过程中，初始代码总会存在各式各样的错误。这些错误可以分为 2 类：一类是语法错误或者静态错误，不改正这些错误程序就不能正常启动；另一类是动态错误，不改正这类错误程序依然可以运行，但可能得不到预想中的功能。我们先在示例程序中引入一个静态错误。回顾清单 15-4 中 DemoMain.py 的代码，我们将第 24 行中“__name__”改为“__name_”，即原来的代码中 name 前后各有两个下划线，我们将后面的两个下划线去掉一个，引入错误后保

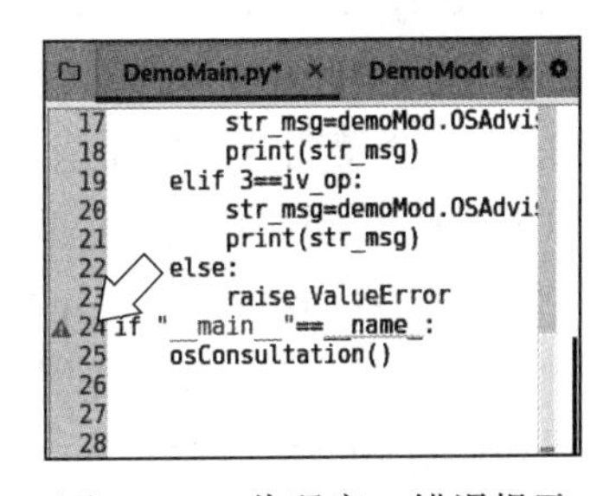

图 15-10　代码窗口错误提示

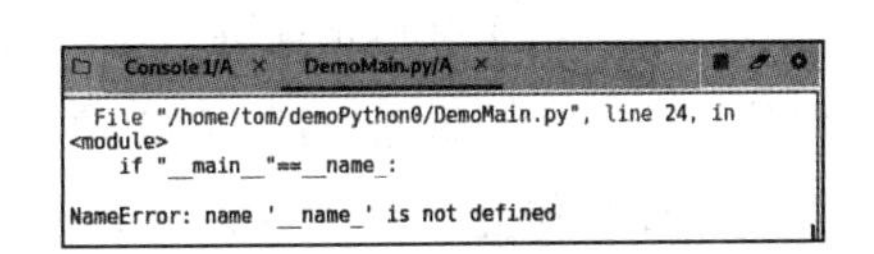

图 15-11　IPython console 口错误提示

存文件。前后有两个下划线的“__name__”是 Python 预定义的一个内部变量，去掉一个下划线后，就变成了一个没有定义的变量。现实开发过程中，程序员按键的失误可能会引起这类问题。出现这种错误后，在 Spyder 代码编辑窗口中相应行的左侧会有信息图标提示，如图 15-10 所示。如果忽视这些提示，不进行错误修改，而是继续运行 DemoMain.py，程序将不能正常运行，会在【IPython console】中提示错误信息，如图 15-11 所示。

代码窗口的提示是一个三角形的小图标，将鼠标移动到图标上方，还会有错误信息提示。对于示例程序来说，提示文字为“name’__name_’is not defined”，即变量名没有定义。

程序运行后，在控制台中出现的错误提示信息较多，图 15-11 仅显示了部分最有参考价值信息。在显示的信息中，提示了在文件 DemoMain.py 的第 24 行的语句中，有一个 NameError，即名称“__name_”没有定义。仔细综合两方面的信息，可以发现并改正静态错误。

动态错误不影响程序的运行，也没有明确的提示性信息，因此，发现和改正相对较难。定位动态错误通常要在程序运行时进行，需要借助 Debug 调试工具。可以在可能导致错误的代码附近逐行运行程序，同时观察程序的运行状态，主要是各种相关变量的取值是否是期望的取值。如果发现错误的状态，就可以缩小排查范围，再综合对代码的理解，最终定位错误位置。Spyder 提供的 Debug 工具的相关功能集中在菜单项【Debug】之下，并且，常用的功能以工具栏的形式展现出来。Debug 工具栏如图 15-12 所示。

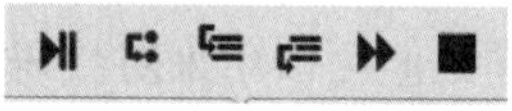

图 15-12　Debug 工具栏

Debug 工具由 6 个功能图标组成，由左至右功能依次为：

1）调试当前文件。

2）逐行运行。

3）进入当前行调用的函数内部运行。

4）跳出当前行所在的函数运行。

5）运行到下一个断点。

6）停止调试。

为了说明使用 Spyder 调试工具定位动态错误的方法，我们对清单 15-5 所对应 DemoModule.py 文件进行修改，人为地制造一个动态错误。回顾代码，将 DemoModule.py 的第 17 行代码中的“v_op>3”改为“v_op>=3”，并运行项目。程序可以正常运行，但观察运行效果，会发现当用户反馈“3”作为选择时，程序给出的提示信息不正确，不是关于 iOS（Mac OS）的说明性信息。我们可以在函数 osConsultation() 的第 1 行定义一个断点，从这个断点开始逐行运行，查找定位错误。断点（breakpoint）是调试中常用的工具。当在程序的某行代码设置了断点，程序调试运行，运行到设置断点的代码行时，会暂停下来，等待用户执行调试的命令，调试之后，再按照用户的意愿继续运行。在 Spyder 中，可以左键双击代码行左侧的空白边框实现对该行设置断点；也可以选中某行后，单击【Debug】/【Set/Clear breakpoint】菜单项实现对该行设置断点。如果某行已经设置了断点，执行相同的操作可以清除断点。设置断点后，可以单击 Debug 工具栏“调试当前文件”图标，启动程序开始调试，程序会停止在断点处，即 osConsultation() 的第 1 行，清单 15-4 的第 8 行，并且该行代码还没有运行。单击“逐行执行”图标，程序执行第 8 行代码，在【IPython console】中提示用户反馈选择索引，用户输入“3”后，代码第 8 行执行完毕，程序停留在代码第 9 行。这时可以结合变量视图窗口【Variable explorer】查看一下记录用户反馈信息的变量 str_op 的取值。变量窗口是 Spyder 右侧上方的视图窗口，停留在代码第 9 行时，【Variable explorer】的显示信息如图 15-13 所示。可以看到此时 str_op 取值为字符串“3”，是正确的取值，说明错误不是在第 8 行。

继续单击“逐行运行”图标，程序停留在第 10 行，此时变量视图窗口如图 15-14 所示。其中，变量 iv_op 取值为整数 0，不是正确的取值，由此可以推断错误应该来源于代码第 9 行。分析代码第 9 行“demoMod.checkOpinion(str_op)”，代码仅仅调用了 DemoModule 中 checkOpinion() 函数，因此，错误进一步被定为在该函数中。由于示例程序比较简单，综合分析 DemoModule.py 中的函数 checkOpinion() 代码，可以定位错误发生的代码，在 DemoModule.py 的代码第 17 行，改正错误，完成运行错误的定位与修正。

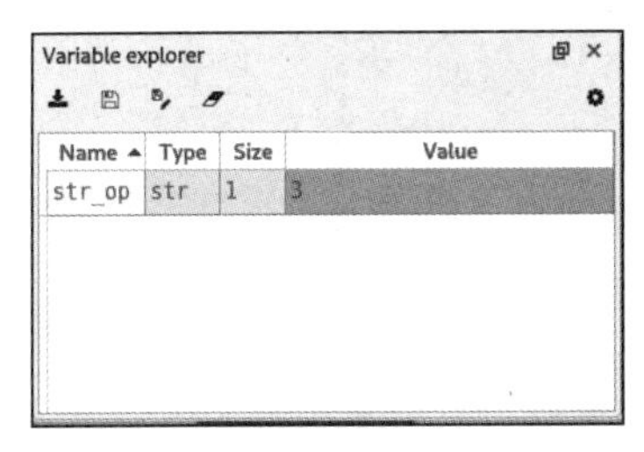

图 15-13　代码第 8 行执行后状态

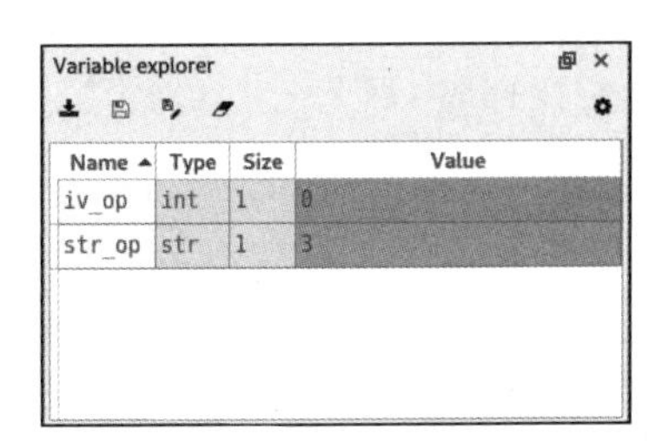

图 15-14　代码第 9 行执行后状态

15.5　本章小结

本章介绍了 Python 语言的基本特点和 Fedora 30 中 Python 程序开发工具的使用。其中开发工具包括基于终端控制台的 Python 解释器和基于图形化界面的集成开发环境 Spyder。Python 解释器系统自带，不需额外安装，但使用不够直观、便利，可以实现命令的交互运行和代码文件的批量运行。Spyder 需要额外下载安装，但界面友好，使用便利，提供了从代码编写到程序调试运行的全部功能。

习题

1. 简述 Python 语言的特点。
2. 在 Fedora 30 中如何运行 Python 代码文件？
3. 在 Fedora 30 中如何调试 Python 程序？
4. 在 Fedora 30 中，有哪些支持 Python 语言开发的工具？
5. 在 Spyder 等集成开发环境中，项目（Project）是什么意思？
6. 在 Fedora 30 中，使用 Python 编写一个猜数字的程序。

第 16 章　集成开发环境 Eclipse 的使用

Java 是一种可以撰写跨平台应用软件的面向对象程序设计语言，自 1995 年 5 月问世以来，发展迅速，对 C/C++ 语言形成了很大冲击。Java 作为一种与底层硬件无关的、“编写一次，到处运行”的高级语言和计算平台，具有通用性、高效性和安全性等优势，已经被广泛应用于个人 PC、数据中心、游戏控制台、科学计算、超级计算机、移动电话和互联网，同时拥有全球最大的开发者专业社群。在全球云计算和移动互联网的产业环境下，Java 更具备了显著优势和广阔前景。

Eclipse 是一个开放源代码的、基于 Java 的可扩展开发平台，用户可以通过插件组件构建开发和应用环境。

16.1　Eclipse 概述

Eclipse 的前身是 IBM 的 Visual Age。由于意识到 Visual Age 存在难以扩展、底层技术较为脆弱、很难与 WebSphere Studio 软件集成等诸多问题，同时也面临包括 Symantec 公司的 Visual Café、Borland 公司的 JBuilder 等开发工具的竞争压力，IBM 决定创建一个更开放的、可以为 IBM 其他开发工具提供支持的一体化开发平台。1998 年 11 月，IBM 专门成立了一个项目开发小组，开始开发该平台，2000 年，新一代开发平台 Eclipse 诞生。2000 年 11 月，IBM 将 Eclipse 采用开放源码的授权和运作模式发布，以增强业界对 Eclipse 的关注度并加快其推广应用速度。随后，IBM 于 2001 年 12 月向外界宣布，捐赠价值 4000 万美元的 Eclipse 源码给开源社区；成立由成员公司组成的 Eclipse 协会（Eclipse Consortium），以便支持并促进 Eclipse 开源项目。IBM 在 EclipseCon 2004 上宣布成立一个独立的、非盈利性的基金会，由该基金会负责管理和指导 Eclipse 开发，目前其成员多达近百家知名公司，其中包括 Borland、Rational Software、Red Hat、Sybase、Google 和 Oracle 等业界巨头。从 2006 年起，Eclipse 基金会每年都会安排同步发布（simultaneous release）版本。本章使用的是 Eclipse 代号为 2019-03 的版本，平台版本号为 4.11.0。

目前，全球有 65% 以上的用户在使用 Eclipse 进行开发，究其原因，主要在于 Eclipse 拥有以下几方面优势：

- 开放源代码。Eclipse 是开放源代码的软件，任何人都可以免费使用它，并可以对它进行研究、改进和共享。
- 可扩展性好。Eclipse 采用插件机制，实现了真正可扩展和可配置。人们可以通过开发新的插件并部署到 Eclipse 平台，来扩展 Eclipse 的功能。
- 多语言支持。Eclipse 只是给开发人员提供了一个能够扩展系统功能的最小核心，基于扩展点的插件体系结构使得 Eclipse 支持多种语言成为可能。只要安装相应语言的插件，Eclipse 就可以支持该语言的开发。目前，Eclipse 已经可以支持 C、COBOL、

PHP、Perl、Python 等多种语言。

- 跨平台。Eclipse 提供了对多平台特性的支持，包括 Windows、Linux、MacOS 等。Eclipse 对每个平台都有其单独的图形工具包，这使得应用程序具有接近本地操作系统的外观和更好的性能。
- 支持 OSGi 规范。从 Eclipse 3.2 版本开始，Eclipse 提供了基于 OSGi 开发的支持，开发者可以利用其开发基于 OSGi 的系统。
- 丰富的图形用户界面。Eclipse 提供了全新的 SWT/JFace API（而不是 AWT/Swing），使得开发基于本地的具有丰富图形界面的应用程序成为可能。

16.2　Eclipse 的安装与使用

Eclipse 在使用前需要安装 JDK（Java Development Kit），Fedora 30 默认已安装了 JDK 的最新版本。本章首先以安装 JDK8 为例进行说明 JDK 的安装配置过程。如果读者使用的操作系统已经安装了 JDK，可以略过此部分。

16.2.1　JDK 8 安装配置

1. 下载 jdk-8u25-linux-i586.tar.gz

登录 http://www.oracle.com/technetwork/java/javase/downloads/index.html，选择需要的版本下载。将下载的文件复制到 /usr/java 文件下，无此文件夹可自行建立。

```
[root@localhost ~]# mkdir /usr/java
[root@localhost ~]# cp ./jdk-8u25-linux-i586.tar.gz /usr/java
```

2. 解压安装

使用 tar 命令将文件 jdk-8u25-linux-i586.tar.gz 解压缩。

```
[root@localhost ~]# cd /usr/java
[root@localhost java]# tar -xzvf jdk-8u25-linux-i586.tar.gz
```

3. 修改环境变量

执行命令 gedit ~/.bashrc，打开当前用户主目录下的文件 bashrc。在文件末尾添加以下内容后保存退出：

```
export JAVA_HOME=/usr/java/jdk1.8.0_25
export JRE_HOME=${JAVA_HOME}/jre
export CLASSPATH=.:${JAVA_HOME}/lib:${JRE_HOME}/lib
export PATH=${JAVA_HOME}/bin:$PATH
```

执行命令：source ~/.bashrc 使之立即生效。

使用 gedit 打开文档 /etc/environment，在文档最后输入以下命令：

```
PATH="/usr/java/jdk1.8.0_25/bin"
CLASSPATH=.:/usr/java/jdk1.8.0_25/lib
JAVA_HOME=/usr/java/jdk1.8.0_25
```

4. 配置默认的 JDK 版本

由于系统中可能会有默认的 JDK，因此，为了将我们安装的 JDK 设置为默认 JDK 版本，还要进行如下工作。

执行命令：

```
update-alternatives --install /usr/bin/java java /usr/java/jdk1.8.0_25/bin/java 300
update-alternatives --install /usr/bin/javac javac /usr/java/jdk1.8.0_25/bin/javac 300
update-alternatives --install /usr/bin/jar jar /usr/java/jdk1.8.0_25/bin/jar 300
```

执行命令：

```
update-alternatives --config java
```

如果系统有默认的 JDK，则会列出各种 JDK 版本：

```
[root@localhost etc]# update-alternatives --config java

共有 2 个提供“java”的程序。

  选项    命令
-----------------------------------------------
*+ 1           /usr/lib/jvm/java-1.8.0-openjdk-1.8.0.25-4.b18.fc21.i386/jre/bin/java
   2           /usr/java/jdk1.8.0_25/bin/java

按 Enter 保留当前选项[+]，或者键入选项编号：
```

标记为“*”的是当前值。要维持当前值请按 Enter 键，否则键入选择的编号 2，使用 /usr/java/jdk1.8.0_25/bin/java 来提供 /usr/bin/java 命令。

5. 测试

在终端输入 java -version 命令测试 JDK。如果显示以下内容，则说明 JDK 配置成功。

```
[root@localhost etc]# java -version
java version "1.8.0_25"
Java(TM) SE Runtime Environment (build 1.8.0_25-b17)
Java HotSpot(TM) Client VM (build 25.25-b02, mixed mode)
```

16.2.2 安装与使用 Eclipse

1. 下载安装文件

到 Eclipse 官网（www.eclipse.org）下载 Eclipse 在 Linux 平台下的安装文件，这里下载的是 Eclipse 的 2019-03 版本：eclipse-rcp-2019-03-R-linux-gtk-x86_64.tar.gz。将文件复制到 /usr/java 目录下。

2. 解压文件

使用 tar 命令将文件 eclipse-rcp-2019-03-R-linux-gtk-x86_64.tar.gz 解压缩。

```
tar  -xzvf  eclipse-rcp-2019-03-R-linux-gtk-x86_64.tar.gz
```

3. 启动 Eclipse

进入解压后得到的 eclipse 文件夹下，双击运行 eclipse 命令，即可启动 Eclipse，启动界面如图 16-1 所示。

图 16-1 Eclipse 启动界面

第 1 次启动 Eclipse 时需要指定工作空间目录，如图 16-2 所示。

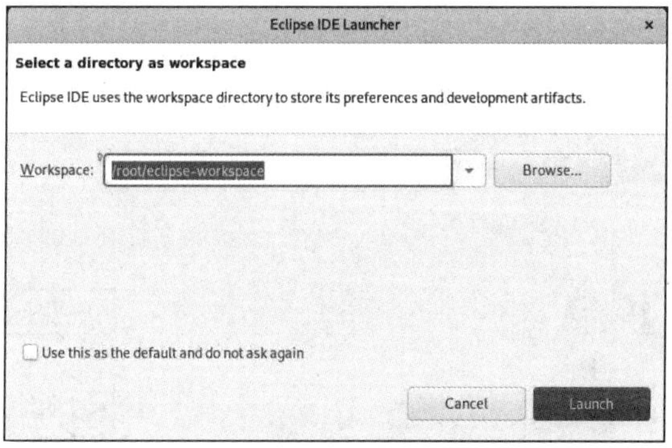

Eclipse IDE Launcher

Select a directory as workspace

Eclipse IDE uses the workspace directory to store its preferences and development artifacts.

Workspace: /root/eclipse-workspace Browse...

Use this as the default and do not ask again

Cancel Launch

图 16-2 选择 Eclipse 的工作空间目录

Eclipse 启动后，初始界面如图 16-3 所示。

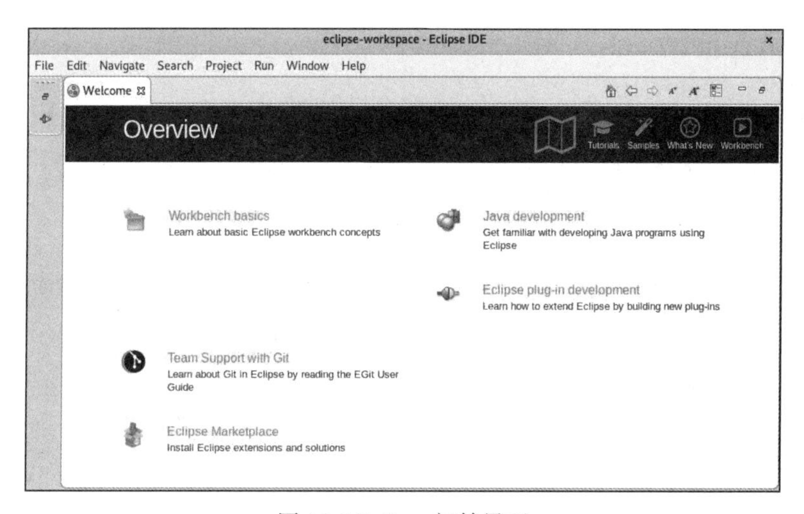

图 16-3 Eclipse 初始界面

16.2.3 Eclipse 的界面组成

1. Eclipse 工作台

Eclipse 提供了用户操作的基本平台，如图 16-4 所示。

Eclipse 工作台包括菜单栏、工具栏、透视图（Perspective）、状态栏等。

（1）透视图

透视图（perspective）是一个包含一系列视图（view）和编辑器（editor）的虚拟容器，可以将用户预先定义好的工作台视图排列保存在透视图中。可以在一个 perspective 中改变布局（打开 views、editors，或者改变它们的大小和位置）。Eclipse 允许通过 Window 菜单切换到另外的 perspective（菜单命令:【 Window 】/【 Perspective 】/【 Open Perspective 】/【 Other 】)。如果不小心打乱了 perspective 的布局，比如关闭了一个 view，可以重置 perspective，这样就可以恢复到原始状态（菜单命令：【 Window 】/【 Perspective 】/【 Reset Perspective 】)。

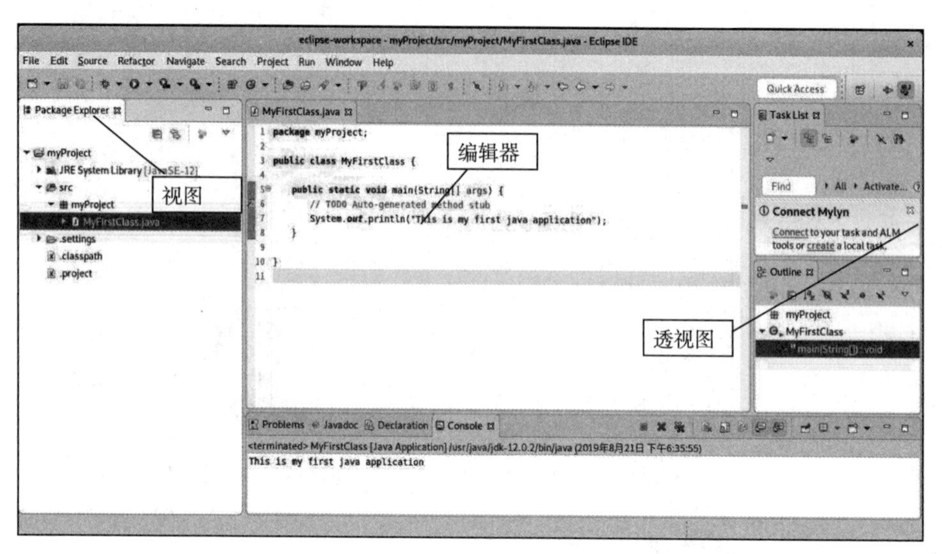

图 16-4 Eclipse 工作台的组成

（2）视图

视图（view）是工作台内部的各种窗口，通常以不同的视角来显示信息的层次结构和项目内容，如包浏览视图（Package Explorer）。Eclipse 允许通过 Window 菜单打开 View（菜单命令：【Window】/【Show View】）。

（3）编辑器

编辑器（editor）是很特殊的窗口，一般会出现在工作台的中央，当打开文件、程序代码或其他资源时，Eclipse 会选择最适当的编辑器打开文件并可进行编辑。

2. Eclipse 工作空间

工作空间（workspace）是进行编程操作的位置（文件路径）。可以在 Eclipse 启动时选择 workspace，或者通过菜单（菜单命令：【File】/【Switch Workspace】/【Others】）切换工作空间。所有工程、源文件、图像及其他资源都被保存在 workspace 下。

16.2.4 创建第一个 Java 应用程序

下面将描述怎样通过 Eclipse 创建一个 Java 程序，实现在控制台打印一个字符串“This is my first java application.”。

1. 创建工程

选择菜单命令【File】/【New】/【Java project…】，打开 New Project 对话框，如图 16-5 所示。

选择“Java Project”选项后，单击【Next】按钮，打开“New Java Project”对话框，如图 16-6 所示。

输入工程名字，如“myProject”，单击【Finish】按钮。在弹出的“New module-info.java”对话框中，可以选择【Don't Create】按钮，然后在后续打开的“Open Associated Perspective”对话框中选择【Open Perspective】按钮，完成工程的创建。新的工程被创建并以一个文件夹的标识显示在“Package Explorer”视图中。

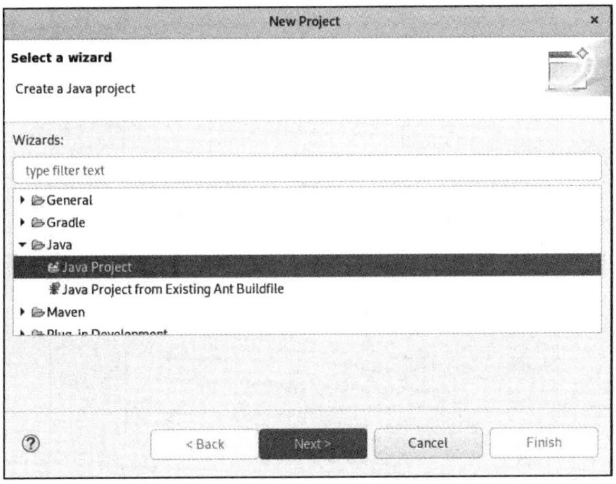

图 16-5　New Project 对话框

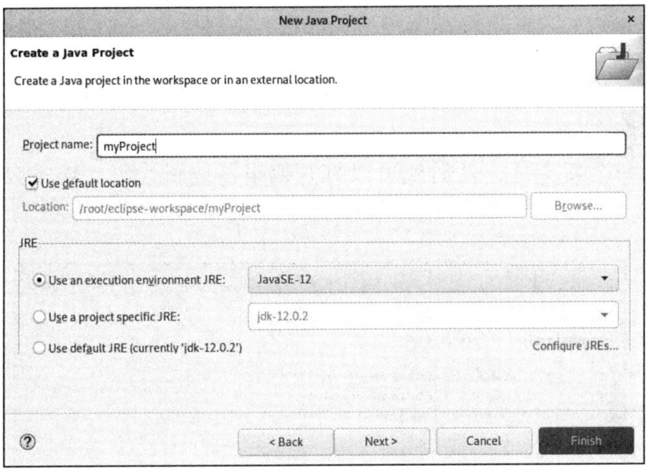

图 16-6　New Java Project 对话框

2. 创建包

在“Package Explorer”视图中选择 src，右键单击后选择【New】/【Package】命令，打开“New Java Package”对话框，如图 16-7 所示。输入包的名字“myProject”后，单击【Finish】按钮完成包的创建。

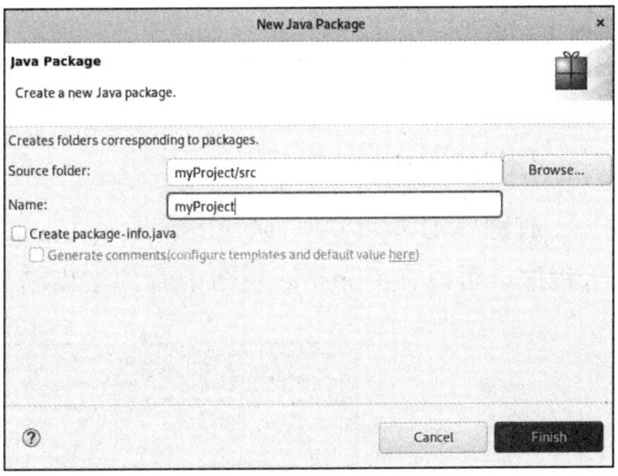

图 16-7　New Java Package 对话框

注意，一个好的习惯是将位于最顶层的包命名为与工程一样的名字。

3. 创建 Java 类

右键单击包“myProject”后选择【New】/【Class】命令，打开“New Java Class”对话

框，如图 16-8 所示。

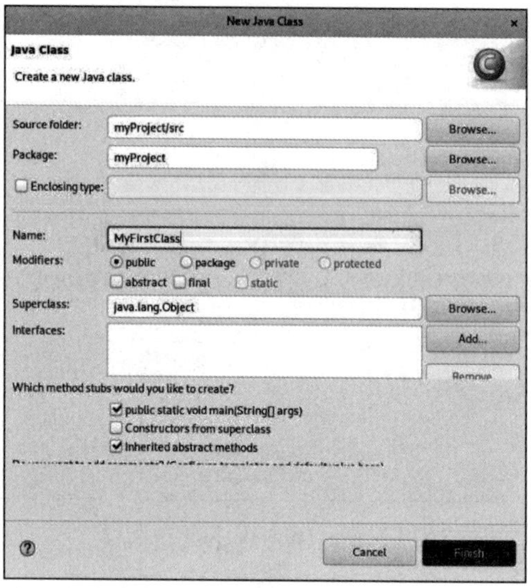

New Java Class
Java Class
Create a new Java class.
Source folder: myProject/src Browse...
Package: myProject Browse...
Enclosing type: Browse...
Name: MyFirstClass
Modifiers: public package private protected
abstract final static
Superclass: java.lang.Object Browse...
Interfaces: Add... Remove
Which method stubs would you like to create?
public static void main(String[] args)
Constructors from superclass
Inherited abstract methods
Cancel Finish

图 16-8 New Java Class 对话框

输入类名，如“MyFirstClass”，然后勾选“public static void main (String[] args)”选项，单击【 Finish 】按钮。

这样就创建了一个新文件，然后就可以打开编辑器编辑代码。输入以下代码，如图 16-9 所示。

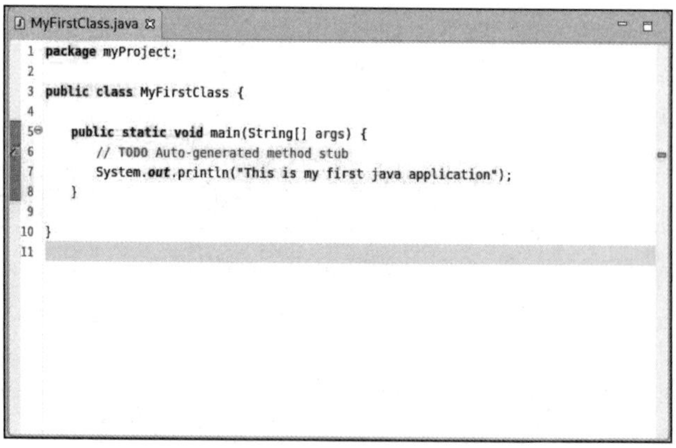

MyFirstClass.java

```
1  package myProject;
2
3  public class MyFirstClass {
4
5      public static void main(String[] args) {
6          // TODO Auto-generated method stub
7          System.out.println("This is my first java application");
8      }
9
10 }
11
```

图 16-9 代码示例

4. 运行程序

右键单击 Java 类“ MyFirstClass.java”，选择【 Run as 】/【 Java application 】命令，运行程序。可以在 Console 视图中看到输出结果，如图 16-10 所示。

Problems Javadoc Declaration Console

```
&lt;terminated&gt; MyFirstClass [Java Application] /usr/java/jdk-12.0.2/bin/java (2019年8月21日 下午6:35:55)
This is my first java application
```

图 16-10 程序运行结果

16.3 Eclipse RCP 应用开发

16.3.1 什么是 RCP

RCP 是 Rich Client Platform 的缩写，是基于 Eclipse 项目推出的一个开发富客户端应用框架，目的是为开发人员提供一个功能强大的、快速的、可扩展的应用平台。富客户端应用平台为终端用户提供了基于本地操作系统的丰富的图形用户接口（GUI）使用体验，可以很容易地实现剪切、复制、拖放等操作，也能够高效地进行业务逻辑处理。Eclipse RCP 具有以下优点：

- 组件化。采用插件机制，可通过扩展点配置方便地搭建各种规模、类型和用途的应用程序。
- 便利性。Eclipse RCP 对各个平台下的产品包装提供了强有力的支持，其开发的 RCP 甚至可以在嵌入式设备、掌上电脑上运行。
- 智能安装和升级。Eclipse 提供了专门的 Update 组件，可以通过 HTTP、Web 站点、复制等多种方式进行安装和更新。
- 丰富的免费插件支持。目前，随着 Eclipse 插件开发环境的日趋成熟和广泛流行，基于 Eclipse RCP 的插件越来越多，有大量免费的插件可供下载。
- 完美的用户体验。Eclipse 为各种操作系统提供了本地图形接口包。当 RCP 运行时，Eclipse 首先直接调用本机的窗口组件，只有在本机没有所需组件时才进行模拟。因此，无论 RCP 在哪种操作系统上运行，都可以保持与本机一致的外观和行为。

16.3.2 新建 RCP 项目

Eclipse 提供了创建 RCP 项目的向导，并内置了 4 种 RCP 模板，具体步骤如下。

1）选择菜单命令【 File 】/【 New 】/【 Java project… 】，打开“ New Project”对话框，如图 16-11 所示。

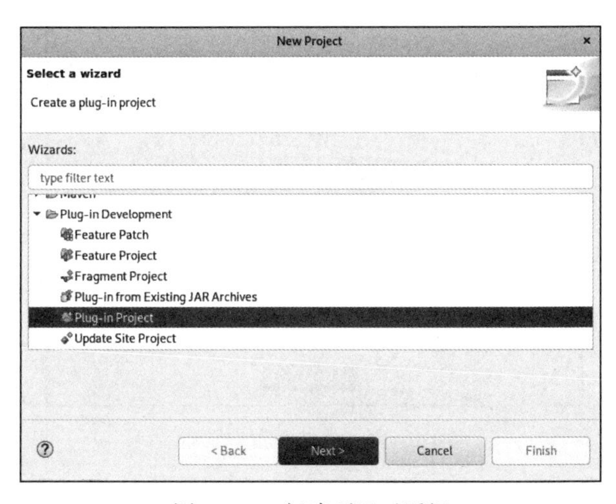

图 16-11　新建项目对话框

2）在新建项目对话框中选择“ Plug-in Project”，然后单击【 Next 】按钮，打开“ New

Plug-in Project”对话框，如图 16-12 所示。

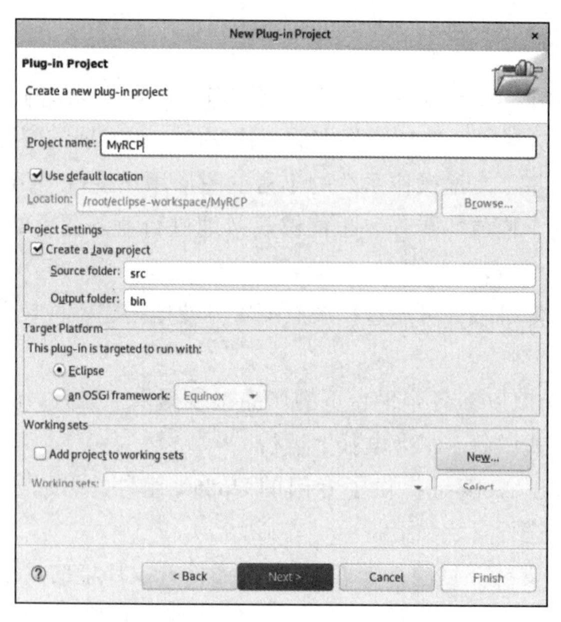

图 16-12　新建插件项目对话框

3）在 Project name 后输入项目名称，如“MyRCP”。单击【Next】按钮，弹出如图 16-13 所示的插件配置对话框，要求用户指定 ID、Version、Name 等信息。不需要勾选 Options 下的“Generate an activator, a Java class that controls the plug-in's life cycle”复选项。选中 Rich Client Application 中的“Yes”单选按钮。

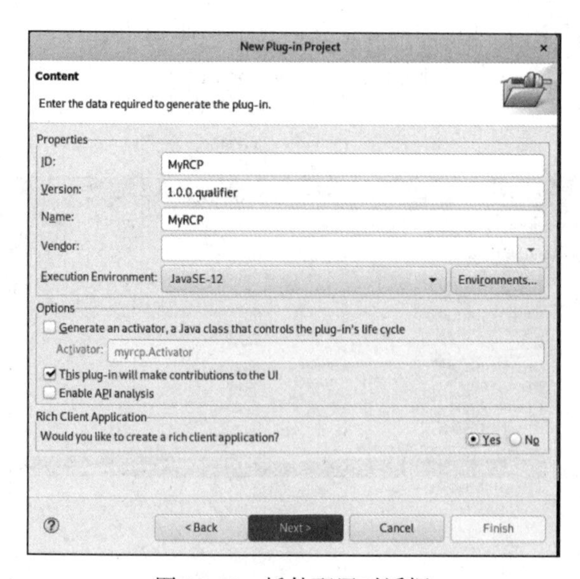

图 16-13　插件配置对话框

4）单击【Next】按钮，弹出如图 16-14 所示的模板选择对话框。Eclipse 提供了 4 种 RCP 模板以供选择，本示例选择“Eclipse 4 RCP application”模板。

5）单击【Next】按钮，弹出“Eclipse 4 RCP Application with basic part and commands”

对话框，如图 16-15 所示。在该对话框上，可以修改应用程序的标题，此处取默认值“Eclipse 4 RCP Application”。可以输入 Package 的名称。要让生成的界面包含菜单、按钮等元素样例，可以勾选“Create sample content(part, menu, command…)”选项。单击【Finish】按钮，项目创建完成。

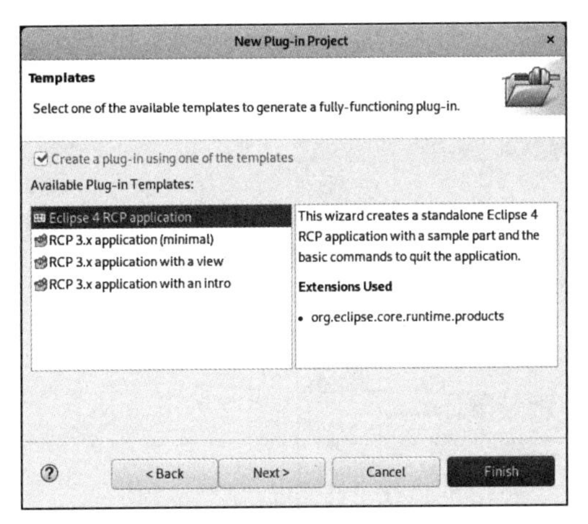

图 16-14　模板选择对话框

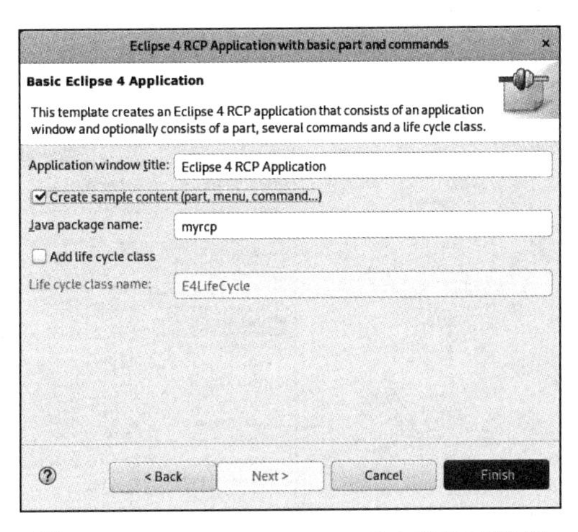

图 16-15　New RCP Project 基本信息对话框

6）运行程序，体验一下 RCP 程序的效果。双击“Package Explore”视图中的 MyRCP. product 文件，切换到 Overview 页，打开如图 16-16 所示的项目概览（Overview）视图。单击视图中的“Launch an Eclipse application”链接，将显示如图 16-17 所示的程序运行主界面。该界面有菜单、按钮、视图等界面元素样例。

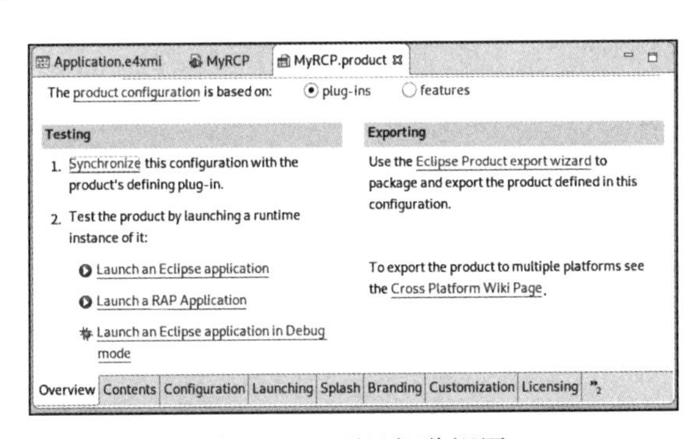

图 16-16　项目概览视图

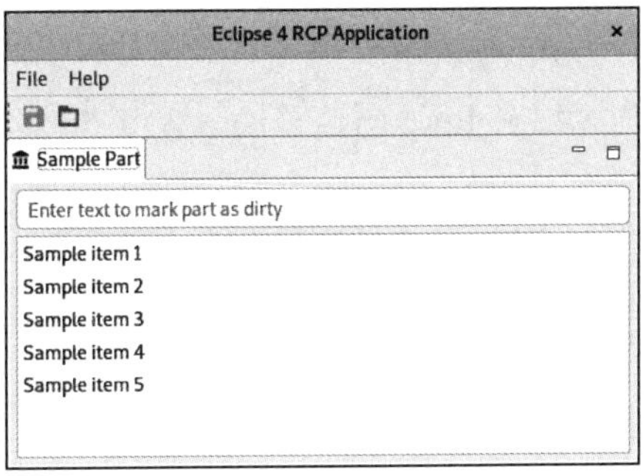

图 16-17　项目运行主界面

除了上述方法，项目运行还有更快捷的方式。单击如图 16-18 所示的工具栏上的 Run 图标按钮，即可运行 MyRCP 项目。注意，该运行图标按钮的提示文本是“Run MyRCP.product”。如果要对项目的运行进行配置，则单击工具栏 Run 图标右侧的向下箭头，在弹出的菜单中选择“Run Configurations…”命令，打开“Run Configuration”对话框进行配置，如图 16-19 所示。

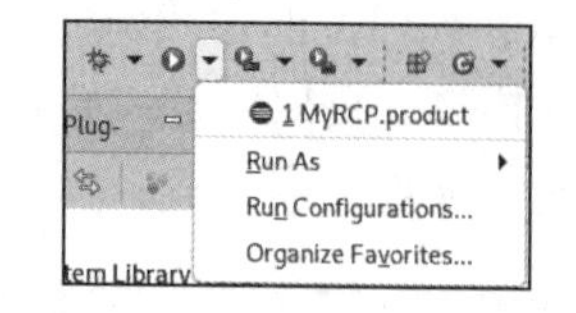

图 16-18　工具栏 Run 图标按钮

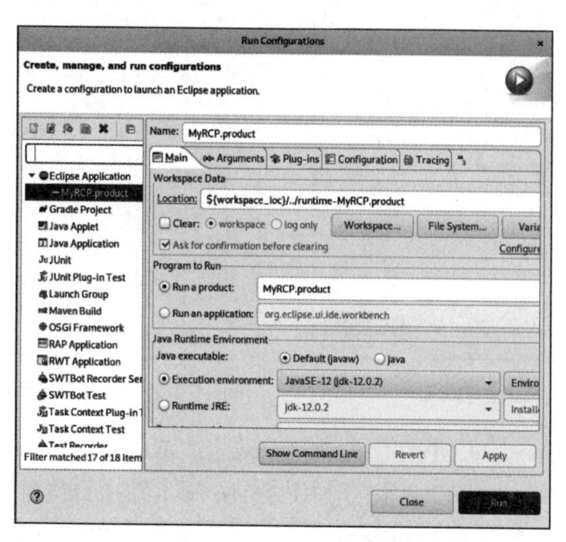

图 16-19　“Run Configuration”对话框

16.3.3　项目的组织结构

Eclipse RCP 基于组件架构，该组件架构的最基本单元被称之为插件（Plug-in），插件通过插件扩展点（Extension point）定义。RCP 项目成功创建后，会形成与图 16-20 类似的项目组织结构。

下面简要介绍一下项目中的主要文件。

1. src

src 文件夹存放了项目的源程序，编译后的 class 文件通常存放在当前项目中 bin 文件夹下。

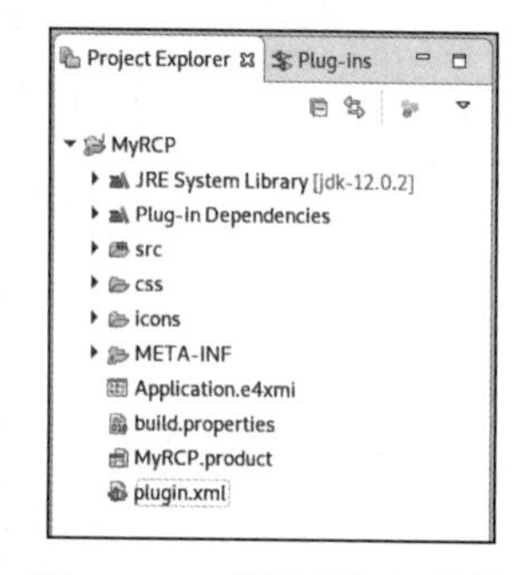

图 16-20　项目的组织结构

2. JRE System Library

该文件夹存放系统类库文件，Eclipse 已经自动导入了相关类库。

3. Plug-in Dependencies

该文件夹存放插件依赖类库文件。

4. MANIFEST.MF

MANIFEST.MF 文件对当前插件（项目）进行描述，并可定义与其他插件的关系，如版本、插件的 ID 号、插件的依赖项（Require-Bundle）等，singleton 为 true 表示该插件项目只能有唯一版本，该参数是为了解决同一名称插件的多版本并存问题。该文件一般不需要修改。

5. build.properties

build.properties 用来配置插件的编译信息，即定义与项目打包时（构建）相关的属性定义。可以利用该文件将项目打包运行时所需要的部件或插件包含进来，如下所示形式：

```
source.. = src/
output.. = bin/
bin.includes = plugin.xml,\
               META-INF/,\
               .,\
               icons/,\
               css/default.css,\
               Application.e4xmi
```

前面两句指定项目打包时源文件和 class 文件的输出文件夹，bin.includes 则指定了项目打包时所包含的文件夹或者文件。

6. MyRCP.product

MyRCP.product 中保存了 MyRCP 产品的配置信息，在这里可以完成对产品内容、启动画面、窗口图标、文件图标、欢迎画面、启动进度条等的配置，可以完成产品的运行、发布。

7. plugin.xml

Eclipse 采用了完全开放的插件机制，插件是通过扩展点（Extension point）来定义的，开发人员可以在任何觉得可能被扩展的地方定义扩展点，以方便其他人扩展系统的功能。扩展点信息保存在 plugin.xml 文件中。

16.3.4　发布 RCP 应用程序

发布应用程序一般包含添加启动画面、设置窗口图标、指定 EXE 文件图标、定制欢迎画面、添加启动进度条等。

发布应用程序之前先需要设置部分插件的启动级别。在如图 16-21 所示的产品配置中，切换到“Configuration”页签。

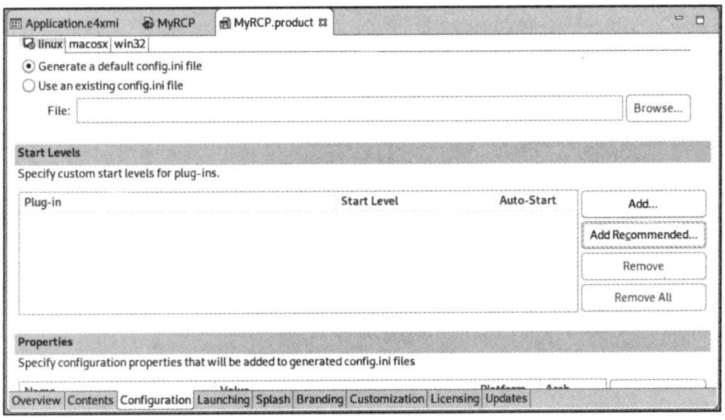

图 16-21　设置插件启动级别

单击【 Add Recommended… 】按钮，弹出“ Add Recommended Start Levels”对话框，如图 16-22 所示。这里显示了各插件的启动级别，单击【 OK 】按钮返回配置主界面。

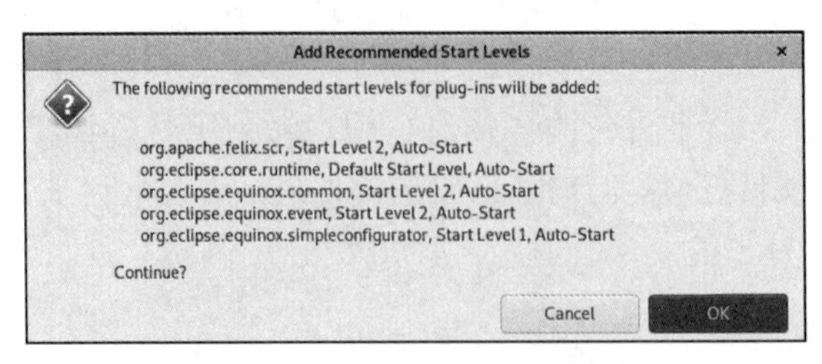

图 16-22　插件启动级别显示

在如图 16-23 所示的产品配置视图中，选择“ Overview”页签，在这里可以将产品打包输出成可执行文件。

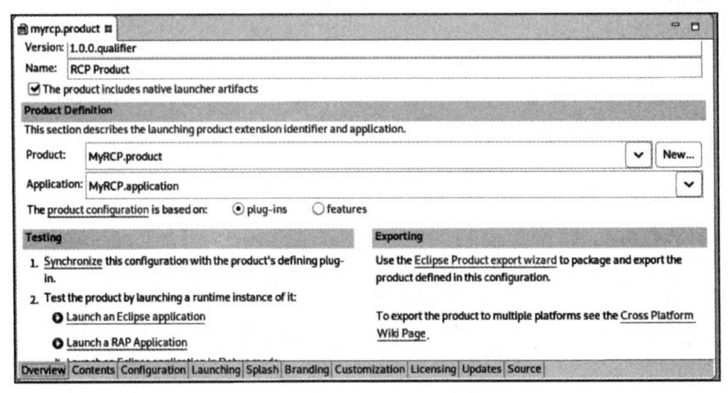

图 16-23　产品配置视图

单击“ Eclipse Product export wizard”产品导出向导链接，弹出“ Export”对话框，如图 16-24 所示。注意，一定要勾选“Synchronize before exporting”选项，以保证输出的是最新版本。在输出目的地 Destination 中，选择目标文件夹，然后单击【 Finish 】按钮开始输出。输出完毕后，到指定的目标文件夹下即可运行可执行文件。

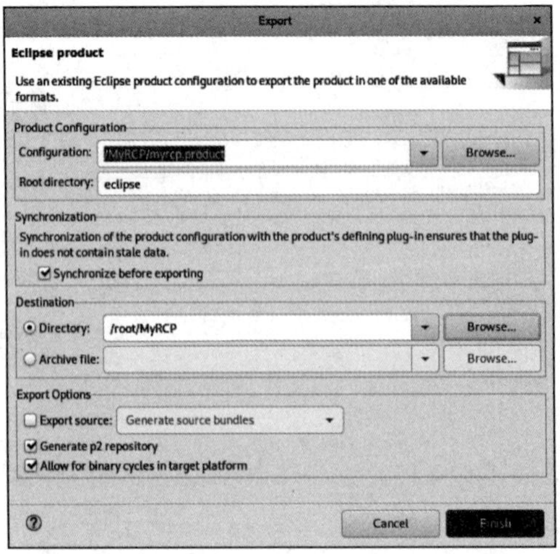

图 16-24　Export 导出向导对话框

默认情况下生成的可执行文件名为 eclipse.exe，可以在“Launching”页签修改“Launcher Name”，为可执行文件改名。

在 Splash 配置页签中，可以通过勾选“Add a progress bar”和“Add a progress message”，并设置相关数值和提示信息的文字颜色，为启动画面添加进度条。

16.4　本章小结

Eclipse 是一款优秀的开源、跨平台集成开发环境，集成了很多优秀的开发插件，是 Linux 下软件开发的利器。本章介绍了 Eclipse 的发展过程和特点，讲解了 Eclipse 的安装和使用方法，最后通过示例详细介绍了 Eclipse RCP 应用程序开发的一般过程。

习题

1. 简述 Eclipse 的特点和优势。
2. JDK 是什么？它在 Java 程序开发中的作用是什么？
3. 简述 Eclipse 的界面组成。
4. 什么是工作空间？它的主要作用是什么？
5. 简述透视图和视图有什么不同。
6. 简述 RCP 项目的基本框架组成。
7. 练习下载 JDK 的最新版本，并熟悉安装和配置过程。
8. 练习下载 Eclipse 的最新版本，并安装使用。
9. 练习使用 Eclipse 创建一个 Java 应用程序，在控制台输出“Hello World！”。
10. 尝试利用 Eclipse 创建一个 RCP 项目，并至少利用两种方法运行程序。
11. 练习发布一个 RCP 项目。

附录　Linux 终端命令

命令名称	命令功能	命令使用格式	本书中的位置
systemctl	返回系统的默认启动目标	systemctl get-default	1.4.2
systemctl	设置默认启动目标	systemctl set-default < 系统启动目标名 >	1.4.2
startx	启动 X Window	startx	1.4.3
logout	注销当前登录	Logout	1.4.3
shutdown	关机	shutdown [选项] <time>	1.4.4
halt	关机	halt [选项]	1.4.4
systemctl	系统关机	systemctl halt|poweroff|reboot	1.4.4
cat	把文件串接后显示在标准输出上	cat [选项] <file1> …	2.3.1
more	分屏显示文件	more [选项] <file>…	2.3.1
less	按页显示命令	less [选项] <filename>	2.3.1
cp	复制	cp [选项] <source> <dest> 或 cp [选项] <source>... <directory>	2.3.2
rm	逐个删除指定的文件或目录	rm [选项] <name>...	2.3.2
mv	重命名或者移动	mv [选项] <source> <dest> 或者 mv [选项] <source>... <directory>	2.3.2
mkdir	如果指定目录不存在，则建立之	mkdir [-p] <dirName>…	2.3.3
rmdir	删除空目录 dirName	rmdir [-p] <dirName>	2.3.3
cd	切换工作目录	cd <dirName>	2.3.4
pwd	显示当前路径	pwd	2.3.4
ls	查看目录命令	ls [选项] [<name>...]	2.3.4
find	查找文件或者目录命令	find [path…] [expression]	2.3.5
locate	文件定位	命令格式：locate [选项] <search string>	2.3.5
grep	文件内容检索命令	grep [选项] <string> <file>…	2.3.5
ln	创建链接	ln [选项] <source> <dest>	2.3.6
touch	创建文件、改变文件或目录时间的命令	touch [选项] <file1> [file2 ...]	2.3.7
diff	两个文件比较命令	diff [选项] <file1> <file2>	2.3.8
diff3	两个文件比较命令	diff3 [选项] <file1> <file2> <file3>	2.3.8
sort	文件排序命令	sort [选项] [file]	2.3.8
tar	备份命令	tar < 主选项 > [辅选项] < 文件或者目录 >	2.4.1
gzip	压缩和解压	gzip [选项] < 文件名 >	2.4.2
unzip	解压命令	unzip [选项] < 压缩文件名 >	2.4.3
echo	在显示器上显示文字	echo [-n] < 字符串 >	2.5.1
cal	显示简单的日历	cal [选项] [[月] 年]	2.5.2
date	显示或者设置系统的日期和时间	显示：date [选项] [+FormatString] 设置：date <SetString>	2.5.3

（续）

命令名称	命令功能	命令使用格式	本书中的位置
clear	清屏	clear	2.5.4
rpm	安装软件包	rpm -i (或者 --install) [安装选项] <file1.rpm> ... <fileN.rpm>	2.5.5
	删除软件包	rpm -e (或者 --erase) [删除选项] pkg1 ... pkgN	2.5.5
	升级软件包	rpm -U(或者 --upgrade) [升级选项] file1.rpm ... fileN.rpm	2.5.5
	查询软件包	rpm -q (或者 --query) [查询选项] pkg1 ... pkgN	2.5.5
	校验软件包	rpm -V (或者 --verify) [校验选项] pkg1 ... pkgN	2.5.5
man	联机帮助	man <command>	2.6.1
info	联机帮助	info <command>	2.6.2
help	联机帮助	help [command]	2.6.3
lspci	显示系统中的 PCI 设备	lspci -b	5.1.1
dpkg	安装指定软件包	dpkg -i <package_name.deb>	5.2.4
	安装指定目录下所有的软件包	dpkg -R /dir,	5.2.4
	删除软件包，但保留其配置信息	dpkg -r <package_name>	5.2.4
	删除指定的软件包，包括其配置信息	dpkg -P <package_name>	5.2.4
	获取可替换已安装软件包的替代包	dpkg -update-avail <package_name>	5.2.4
apt-get	安装 DPKG 包	apt-get install <package>	5.2.4
	重新安装 DPKG 包	apt-get install <package> --reinstall	5.2.4
	修复安装 DPKG 包	apt-get -f install <package>	5.2.4
	删除指定 DPKG 包	apt-get remove <package>	5.2.4
	删除 DPKG 包及配置文件等	apt-get remove <package> –purge	5.2.4
	更新已安装的包	apt-get upgrade	5.2.4
	清理无用的 DPKG 包	apt-get clean	5.2.4
dnf	移除软件包	dnf remove < 软件名 >	5.3.2
	安装软件包	dnf install < 软件名 >	5.3.2
	覆盖安装软件包	dnf reinstall < 软件名 >	5.3.2
	更新一个或多个软件包	dnf update < 软件名 >	5.3.2
	检查是否有可用的软件包更新	dnf check-update< 软件名 >	5.3.2
patch	给原文件 A 打上补丁文件 B	patch [选项] [原文件 A [补丁文件 B]]	5.4.3
dmesg	读取内核缓冲区信息	dmesg	6.1
nmcli	网络配置命令	nmcli [OPTIONS] OBJECT {COMMAND | help }	6.2.2
ifconfig	查看网络接口	ifconfig [设备名]	6.2.4
	配置网络接口	ifconfig < 设备名 > <IP 地址 > netmask < 掩码 >	6.2.4
	启停网络接口	ifconfig < 设备名 > [up | down]	6.2.4
ping	网络测试	ping [选项] < 目的主机名或 IP 地址 >	6.3.1
traceroute	显示数据包经过路由的命令	traceroute < 目的主机 IP 或域名 >	6.3.1

（续）

命令名称	命令功能	命令使用格式	本书中的位置
route	显示路由表内容	route	6.3.1
	添加 / 删除路由记录	route add | del –net < 网络号 > netmask < 网络掩码 > dev < 设备名 >	6.3.1
	添加 / 删除默认网关	route add | del default gw < 网关名或网关 IP>	6.3.1
telnet	远程登录	telnet < 主机名 /IP>	6.3.2
pstree	获知系统正在运行哪些服务	pstree	7.1.1
chkconfig	用于检查和设置系统的各种服务	chkconfig	7.1.4
service	设置网络服务的当前状态	service 服务名 [start | stop | restart]	7.1.4
adduser	创建新用户	adduser [选项] <newusername>	8.1.2
passwd	设置和修改口令	passwd [用户名]	8.1.2
userdel	删除用户	userdel < 用户名 >	8.1.2
usermod	修改用户属性	usermod –g< 主组名 > -G < 组名 > -d < 用户主目录 > -s < 用户 Shell>	8.1.2
groupadd	增加用户组	groupadd < 新组名 >	8.1.2
groupdel	删除用户组	groupdel < 组名 >	8.1.2
su	切换用户身份	su [选项] [-] [切换目标用户名]	8.1.3
whoami	显示自身的用户名	whoami	8.1.5
who	查看系统登录用户	who [选项]	8.1.5
w	显示系统登录用户	w -[husfV] [user]	8.1.5
chown	更改文件所有者	chown [选项] user[:group] <file>...	8.2.2
chmod	更改文件访问权限	chmod [选项] <mode> <file>...	8.2.2
at	定时启动进程	at < 时间 > –f < 脚本文件 >	8.3.2
atq	查看安排的作业	atq	8.3.2
atrm	删除指定作业	atrm < 作业 >	8.3.2
batch	系统负载低时执行命令行输入或指定作业	batch [-f < 脚本文件 >]	8.3.2
crontab	安装 crontab 文件	crontab [-u <user>] <file>	8.3.2
	删除、列出或编辑 crontab 文件	crontab [-u user]{-l | -r | -e }	8.3.2
ps	进程查看	ps [选项]	8.3.3
kill	删除进程	kill [-s < 信号 > | -p] [-a] < 进程号 > ... kill -l [信号]	8.3.3
top	系统监控命令	top	8.4.1
free	内存查看命令	free [-m]	8.4.2
df	磁盘空间用量查看	df -h	8.4.3
journalctl	查看和定位日志记录	journalctl [选项] [匹配]	8.5
sestatus	查看 SELinux 的状态	sestatus	9.3.4
setenforce	修改 SELinux 模式	setenforce [enforceing | permissive | 1 | 0]	9.3.4
chcon	改变安全上下文	chcon [-R] [-t <type>] [-u <user>] [-r <role>] [<context>] <path>...	9.3.4
setfiles	初始化上下文	setfiles [options] <spec_file> <path>..	9.3.4

（续）

<table>
<tr><th>命令名称</th><th>命令功能</th><th>命令使用格式</th><th>本书中的位置</th></tr>
<tr><td>restorecon</td><td>恢复上下文</td><td>restorecon [-n] [-v] <path></td><td>9.3.4</td></tr>
<tr><td>fixfiles</td><td>标记文件系统</td><td>fixfiles [check | restore | relabel]</td><td>9.3.4</td></tr>
<tr><td>seinfo</td><td>显示策略信息</td><td>seinfo [-Atrub]</td><td>9.3.4</td></tr>
<tr><td>sesearch</td><td>查询规则</td><td>sesearch [选项] [规则类型] [表达式] [策略]</td><td>9.3.4</td></tr>
<tr><td>getsebool</td><td>查询布尔值</td><td>getsebool [-a] [布尔值]</td><td>9.3.4</td></tr>
<tr><td>setsebool</td><td>设置布尔值</td><td>setsebool [-P] < 布尔值 >=[0|1]</td><td>9.3.4</td></tr>
<tr><td>audit2why</td><td>SELinux 日志诊断</td><td>audit2why < 日志文件 ></td><td>9.3.6</td></tr>
<tr><td>chsh</td><td>修改登录后的 Shell</td><td>chsh <新 Shell></td><td>11.1</td></tr>
</table>

推荐阅读

嵌入式计算系统设计原理（原书第4版）

作者：Marilyn Wolf 译者：宫晓利 等 ISBN：978-7-111-60148-7 定价：99.00元

本书自第1版出版至今，记录了近20年来嵌入式领域的技术变革，成为众多工程师和学生的必备参考书。全书从组件技术的视角出发，以嵌入式系统的设计方法和过程为主线，涵盖全部核心知识点，并辅以大量有针对性的示例分析，同时贯穿着对安全、性能、能耗和可靠性等关键问题的讨论，构建起一个完整且清晰的知识体系。

计算机工程的物理基础

作者：Marilyn Wolf 译者：林水生 等 ISBN：978-7-111-59074-3 定价：59.00元

本书打破了传统计算机科学和电子工程之间的壁垒，为计算机专业学生补充电路知识，同时有助于电子专业学生了解计算原理。书中关注计算机体系结构设计面临的重要挑战——性能、功耗和可靠性，这一关注点从集成电路、逻辑门和时序机贯穿到处理器和系统，揭示了其与物理实现之间的密切联系。